BDA 数据分析师考试系列教材

数据分析

Data Analysis

主编 安建业 卢志义
参编 耿峤峙 滕树军 李晶洁
刘 冬 王 倩 程青青
组编 中经数（北京）数据应用技术研究院

中国财经出版传媒集团
中国财政经济出版社

图书在版编目（CIP）数据

数据分析／安建业，卢志义主编．—北京：中国财政经济出版社，2020.4

BDA 数据分析师考试系列教材

ISBN 978－7－5095－9289－2

Ⅰ．①数…　Ⅱ．①安…　②卢…　Ⅲ．①数据处理－教材　Ⅳ．①TP274

中国版本图书馆 CIP 数据核字（2019）第 235683 号

责任编辑：葛　新　　　　　　　　责任校对：胡永立

封面设计：孙俪铭

中国财政经济出版社 出版

URL：http：//www.cfeph.cn

E－mail：cfeph@cfeph.cn

社址：北京市海淀区阜成路甲 28 号　邮政编码：100142

营销中心电话：010－88191537　编辑部门电话：010－88190640

北京文昌阁彩色印刷有限责任公司印刷　各地新华书店经销

787×1092 毫米　16 开　22.75 印张　562 000 字

2020 年 5 月第 1 版　2020 年 5 月北京第 1 次印刷

定价：49.00 元

ISBN 978－7－5095－9289－2

（图书出现印装问题，本社负责调换）

本社质量投诉电话：010－88190744

打击盗版举报热线：010－88191661　QQ：2242791300

序　　言

随着物联网、移动计算、社交网络等现代信息技术的飞速发展，获取数据不再是问题。人类社会进入了以“PB”为单位的大数据时代，数据已成为重要的“矿产”与“石油”，谁拥有了数据谁就拥有了巨大的经济资产。正如著名教授维克托·迈尔－舍恩伯格所言“大数据并不是一个充斥着算法和机器的冰冷机器，大数据为我们提供的不是最终答案，只是参考答案，帮助是暂时的，更好的方法和答案还在不久的未来”。因此，大数据孕育着大机遇，为我们带来全新的创业方向、商业模式和就业机会，给社会带来了巨大的变革，正在改变着我们的生活方式，具有非常广阔的发展前景。

《国务院关于印发促进大数据发展行动纲要的通知》明确提出了“加强专业人才培养，建立健全多层次、多类型的大数据人才培养体系”的具体要求，进一步强调了培养数据分析应用人才的迫切需求。为此，由中经数（北京）数据应用技术研究院组织国家统计部门、科研院所、金融机构、大数据企业以及相关行业协会专家制定并完善了中国数据分析师《BDA 数据分析职业技能等级规范》（以下简称《规范》）（标准号 Q/BDA 001－2019），基于数据分析理论、计算机技术以及行业案例应用“三维一体”的大数据分析人才培养理念，通过向高等院校、行业协会组织推广实施《标准》，为政府和各类企事业单位培养数据管理、数据分析、数据挖掘、数据洞察方面的复合型和应用型专业人才。

BDA 数据分析师证书分为员级、初级、中级和准高级、高级五个层级，相应于不同层次证书获得者的能力要求具体如下：

1. 数据管理员证书获得者应具备办公自动化、数据收集基本技能。

2. 初级数据分析师证书获得者应具备办公自动化、数据收集基本技能，具备常规数据处理、分析和展示的能力。

3. 中级数据分析师证书获得者应具备数据处理、分析和展示能力；具备基本网络数据收集、数据挖掘能力，具备和大型数据库管理人员、大数据框架工程师团队协同工作的能力。

4. 准高级数据分析师证书获得者应具备网络数据收集、数据挖掘能力，具备大规模数据处理、分析和展示能力；具备协助高级数据分析师工作的能力。

5. 高级数据分析师证书获得者应具备网络数据收集、数据挖掘技能；具备大规模数据处理、分析和展示能力；具备承担大数据项目设计和实施的综合能力。

《规范》是用人单位考核与选拔数据分析从业人员的重要依据，也是编写相关教材、命题、考试、培训的纲领性文件。为便于考生自学及企业培训，我们根据《规范》编写了“BDA 数据分析师考试系列教材”。该系列教材不仅能帮助考生了解相关课程考核的主要内容与能力要求，指导考生有针对性地进行系统学习与自主实践，而且对开展数据分析师培训的相关机构也具有很好的促进作用。

编者

2019 年 9 月

前　言

数据是记载客观事物性质、状态及其相互关系的符号。飞速进步的信息技术不仅产生了大量数据，而且为收集、存储、分析与应用数据提供了重要保障，呈现出“时时有数据，处处需分析”的发展态势。那么，针对具体的实际问题，能够运用有效的分析方法，并借助于现代信息技术从数据中“提取特征、发现规律、指导实践”已成为不同行业领域中数据分析人才必备的能力。正是在这样的背景下，我们组织了多年来从事数据分析教学与研究工作的一线教师编著了本书。

本书以读者为中心，以学习效果最大化为导向，通过“学前想、学中思、学后悟”，想一想有哪些要解决的问题，思一思分析问题的具体方法，悟一悟方法背后蕴含的思维方式与哲理，力求使读者达到领悟思想的目的。在学完相应内容后，通过“练中究，练中探”，使读者在解决实际问题的过程中进一步理解概念、掌握原理、学会应用，探讨深层次的前沿或热点问题。

本书在编写过程中，充分遵循人的认知规律，沿着“发现问题、分析问题与解决问题”这条主线，按照初级数据分析师对数据分析能力的规格要求，从数据收集、数据准备、数据可视化、描述性分析、推断性分析、时间序列分析以及数据报告撰写等方面展开讨论。第 1 章从数据的概念、分类、价值以及数据分析的方法、步骤与工具等方面对数据分析的整体情况进行了概括；第 2 章主要介绍了数据分析前关于数据的收集、存储以及预处理等准备工作；第 3 章对数据可视化的概念、原理与各种常用的分析方法进行了详细介绍；第 4 章主要从集中趋势、离散程度以及总体分布等视角讨论了数据的描述性分析方法；第 5 章主要介绍了正态总体下基于样本数据进行的参数估计与假设检验这两类推断性统计分析方法；第 6 章讨论了变量之间相互联系的相关分析与回归分析；第 7 章就如何对时间序列数据进行趋势性、季节性、周期性分析进行了具体讨论；第 8 章重点从市场研究、普通应用、学术研究等角度对数据分析报告的撰写方法进行了探讨，并列举了三个具体的应用案例。

本书是 2018 年教育部产学研协同育人项目“基于提升学生数据分析能力的校企合作教学模式探索与实践”的研究成果，并得到了国家自然科学基金项目

（71371138）的资助。本书由安建业、卢志义、耿峤峙、滕树军、刘冬、李晶洁、王倩、程青青共同编写完成。

本书既可作为BDA数据分析师考试系列教材，也可作为高等学校数据科学相关专业的教学用书，或者从事数据分析行业相关工作的入门参考书。

由于水平所限，书中不足之处在所难免，恳请读者批评指正。

编者

2019年9月

目　　录

第1章　数据分析导论

想

2011年5月，全球知名咨询公司麦肯锡（Mckinseyand Company）发布了《大数据：创新、竞争和生产力的下一个前沿领域》，标志着大数据时代的到来。在我国，大数据产业也得到了快速发展。据前瞻产业研究院发布的《大数据产业发展前景与投资战略规划分析报告》数据显示：2017年中国大数据产业规模达到4700亿元，同比增长30%，而随着大数据在各行业的融合应用不断深化，预计2020年中国大数据市场的产值将超万亿元。

当然，大数据也是数据，那么，究竟什么是数据？数据产业发展为何如此之快，有如此大的应用价值？为什么要进行数据分析？数据分析的常用方法有哪些？应怎样进行数据分析？

第1节　数据及其分类

数，对于每个人来说，可谓是耳熟能详的一个词。从我们咿呀学语开始，父母就教我们识数，开始与数据打交道了。当然，数据并不仅仅指这些数字，那么到底什么是数据？如何对数据进行分类？

一、数据的基本概念

事实上，除了数字之外，数据具有非常广的内涵。例如，描述个人特征的姓名、籍贯、文化程度、肤色、职业、爱好以及记录个人活动的日志、照片、录音、录像、动画等资料都是数据。

思

1. 还有哪些类型的资料也是数据，试举出几个具体的例子。
2. 如何给数据下一个比较确切的定义？

通常，我们把对客观事物记录下来的、可以鉴别的符号统称为数据。它是对客观事物的性质、状态以及相互关系等进行记载的物理符号或这些物理符号的组合，是可识别的、抽象的符号。如今，计算机已经成为我们采集、存储、分析数据的主要工具，因此，在计算机科学中对数据也做了明确的界定，它是指所有能输入到计算机并被计算机程序处理的符号的总称，是具有一定意义的数字、字母、符号和模拟量等的通称。

近年来，随着互联网技术的飞速发展以及移动互联网、物联网等技术的广泛应用，人、机、物进入了深度融合的时代。特别是网络信息空间中的数据反映了人类社会与物理世界之间的相互联系，其规模以指数级增长，且呈现高度复杂化的趋势。这充分说明，我们已进入了一个数据爆炸的大数据时代。

思 每个数据都有各自的内涵与外延，并由特定的时间、地点与对象加以概括，因此我们拥有的这些海量数据种类繁多、结构复杂，各有其自身特点，即使对于那些依据研究目的而收集到的统计指标数据，其属性也有较大差异。那么，我们如何根据数据的不同特点对其进行分类呢？

显然，采集或记录数据不是最终目的，分析并应用数据解决实际问题才是我们追求的目标。由于不同类型的数据需要运用不同的数据处理与分析方法，因此了解数据的分类方法、明确数据的所属类型对于做好数据分析工作具有重要的意义。

二、数据的分类

要对数据进行分类，就需要设定分类标准。当然，从不同的视角出发，就会得到不同的分类结果。常用的分类视角主要包括数据的规模与复杂度、加工程度、结构化程度、计量尺度、时空特点、范围大小等，每种分类视角下的分类结果如图 1－1 所示。

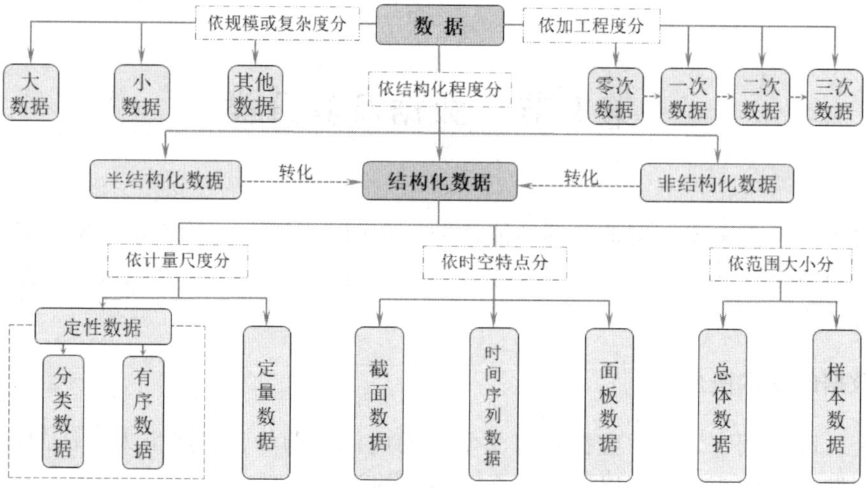

图 1－1　数据的分类

（一）大数据与小数据

从数据的规模大小与复杂度视角出发，可以将其分为大数据、小数据以及其他数据。

1. 大数据

大数据也称巨量资料，没有公认的确切定义。美国知名研究机构 Gartner 对于“大数据”给出了这样的定义：大数据是需要新处理模式才能具有更强的决策力、洞察发现力和流程优化能力的海量、高增长率和多样化的信息资产，通常用来形容一个企业创造的大量非结构化数据和半结构化数据，具有“5V 特性”，即 Volume（体量大）、Variety（多样性）、

Velocity（时效性）、Veracity（准确性）与 Value（价值大），如图 1－2 所示。

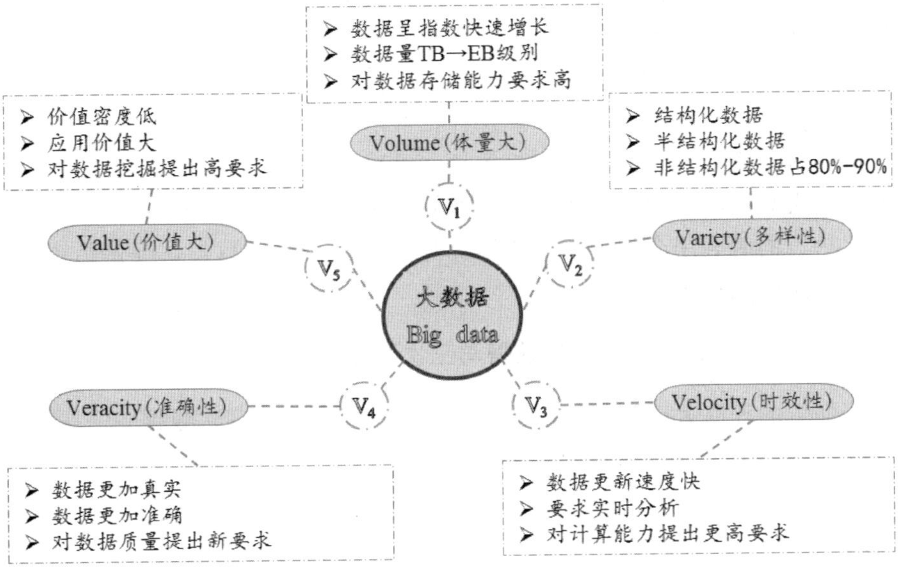

图 1－2　大数据的 5V 特征

物联网、云计算、移动互联网、车联网、手机、平板电脑、PC 以及遍布各个角落的种种传感器，都是大数据来源或者承载的方式。大数据将数十亿级毫无规律可循的个人行为数据化，并通过强大的数据分析能力实现了“让数据说话”的目标。未来的数字社会，将能够像观察仪表盘一样来监测社会、社群与个人的运行轨迹，从而使我们能更好地做出决策。

2. 小数据

小数据也称为个体资料，是指需要新的应用方式才能体现出具有高价值、高效率的个性化信息资产。我们每个人产生的数据（包括生活习惯、社交、财务、行为等）全部被收集、利用，形成一个富有个人色彩的小数据系统。小数据的特点在于以单个人为对象，重点在于深度，对个人数据全方位、全天候的挖掘与利用。

思

当大数据日渐成为分析用户需求的依赖时，马丁·林斯特龙却提出了相反的看法。他认为当营销涉及人的习惯时，大数据通常并不准确，反而是能体现人的信仰、兴趣、习惯、情绪等内容的信息更具说服力。由于人往往具有很多共性，因此我们仅需要通过对极少数人观测而形成的“小数据”就能得出结论，进而影响营销策略。

在大数据风行的时代，为什么世界知名营销专家反其道而行，提出了“小数据”理论？

如果说互联网的浪潮改变了人们的生活，那么大数据将再一次改变整个世界，只有拥有数据的人才有最终话语权。大数据时髦，但非万能，不必事事、时时与之相连。因此，我们要认清客观事物的实际情况，决不能一味追求大数据而忽略了小数据所带来的更精准、高效的数据分析。

第一个意识到“小数据”重要性的是美国康奈尔大学的教授德波哈尔·艾斯汀。在艾斯汀的父亲去世前的几个月，这位计算机科学教授就注意到老人的“数字社会脉动”出现了细微的不同——他不再发送电子邮件，不去超市买菜，到附近散步的距离也越来越短。而这种逐渐衰弱的状态，即使到医院去检查心电图也不一定能看出来。急诊检查时，不管是测脉搏还是查病历，这位90岁老人都未表现出明显异常。而事实上，追踪他每时每刻的个体化数据，他的生活已经明显与以前不同。这种日常小数据带来的生命信息的警示和洞察，启发了这位计算机科学家——小数据可以看作是一种新的医学证据，它是属于个人的数据。

小数据不是大数据的小型化，而是大数据的补充和延伸。小数据可解决大数据无法实现的个人隐私保护，同时利用全面的个人数据优势，结合外部大数据，提供给个人最个性化、最独特、最有价值的数据服务。

（二）零次数据、一次数据、二次数据与三次数据

从对数据加工的程度大小这一视角出发，可以将数据分为零次数据、一次数据、二次数据与三次数据。如图1－3所示。

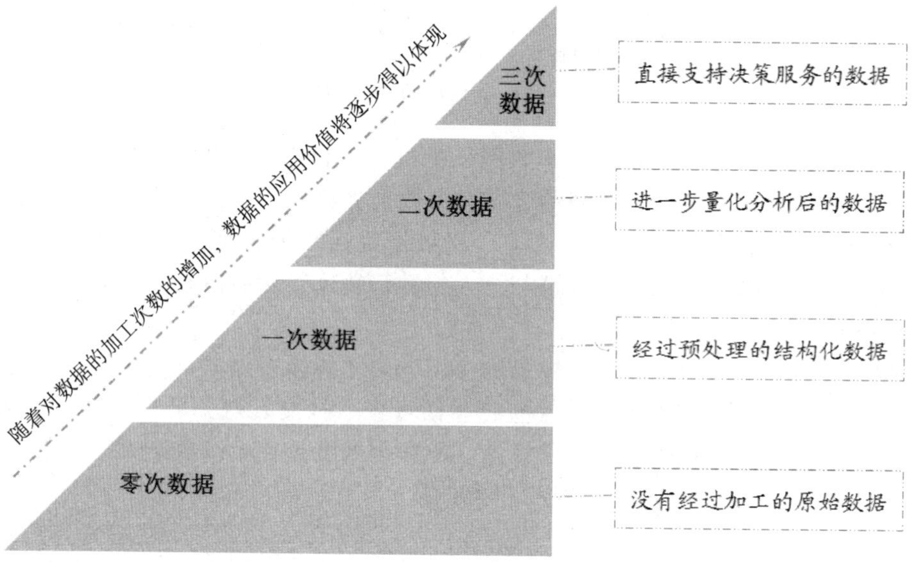

图1－3 数据的层次分类

1. 零次数据

零次数据也称原始数据，是指由数据的最终使用者收集的、没有经过预处理的数据，如各种感知仪器设备中直接生成的数据。零次数据可通过直接观察、实验或调查等方法收集，往往存在缺失值、噪声、错误或虚假信息等数据质量问题。

2. 一次数据

一次数据是指对零次数据进行清洗、变换、集成等初步加工后得到的结构化数据，是可直接用于深度或量化分析的“干净数据”。

3. 二次数据

二次数据是指对一次数据利用统计分析方法进行诸如脱敏、规约、标注等深度处理与分析后得到的“增值数据”。

4. 三次数据

三次数据是指对一次或二次数据通过可视化分析、统计分析、数据挖掘、机器学习或深度分析后得到的数据，是可以直接用于支撑决策的“洞察数据”。

（三）结构化、半结构化与非结构化数据

从数据的结构化程度这一视角出发，又可以将数据划分为结构化数据、半结构化数据与非结构化数据，如表1－1所示。

表1－1　结构化、半结构化与非结构化数据的比较

数据类型	特征	存储方式	举例
结构化数据	先定义结构模式，后收集数据	用关系型数据库存储	关系型数据库中数据
半结构化数据	先有数据，后较易发现其结构模式	转换后用关系型数据库存储	HTML、XML文档
非结构化数据	根本没有统一的数据结构模式	无法用关系型数据库存储	音频、视频文件等

1. 结构化数据

结构化数据是指具有较强的结构模式，严格地遵循数据格式与长度规范，可以用关系型数据库存储与管理的数据。通常，这类数据表现为一组具有二维表结构的数据集，而且是先定义数据集的结构，然后再收集相应的数据，如表1－2所示。

表1－2　结构化数据样例（2016年）

地区	编号	平均气温（℃）	GDP（亿元）	土地面积（km^2）	幸福指数排名
A地区	10052	12.2	18595.2	11300	4
B地区	10076	9.5	4845.6	454400	23
C地区	10089	4.4	6358.9	145900	10
……	……	……	……	……	……

在表1－2中，每一行是一个记录，表示一个个体的具体信息；每一列是一个字段（或变量），表示不同个体在某一方面具有的属性；不同行之间具有相同的属性。

2. 半结构化数据

半结构化数据是一种结构模式不太明显，不便于用关系型数据库进行存储与管理的数据。通常，这类数据不需要事先定义结构模式，但是其结构特征却相对容易获取和发现。例如，HTML、XML、JSON等计算机标识语言就是典型的半结构化数据，其数据的结构与内容耦合度高，转换处理后即可发现其结构。

3. 非结构化数据

非结构化数据是没有统一的结构模式，根本不能用关系型数据库进行存储与管理的数据。通常，支持非结构化数据存储的数据库采用多值字段、子字段和变长字段机制进行数据项的创建和管理，广泛应用于全文检索和各种多媒体信息处理领域。事实上，我们在日常生活中接触到的大多数数据都属于非结构化数据。例如，各种存储在文本文件中的系统日志、文档、图形、音频、视频、动画等数据都是非结构化数据。

（四）定性数据与定量数据

按照由低到高、由粗到细的标准，数据的计量尺度可分为定类尺度、定序尺度、定距尺度和定比尺度。根据所收集到的结构化数据计量尺度的不同，可以将其分为分类数据、有序数据和数值型数据。通常，我们也将分类数据与有序数据称为定性数据，数值型数据称为定量数据。

1. 定性数据

定性数据通常不是用数字表示的数据，它是根据定类尺度和定序尺度得到的数据。

定类尺度又称为名义尺度，它是依据客观事物的某种特征对其进行分类或分组计量的，不同类或不同组之间具有并列、平等且相互排斥的关系，也是最简单、层次最低的计量尺度。依据定类尺度计量得到的数据称为分类数据，一般用文字表示。例如，根据工业企业的生产方式和产品的特性，可以将工业企业划分为煤炭工业、电子工业、化学工业、机械工业以及其他工业。

在数据分析中，往往需要将分类数据进行量化处理。通常，将重点关注的那一类别记作“1”，其他类别都记作“0”，当然也可以用数字代码表示各个类别。例如，我们可以用“1”表示“电子工业”，而用“0”表示其他工业，也可以用“1”“2”“3”“4”和“5”分别代表“煤炭工业”“电子工业”“化学工业”“机械工业”和“其他工业”。显然，量化后的分类数据没有大小或顺序，是不能进行任何四则运算的。

定序尺度又称为顺序尺度，它是依据客观事物的等级差或顺序差对其进行分类或分组计量的，各组之间有优劣区分以及先后顺序关系。定序尺度虽然比定类尺度精细，但是相邻顺序等级之间的差距却并不一定相等。依据定序尺度计量得到的数据称为有序数据，通常也用文字表示。例如，评酒师通过对酒的品尝，可以对其质量给出上等、中等、劣等不同等级的评分；玉器鉴定师根据玉器的材料质地和加工技艺，可以将其所鉴定的玉器品质给出一等品、二等品、三等品以及次品的评价。

在数据分析中，往往也需要将有序数据进行量化处理。通常，可以分别用1，2，3……自然数来依次表示各种顺序等级。例如，用“1”“2”和“3”分别代表酒的质量为“上等”“中等”和“劣等”；可以用“1”“2”“3”“4”分别代表玉器品质评价结果为“一等品”“二等品”“三等品”“次品”（数字越大，品质越差），也可以用“4”“3”“2”“1”分别代表“一等品”“二等品”“三等品”“次品”（数字越大，品质越好）。显然，量化后的有序数据有先后顺序，但没有数量大小，也不可以进行四则运算。

2. 数值型数据

数值型数据是用数字表示的数据，它是根据定距尺度和定比尺度得到的数据。

定距尺度又称为差距尺度，它是利用数值对客观事物不同类别之间的间距进行精确计量的，通常用于测量事物的绝对总量、规模或水平。在这种计量尺度下虽然有度量单位，但是并不存在绝对的零点，这里的零点实际上只是一个用于比较的参照标准。例如，一天中各个不同时刻相对于0℃的气温，可以用温度计精确地测量得出，而气温0℃并不表示没有温度，只是计量温度的参照标准，这种测量数值也只是相对于某一个参照标准而得到的差距值。在定距尺度下，我们通过测量得到的数据虽然为常规的数值，但不同数值之间并不存在比例关系。例如，气温20℃并不能说明比气温10℃热一倍，但气温20℃与10℃之间的温差却和气温 10℃与 0℃之间的温差相等。

定比尺度又称为比例尺度，它是利用数值对客观事物某种特征的绝对数量大小进行计量的，有度量单位，用具有绝对零点的计量尺度对其进行测量。例如，对于一个工业企业的生产经营利润，可以用会计核算的方法计算得出。在这种计量尺度下得到的数据存在绝对零点，企业的利润为 0 元就是表示没有盈利；同时，用这种定比尺度得出的数值除了具有定距尺度数值的全部特性外，数值之间还存在比例关系，企业利润为 100 万元是 50 万元的 2 倍。

上述四种计量尺度下对客观事物特征的测量层次是依次递进的，其中定类尺度是最粗略的计量尺度，而定比尺度则是最精细的计量尺度。它们之间的特性对比如图 1－4 所示。

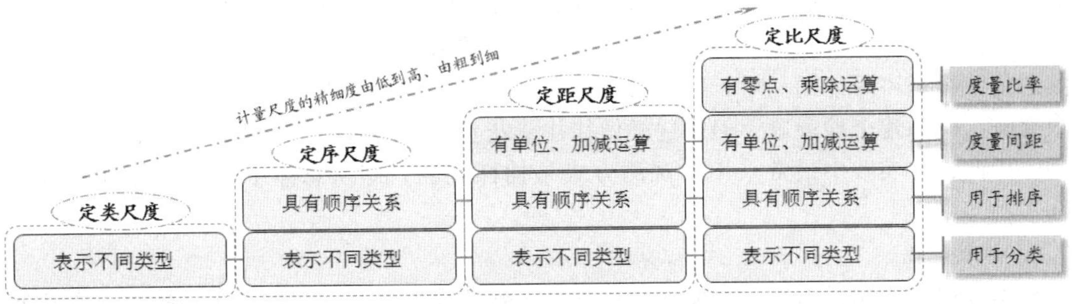

图 1－4　四种计量尺度性质对比

对于不同层次计量尺度下的测量数据，如果要将其统一转化为同一层次计量尺度下的测量数据，则只能将高层次计量尺度下的测量数据转换为低层次计量尺度下的测量数据，而不可能将低层次计量尺度下的测量数据转换为高层次计量尺度下的测量数据。

（五）截面数据、时间序列数据和面板数据

按照所收集到的结构化数据描述客观事物时空维度的不同，可以将其分为截面数据、时间序列数据与面板数据。

1. 截面数据

截面数据是指在某一时间点收集到的关于不同研究对象的数据，主要用于描述这些不同对象在这一时间点所表现出的特征和属性，突出各对象在空间维度上的差异。例如，2017 年全国各省市的国内生产总值；2019 年全国各高校的本科生招生人数；等等。

2. 时间序列数据

时间序列数据是指同一研究对象在不同时间点上连续观测所收集到的数据，它从时间维度描述研究对象发展变化的轨迹与规律。例如，从 1978 年到 2018 年天津市国内生产总值；从 2000 年到 2019 年某高校的本科生招生人数；等等。

3. 面板数据

面板数据又称为平行数据，是由时间序列数据和截面数据交叉而形成的，它是指从时间与空间两个维度对不同空间上的研究对象在不同时间点上连续观测所收集到的数据。例如，从 1978 年到 2018 年全国各省市的国内生产总值；从 2000 年到 2019 年教育部直属高校的本科生招生人数；等等。

（六）总体数据与样本数据

通常，我们将研究对象全部个体构成的集合称为总体。如果总体中包含无穷多个个体，则称其为无限总体；否则，称为有限总体。按照某种方式，从总体中抽取部分个体构成的集合称为样本。样本中所含个体的数目称为样本容量。样本可大可小，最小的样本可以只有一个个体，样本容量为1；最大的样本对于有限总体来说可以包含总体中的全部个体，即样本容量可以等于总体容量。相应地，依据收集到的结构化数据所涵盖研究对象个体范围的大小，将其分为总体数据与样本数据。

1. 总体数据

总体数据就是由总体中所有个体数据构成的集合。在实际应用中，要得到总体数据就需要对总体进行观测或实验。对于无限总体而言，要通过全面观测得到总体数据是不可能的。例如，海洋中某种微生物的个体数量或宇宙中星星的数量都不是一个有限值，要通过观测得到其总体数据是不可能的。对于有限总体而言，虽然可以对其每一个个体进行观测，例如，人口普查、产品逐个检验等，但是这样做往往要花费大量的人力、物力与财力，耗费太长的时间。因此，在实践中最常采用的观测方式是抽样观测，即从总体中抽取一部分个体进行观测。

2. 样本数据

样本数据就是对样本中的个体进行观测而得到的数据集合。例如，人口抽查、产品抽检等观测到的数据都是样本数据。在实际应用中，为了保证基于样本对总体进行推断的可靠性，要求样本必须有足够的代表性，因此样本在总体中的分布应该是均匀的。这就要求抽取样本的方式必须是随机的，即总体中的每一个个体都以事先确知的可能性被抽到样本中来。保证抽样的随机性和样本的代表性是确定抽样方式和方法必须遵循的基本原则。

对于某个所要研究的具体实际问题，其总体是唯一确定的，所以总体的任何一个指标只能有唯一确定的数值。不论采用什么样的观测方式，也不论观测的个体数或观测次数有多大，总体指标的数值都不会改变，因而总体指标是常数。尽管总体指标数值是唯一确定的，但却往往是未知的。事实上，进行观测的首要目的就是根据样本数据来推断总体指标的量化信息。

第2节 数据的价值与获取

数据无时不有，只要有人类生产实践活动的存在，就会伴随着大量数据的产生。但是，如果不加以利用，那么数据就是一堆无意义的符号，没有任何价值。只有通过对这些不同时间、不同地点、不同方式收集到的数据进行深入分析，才能帮助人们了解事物的本质特征，认识世界的客观规律，指导我们进行生产实践，才能体现数据蕴含的价值。

思 数据的价值体现在哪些方面？如何获取数据的价值？

事实上，数据蕴含的价值是多方面的，而获取其价值的最主要方式就是数据分析。由于样本数据与大数据是两种比较典型的数据，因此，下面主要介绍这两类数据的价值与获取。

一、样本数据的价值与获取

在计算机与网络技术没有产生或发展之初，由于收集数据的方法与手段有限，数据采集成本较高或采集全部数据根本不可能，因此，通过抽样调查来收集样本数据成为当时获取数据的主要方式。例如，要了解某个国家的人口分布特征，不可能对每个人的特征一一进行测量；要检验一批产品的质量，由于检验往往具有破坏性，也不可能对每个产品进行测量；要研究海洋中某种微生物的习性，同样也不可能对其中每一个微生物习性进行观测；等等。

统计分析是适用于所有学科领域的通用数据分析方法，只要有数据的地方就会用到统计分析方法。事实上，政府部门的决策、学术领域的研究、社会经济的预测、生产经营的管理、日常生活的安排等来自不同部门、不同行业、不同领域的实际问题都需要借助于对样本数据的统计分析加以解决。因此，样本数据具有巨大的应用价值，而统计分析是获取其价值最主要的方式。下面的实例就是很好的见证。

实例 1（开普勒三定律的发现）：开普勒是德国著名的天文学家，他提出的关于行星运动的轨道定律、面积定律以及周期定律，深刻揭示了行星绕太阳运动的规律，使我们对行星的运动特征有了更清晰的认识，为后来牛顿发现万有引力定律奠定了坚实的基础。具体内容如下：

第一定律（轨道定律）：所有的行星绕太阳运行的轨道都是椭圆，而且太阳在椭圆的一个焦点上。

第二定律（面积定律）：行星和太阳的连线在相等的时间间隔内扫过相等的面积。

第三定律（周期定律）：所有行星绕太阳公转的周期（T_i）的平方与其椭圆轨道半长轴（R_i）的立方成正比，即$\frac{T_i^2}{R_i^3}=k$（k 为常数）。

> **思**　开普勒是如何发现行星在宇宙空间绕太阳运动所遵循的规律的？

谈到开普勒三定律，不得不提开普勒的老师第谷·布拉赫。第谷是丹麦天文学家，也是天文史上的一位奇人。在 1572 年，第谷发现了仙后座中的一颗新星，并在汶岛建造了天堡观象台。经过 20 年的观测，第谷积累了第一手关于行星运行状态的样本数据。通过对这些观测数据的分析，第谷提出了一种介于地心说和日心说之间的宇宙结构体系，而且其编制的恒星表流传至今，仍然对天文物理学的研究有很大的价值。因此，第谷在天文物理学的成就为开普勒三定律的提出奠定了必要的研究基础。

1601 年第谷逝世后，开普勒接替了第谷编制鲁道夫星表的工作，同时也继承了第谷的数据积累资料。但开普勒的兴趣和注意力却更多地放在改进和完善哥白尼的日心说，探讨行星轨道的性质。他发现第谷的观测数据与哥白尼体系、托勒密体系都不符合，于是，他决心寻找这种不一致的原因和行星运行的真实轨道。

从 1605 年开始，根据第谷收集的关于行星位置的观测数据，沿用哥白尼的匀速圆周运动理论，经过四年多的分析与计算，开普勒发现第谷的观测数据与计算结果有 8 分的误差

（相当于秒针 0.02 秒瞬间转过的角度），并坚信第谷的数据是正确的，从而他对“完美”的神运动（匀速圆周运动）发起质疑，由此提出了开普勒第一定律和第二定律。

在发现行星运动的轨道定律和面积定律后，开普勒渴望找到一种能适合所有行星的总体模式，找到各行星之间的内在联系。表 1－3 列出了太阳系部分行星绕太阳一周的公转周期（单位：年）与行星所在轨道半长轴的长度（单位：地球与太阳之间的平均距离）。

表 1－3 行星的公转周期和轨道半长轴之间的关系

行星	公转周期（T_i）	轨道半长轴（R_i）	T_i^2	R_i^3	$\frac{T_i^2}{R_i^3}$
土星	29.457	9.539	867.715	867.978	1.000
木星	11.862	5.203	140.707	140.852	0.999
水星	0.241	0.387	0.058	0.058	1.002
金星	0.615	0.723	0.378	0.378	1.001
火星	1.881	1.524	3.538	3.540	1.000
地球	1.000	1.000	1.000	1.000	1.000

开普勒经过反复分析和计算，发现太阳系行星绕太阳一周的公转周期与行星所在轨道的半长轴距离成正比，终于找到在大量观测数据背后隐藏的数的和谐性，即开普勒第三定律。

实例 2（啤酒与纸尿布的故事）：在美国的零售业有这样一个传奇故事，故事发生在全球最大的零售商沃尔玛身上。在很早以前，沃尔玛的管理者就注意到对顾客数据收集和挖掘的重要性了。为此，他们在总部建立了一个能够存储 3 年以上销售数据的信息存储中心，要求世界各地的连锁店在每天晚上都要通过网络将数据传到总部，并经过整理、排序后存储在计算机中。

有了顾客的销售数据，公司组织专家对这些样本数据并进行统计分析，结果惊奇地发现：每到周末的时候，超市中啤酒和纸尿裤总是被同时售出。于是，沃尔玛将他们的啤酒和纸尿裤并排摆在一起销售，结果纸尿裤和啤酒的销量双双增长。

思

为什么沃尔玛超市将啤酒和纸尿裤这两类风马牛不相及的物品搭放在一起，能起到如此惊人的效果，产生如此大的商业价值？

为了了解其中的奥妙，沃尔玛决定对相关数据进一步分析，并调查、走访了许多同时购买啤酒和纸尿裤这两类商品的顾客，发现具有如下特点：

其一，一般是周末出现这种情况，而且购买者以已婚男士为主；

其二，这类顾客家中有孩子且不到两岁，有纸尿裤的刚需；

其三，这些人喜欢看体育比赛节目，并且喜欢边喝啤酒边看比赛，顾客有喝啤酒的需求。

由此得知事情的真相。原来，许多美国的年轻母亲都喜欢周末放松一下身心，而这个时间恰好是丈夫的休息时间，也正好到了该给孩子买纸尿裤的时候了，因此照顾孩子、购买纸尿裤的差事自然就落到了丈夫的身上。另外，由于周末是体育比赛扎堆的日子，因此，喜欢看比赛的年轻父亲们在超市里购买纸尿裤的同时，总是不会忘记买几罐啤酒作为自己周末的消遣。

了解确切情况后，沃尔玛很快就做出了反应。每到周末，各超市就会将原本分置在不同地点的啤酒和纸尿裤摆放在一起，从而大大增加了销量。同时，沃尔玛又根据不同的数据分析结果，对超市中其他物品的摆放位置也做出了调整。仅此一项，使得沃尔玛当年的销售额就提升了近 30%。由此可知，是数据给沃尔玛带来了价值，是数据的相关性统计分析给其带来了巨额利润。

二、大数据的价值与获取

如今，移动互联、物联网、云计算与人工智能等新技术不断普及，数据采集的途径更加便捷多样，数据分析的方法与手段更加宽泛有效，人类已经进入大数据时代。大数据已成为各行、各业拥有的重要资源，正在改变着我们现实生活的方方面面，其蕴含的价值是不可估量的。大数据不仅具有巨大的社会价值，而且拥有无限的商业价值，还能够带来可观的经济效益。在此这里我们列举大数据在下面五个方面的应用价值：

1. 电子商务大数据的价值体现

电子商务的发展核心主要是为客户提供更好的产品与服务，这就要求相关企业以坚实的产品质量和售后为基础，对搜集的数据进行分析和处理，及时了解消费者的心理和需求，从而制定有效的营销策略，实现企业的发展目标。因此，只有合理、适当地利用大数据，才能促使企业在繁杂的网络环境中生存并发展。农夫山泉正是利用电子商务大数据平台销售矿泉水，实现企业的升级，获得可观的经济效益。

实例 3（农夫山泉用大数据卖矿泉水）：农夫山泉是一家饮用水生产企业，全国拥有10000 多个业务员，每个业务员每天要到 15 个指定超市的矿泉水水堆前拍摄 10 张照片，并在下班前将 150 张照片传回杭州总部，从而会产生 10M 的数据。总部每月的数据量将达到3TB，以此图片数据来直观、定性地推测反映矿泉水的需求、销售等情况。

> **思**　怎样设计矿泉水的堆放方式才能更好地促进销售？什么年龄的消费者在水堆前停留更久，他们一次购买的量有多大？气温的变化让购买行为发生了哪些改变？竞争对手的新包装对销售产生了怎样的影响？

起初，公司决策者主要通过对这些图片的直观分析，并凭借多年积累的经验来进行判断，而不是出自对数据的实时统计分析，因此公司在物流领域花了很多冤枉钱。例如，对于某个350ml 饮用水产品，由于在各个城市的销量预测不准确，因而造成公司组织货源不合理，有的地区货源不足，而有的地区货源却过剩。要解决这一问题，公司只能通过大区间的调运来弥补终端货源的不足：华北往华南运，运到半道的时候，却发现华东实际有富余，从华东调运更便宜。可是没过多久，又发现对华南的预测有偏差，华北短缺更为严重，华东开始往华北运。此时如果太湖突发一次污染事件，很可能华东又出现短缺，这种状况让农夫山泉头疼不已。

后来，公司将业务员拍摄的照片收集起来，并与某软件公司在企业管理软件 ERP 应用方面进行合作，共同开发了基于“饮用水”运输环境的数据场景。在此基础上，软件研发团队和农夫山泉团队对场景进行进一步开发，他们将高速公路的收费、道路等级、天气、配送中心辐射半径、季节性变化、不同市场的售价、不同渠道的费用、各地的人力成本、甚至诸如召开大型运动会等突发性需求数据都纳入进来，利用大数据加以分析，进行决策。

思 在采购、仓储、配送这条商品流通线上，农夫山泉希望利用大数据解决哪些问题？

首先，公司希望解决生产和销售的不平衡问题。为此，需要准确获知各类产品该生产多少，运送多少；其次，让400多家办事处、30多个配送中心能够纳入到体系中来，形成一个动态网状结构，而非简单的树状结构；最后，让退货、残次等问题与生产基地能够实时连接起来。换言之，公司希望将销售的最前端成为一个个神经末梢，它的任何一个痛点，在“大脑”这里都能快速地感知到。

2011年，该软件公司推出了创新性的数据库平台，借助于此平台，同等数据量的计算速度从过去的24小时缩短到了0.67秒，几乎可以做到实时计算结果，实现了物流成本的精准管控。

借助于强大的数据分析能力，农夫山泉近年来以30%~40%的年增长率，在饮用水方面快速超越了原先的三甲：娃哈哈、乐百氏和可口可乐。根据国家统计局公布的数据，饮用水领域的市场份额，农夫山泉、康师傅、娃哈哈、可口可乐的冰露占比分别为34.8%、16.1%、14.3%、4.7%，农夫山泉几乎是另外三家之和，大数据为农夫山泉带来了巨大的经济效益。

事实上，获益的不仅仅是农夫山泉。正是凭借在农夫山泉运输环境数据场景中积累的宝贵经验，该软件公司迅速将其复制到神州租车业务上，通过设计特定的算法，使神州租车的车辆资源配置更加合理，租用流程更加优化，打破了企业的发展瓶颈，使车辆使用率提高了15%，获得了丰厚的经济回报。

2. 新型媒体大数据的价值体现

传统意义的媒体形式已不能满足当今社会的现实需求，迫切需要建立大数据背景下的新型媒体，按照循序渐进的原则，从以下三个方面加以建设：

一是奠定大数据资产基础。当前媒体大数据资产的积累主要来源于原创内容数字化和历史 数据的整合。除了媒体自身数据外，还可采取与互联网平台企业合作的方式，购买或交换用户的相关数据信息，以达到数据扩充的效果，奠定广泛的媒体大数据资产基础。

二是提升大数据的处理能力。购置相关数据处理设备，与技术型企业合作，提升媒体自身的数据应用能力；实施人才养成计划，培植一批核心骨干，建立智能化商业模式，研发新产品，助力企业运营，部署符合时代发展需求的战略，进而提升媒体广告所产生的效果。

三是大数据辅助媒体报道。充分理解并应用数据新闻学，深度挖掘数据的产生背景，建立各环节之间的关联模式，运用可视化手段，实现与观众的互动，从而提高媒体服务的质量。

新型媒体需要紧跟社会潮流的步伐，及时了解观众的新闻截取途径，借助搜索引擎，充分发挥社交网站的作用，有助于实现新型媒体大数据在促进社会进步与发展方面的价值。

3. 医疗行业大数据的价值体现

大数据对于医疗事业的创新与发展是多方面的，无论是医疗新产品的研发，还是医疗服务新模式的探索都具有重要的推动作用。

在推动医疗新产品的研发方面，一方面，借助于大数据，医疗新产品研发企业可通过建立数据模型，计算其投入与产出的比例，并通过展示与分析，预判研发产品的安全、有效性，择取最优药物产品，达到降低研发成本的效果；另一方面，医药研发企业可借助大数据在媒体方面的影响，更快地将新品药物推向市场，以现实数据为依据，提升自身品牌的知名度，获取消费者的认可，缩短医疗新产品的研发周期。

在医疗服务新模式的探索方面，首先，大数据为探索医疗服务新模式指明了方向，进一步明确了“将大数据贯穿于整个医疗服务过程，并通过整理、分析患者的临床治疗与医疗保险等相关个体数据资料，便于医生更有针对性地制定科学合理的治疗方案”的工作思路；其次，通过建立世界各地的电子病例大数据库，帮助医疗卫生部门及时监测疫情发展状况，采取有效的控制措施，减少医疗索赔的支出，降低传染病的扩展率，极大地改善社会公众的健康。另外，大数据的应用还可为公众提供及时、准确、有效的健康咨询服务，提高公众健康的风险意识，为人们创造更加美好、健康的社会生活环境。

4. 教育大数据的价值体现

大数据与教育相融合，产生了教育大数据。它是整个教育活动过程中所产生的以及根据教育需要采集到的、一切用于教育发展并可创造巨大潜在价值的数据集合，其蕴含的价值从战略与应用两个层面得以体现。

（1）从战略层看，教育大数据的价值主要体现在以下三个方面：

其一，教育大数据是一种无形的战略资产，是一座可无限开采的“金矿”，充分的挖掘与应用是实现数据“资产”增值的唯一途径。

其二，教育改革既要有胆魄，更要有科学的依据，教育大数据是推动教育领域全面深化改革的核心力量。

其三，教育大数据汇聚、存储了教育领域的信息资产，是发展智慧教育最重要的基础。

（2）从应用层面看，教育大数据的价值主要体现在以下五个方面：

其一，有助于开展数据驱动的教育决策，实现教育设备与环境的智能管控，提升教育危机预防与安全管理的能力。

其二，有助于持续优化教与学，辅助教师开展精准教学，辅助学生实现个性化学习。

其三，有助于促使教育评价从“经验主义”走向“数据主义”，从“宏观群体评价”走向“微观个体评价”，从“单一评价”走向“综合评价”。

其四，教育数据的合理、合法、有效、创新应用，有助于催生更加多样化、智慧化的教育服务。

其五，有助于推动社会科学的研究范式从抽样模式走向全样本模式，使社会科学成为一门实实在在的实证科学。

总之，教育大数据的最终价值应体现在与教育主流业务的深度融合以及持续推动教育系统的智慧化变革上。

5. 大数据的商业价值体现

在商业价值方面，可借助于大数据通过对“人”画像与分析，判断不同人的需求或潜在需求，从而及时精准地为顾客提供个性化服务，以获得最大经济效益。大数据的商业价值主要体现在以下六个方面：

（1）实现对顾客群体的细分。利用大数据对顾客群体进行细分后，对每个群体量体裁衣，构建不同的营销与服务模式，这正是商家一直追求的目标。

（2）运用大数据模拟实境，发掘新的需求。现在越来越多的产品中都装有传感器，汽车和智能手机的普及使得可收集数据呈现爆炸性增长，腾讯、百度、微信和微博等社交网络也在产生着海量的数据。云计算与大数据分析技术使得商家可以在成本效率较高的情况下，实时地把这些数据连同交易行为的数据进行储存和分析。交易过程、产品使用和人类行为都可以实现数据化。

（3）促进大数据在不同部门间的共享，提高整个管理链条和产业链条的投入回报率。大数据综合实力强的部门可以通过云计算、互联网以及内部搜索引擎把大数据的分析结果向大数据实力比较弱的部门分享，帮助其利用大数据创造商业价值。

（4）提高客户管理的效率与水平。客户管理应用的目的是根据客户的属性（包括自然属性和行为属性），从不同角度深层次分析客户、了解客户，以此增加新的客户、提高客户的忠诚度、降低客户流失率、提高客户消费等。

（5）实现个性化精准推荐。根据用户喜好推荐各类业务或应用是运营商努力的方向，例如，应用商店软件推荐、IPTV 视频节目推荐，等等。通过关联算法、文本摘要抽取、情感分析等智能分析算法对相应的大数据进行分析后，可以将之延伸到商用化服务的层面，实现对客户的精准营销。

（6）借助于对大数据的搜索技术，开展新兴广告业务。数据搜索是一个并不新鲜的应用，随着大数据时代的到来，对实时地进行全范围搜索的需求也就变得越来越强烈。例如，通过对各种社交网络、用户行为等数据的搜索，将实时的数据分析与广告联系起来，开展实时广告业务和应用内移动广告的社交服务，提升新兴广告的商业价值。

思　除了以上列举之外，大数据的价值还体现在哪些方面？

事实上，大数据已完全融入我们的生活，几乎所有的行业领域都产生了海量数据，拥有自己的大数据。如今，通过数据分析获取大数据蕴含的巨大价值，已成为社会关注的重点或科学研究的热点。大数据不仅促进了科技的进步，而且提高了人们的生活质量，推动了社会的快速发展。

第 3 节　数据分析的基本问题

通过前面的讨论可知，数据分析是利用适当的分析方法，特别是统计分析方法对收集到的大量数据进行分析，提取有用信息，并对数据加以研究和概括总结形成结论的过程，是获取数据价值的最主要方式。数据分析的数学基础在 20 世纪早期就已确立，但是直到计算机出现之后其实际操作才成为可能，并得以广泛应用。

一、数据分析的特点

数据分析具有自身的内在规律和特点，主要表现在以下几个方面：

1. 数据分析是定性分析与定量分析相结合的过程

定性分析是人们根据事实，运用经验和判断能力、逻辑思维方法、哲学方法和相关专业理论，对现象进行判断、归纳、推理和概括的过程，它是进行定量分析的基础。定量分析是人们根据收集到的数据，主要是运用统计分析方法，对现象的数量特征、变量之间的数量关系以及现象的数量变化规律进行描述、解释和推断，它能够为人们提供清晰、精确和形象的分析结果。

数据分析以定性分析为基础，同时又以定性分析为目标，而定量分析属于中间环节，必须服务于定性分析。例如，在制订数据分析计划时，就需要对所研究的现象进行定性分析；在定量分析之初，现象的属性划分、分析假设的建立、变量类型的确定以及变量之间逻辑关系的建立等不同环节都需要进行定性分析；在定量分析后期，各种定量分析数据的解释、推理、归纳、概括、判断以及在此基础上对现象本质特征和规律性的认识，也同样需要进行定性分析。

当然，定量分析在数据分析中也占有举足轻重的地位，没有深入、系统的定量分析就不可能对现象的本质和规律性有正确、深刻的认识。这是由于现象的变化往往从量变开始，只有当量变达到一定程度才会发生质变，而现象的本质也往往具有一定的数量特征。基于此，对现象进行研究，还必须注重其量的研究，数据分析是定性分析和定量分析相结合的过程。

2. 统计分析是定量分析的主要方法

数据分析的目的是要认识所研究总体的本质特征与规律。然而，在大多数情况下，收集到的数据来自于总体中的一个样本，这就存在一个如何根据样本数据对总体的数量特征和变量变化规律进行推断的问题。解决这一问题的最重要、最有效的方法就是统计分析。

统计分析是由描述性分析与推断性分析组成的一个方法体系，主要用来描述现象总体的数量特征，由样本数据对总体进行推断，分析变量之间的数量关系，以揭示现象背后隐藏的统计规律。

统计分析具有多种多样的方法。在数据分析过程中，可以根据数据属性、分析研究目的和要求的不同，选择合适的统计分析方法。但是也要注意，统计分析方法不是万能的，它还必须和其他分析方法结合起来加以运用才能取得更好的效果。这是由于统计分析所要揭示的数量关系只是客观事物存在的诸多关系中的一种，而不是全部，客观事物之间存在的其他关系往往要运用其他分析方法来揭示。

3. 数据分析不能孤立于被研究的现象而独立进行

通常，我们所获得的数据是现象所具有属性的数量表现。在数据分析中，如果只强调方法的运用，而不了解被研究现象的背景、特点及变化规律等具体情况，就数据而论数据，是不可能达到分析的预期目的的。例如，对酒类消费者市场调查数据进行分析，就不能脱离酒类消费者的市场细分一般规律，也不能对酒类产品的制造、销售和品质评价一无所知，否则，分析结果可能就是一些干瘪和苍白的数字，甚至还会闹出笑话，起不到为决策和管理提供咨询服务的作用。

4. 数据分析过程是一次认识上的质的飞跃

数据分析过程不仅仅是分析方法的运用过程，更是一个依据数据对现象本质的研究过程，是人们对现象从量变的认识上升到质变的认识的过程。可见，数据分析过程是具有相当的复杂性和难度的。要实现这种认识上的质的飞跃，不仅要选择合适的统计分析方法，得到可信的分析结果，而且要根据数据的内在特点和变量之间的关系特征，进行深入、系统的定性分析，从而对现象的本质和规律进行客观的判断、推理、归纳和总结，对现象变化的成因进行合理的解释，并在此基础上形成研究人员对现象的认识观点，然而，在一些调查研究实际活动中，研究者往往只注重数据分析的结果，却忽略了如何借助于数据分析的结果来形成对现象的认识，从而导致数据分析质量在低水平徘徊。

二、数据分析的基本原则

数据分析作为研究的一个重要阶段，有其自身的规律和要求。在进行数据分析时，我们要遵循科学性、客观性、目的性与系统性原则。

（一）科学性原则

在进行数据分析时，要根据数据的属性特点、来源渠道、研究任务和目的的不同，选择科学合理的分析方法，即遵循科学性原则。

例如，在实际调查研究中，从调查数据的属性看，既有定性数据也有定量数据，而分析这两类不同的数据，就应采用不同的分析方法。从调查数据来源看，可以产生于全面调查或非全面调查、概率抽样或非概率抽样、文案调查或实地调查，而分析这些不同来源的数据，应该选用不同的分析方法，非概率抽样数据就不宜进行推断分析，而概率抽样数据只有通过推断分析才有意义；从数据分析所涉及的变量看，有单变量、双变量和多变量数据分析，单变量数据分析的方法可以简单些，而双变量和多变量数据分析的方法就要复杂些，可能运用到诸如方差分析、假设检验、回归分析、多元统计分析等方法；从调查研究的目的看，如果研究的目的是了解现象的一般情况，如规模、结构、水平等一些基本数量特征，则可运用描述性分析方法进行分析，而如果研究的目的是通过样本数据了解总体数量特征，则要运用推断性分析方法进行分析。

基于此，在进行数据分析时，一定要综合考虑多方面因素，正确选择和合理运用分析方法，以保证分析过程的科学性和分析结论的准确性。

（二）客观性原则

在进行数据分析时，一定要实事求是，充分了解研究对象的实际情况，尊重实际数据的基本事实，保证分析结果的客观公正，即遵守客观性原则。

第一，要对被研究现象的具体情况有一个系统的了解，既要明确被研究现象的属性、特点和基本规律，也要熟悉相关的专业知识、法律法规和政策，这是数据分析应达到的基本要求。

第二，在进行数据分析前，应仔细审核数据的来源、真实性和有效性。没有真实可信的数据，就没有正确的分析结论。对于不真实的数据必须剔除，如果这样做减少了必要的样本量，则必须补充样本量，或采用合适的统计方法进行修补。

第三，要重视数据的整理工作。对同一数据按照不同的方法进行整理可能会得出完全相反的结论。在数据分析之前，一定要根据研究对象的性质和特点，调查研究的目的和要求，选择合适的方法对数据进行整理，为数据分析提供有效的数据资料。

第四，在数据分析过程中，应该是方法服从数据，而不是数据服从方法。例如，要分析多个变量之间的数量关系，可能要建立数学模型，当然就存在对模型的拟合优度和参数的显著性检验的问题。如果不能通过检验，只能修改模型，而不能修改数据，否则会影响分析结论的客观性和正确性。

第五，在做出分析结论时，分析人员必须根据数据分析的结果，运用相关的定性分析方法做出结论，要做到数据与实际相统一，数据和观点相统一，而不能出于某些利益原因或其他原因，脱离数据分析的结果，违背客观事实，做出虚假的结论。

（三）目的性原则

在进行数据分析时，一定要围绕研究的目的和任务，而且分析的结果也要能够满足实际应用的需要，即遵循目的性原则。

任何研究都会有具体研究目的和研究任务，不同的研究目的和任务对数据分析的要求是不同的。如果被研究的现象比较复杂，需要调查的数据量大，涉及的变量较多，而且其层次和结构也比较复杂，那么就需要运用比较复杂的方法进行分析；如果研究的目的是通过样本了解总体，则需要用推断分析方法；如果研究的任务是了解现象的一般情况，就可以采用描述分析方法；如果研究的任务是为制订决策提供咨询，那么数据分析的结果就应该能够满足决策的需要。

（四）系统性原则

在进行数据分析时，要将所研究的问题进行分解，然后对各种复杂的联系进行系统的分析和综合，即遵循系统性原则。

由于任何事物都是互相联系、互相影响的，事物之间的内在联系表现为一定的因果规律性，因此事物的产生、发展变化都有其必然原因。研究分析的目的就是要找出这些必然的、普遍的因果联系。为了达到这一目的，就需要将事物或现象的整体分解为相互联系的各个部分、各个要素，然后从不同层次和不同侧面来分析其内在联系。例如，在调查活动中，我们所获得的原始数据是关于各个个体的属性特征和数量特征，其具体表现具有偶然性。而要从偶然性中认识必然性，就必须坚持系统性原则。

三、数据分析的一般步骤

如今，数据分析技能被认为是数据科学领域中数据从业人员必备的一项基本技能。与此同时，数据分析师也成为时下最热门的职业之一。

思　数据分析从哪几个方面进行考量，其分析的一般步骤如何？

数据分析是根据研究的目的和要求，运用科学的方法和手段，对收集到的数据进行定性和定量分析，揭示现象的本质和规律，为决策和管理提供咨询服务的一个循序渐进的过程。在进行数据分析时，要根据实际情况，从目标的确立、路线方法的选择、数据的收集与处理、模型的建立与分析、结果的检验与应用等方面逐步展开，来分析“发生了什么、为什么发生、怎样发生的、将会发生什么”等具体问题。为此，可将数据分析的一般流程概括为“六步法”，即“目标→路线→数据→模型→检验→实践”，其流程如图 1 - 5 所示。

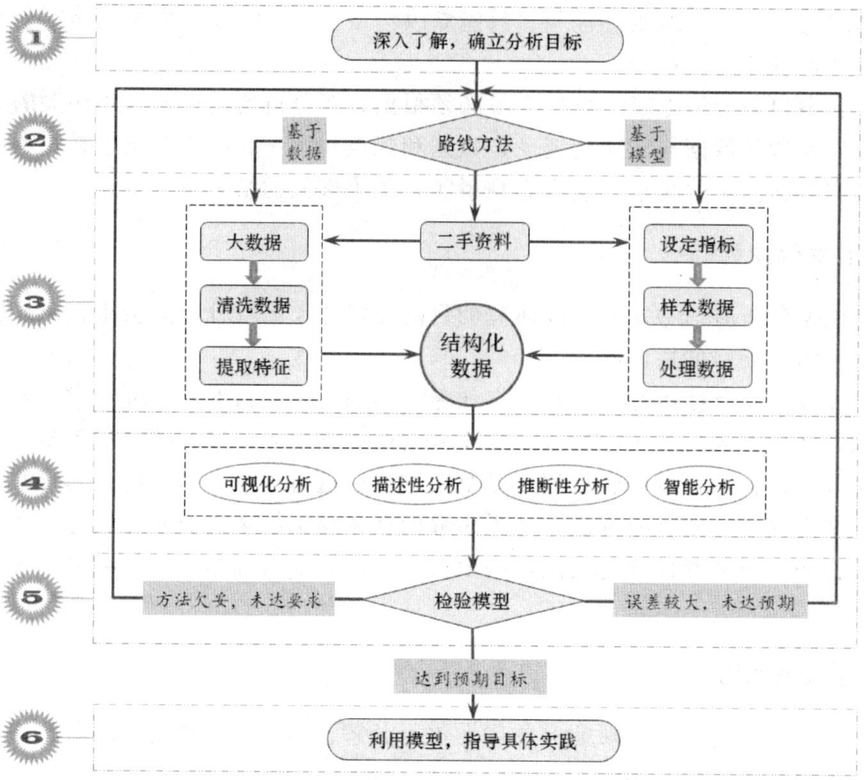

图 1－5 数据分析“六步法”流程图

（一）深入了解，确立分析目标

确立分析目标是数据分析的首要任务，也是数据分析最重要的步骤，它决定了后续数据分析的方向，否则会使分析的结果失去指导意义。

思 应该从哪几个方面来确定数据分析的具体目标？

事实上，数据分析的主要目标不外乎“总结过去、分析现在和预测未来”，因此，在进行数据收集前，就要着眼于未来的应用实践，总结过去已发生现象的特征与规律，进一步分析当前的实际表象，从以下三个方面来确立分析的具体目标：

首先，了解现状是数据分析的基本目标。例如，在企业的经营分析中，需要明确当前市场环境下，产品的市场占有率有多大？注册用户的来源有哪些？注册转化率是多少？购买转化率是多少？竞争产品是什么？与竞争对手相比，优势有哪些？不足有哪些？等等，都属于对现状的分析范畴。

其次，在了解现状的基础上，进一步分析出现当前情况（特别是不足之处）的具体原因，并给出解决对策。例如，某产品的注册转化率一直稳定在 15% 左右，如果有一天突然下降到 5% 以下，此时就需要对当天的数据进行分析，找出注册转化率下降的具体原因。

最后，在了解现状和分析原因的基础上，建立量化模型，以此对未来趋势进行预测分析。例如，作为运营商，可根据最近一段时间产品的数据变化、趋势线以及运营策略的力度，用数据分析的方法预测未来产品的变化趋势，并在接下来的一段时间内进一步验证这个趋势是否符合实际，以实现数据驱动业务的增长。

由此可知，数据分析的主要目标就是为了掌握过去的总体情况，分析目前存在的不足与原因，预测未来的发展前景与变化趋势。

（二）围绕目标，选择路线方法

明确了数据分析的目标以后，就要进一步梳理研究的技术路线，搭建分析框架，选择具体的途径与方法，这也是确保数据分析过程有效的先决条件。通常，有两种具体的分析路线：一种是基于数据的研究方法，即完全从收集到的数据出发，不做任何假设，通过数据挖掘进行特征提取、建模并加以分析；另一种是基于模型的研究方法，即完全从模型的要求出发，通过构建指标体系，收集样本数据，并进行统计分析。

思　怎样选择数据分析的技术路线？两种路线可否同时选用？

事实上，选择恰当的技术路线要根据研究问题的需要来确定。不过，在当今大数据时代，基于数据的分析方法越来越受到人们的青睐，社会、经济、管理、医疗、教育等不同领域相关问题的研究，都要结合社交网络、电子商务、政务服务、医疗保险等平台的各类大数据进行数据挖掘，研究其共性规律与个性特征。例如，基于社交网络的舆情分析、商业推荐系统、基于个人行为数据的画像、基于互联网的个性化广告，等等。当然，基于模型的分析方法也并不过时。一方面，它是基于数据的分析方法的有益补充，有些问题还需要借助于模型的统计推断来加以分析；另一方面，在实际分析中，基于数据的建模分析与基于模型的数据分析是相辅相成的，二者往往会同时使用、互为补充。

（三）按照路线，收集处理数据

在路线方法确定以后，就要收集相关二手资料（指因其他目的已经收集好的各类数据资料），并结合确立的分析目标对其进行初步的评估。在此基础上，根据选择的路线方法，进一步选取相应的采集、处理数据的具体方式。如果是利用基于模型的数据分析方法进行分析，那么要围绕预期目标先确定指标体系，再根据指标体系通过抽样调查、观察或实验等方式收集样本数据，并进行预处理；如果是利用基于数据的模型分析方法进行分析，那么就要围绕预期目标尽可能全面地补充各类相关数据，力争能够拥有大数据资源，并经过预处理转化为结构化数据。

对数据进行预处理，主要包括对重复值进行去重处理、对异常值进行修正或剔除、对缺失值填补或删除等具体过程。例如，在建立学业预警预测模型前，需要对学生的个人消费、网页浏览、学习成绩、社区网络等数据进行预处理，整理出与学生学业预警分析相关的结构化数据，删除其他无关数据。

思　收集、处理数据的具体方法有哪些？

事实上，收集、处理数据是数据分析的前提和基础，其方法仍然要根据实际问题的需要加以确定，具体方法将在第 2 章进一步讨论。

（四）基于数据，建立量化模型

围绕所研究的问题，完成了数据处理工作之后，就要结合定性研究进一步建立量化分析模型，寻求事物内部所蕴含的客观规律。

如果选用了基于数据的研究方法，那么就应完全从处理好的数据出发，不做任何假设，通过可视化、描述性分析、推断性分析以及智能分析等方法提取特征，建立量化模型，并利用相关数据分析软件进行具体分析；如果选用了基于模型的研究方法，就要按照事先选择的建模方法，依据所构建的指标体系，借助于收集到的样本数据，并利用相应的数据分析软件进行具体分析。具体方法将在第 3 章至第 7 章进一步讨论。

（五）模型检验，改进存在不足

建立量化模型的目的是为了解释现象、寻求规律，以便更好地认识和改造世界，并指导具体的生产实践。因此，建立模型之后，还需要进一步分析量化模型，将模型的计算与分析结果与实际问题进行比较，检验模型的合理性和科学性。如果达到预期目标，那么就可以将其应用到实践中；否则，若模型的计算结果与现实情况存在较大差异，没有达到预期效果，则说明建模与分析方法欠妥，不能满足应用要求，还需要找出问题所在，或者返回到第二步重新确定路线方法，或者重新处理数据、估计参数并建立模型。

通常，量化模型是在不断完善的过程中逐步建立的，需要经过多次反复修改才能满足实际应用的需要，达到预期目标。

（六）利用模型，指导具体实践

建立的量化模型达到预期目标以后，就可以用其解释已有的现象、预测未来的发展趋势、指导具体的实践活动。

为此，针对所研究的问题，需要对整个研究过程进行总结，即沿着“目标确定、路线选择、数据收集、模型建立、模型检验与指导实践”这条主线，详细论述发现问题、分析问题、解决问题的整个流程，撰写数据分析报告。这部分内容将在第 8 章进一步讨论。

四、数据分析的常用方法

数据分析的方法种类很多，但是，从方法论的角度来看，不外乎定性分析法与定量分析法两大类。

（一）定性分析法

定性分析法就是人们根据事实，并运用经验、逻辑思维、哲学以及相关专业理论进行判断、归纳、推理和概括，得出对事物或现象的本质和规律性认识的一类方法。常用的定性分析方法有归纳分析法、演绎分析法、比较分析法、因果分析法、结构与功能分析法等。

1. 归纳分析法

归纳分析法可分为完全归纳法和不完全归纳法，而不完全归纳法又包括简单枚举法和科学归纳法。

完全归纳法是根据某类事物中每一个对象都具有或不具有某种属性，来推断该类事物的全部对象都具有或不具有这种属性的一种分析方法。运用此方法进行分析，首先要清楚某类事物全部对象的具体数目，然后再了解每一个对象是否都具有被研究的那种属性。该方法在实际应用中受到很大的限制，只能作为参考性结论来辅助其他的分析方法进行分析。

在不完全归纳法中，简单枚举法是根据某类事物中部分对象具有或不具有某种属性，在没有发现反例的情况下推断该类事物都具有或不具有这种属性的归纳分析方法，它是建立在经验基础上的，虽然有一定的可靠性，具有简便易行的优点，但是也存在偶然性，要克服这一缺陷，需要扩大考察的对象；科学归纳法是根据某类事物中的部分对象与某种属性之间的必然联系，推断该类事物的所有对象都具有这种属性的归纳分析方法。

2. 演绎分析法

演绎分析法是把数据的整体分解为不同部分、不同方面和不同因素的分类数据，通过对这些数据的研究，从不同角度把握其本质特征，并将这些分类研究得到的认知综合起来而形成对数据整体认识的逻辑推理方法。运用此方法进行分析时要注意以下三个方面：

其一，对数据的分类标准要科学，分类角度要多元化。

其二，对分类研究后的数据还要运用逻辑方法揭示其本质，形成理性认识。

其三，综合要以分类研究为基础，根据研究对象本身的客观性质，从内在的相互关系中把握其本质和整体特征，而不仅仅是将其各个部分、各个方面和不同因素进行简单的相加或形式上的堆砌。

3. 比较分析法

比较分析法也是通过对各种现象或事物的比较来确定它们的共同点和相异点，并揭示它们相互区别的本质特征的分析方法。任何客观事物或现象之间都存在着共同点和相异点，这些相异点只有通过比较才能发现。通过比较分析，可以从众多的属性中找出本质的属性和非本质的属性，它是区分、认识事物或现象的基本方法。

常见的比较分析法有类型比较法和历史比较法。类型比较法是对各种类型进行比较的方法。这种方法有两个作用，一是由点到面，由个别到一般，逐步地建立类型，由此上升到对整体的一般性认识；二是抽象概括出事物的本质特征，以便比较和认识表面上差异极大或表面上很相似的现象。历史比较法是通过对不同时期现象的异同点进行比较和分析，以此来揭示现象的发展趋势和发展规律的分析方法。

当然，在运用比较分析法时，要注意可比性，对事物的比较要有相同的比较标准，如果把不具有可比性的事物放在一起比较，就会得出不正确的结论。

4. 因果分析法

因果分析法是一种探寻现象之间因果关系的方法。因果分析法有许多种，其中有些是属于定量分析的方法，例如，相关分析、回归分析、因子分析等统计方法；另一些则是属于定性分析的范畴，例如，求同法、求异法、求同求异法、共变法和剩余法，等等。

5. 结构与功能分析法

任何事物都可以分解成若干个不同的部分，构成事物的这些部分之间都有一种相对稳定的联系，称为结构；各部分通过相互联系、相互影响对其本身事物或外部其他事物产生作用和影响，称之为功能；通过分析某现象的结构和各组成部分的功能，从而进一步认识这一现象本质的方法，称为结构与功能分析法。此方法主要分析以下几个方面的内容：

（1）分析现象的内部结构。主要分析各部分之间的比例以及所起的作用大小，分析哪些作用是主要的，哪些作用是次要的，并通过分析加深对这一事物的认识，确定对其施加影响的切入点。

（2）分析现象的内部功能。其具体包括确定功能关系的性质，研究功能存在的必要条件，揭示满足功能的机制，即促使各因素之间发生相互影响和作用的手段和方法。

（3）分析现象的外部结构和外部功能。主要分析研究对象在整个特定系统或宏观环境中的地位和作用，分析其与其他现象的相互关系和相互作用，以及与外部环境（如制度、政策、市场、社会风气等方面）之间的相互影响。

总之，定性分析贯穿于整个数据分析的全过程。定量分析之前、之中和之后都离不开定性分析方法，那种一味地强调定量分析的观点是错误的，是不符合人们对事物的认识规律的。但要注意，在进行定性分析时，要摆脱陈旧思想的束缚，提倡在已有科学成果的基础上有新发现、新创造或有新突破的创造性思维活动。只有这样才能抓住事物的本质联系，使研究和认识水平得以不断提高。

（二）定量分析法

定量分析方法是对收集到的数据利用数学和统计学相关理论进行处理分析的方法体系的总称。在数据分析中，常用的定量分析方法主要包括可视化分析、描述性分析、推断性分析以及智能分析等。

1. 可视化分析

数据可视化是在 20 世纪 50 年代出现的，典型的例子就是计算机创造出了图形图表。1987 出现了科学可视化，20 世纪 90 年代初期出现了信息可视化。现如今，数据可视化、科学可视化和信息可视化都被归入大数据可视化中。

数据可视化主要针对大型数据库中的数据，这些数据具有严谨的数据格式，是结构化数据。对于这些数据，计算机能够很快处理并呈现在大众面前，并清晰地展现数据之间的结构关系。数据可视化的主要步骤为获取数据、分析数据、过滤数据、挖掘数据、展示数据、数据总结和人机交互，具有交互性、多维性、可视性等特点，其主要技术包括几何技术、面向像素技术、图标技术、分布式技术等。

科学可视化又被称为科学计算可视化。科学可视化利用计算机图形学、图像处理技术来展示数据，以往的可视化算法包括颜色映射方法、网格序列法、网格无序法、光线投射算法、线积分卷积法和点图标法等。而这些传统的科学可视化算法不能直接用于大数据中，需要对科学可视化算法进行深入研究并改进。目前运用较为广泛的是分布式并行可视化算法，这一方法具备一定的可扩展性，随着数据规模的增大能够适应激增的计算节点。具体方法有分布式绘制以及基于 GPU 的快速绘制算法等。

信息可视化是通过人类的视觉能力理解抽象信息，加强人类的认知活动。这需要计算机与人之间信息交互的信息传递技术。信息可视化处理的数据都具有一定的数据结构，并且都是抽象数据，如语音信息、视频信息、图像信息、文字信息等。处理这些数据时，应先对数据进行描述，再用可视化方法对其进行呈现，最后用特征提取、优化等技术对其进行信息处理。

如今的大数据时代，数据具有规模庞大与复杂度高等特点，既有结构化数据，也有半结构化数据、非结构化数据，这些特征给数据搜索、分析和理解带来了巨大的挑战。对用户而言，更关心数据处理结果的展示，即利用可视化技术快速有效地提炼数据，使用户能够快速获取有用信息，因此发展有效的可视化分析方法是摆在数据分析工作者面前的一项重要任务。

本书将在第 3 章详细介绍数据可视化的基本概念，并在此基础上进一步阐述单变量数据、多变量数据以及空间数据可视化分析等方法。

2. 描述性分析

描述性分析是指对采集到的数据进行综合整理和计算综合指标等加工处理，用来描述总体的规模、水平、内部结构或比例、发展变化的速度等特征的数据分析方法，可以借助于图、表、计算综合指标等方式实现。描述性分析是数据分析方法的重要组成部分，在数据分析研究中有着广泛的应用。在数据分析中，最常用的描述性分析方法主要包括数据的频数、频率及其整体分布特征分析、数据的集中趋势分析、数据的离散程度分析、数据对比分析等。

本书将在第 4 章详细介绍截面数据的描述性分析，主要包括数据的集中趋势分析、数据的离散程度分析以及数据的分布特征分析等内容。

3. 推断性分析

推断性分析是指根据样本数据就总体的假设、未知特征、变化规律、变量间的关系等数量特征进行分析的一种方法。这类方法的特点是在对样本数据进行描述的基础上，对总体的未知数量特征做出以概率形式表述的推断。在数据分析中，常用的推断性分析主要包括参数估计、假设检验、方差分析、相关分析与回归分析等内容，将在第 5 章、第 6 章进一步阐述。

4. 智能数据分析

智能数据分析是指运用统计学、模式识别、机器学习、数据抽象等数据分析工具从数据中发现规律的分析方法。智能数据分析的目的是直接或间接地提高工作效率，在实际应用中充当智能化助手的角色，使工作人员在恰当的时间拥有恰当的信息，帮助他们在有限的时间内做出正确的决定。

智能数据分析方法主要包括数据抽象与数据挖掘两种方法。数据抽象主要涉及数据的智能化解释，以及如何将这种解释以可视化或符号化的形式表示出来；数据挖掘主要涉及从数据中分析和发现规律，目的是为了支持业务管理或预测未来趋势。

信息系统中积累的大量数据，其原始数据的价值很小，只有通过智能化分析方法抽取其中的精华，才能转变为信息“金矿”，为人类造福。

关于智能数据分析的具体内容，本书暂不讨论，将在后续的教材中逐步阐述。

五、常用的数据分析软件

工欲善其事，必先利其器。在进行数据分析时，如果选择的数据分析软件合适就可以起到事半功倍的效果，极大地提高工作成效。数据分析软件虽然很多，但是万变不离其宗，其主要功能却是相同的，综合起来不外乎进行数据的获取、存储、管理、建模、计算、分析与展示，等等。下面主要介绍 Excel、R、Python、SPSS、SAS 这五种常用的数据分析软件。

（一）Excel 软件

Excel 是微软办公套装软件 Microsoft Office System 的重要组成部分，它一经问世就被认为是当时功能强大的电子表格软件，广泛地应用于管理、统计、金融、商业、医药等众多领域，是从事数据分析工作必备的、最基本的工具软件。利用 Excel 软件不仅可以进行各种数据透视表的制作、数据自动汇总、复杂数学计算、常用统计分析以及辅助决策，还可以绘制多种可视化图表以及高级数据的查询与筛选，等等。

目前，许多软件厂商借助 Excel 的友好界面和强大的数据处理功能，逐步将其以更简单的方式应用于企业管理和流程控制中。例如，ESSAP 就是将 Excel 和数据库软件 MS SQL 相结合而研制的一个用于构建信息系统的设计与运行平台。它以 Excel 为操作界面，结合大型数据库 MS SQL 与工作流技术，用户只要运用已掌握的 Excel 操作技术就可以设计出满足自己需要的各种信息管理系统，而且很容易进行优化与扩展，具有很强的适应性。

思　Excel 软件有何特点？如何利用 Excel 软件进行数据处理与数据分析？

图 1－6 列举了 Microsoft Excel 2010 版本下软件的登录主界面、帮助窗口、数据分析常用函数以及绘图工具等部分内容，读者借此可以对 Excel 软件有一个直观了解。

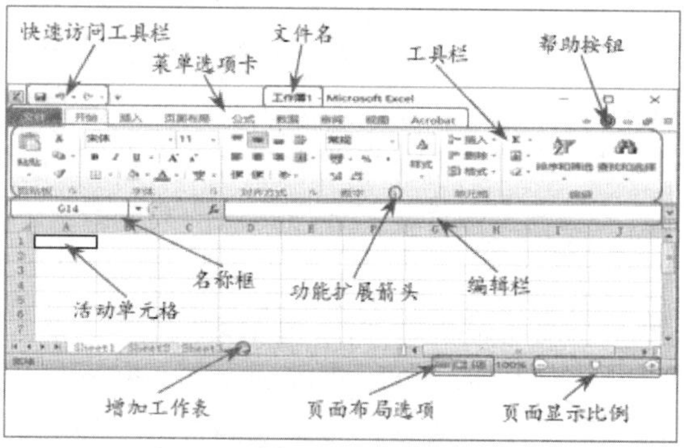

(a) 软件登录主界面

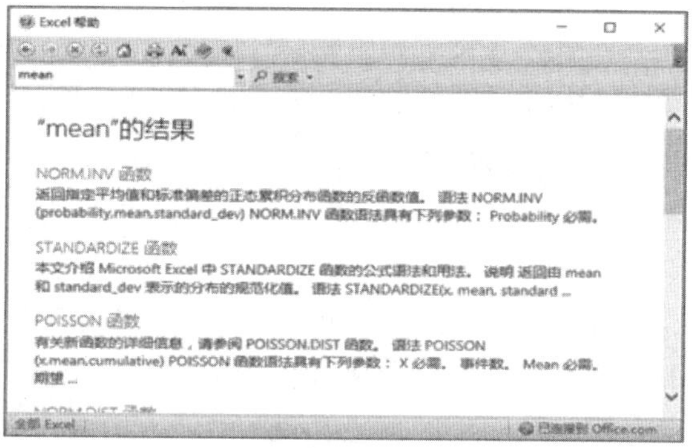

(b) 帮助窗口

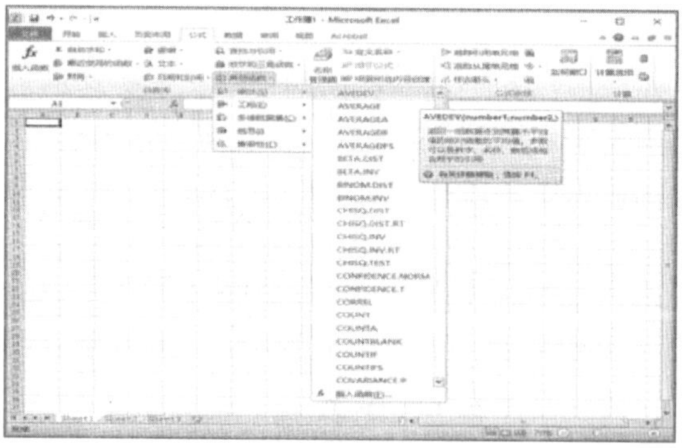

(c) 数据分析常用函数

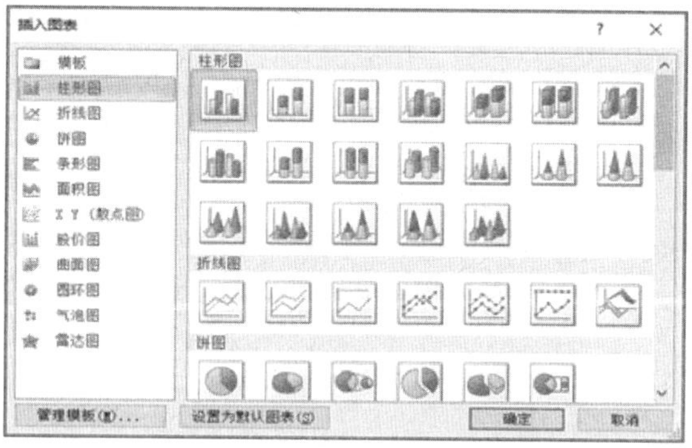

(d) 绘图工具

图 1－6　Excel 软件部分运行界面展示

（二）R 软件

R 最早是由新西兰 Auckland 大学统计系的 Robert Gentleman 与 Ross Ihaka 共同创立、现在由 R 开发核心小组维护的计算机语言，它源于 1980 年 AT&T 贝尔实验室开发的 S 语言，不仅具有运行环境要求低、可移植性好、帮助系统完善、程序代码开源等特点，而且完全免费，在统计领域广泛使用，已成为广大数据分析工作者、数据科学研究人员的得力助手。

R 具有很强的数据分析能力，是一个集数据处理、统计分析和图形绘制于一体的开源软件系统，拥有 UNIX、LINUX、MacOS 和 WINDOWS 等不同版本，其主要功能包括数据存储和处理、数组运算、统计分析、统计制图、编程、数据的输入输出以及用户的自定义功能等。

R 软件开发的基本思想是提供一些集成的统计工具，特别是提供大量的各种数学计算、统计计算的函数，从而让使用者能灵活方便地进行数据分析，甚至创造出满足不同需求的新的统计计算方法。

由于 R 软件的核心开发与维护团队通过其网站主页及时发布软件的所有相关信息，因此，虽然在 R 的安装程序中只包含了 8 个基础模块，但是人们所需的其他大部分软件（包括源代码、程序包等）和资源（R 的简介、更新、常用手册、相关图书、会议等）均可从网站的社区或其镜像站点 CRAN（Comprehensive R Archive Network）免费下载，使用非常方便。

程序包是 R 软件中由函数、数据、预编译代码以一种定义完善的格式组成的集合，R 软件的许多功能都是通过程序包来实现的，目前在 R 网站上已有超过 4000 多个程序包，涵盖了基础统计学、社会学、经济学、生态学、地理学、医学统计学、生物信息学等诸多学科领域。基于此，本书的数据分析将采用 R 软件。

思　R 软件有何特点？如何利用 R 软件进行数据处理与数据分析？

图 1－7 列举了 R 3.6.1 版本（64 位）下的登录主界面、帮助窗口、GUI 配置编辑器以及绘图窗口等部分内容，读者借此可以对 R 软件有一个直观了解。

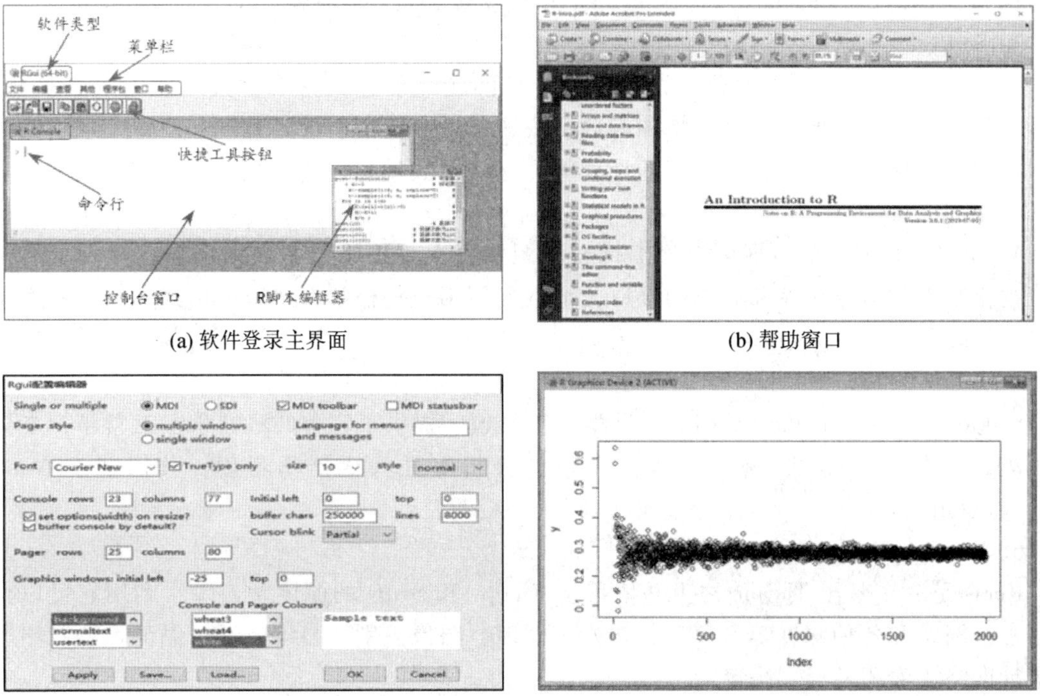

(a) 软件登录主界面　(b) 帮助窗口

(c) RGUI配置编辑器　(d) 绘图窗口

图 1－7　R 软件部分运行界面展示

（三）Python 软件

Python 是 20 世纪 90 年代初由荷兰人 Guido van Rossum 创立的面向对象的解释型语言。最初，Python 主要被用于自动化脚本的编写与设计；后来，随着版本的不断升级，Python 逐渐被应用于系统管理任务处理和 Web 编程等不同方面，其应用领域越来越大；如今，由于 Python 语言的简洁性、易读性以及可扩展性，而且众多开源的科学计算软件包都提供了 Python 的调用接口，因此国内外利用 Python 进行科学计算、数据分析的研究机构日益增多，许多知名大学已将 Python 作为理工科专业开设的基础课程，Python 已成为最受欢迎的数据处理与分析的程序设计语言之一。

Python 的数据处理能力非常强，可以处理从几 K 至几 T 不等的数据，具有较高的开发效率和可维护性，还具有较强的通用性和跨平台性。Python 可用于数据分析，但其单纯依赖 Python 本身自带的库进行数据分析还是具有一定的局限性的，需要安装第三方扩展库来增强分析和挖掘能力。常用的第三方扩展库包括 Numpy、Pandas、SciPy、Matplotlib、Scikit - Learn、Keras、Gensim、Scrapy 等。

1. Numpy

Python 没有提供数组功能，Numpy 可以提供数组支持以及相应的高效处理函数，是 Python 数据分析的基础，也是 SciPy、Pandas 等数据处理和科学计算库最基本的函数功能库，且其数据类型对 Python 数据分析十分有用。

2. Pandas

Pandas 是 Python 强大、灵活的数据分析和探索工具，包含 Series、DataFrame 等高级数据结构和工具，安装 Pandas 后可使 Python 处理数据更加方便快速。

3. SciPy

SciPy 是一组专门解决科学计算中各种标准问题域的包的集合，其功能主要有最优化、线性代数、积分、插值、拟合、特殊函数、快速傅里叶变换、信号处理和图像处理、常微分方程求解和其他科学与工程中常用的计算等，这些对数据分析和挖掘十分有用。

4. Matplotlib

Matplotlib 是强大的数据可视化工具和作图库，主要用于绘制数据图表，提供了绘制各类可视化图形的命令字库和简单的接口，可以方便用户轻松掌握图形的格式，绘制各类可视化图形。

5. Scikit - Learn

Scikit - Learn 是 Python 常用的机器学习工具包，提供了完善的机器学习工具箱，支持数据预处理、分类、回归、聚类、预测和模型分析等强大机器学习库，其依赖于 Numpy、Scipy 和 Matplotlib 等。

6. Keras

Keras 是一个基于 Theano 之上并依赖于 Numpy 和 Scipy 的深度学习库，利用它可以搭建普通神经网络和各种深度学习模型，如语言处理、图像识别、自编码器、循环神经网络、递归审计网络、卷积神经网络等。

7. Gensim

Gensim 是用来做文本主题模型的库，常用于处理语言方面的任务，支持 TF - IDF、

LSA、LDA 和 Word2Vec 在内的多种主题模型算法，支持流式训练，并提供了诸如相似度计算、信息检索等一些常用任务的 API 接口。

8. Scrapy

Scrapy 是专门为爬虫而生的工具，具有 URL 读取、HTML 解析、存储数据等功能，可以使用 Twisted 异步网络库来处理网络通信，架构清晰，且包含了各种中间件接口，可以灵活的完成各种需求。

思　Python 软件有何特点？如何利用 Python 软件进行数据处理与数据分析？

图 1－8 列举了 Python3.7（64 位）版本下的软件登录主界面、ANACONDA 导航主界面、ANACONDA Learning 窗口以及 Spyder 编辑界面等部分内容，读者借此可以对 Python 软件有一个直观了解。

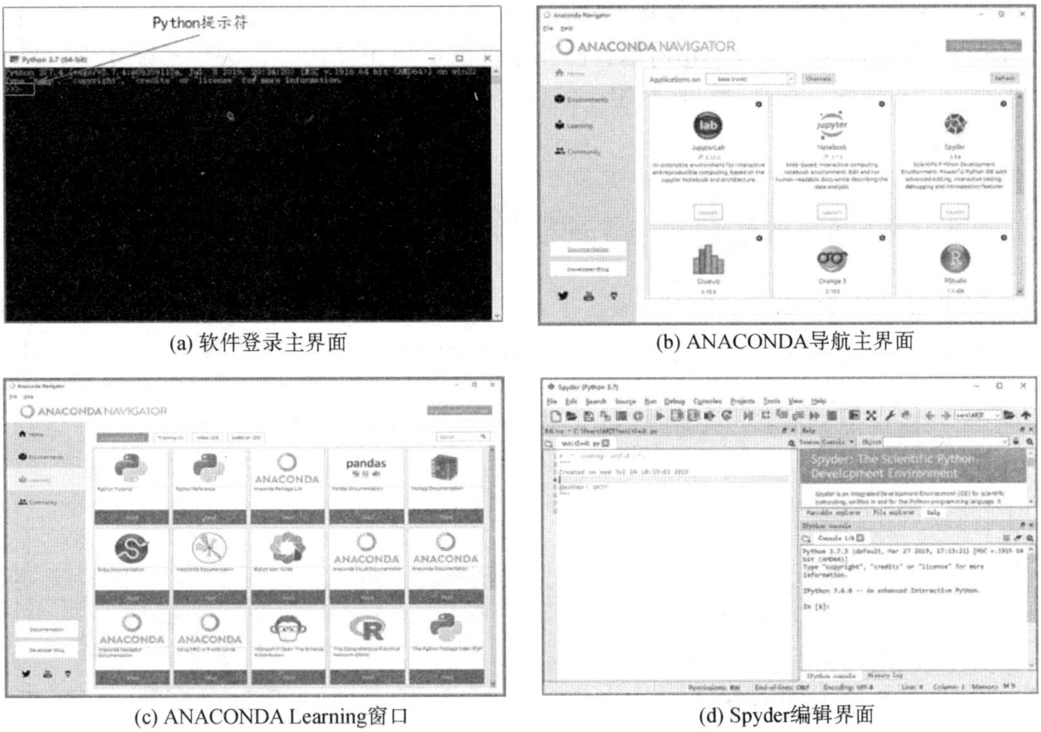

(a) 软件登录主界面　(b) ANACONDA导航主界面

(c) ANACONDA Learning窗口　(d) Spyder编辑界面

图 1－8　Python 软件部分运行界面展示

（四）SPSS 软件

SPSS 是 Statistical Product and Service Solutions 的简称。最初，SPSS 软件的全称为 Solutions Statistical Package for the Social Sciences；后来，随着 SPSS 产品服务领域的不断扩大和服务深度的增加，该公司于 2000 年对 SPSS 的战略方向做了重大调整，正式将英文全称更改为 Statistical Product and Service Solutions，并于 2009 年被 IBM 公司收购，推出了一系列用于统计分析运算、数据挖掘、预测分析和决策支持任务的软件产品及相关服务，总称为 SPSS，拥有 Windows 和 Mac OS X 等不同版本。

SPSS for Windows 是世界上最早采用图形菜单驱动界面的统计软件，它最突出的特点就是操作界面极为友好，输出结果美观漂亮。SPSS 基本功能包括数据管理、统计分析、图表分析、输出管理，等等；SPSS 统计分析过程包括描述性统计、均值比较、一般线性模型、相关分析、回归分析、对数线性模型、聚类分析、数据简化、生存分析、时间序列分析、多重响应等几大类，每类又分好几个统计过程，比如，回归分析中又分线性回归分析、曲线估计、Logistic 回归、Probit 回归、加权估计、两阶段最小二乘法、非线性回归等多个统计过程，而且每个过程中又允许用户选择不同的方法及参数；SPSS 也有专门的绘图系统，可以根据数据绘制各种图形。

SPSS for Windows 的分析结果清晰、直观、易学易用，而且可以直接读取 Excel 及 DBF 数据文件，现已推广到多种操作系统上使用，并和 SAS、BMDP 统称为国际上最有影响的三大统计软件。现在国际学术交流中，凡是用 SPSS 软件完成的计算和统计分析，可以不必说明算法，由此可见其影响之大和信誉之高。最新的 21.0 版采用分布式分析系统，全面适应互联网，支持动态收集、分析数据和 HTML 格式报告。

SPSS for Windows 由于其操作简单，已经被广泛应用于经济学、数学、统计学、物流管理、生物学、心理学、地理学、医疗卫生、体育、农业、林业、商业等不同学科领域，在实际应用中发挥了巨大作用。

思 SPSS 软件有何特点？如何利用 SPSS 软件进行数据处理与数据分析？

图 1－9 以 SPSS16.0 版本为例，展示了其登录主界面、帮助窗口、数据分析函数以及数据分析结果输出窗口等部分内容，读者借此可以对 SPSS 软件有一个直观了解。

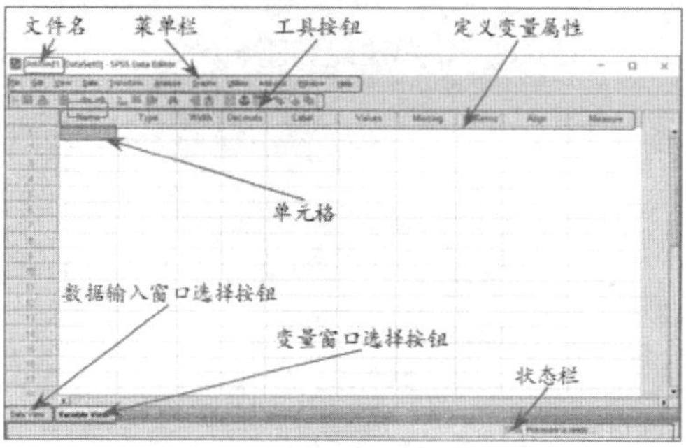

(a) 软件登录主界面

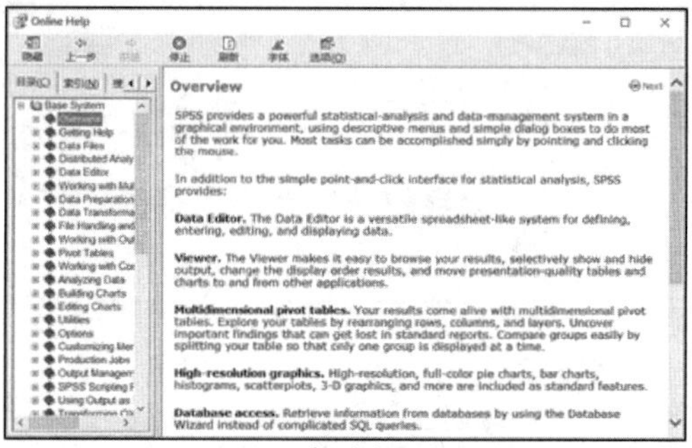

(b) 帮助窗口

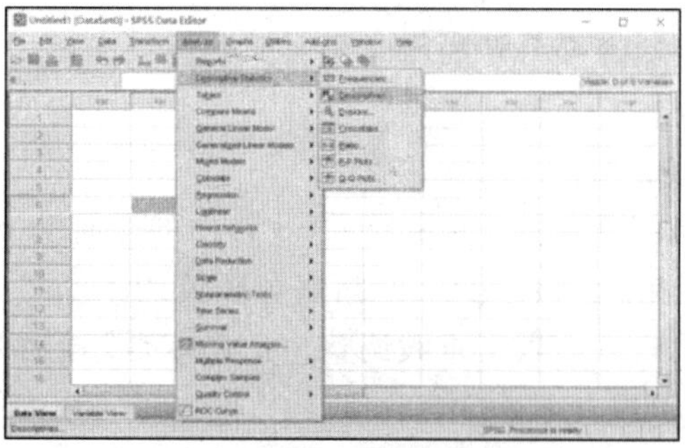

(c) 数据分析常用函数

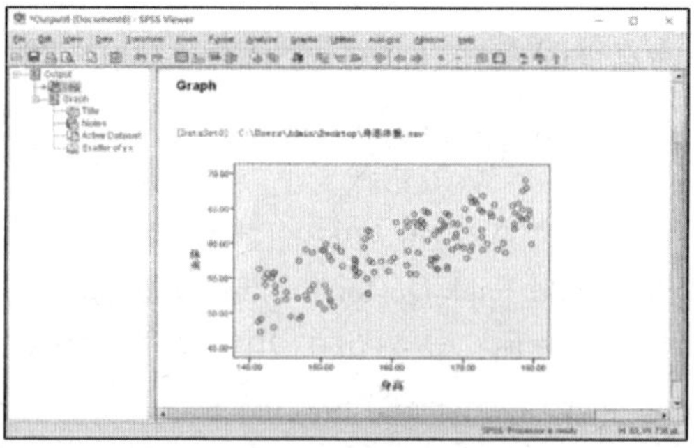

(d) 数据分析结果输出窗口

图 1－9 SPSS 软件部分运行界面展示

（五）SAS 软件

SAS 是 Statistical Analysis System 的简称，是美国北卡罗来纳州立大学于 1966 年开发的模块化、集成化大型统计分析软件，主要包括数据访问、数据储存及管理、应用开发、图形处理、数据分析、报告编制、运筹学方法、计量经济学与预测等专用模块，在国际上被誉为统计分析标准软件，广泛应用于社会、经济、商业、科技等不同领域。

SAS 系统主要由 SAS 数据库、SAS 分析核心、SAS 开发呈现工具以及 SAS 对分布处理模式的支持及其数据仓库设计四部分组成，它把数据存取、管理、分析和展现有机地融为一体，并能够很好地完成数据访问、数据管理、数据呈现与数据分析等任务。SAS 系统的核心是 Base SAS 模块，其他各模块均在 Base SAS 提供的环境中运行，用户可选择自己需要的模块与 Base SAS 一起构成一个用户化的 SAS 系统。主要模块如下：

（1）Base SAS 作为 SAS 系统的核心，负责数据管理，交互应用环境管理，进行用户语言处理，调用其他 SAS 模块，还支持标准的 SQL 语言对数据进行操作，并能够制作各种统计报表、进行基本的描述性统计分析及假设检验等。

（2）SAS/GHAPH 提供一个全屏幕编辑器，提供多种设备程序，支持非常广泛的图形输出设备以及标准的图形交换文件，可将数据及其包含的深层信息以多种图形生动地呈现出来，如直方图、圆饼图、星形图、散点相关图、曲线图、三维曲面图、等高线图及地理图等。

（3）SAS/ASSIST 为 SAS 系统提供了面向任务的菜单界面，借助它可以通过菜单系统来使用 SAS 系统其他产品，它自动生成的 SAS 程序既可辅助有经验的用户快速编写 SAS 程序，又可帮助用户学习 SAS。

（4）SAS/AF 是一个应用开发工具，它采用了面向对象编辑技术，用户将包含众多功能的 SAS 软件作为方法库，可以方便快速开发各类具有图形用户界面的应用系统。

（5）SAS/ACCESS 提供了许多数据库软件接口，可建立外部其他数据库的一个统一的公共数据界面，用户只需在 SAS 中建立外部的描述文件，便可将此文件等同于真正存储着数据的 SAS 数据集来使用，它支持的数据库类型主要包括 IML - DL/I、SQL/DS、DB2、ADABAS、Rdb、ORACLE、Sybase、INGRES、Informix、DBF/DIF、ODBC 等。

（6）SAS/STAT 覆盖了所有的实用数理统计分析方法，是国际统计分析领域的标准软件，提供回归分析、方差分析、线性模型、主成分分析、典型相关分析、判别分析、因子分析、聚类分析等，可处理各种结构化数据。

（7）SAS/ETS 提供丰富的计量经济学和时间序列分析方法，可方便地进行模型的设定以及多样参数的估计，是研究复杂系统和预测的重要工具。

（8）SAS/WA 是建立数据仓库的集成工具，它在其他 SAS 软件的基础上提供了一个建立数据仓库的管理层，包括定义数据仓库和主题，数据转换和汇总，汇总数据的更新，Metadata 的建立、管理和查询以及 Data marts 和 Info marts 的实现。

（9）SAS/MDDB Server 是 SAS 的多维数据库产品，主要用于在线分析处理，可将从数据仓库或其他数据源产生的数据以立体阵列的方式存储，以便于用多维数据浏览器等工具快速和方便访问。

（10）SAS/GIS 集地理位置系统功能与数据的显示分析于一体，提供了层次化的地理信息，每一层可以是某些地理元素，也可与用户定义的主题相关联，用户可交互式地缩小或放大地图，设定各层次显示与隐藏，并利用各种交互式工具进行数据分析。

思 SAS 软件有何特点？如何利用 SAS 软件进行数据处理与数据分析？

图 1－10 列举了 SAS9.0 版本下的软件登录主界面、SAS/ASSIST 主菜单窗口、SAS/INSIGHT 窗口以及 SAS/LAB 窗口等部分内容，读者借此可以对 SAS 软件有一个直观了解。

(a) 软件登录主界面　(b) SAS/ASSIST的主菜单

(c) SAS/INSIGHT窗口　(d) SAS/LAB窗口

图 1－10　SAS 软件部分运行界面展示

思 以上五种数据分析软件的优缺点表现在哪些方面？在研究具体实际问题的过程中，如何选择适宜的分析方法？

事实上，上述五种软件虽然都可以进行常规的数据处理与分析，但是其各有特点、优势与不足。例如，Excel、SPSS 简单易学，特别适合普通用户的使用，而 R、Python、SAS 则需要有一定的专业基础知识，适用于专业人士使用；R、Python 是免费的开源软件，便于推广，而 Excel、SPSS、SAS 是商业软件；等等。在研究、解决问题的过程中，要根据问题的特点选用适宜的软件与方法进行分析，具体可参考表 1－4 中对五种软件的比较结果进行选择。

表 1-4　几种常用数据分析软件对比一览表

软件名称	适用场景	突出优点	存在不足	软件下载
Excel	面向普通大众需求，适合处理结构化数据	简单易学，普及率很高，使用方便，数据管理能力强	运算速度慢、数据分析能力有限，拓展性不强	https：//products. office. com
R	面向数据分析专业人士需求，既可以处理结构化数据，也可以处理部分非结构化数据	兼容性强，免费开源，更新快，程序包资源丰富，数据分析与绘图能力强	软件缺乏安全性分析，内存管理效率不高	https：//www. r - project. org
Python	面向各类数据分析人员，能够处理和分析各类不同结构的数据	简洁易读，免费开源，可移植性、拓展性与嵌入性强，库资源丰富，可以处理大数据	代码不能加密，运算速度不快，多线程支持一般	https：//www. python. org https：//www. anaconda. com
SPSS	面向社会、经济、管理等领域使用者需求，适合处理、分析结构化数据	编程要求低，简单易学，参考资料丰富，普及率较高	非开源软件，兼容性一般，拓展性不强	https：//www. ibm. com/products/spss - statistics
SAS	面向高级用户，可以处理、分析不同结果、不同规模数据	数据分析管理与分析能力很强，稳定性强	价格昂贵，普适性差，不易掌握	https：//www. sas. com

六、数据分析人员的素质要求

数据分析质量的好坏、分析结果与研究问题的符合度，除了受数据本身的质量影响外，还取决于分析人员素质的高低与能力的大小。要成为一名优秀的数据分析工作者，必须具备五个方面的素质和能力。

（一）具有扎实的统计学功底

数据分析中的定量分析过程，要运用大量的统计分析方法，这些方法中既有描述统计分析的方法，也有推断统计分析的方法，既有单变量统计分析方法，也有多变量统计分析方法。这就要求分析人员具备系统扎实的统计学功底，尤其要熟练掌握数据的描述分析、回归分析、参数估计、方差分析、假设检验、多元统计分析、智能数据分析等分析方法。

（二）具有熟练的计算机操作能力

现代的数据分析与传统的数据分析已有很大的差别，这不仅仅体现在分析方法上的差别，而且在分析手段上也有较大的差异。随着计算技术的不断发展和分析软件的不断出现，现代的数据分析基本上是运用计算机软件尤其是统计分析软件在计算机上完成的。所以，分析人员除了具备扎实的统计学功底外，还必须熟悉各种相关数据分析软件的功能，了解最新的大数据分析技能，并能熟练地运用计算机软件进行各类数据分析。

（三）具有宽泛的专业理论知识

由于研究的任务和目的不同，研究的具体对象也千变万化。一项研究至少要涉及一个专业领域，多项研究涉及的专业领域就更为宽泛了。而进行相关研究不仅仅与调查技术、分析技术有关，还与相关专业的专业理论知识有关。因此，合格的数据分析人员必须在重点了解某几个专业领域的有关理论和方法的基础上，尽可能地扩展专业知识领域，掌握更丰富的专业理论知识。只有这样才能在数据分析过程中，不会脱离相关专业领域的基本规律和专业的研究方法，数据分析才会更深入，分析结果才会更准确，分析结论才会更专业。

（四）具有较高的认识水平

数据分析过程是一个对所研究的对象的本质和规律进行科学认识的过程，这就要求分析人员具备扎实的认识理论基础和较高的认识水平。要提高认识水平，分析人员必须加强哲学、逻辑学、创造性思维科学的学习，在实践中自觉地运用相关知识对所研究的对象进行分析研究，在实践中总结经验，提高认识水平。

（五）具有良好的表达能力

任何数据分析的结果都必须以一定的方式表达出来。分析结果的表达方式有口头表达和书面表达两种方式。优秀的数据分析人员不仅要有良好的口头表达能力，还要具备较强的写作能力，尤其是数据分析报告的写作能力要突出。这方面的能力主要靠实践锻炼来提高。作为一名数据分析人员，只有坚持不懈地学习有关理论知识和技术，积极地参与调查研究的实践活动，自觉地总结实践经验，才能不断提高数据分析能力和水平。

通过本章学习，你对数据分析的概念、种类、价值以及分析原理、方法与手段有了进一步的了解，希望你能领悟到如下的思维方式以及所蕴含的哲理：

悟 数据无时不有，分析无事不需，数据分析无处不在。在社会生产实践活动中，人们正是透过数据并借助于数据分析与挖掘方法来揭示现象背后隐含的本质特征，认识事物固有的客观规律，做出科学合理的决策判断。

习题

1. 什么是数据？如何对数据进行分类？
2. 简述大数据的特征，并说明其包含的数据类型。
3. 什么是结构化数据？按照由低到高、由粗到细的标准，结构化数据的计量尺度可分为哪几个层次？
4. 数据的应用价值体现在哪些方面？如何获取数据蕴含的价值？
5. 数据分析通常遵循的基本原则有哪些？
6. 数据分析有哪些常用方法？
7. 简述数据分析基本步骤。
8. 数据分析的常用软件有哪些？在实际应用中，如何选择合适的数据分析软件？

探究

大数据如何改变我们的生活

大数据时代的生活令人神往，正是依赖于大数据，我们对客观世界的认识更进了一步，我们所做出的决策更加客观，我们的一个习惯动作、一次消费行为、一份就诊记录，都被巨大的数字网络串联起来，甚至连世界经济格局也因为大数据的存在而酝酿着巨大变革。因此，大数据正在改变着我们的生活。

在行程安排方面，大数据可以帮助我们自动寻找最合适的旅游路线，通过与在线旅游服务的对接，提供最优出行方案，完成旅游行程的安排，使我们的旅游线路更优、花费的成本更低，出行更加顺畅；大数据还可以帮助我们估测下一班公交车离该站台的位置、车上乘客数、拥挤程度、到达时间等信息，使我们的等候时间更短，出行路线的安排更加合理；等等。

在家居生活方面，大数据也同样起到了关键性的作用，已经改变了我们的生活。智能家居与云端相连，并通过云计算服务，使我们在任意时间、任意位置都能对家中的智能家居进行相应的控制。例如，我们总是希望家里的湿度、温度能自动设置成最适合自身的数值，那么智能设备就会通过长期采集家庭的生活习惯数据，利用大数据计算出舒适温度和湿度，据此我们可以进行远程控制和调节；利用厨房里安装的摄像头，可以获取我们每天消费的食物种类与数量，并经过后台大数据分析，可以为我们制定科学、营养的健康食谱；等等。

在健康保障方面，未来我们的身体情况或许将被大数据接管，我们的健康状况、生活质量将随着大数据的应用而发生质的变化。或许，我们每天早晨洗脸时，内嵌在卫生间洗漱镜上的面诊、舌诊设备，会自动拍下你的脸部、舌苔照片，照片自动传送到远程的大数据服务平台，结合养生知识库及个人的健康档案数据，健康算法模型会实时分析我们的健康状况，并推荐最合适的养生服务；或许，在我们刚到办公室的时候，一盒湿清茶已经由电商平台配送到你手中，卫生间的智能马桶每天采集我们的尿液、大便的化验数据，实时把身体情况及养老治疗的建议发送到个人的手机上，家庭医生会约我们上门提供治疗服务；或许，在外打拼的子女可以通过智能设备上远程传来父母的血压、血糖等测量数据，实时关注老家父母的健康情况，如果有异样情况，就会即时报警提醒；等等。

当然，大数据对我们生活的影响远不止如上几个方面，它已经渗透到了我们衣食住行的方方面面，而且随着时间的推移，对我们生活的影响将会更加深入。

请你在查阅相关资料的基础上，谈谈大数据对我们未来的生活将会产生哪些更深远的影响，大数据将会怎样改变我们的生活？

第2章　数据分析准备

想

《文学文摘》是一份市场份额领先的美国期刊。1936年，该杂志发起了一次关于总统大选的民意调查，调查的对象主要是该期刊的所有订阅者，同时还额外考虑了一些人，规模超过了1000万人，调查结果预测艾尔弗·兰登将取得压倒性胜利，会在美国总统选举中战胜富兰克林·罗斯福。一周后，盖洛普民意调查的创始人乔治·盖洛普也发起了一次民意调查，调查对象只有2000人左右，但准确地预测了罗斯福会取得胜利。

事实上，两次调查的差异主要在于调查对象的选择。《文学文摘》侧重于调查对象的数量却忽视了调查方法的选择，他们的调查对象是那些社会经济地位相对较高的人群，即该杂志的订阅者，以及那些在当时有电话和汽车等奢侈品的人，这导致了样本的严重偏差，影响了调查结果的准确性。相反，乔治·盖洛普采用了一种更科学的调查方法，得到了能够代表美国选民的样本，取得了良好的预测效果。

由此可知，数据收集的方式将会影响数据的质量，进而影响数据分析结果的有效性与可靠性。那么，在数据收集、存储以及预处理过程中，为了提高数据质量，如何有效地收集数据？收集到的数据又要怎样安全地存储？如何进行数据分析前的预处理工作？

在第1章，我们对数据分析概貌进行了深入讨论，明确了数据分析前的任务，即在确立分析目标与选择研究技术路线的基础上，进一步确定数据收集的具体途径、方法与手段，并开展数据的存取、清洗等预处理，将数据转换为结构化数据。为此，本章将从数据收集、存储与预处理等方面对数据分析前的准备工作进行讨论。

第1节　数据收集

所谓数据收集，就是围绕研究的目标和任务，选择合适的技术路线，运用科学有效的方式和方法，有针对性地收集能够反映客观现实情况数据的活动。

思　如何确定数据收集的方式？你能想到哪些数据收集的方式？

由数据分析的一般步骤，可知，在数据分析的目标和路线确定以后，紧接着就要收集二手资料的相关数据，并对其进行评估；在此基础上，如果是利用基于模型的数据分析方法进行分析，那么就要通过调查、观测、实验等方式收集样本数据；如果是利用基于数据的模型分析方法进行分析，那么就要尽可能全面地补充各类相关数据，力争能够拥有大数据资源。基于此，我们从二手资料数据、样本数据以及大数据三个方面讨论数据的收集工作。

一、二手资料数据的收集

二手资料数据是因其他目的而已经收集好的数据资源。例如，公开出版的《中国统计年鉴》、商业联合会定期发布的全国百家重点大型零售企业销售情况、专业的数据公司对外销售的各种数据产品等都属于二手资料数据。

相对于原始数据，二手资料数据具有获取速度快、费用相对低、时间比较短等优点。例如，由国家统计局提供的诸如人口普查、经济普查等资料，不可能由任何一家调查公司按原始数据去收集，是非常珍贵的二手资料数据。虽然二手资料数据不可能提供所需的全部信息，但是可以帮助我们深刻地理解问题，科学地设计方案，从而找到解决问题的有效途径。因此，研究和分析获得的二手资料数据是收集原始数据的重要基础，只有当收集到的二手资料数据不能满足实际研究的需要时才进一步考虑原始数据的收集。

收集二手资料数据，就是利用内部与外部的各种信息、情报资料，对所研究问题进行分析的一种调查方法。下面就从二手资料数据的来源着手，介绍内部二手资料数据和外部二手资料数据这两种数据收集方法。

（一）内部二手资料数据的收集

在二手资料数据中，由于内部资料的收集相对容易，调查费用较低，调查的障碍较少，而且能够正确地把握资料的来源和收集过程，因此应尽量利用内部资料。例如，对企业而言，其内部二手资料数据包含的具体类型如图 2－1 所示。

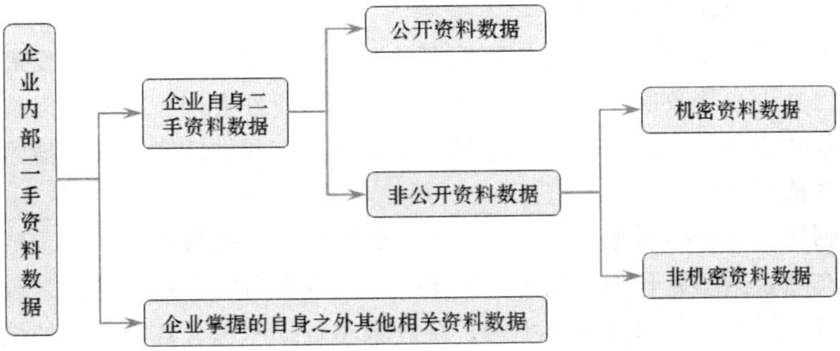

图 2－1　企业内部二手资料数据分类

由图 2－1 可知，企业内部二手资料数据既有企业自身的二手资料数据，也有企业掌握的自身之外的其他相关二手资料数据。在企业自身的二手资料数据中，既有公开资料数据，也有非公开资料数据。公开的二手资料数据主要包括企业内部报告、统计报告、财务报告、审计报告、公司介绍、公司刊物、向媒体透露的产品测试数据、服务承诺以及上市公司的各种公开披露的信息，等等；非公开的二手资料数据包括企业发展战略、营销计划、活动方案、专业调查研究报告、产品供销信息以及各种记载详细原始记录的企业数据库，等等。另外，对于有些非公开二手资料数据属于机密资料，需注意防止失密或泄密。例如，客户名单、新产品开发计划甚至被列为企业的高度机密，不仅对外保密，而且对内部的无关人员或低层管理人员也可能限制接触。

虽然传统的以文件档案为主要形式的书面资料仍然具有重要的应用价值，但是随着办公自动化的发展与普及，无纸化电子档案资料将逐步取而代之，成为保存内部资料的主要方式。因此，为了能够从内部的二手资料数据中收集到更多更丰富的数据，各单位或部门都要重视自身的数据库、信息管理系统、决策支持系统、数据仓储系统、网上办公系统、政务服务平台等数据资源的建设，更好地发挥自身内部资料所拥有的二手资料数据在高效管理与科学决策方面的独特作用。

（二）外部二手资料数据的收集

由于外部二手资料数据是由自身之外的组织或机构提供，因此这类数据的收集更为困难，更需讲究方法与技巧，需要根据不同的情况采取不同的收集方法。外部二手资料数据主要来源于出版物或印刷资料、计算机数据库、专业数据公司以及互联网平台等，并可通过手工查阅或计算机检索的方式获取。

1. 从传统的出版物或印刷资料中收集数据

能够从传统出版物或印刷资料收集的数据非常广泛，主要由一般商业数据和政府数据构成，来源于中央、省市县政府、政府所属机构（统计局、商务局）、贸易组织和行业机构、专业性研究中心、商业性出版物（广告）、投资经纪公司，等等。

一般商业数据主要包括指南、名簿、索引以及非政府统计数据。例如，购物指南、市场导报、股市行情、中国名牌商品调查报告等。政府数据可以分为普查数据、政府统计数据以及政府其他出版物。例如，《中国统计年鉴》、《中国价格统计年鉴》、《中国城市统计年鉴》、中国人口普查资料、商情信息等。

2. 从计算机数据库存储的资料中收集数据

由计算机数据库为用户提供检索各种数据的服务在我国已经得到迅速发展。例如，国家统计局、国家信息中心等政府统计信息部门以及一些商业性咨询公司都可以提供这方面的服务。相对于出版物或印刷资料的收集，计算机数据库具有数据适时更新、搜索效率高、费用低、获取途径便捷等优点。

计算机数据库主要包括参考文献、统计数字数据库、全文数据库、名录数据库以及其他数据库。参考文献数据库由刊物、杂志、报纸、市场调查研究、技术报告、政府文件等方面的引文组成，常常提供资料的摘要或小结；统计数字数据库包含各种数字的统计信息，有些统计数字数据库提供关于经济或特殊行业的时间序列数据资料；全文数据库包含一些文献的全文，例如，清华大学开发的中国期刊全文数据库、会议全文数据库等，提供全文的搜索服务；名录数据库提供关于个人、机构和服务单位的名单、地址和联系电话等，企业名录库一般包含有地点、总部、名称、联系方式、行业分类、生产或经销产品名称、从业人员等信息数据；其他数据库包括一些专题性的数据资料的汇集，例如，中国优秀硕士博士学位论文数据库，中国人民大学复印资料数据库（光盘版），《人民日报》合订本光盘数据库等。

3. 从专业数据服务机构提供的资料中收集数据

为满足用户对共用数据库或个性化数据资料的需求，社会上出现了专门收集和提供数据服务的市场调查或信息咨询公司。这些公司收集数据的目的不是仅仅针对某一特定的用户，但是经过必要的处理后就可以适应不同用户的具体需求。利用专业数据服务机构提供的数据总是比收集原始数据要便宜得多。例如，AC 尼尔森市场研究公司就是专门的数据研究公司，它在中国主要提供零售研究（研究覆盖全国主要城市和城镇的非耐用消费品）、专项研究（包括一些独创的研究工具，如预测新产品销售量、顾客满意度研究、测量品牌资产的优胜品牌以及广告测试服务）、在线研究服务，它提供的电视收视率数据、报刊广告费用监测已成为我国媒体与广告行业的通用指标。

专业数据服务机构提供的数据类型按调查与测量对象不同而不同。当测量对象是家庭和消费者时，其数据一般通过实地调查、固定样本连续调查或电子扫描服务等方法得到。通过实地调查得到的数据包括生活方式、广告评价、商品偏好、购买量和其他行为相关的内容；固定样本连续调查重点是记录购买或媒介接触方面的信息；电子扫描服务可以只提供扫描数据，也可提供与固定样本连续调查相联系的扫描数据。当测量对象是机构或组织时，数据是从零售商、批发商或行业公司中获得。

4. 利用互联网的搜索引擎收集数据

除以上三种获取外部二手资料数据的途径外，还可以直接从各种相关的互联网应用平台上利用搜索引擎进行检索。例如，百度、搜狐、新浪、360、Google 等，这种数据收集的方法更方便快捷，成本较低，具有较大的优势，在二手资料数据收集方面发挥着越来越大的作用。

目前，全世界的互联网网站资源非常庞大，网上信息更是浩如烟海、包罗万象，熟练掌握利用互联网搜索查询二手资料数据，已成为数据分析工作者的必备技能。

（三）二手资料数据收集时的注意事项

在收集二手资料数据时，要注意所收集数据的可靠性、目的性、技术性、准确性、适用性和时效性，确保获取的数据资料具有较大的应用价值。

1. 可靠性

数据是否可靠，一般通过专家鉴定、对数据来源或调查机构的信誉、名声等方面的考察来进行判断，也可以通过询问曾经利用过该数据来源的机构或人们来获得相关的信息。如果在下列情况下收集到的二手资料数据，那么对其数据的可靠性往往持怀疑态度：

其一，为了进行促销，或为了特殊利益关系，或为了进行宣传而出版发表的数据。

其二，匿名发表的，或企图隐瞒数据收集方法和过程细节的二手资料数据。

其三，二手资料数据不是直接来自原始数据，而是间接地由其他二手资料数据再次处理后生成的。

只有从值得信赖的二手资料数据中获取的数据才能有助于实际问题的研究；反之，还会带来多重的负面影响。

2. 目的性

数据总是按一定的目标或用途来收集的。了解数据收集的目的，就可以知道在什么情况下这些数据可能相关或有用。按一种具体目标收集的数据不一定适用于另外一种场合。

此外，数据收集目的的客观、公正也是保证数据质量的一个重要方面。如果调查机构的数据是为了某一特定团体的利益而发布的，这时调查机构会不自觉地选择那些有利于该团体利益的方法、分析程序公布于众，导致调查结果存在偏差，那么这样的二手资料数据要谨慎使用。

3. 技术性

收集数据时的技术要求或使用的方法是考察数据有无可能存在偏差的最重要准则。系统的技术要求包括：抽样方法、样本性质和大小、问卷设计和执行、回收率和回答质量、现场调查实施程序及其组织管理、数据处理和报告的方法过程及其他任何有可能影响调查结果的方法等。对这些方面的考察可以提供有关数据的可靠性和有效性方面的信息，有助于我们确定是否可以将这些数据用于解决当前的问题。

4. 准确性

准确性可以通过误差来度量。研究人员应当确定二手资料数据用于当前问题的研究是否足够准确。二手资料数据的误差可能来自研究方案设计、抽样方法、数据收集、分析和项目报告等方面，而且由于调研者没有实际参与，所以很难评价数据的准确性。

通常，通过寻找多方面来源的类似数据，然后运用相关的统计方法加以比较，也可以到现场进行复查。

5. 适用性

考察数据的内容时应特别注意关键变量的定义、测量单位、使用的分类以及相互关系的研究方法等。如果关键的变量没有定义或者与研究人员的定义不一致，那么数据的利用价值就会很有限。例如，关于消费者对电视节目偏好的二手资料数据，在利用该资料之前，需要知道“对电视节目的偏好”的定义：看得最多的节目、最需要的节目、最欣赏的节目、提供最多信息的节目、提供最好服务的节目，等等，这些不同定义必然影响数据的应用价值。

二手资料数据中所使用的单位不一定适合当前问题研究的需要。例如，对月收入的分类是按照500元以下、500～800元、800～1500元、1500元以上进行的，但研究人员感兴趣的是月收入在3000元以上者，这时的二手资料数据就没有多大的利用价值。

相互关系的考察是收集数据时需要注意的重要方面。如果研究者感兴趣的是被调查者“实际”的行为，而二手的调查报告中给出的是“推断”的行为，这时二手报告的参考意义就会大打折扣。

6. 时效性

时效性是衡量数据适用性的一个重要方面，因此在任何情况下调研人员都应该知道数据是何时采集的，也一定要铭记调查结果发表的时间常常与数据收集的真正时间是不一致的。

二手资料数据即使是最近的，但对解决当前问题而言可能仍不够近。多数调查和分析往往需要当前的数据，二手资料数据的时间离现在越远，其使用价值越小。

二、样本数据的收集

样本数据是在对总体进行抽样的基础上，通过对样本的调查、观察与试验而获取的。下面先介绍常用的抽样方法，然后进一步讨论收集样本数据的三种具体途径。

（一）常用的抽样方法

从抽取样本所采用的方法来看，抽样可分为随机抽样和非随机抽样。这两种抽样方法所得到的数据资料虽然都可以用来推断总体指标，但是由于非随机抽样不能计算出每个可能样本被抽出的概率，所以无法估计用样本推断总体所产生的误差的大小；随机抽样不仅能计算出每个样本被抽取的概率，而且还可以推断出用样本估计总体所产生的误差范围，并对误差加以控制。在实践中，重要的抽样调查均采用随机抽样的调查方式，随机抽样也被视为狭义的抽样调查，应用十分广泛。

1. 随机抽样

随机抽样又称为概率抽样，它是指用完全随机的方式来抽取样本，其中每个样本被抽出的机遇大小是可以用概率来度量的。从抽样方法上，随机抽样可分为重复抽样和不重复抽样两种；从组织形式上，随机抽样可分为简单随机抽样、系统抽样、分层抽样、整群抽样、多阶段抽样、不等概率抽样和二重抽样。

简单随机抽样又称为单纯随机抽样或完全随机抽样，它是指从总体的 N 个个体中一次性抽取 n 个个体的样本，是最基本的随机抽样方式，可利用抽签法、随机数表法或摇号法得以实现。除非特殊说明，通常简单随机抽样是指不放回的简单随机抽样。

系统抽样是指先将总体中 N 个个体按照某种顺序排列，编号为 1，2，…，N，在抽样时，首先抽取一个或一组起始个体的编号，然后按照某种和起始编号有关的规则确定其余入样的个体编号，直到抽取 n 个为止。最常见的系统抽样是等距系统抽样，即按照简单随机抽样方式抽取一个起始编号，固定间隔 k 抽取其余编号，直至抽满 n 个为止。

分层抽样又称为类型抽样，它是指先将总体中 N 个个体按某种特征分成若干大类，每类内部的各个个体都相差不大，而类与类之间则相差较大，然后在每类内独立进行简单随机抽样抽取若干个个体，所有类中抽出的个体一起构成样本。这种抽样方式能够使总体中的每个类型都有一些个体被抽入样本，有助于保证样本的代表性。因此当总体内部差异较大且有明显的不同类型界限或标志时，这种抽样方式常被采用。

整群抽样又称为集团抽样，它是指当总体内部差异较大又没有明显的类型标志或界限时，只能依据其他外观或地域标志将总体分成若干个相互之间差异很小而内部却差异很大的群体，然后再采用简单随机抽样方法抽取一些群体组成样本。整群抽样在大规模的社会经济调查中被广泛采用，我国农村经济调查就是采取这种抽样方式。

多阶段抽样是指分两个或两个以上的阶段来完成抽取样本单位的过程。它是将总体分为若干个初级单元，再在抽取的初级单元中抽取若干个二级单元，以此类推。而且每一阶段都可以采用不同的抽样方法。

不等概率抽样是指在抽取样本之前给总体的每一个个体赋予一定的被抽中概率，常用的方法有 PPS 抽样与 πPS 抽样。PPS 抽样是指放回的与规模大小成比例的概率抽样，在有放回的不等概率中，最常用的是按总体的规模大小来确定抽选的概率；πPS 抽样是指不放回的与规模大小成比例的概率抽样。在不放回的不等概率抽样过程中，被抽中的个体不能再被抽中，因此在抽取了第一个个体之后，余下的 $n-1$ 的个体中再以什么样的概率抽选就比较复杂。

二重抽样是指在抽样时按两步进行：第一步，从总体 N 中抽取一个较大的样本，对其进行调查以获得总体的某些辅助信息；第二步，进行第二重抽样，这次抽取的样本量较小，一般是从第一重样本中抽取的，第二重抽样的结果是最终样本。

2. 非随机抽样

非随机抽样又称为非概率抽样，它是指在抽取调查样本时，要么凭调查人员的主观判断选取，要么完全由调查人员视调查的便利而随意选取。每个样本被选中的可能性无法度量，更不能用概率表示。非随机抽样主要包括任意抽样、立意抽样、配额抽样以及滚雪球抽样。

任意抽样又称为便利抽样或偶遇抽样，它是指调查者在抽取样本时依据方便原则，以达到最大限度降低调查成本的目的。

立意抽样又称为判断抽样，它是指在对所研究总体中个体的一般情况已有相当了解的基础上，选择出一个或少数几个比较具有代表性的典型个体作为样本，进行更深入细致的调查，比较适合于总体构成差异较大而样本量较小的抽样调查。同时，如果调查者对总体特征非常了解，那么这种抽样方法也适用于特殊类型的调查。

配额抽样又称为定额抽样，它是将总体中的个体按照一定的标准划分为若干类型，将样本数额分配到各个类型中，再从各个类型中抽取个体，最终得到所需的样本。从各个类型抽取样本的方法没有严格的限制，一般采用配额抽样的方法。其中，划分总体的类型所依据的属性、特征称为控制特征，如调查者的性别、年龄、受教育程度、收入等特性均可作为控制特征。在配额抽样的操作过程中，可以按照单一变量控制，也可按照多变量控制。一般情况下，多变量配额控制可以使样本分布更均匀，样本结构与总体结构更接近。

滚雪球抽样是指先找到最初的样本单位，然后根据其提供的信息去获得新的样本单位，这种过程不断继续，直到完成规定的样本容量为止。这种组织形式主要用于对无家可归者等不易识别的群体的调查、对吸毒者等不愿透漏个人信息的群体的调查、对流动劳工等比较难以集中的群体的调查等。

（二）样本数据的获取方法

样本数据的获取途径主要包括调查法、观察法与试验法。

1. 调查法

调查法是指利用从总体中抽取的一个样本，采用设计好的一份结构式问卷，从被调查者中获取需要的具体信息的方法。在利用调查法收集数据时，通常采用随机抽样的方式，这样获取的数据比较可靠。按照调查的管理实施方式，调查法可分为电话调查、面访调查、邮寄调查以及网络调查，详细的调查方法分类如图 2－2 所示。

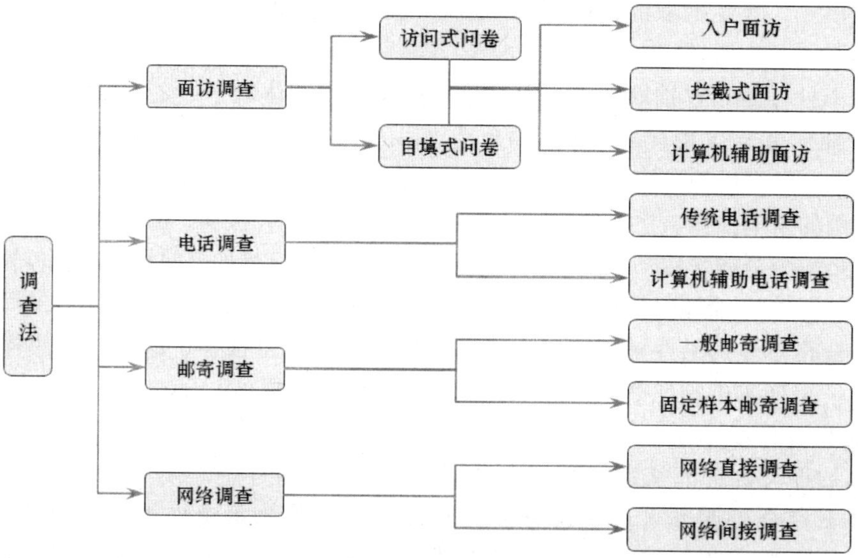

图 2－2　调查法分类图

由图 2 – 2 可知，面访调查分为入户面访、拦截式面访和计算机辅助面访；电话调查可以分为传统电话调查和计算机辅助电话调查；邮寄调查分为一般邮寄调查和固定样本邮寄调查；网络调查又可以分为网络直接调查与网络间接调查。目前，随着网络技术的发展与计算机的普及，网络调查越来越受到大家的青睐。

思

由于每种调查法都有各自的优势，因此对于同样选题的调研项目，不同调查法得到的结果有时也会有很大差异。针对具体的调研项目，我们应如何选择具体的调查方法？

针对具体的调查项目，要科学合理地选择有效的调查方法，就需要进一步明确不同调查方法所具有的优势。为此，在实际应用中，我们可以从数据收集的灵活性、问答题的多样性、有形刺激的使用、样本控制能力、数据收集环境的控制、对调查过程的控制、调查问题的数量、调查问卷的回答率、被调查者身份的保密性、社会合意性与敏感信息、获取敏感信息的可能、由调查员造成的偏差、调查完成的速度、调查的成本大小等方面进行对比，分析它们之间的差异，选择最合适的调查方法。各种调查方法之间的对比分析如表 2 – 1 所示。

表 2 – 1　　各种调查方法的对比分析

评价因子	电话调查	计算机辅助电话调查	入户面访	拦截式面访	计算机辅助面访	一般邮寄调查	固定样本邮寄	网络调查
数据收集的灵活性	中	中～高	高	高	中～高	低	低	高
问答题的多样性	低	低	高	高	高	中	中	高
有形刺激的使用	低	低	中～高	高	高	中	中	低
样本控制能力	中～高	中～高	可能高	中	中	低	中～高	低
数据收集环境的控制	中	中	中～高	高	高	低	低	低
对调查过程的控制	中	中	低	中	中	高	高	低
调查问题的数量	低	低	高	中	中	中	高	高
调查问卷的回答率	中	中	高	高	高	低	中	低
被调查者身份的保密性	中	中	低	低	低	高	高	低
社会合意性与敏感信息	中	中	高	高	高	低	低	高
获取敏感信息的可能	高	高	低	低	低～中	高	高	高
由调查员造成的偏差	中	中	高	高	低	无	无	无
调查完成的速度	高	高	中	中～高	中～高	低	低～中	高
调查的成本大小	中	中	高	中～高	中～高	低	低～中	低

注：评价因子的指标值按“高、中、低、无”进行评价。

2. 观察法

观察法是指调查者在现场对被调查者的情况直接观测、记录，以取得相关信息的一种调查方法。在使用观察法时，调查者不直接与被调查者交谈，而是利用自己的知识、直觉或是利用录像机、照相机、智能手机等各种音视频拍摄仪器，记录和考察现场实际情况，获取必要的信息。观察法有多种形式，可从不同角度进行分类，具体分类如图 2 – 3 所示。

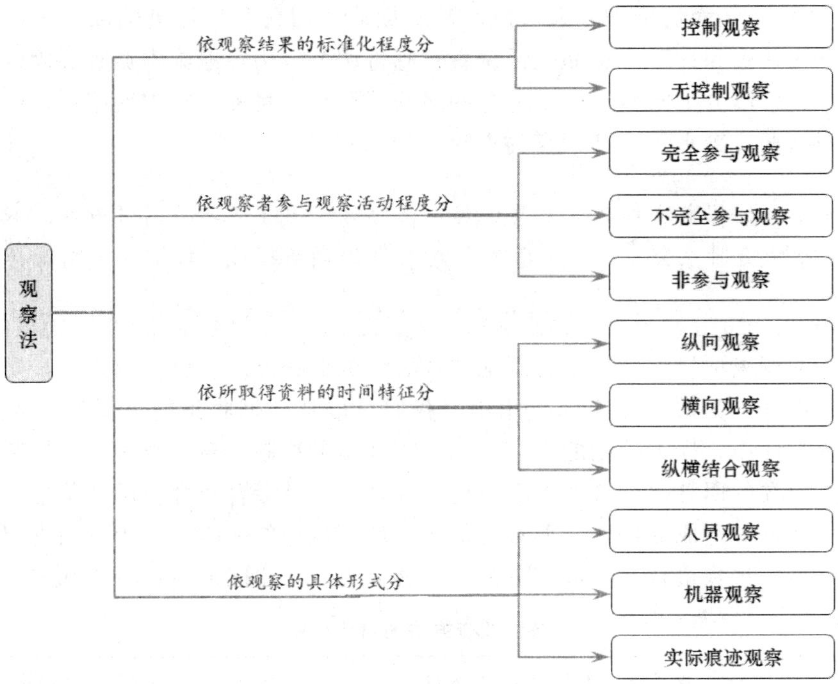

图 2－3 调查法分类图

由图 2－3 可知，从观察结果的标准化程度来考虑，观察法分为控制观察和无控制观察；从观察者参与观察活动程度的不同来考虑，观察法分为完全参与观察、不完全参与观察和非参与观察；从所取得资料的时间特征不同来考虑，观察法分为纵向观察、横向观察和纵横结合观察；从观察的具体形式不同来考虑，观察法分为人员观察、机器观察和实际痕迹观察。

在利用观察法收集数据时，不仅要选择合适的观察方法，而且还要提高记录技术。如果记录技术不好，那么调查结果和调查数据的质量也会受到影响。良好的记录技术，不仅可以减轻观察者的负担，准确及时地记下转瞬即逝的宝贵信息，而且还能够加快调查工作的进程，便于样本数据的整理及分析。记录技术主要包括观察卡片、符号、速记、记忆和机械记录。

思 不同的观察法，有不同的适用范围，那么观察法到底有哪些具体应用？

观察法的应用范围很广泛，在市场调查中具有重要的应用价值。例如，在消费者需求调查中，对消费者购物时选择的商品品种、规格、花色、包装、价格等的要求进行观察；在商场经营环境调查中，对商品陈列、橱窗布置、所临街道的车流、客流量情况进行观察；在城乡集贸市场调查中，对集贸市场上农副产品的上市量、成交量和成交价格等情况进行观察；在商品库存调查中，对库存商品直接盘点计数，并观察库存商品的残次情况；等等。

3. 试验法

试验法是为了揭示事物之间的因果关系而在人为安排的环境条件下对所研究事物进行的观测。例如，在工业生产中为了找出最佳的原料配比方案，安排各种不同的原料配比对产品的产量和质量进行观测；在市场研究中为了了解产品包装对产品销售量的影响，试用几种不同包装的产品安排在若干个商店销售，观测不同包装产品的销售状况，等等。试验法不同于调查法，它是在对其他各种主要因素加以控制的条件下，让所考察的因素发生变化，以观测所研究事物的反应，从而揭示所考察因素与所研究事物之间的因果关系。在试验观测中，承受试验的个体称为试验单位，所要考察的因素称为因子，所考察因素的各种不同状态称为水平。

为了能充分揭示所考察因素与事物之间的因果关系，利用试验法开展研究时必须遵循以下两个基本原则：

（1）均衡分散性原则。均衡分散性是指所进行的试验应均衡地分散在各个因素的不同水平的全部可能配合之中，以便保证试验结果具有较强的代表性。要满足均衡分散性的要求，当试验所要考察的因素较少且每个因素的水平也很少时，可对每个因素水平的全部配合逐一进行一次或若干次试验；当试验所要考察的因素很多或各个因素的不同水平或位级很多时，由于试验工作量太大，难以做到对各个因素水平的全部配合逐一进行试验，只能在各个因素水平的全部配合之中随机抽取一部分具有代表性的水平配合进行试验，要做到这一点，就需要对试验进行巧妙的设计和安排，使所抽取的部分水平配合均衡地散布在全部因素水平配合之中。

（2）整齐可比性原则。整齐可比性是指利用试验考察某个因素的各个水平的效应时，其他因素应保持相同的水平，以便保证在该因素各个水平的效应之中能最大限度地排除其他因素的干扰，从而能有效地进行比较。要满足整齐可比性的要求，当试验所考察的因素和水平均较少时，比较容易；而当试验所考察的因素和水平都很多时，就比较困难。

思

①如何挑选所考察各因素水平的配合？

②如何将各个试验单位安排到所选出的因素水平配合之中？

如何挑选所考察各因素水平的配合以及如何将各个试验单位安排到所选出的因素水平配合之中，是试验设计的基本问题，通常有以下几种试验方法：

（1）完全随机试验。完全随机试验与现场调查中的简单随机抽样调查类似，它是将各试验单位随机地安排到所拟进行试验的因素水平配合之中进行试验。例如，某饮料厂所生产的产品有玻璃瓶、易拉罐、塑料瓶和塑料袋四种不同的包装方式，为研究包装方式对销售量的影响，就可以采用一个因素的完全随机试验方法。

（2）随机区组试验。随机区组试验类似于调查法中的分层随机抽样调查。很明显，在完全随机试验观测中，各个试验单位本身必须具有同质性。如果各个试验单位本身就存在较大的差异，那么各因素水平配合的试验结果之间的差异将难以判明究竟是因素水平差异引起的还是试验单位本身的差异引起的。但是，在实践中尤其是在社会经济现象的试验观测中，有时要找出完全相似的若干试验单位往往是十分困难的，可供选择的试验单位之间往往都具有不少的差异，在这种情况下，就需要首先将各个试验单位按其差异程度的大小分成若干类，每类称为一个区组，然后将每个区组中的各个试验单位随机地指派到各个因素水平之上进行试验观测，这种安排试验的方式就称为随机区组试验。配对试验作为随机区组试验的一个特例，它是指当所考察的因素水平只有两种不同的情形时，可将试验单位配成两两相似的若干对组合，随机抽取每对中的一个试验单位进行一种水平的试验，而另一个试验单位则进行另一种水平的试验观测。配对试验观测在心理学及医学等领域中有广泛的应用。

(3) 拉丁方试验。所谓拉丁方就是将一定数目的元素编排成行与列相等且每个元素在各行各列都出现一次而且只出现一次的正方形方格。由于方格中的元素通常都用拉丁字母表示，所以这种方格就称为拉丁方。利用拉丁方来安排试验，所需要考虑的因素只能为三个，且每个因素的水平个数必须相等，各个因素之间不存在相互影响。在应用实践中，拉丁方方法通常用于人们所真正关心的影响因素只有一个，但试验中却存在有其他两个不能控制的因素影响的情形。拉丁方试验设计有利于减少试验次数，节约试验费用和时间。

(4) 正交试验。正交试验就是利用正交表来安排的试验。所谓正交表就是由1、2、3、4等字码为构成元素且任意两列的同行元素对都形成出现次数相同的完全对的矩阵表，正交表是由正交拉丁方发展而来的，其表示符号为 Ln (tm)，其中 L 为正交表代号，n 表示正交表的横行数，m 表示纵列数，t 表示正交表中的字码数。

在正交表中，每一列中各种字码出现的次数相同，而且任意两列同行字码所组成的字码对都成完全对，同时每对字码出现次数也相同。正交表的这些特点体现了均衡分散性和整齐可比性原则，可以大大减少试验次数，节约试验时间和经费，应用十分广泛。

上述两种采集数据的方式各有自身的特点，适用于不同的应用场合。例如，在物质产品研制与生产工艺革新过程中，采集数据资料的主要方式是试验观察；而在对社会经济和大自然客观现象的研究过程中，采集数据资料的主要方式则是调查或观察。这种差别之所以存在，主要是对社会经济现象和大自然客观现象的观察（如对日月星辰运行的观察），不可能在人为控制的环境下进行，而物质产品的研制和生产工艺的革新则可在人为控制的环境下进行。

三、大数据的收集

大数据主要来源于人们在社交网络、互联网、各种社会活动过程产生的文字、图片、音频、视频各种数据，计算机模拟现实世界生成的数据，以及通过感知设备获得数据，等等。例如，互联网（社交、搜索、电商等）、移动互联网（微博、微信、QQ 等）、物联网（传感器，智慧地球、智慧城市、智慧校园等）、车联网、北斗系统、医学影像、安全监控、金融（银行、股市、保险等）、电信（通话、短信、邮件等）都是海量数据的重要来源。据统计，全球每秒钟发送 290 万封电子邮件，一分钟读一篇的话，足够一个人昼夜不息的读 5.5 年；微信平台每个月有 10.825 亿位用户保持活跃，每天有 450 亿次信息发送，有 4.1 亿次音视频呼叫成功；京东的商品评论目前已达到数十亿条，每天提供的服务调用也有数十亿次；百度每天处理的数据量将近 100 个 PB，相当于 5000 个国家图书馆的信息量的总和；等等。大数据的来源及收集方式如图 2-4 所示。

由图 2-4 可知，对应不同来源的大数据，可以通过传感器、系统日志、网络爬虫以及众包平台等方式进行收集。

（一）基于传感器的大数据收集

传感器常用于测量物理环境变量并将其转化为可读的数字信号以待处理，是采集物理世界信息的重要途径。传感器包括声音、振动、化学、电流天气、压力、温度和距离等类型，它是物联网的重要组成部分。通过有线传感器网络或无线传感器网络，信息被传送到数据采

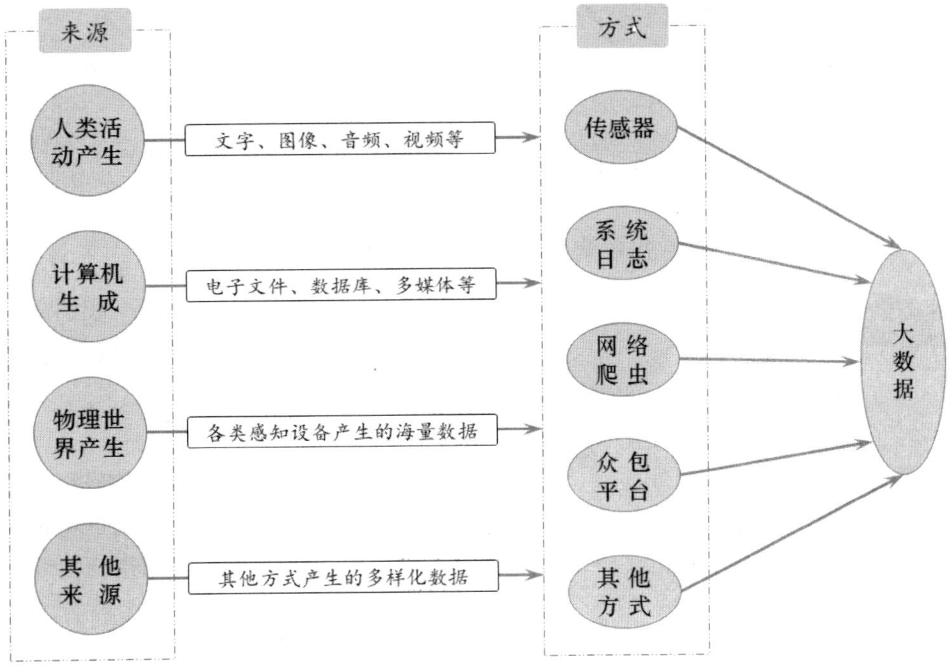

图 2－4 大数据收集来源及收集方式

集点。

有线传感器网络通过网线手机传感器传递信息，这种方式适用于传感器易于部署和管理的场景。例如，视频监控系统通常使用非屏蔽双绞线连接摄像头，通过利用媒体压缩、机器学习、媒体过滤技术，面向各类应用进行采集，可以获得涉及城市交通、群体行为和公共安全等方面的大量信息，而这仅仅是光学监控领域一个很小的应用示例。在更广义的光学信息获取和处理系统中（如对地球观测、深空探测等），通过传感器可获得更大规模的数据。

无线传感器网络利用无线网络信息传输载体，并形成自组网传输采集的数据，如环境监控、水质监控和野生动物监控等。一个无线传感网通常由大量微小的传感器节点构成，微小传感器由电池供电或通过环境供电，被部署在应用制定的地点收集感知数据。当节点部署完成后，基站将发布网络配置、管理或收集命令，不同节点采集和感知的数据将被汇集并转发到基站以待后续处理。

（二）基于系统日志的大数据收集

系统日志由系统运行产生，以特殊的文件格式记录系统的活动。对系统日志进行记录是广泛使用的数据获取方式之一。系统日志包含了系统的行为、状态以及用户和系统的交互。和物理传感器相比，系统日志可以看作是“软件传感器”。对计算机软硬件系统运行状态的记录、金融应用的股票记账、网络监控的性能测量及流量管理、Web 服务器记录的用户行为等都属于系统日志。

系统日志在诊断系统错误、系统优化运行效率、发现用户行为偏好等方面有着广泛的应用。例如，Web 服务器通常要在访问日志文件中记录网站用户的点击、键盘输入、访问行为以及其他属性，根据这些行为可以有效发现用户的偏好，一方面基于用户行为可以优化网站布局，另一方面可以做有效的用户画像从而实现精准的信息推荐。

设计系统日志的关键在于对用户或系统行为的认知，需要根据应用的要求选择日志需要包含的内容，并且根据其包含内容的形式和应用的方法设计有效的存取格式。例如，对于类似通话记录一类的需要频繁查询的海量日志仓库，可以选择数据库而不是文本文件来进行管理，以保证高效的查询处理。

（三）基于网络爬虫的大数据收集

网络爬虫是指为搜索引擎下载并存储网页的程序。爬虫顺序地访问初始队列中的一组网页链接并为所有网页链接分配一个优先级。爬虫从队列中获得具有一定优先级的 URL，下载该网页，随后解析网页中包含的所有 URLs，并添加这些新的 URLs 到队列中。这个过程一直重复，直到爬虫程序停止为止。

网络爬虫是搜索引擎、Web 缓存等网站应用主要的数据采集方式。数据采集过程由选择策略、重放策略、礼貌策略以及并行策略共同决定。选择策略决定哪个网页将被访问，重放策略决定何时检查网页更新，礼貌策略防止过度访问网页，并行策略则用于协调分布式爬虫程序。

在网络爬虫的设计中，考虑到爬取数据的效率和质量，需要关注链接的发现和网页质量评估、深层网络爬取策略和大规模网页爬取效率等方面的研究。目前，链接的发现和网页质量评估的主要技术为链接分析技术，如 PageRank、HITS 及 HillTop 等，同时结合网页的主题内容。

深层网络占所有网络资源的比例为 80%，通常是指那些存储在网络数据库中，不能通过超链接访问而需要通过动态网页技术访问的资源集合。当前的主流深层网络爬虫技术包括基于领域知识的表单填写和基于网页结构分析的表单填写。

网络爬虫的效率直接关系到大数据分析和挖掘的整体效率，当前的优化方法包括爬虫策略优化和爬虫结构设计优化。

（四）基于众包平台的大数据收集

众包是一种新型的商业运营模式，它是将任务外包给“分布式”的“围观人群”，“围观人群”通过登录众包平台就可以接受并完成相应任务，相关数据都在平台上记录在案。在众包平台上，企业用户针对的是那些需要以低廉价格起价外包简单计算任务的公司，而个人用户将通过完成某项工作以获得小额的报酬。

在大数据采集过程中，众包将搜集数据的任务外包给他人来完成，通过大量参与的用户借助于众包平台来获取恰当数据。特别地，如果以普通用户的移动设备作为基本感知单元，通过网络通信形成感知网络，从而实现感知任务分发与感知数据收集，完成大规模、复杂的社会感知任务。例如，要收集北京市所有水果店的相关数据，可以通过众包平台，让大量的用户使用手机拍摄水果店并发送定位。

思 除了上述四种大数据的收集方法外，还有哪些收集大数据的方法？

第 2 节　数据存储

收集数据的过程实质上就是一个记录并存储数据的过程。如果没有好的存储方法与手段就不可能收集到高质量的数据，从而影响数据的分析，难以实现其应用价值。因此，数据存储与数据收集、分析与应用密不可分，既是数据收集的结果，又是数据分析与应用的前提与基础。

思

①如何度量数据量的大小？常用度量数据存储规模大小的单位有哪些？

②计算机数据存储系统的结构如何？

③存储数据的方式有哪些？今后的发展趋势如何？

一、数据量的度量

计算机最初设计的目的就是用来处理数据，而数据要被计算机处理，就需要将其编码成计算机能够接受的二进制形式。为此，可以用字节来度量数据量的大小，每个字节等于 8 个二进制位，可以表示 0 ~ 255 种不同的状态。

由于硬件设计的原因，计算机处理信息通常以 2 的整数倍作为处理边界，而最接近 1000 的 2 的 10 次方，即 1024，因此在计算机的实际应用中大多采用这些标准单位前缀与字节 B 的组合的方式来表示数据量，表 2 - 2 给出了常用数据量的度量单位对照表。

表 2 - 2　　数据量度量单位对照表

序	名称	缩写	科学计数法（单位：B）	换算关系
1	Kilobyte	K	$1\times2^{10}\approx1\times10^{3}$	1KB = 1024B
2	Megabyte	M	$1\times2^{20}\approx1\times10^{6}$	1MB = 1024KB
3	Gigabyte	G	$1\times2^{30}\approx1\times10^{9}$	1GB = 1024MB
4	Terabyte	T	$1\times2^{40}\approx1\times10^{12}$	1TB = 1024GB
5	Petabyte	P	$1\times2^{50}\approx1\times10^{15}$	1PB = 1024TB
6	Exabyte	E	$1\times2^{60}\approx1\times10^{18}$	1EB = 1024PB
7	Zettabyte	Z	$1\times2^{70}\approx1\times10^{21}$	1ZB = 1024EB
8	Yottabyte	Y	$1\times2^{80}\approx1\times10^{24}$	1YB = 1024ZB
9	Nonabyte	N	$1\times2^{90}\approx1\times10^{27}$	1NB = 1024YB
10	Doggabyte	D	$1\times2^{100}\approx1\times10^{30}$	1DB = 1024NB
11	Corydonbyte	C	$1\times2^{110}\approx1\times10^{33}$	1CB = 1024DB

当今社会各个机构、部门、公司、团体等正在实时不断地产生大量的数据，这些数据需要以简单的方式处理后进行存储，存储数据容量的级别不断攀升。

例如，新浪微博的 2017 年财报显示：每天发布的微博超过 2 亿条，这其中图片和小视频就有 2000 万条，如果按每条微博 170B，每张图片或小视频 1MB 计算，那么仅微博一天产生的数据量就高达19TB；而互联网搜索类业务需要检索互联网的网站内容，平均每天需要扫描处理的数据量甚至达到了100PB量级；根据国际数据公司的统计和预测：人类产生并存储下来的数据在2000年为0.8ZB，2013年达到了4.4ZB，按照这一增长趋势，预计到2020年数据总量将突破44ZB，到2025年可能达到惊人的163ZB之多。

数据的这种爆炸式的增长态势将会对数据的存储、分析与应用提出新的挑战。

二、数据存储系统

数据存储的目的不是仅仅为了存储而存储，而主要是为了后期的查询、分析与应用，这就要求我们按照系统化的设计理念，将数据存储问题纳入到数据的管理体系中，构建功能完备的数据存储系统。

数据存储系统就是计算机中由存放程序和数据的各种存储设备、控制部件及管理信息调度的设备（硬件）和算法（软件）所组成的系统。由于计算机的主存储器不能同时满足存取速度快、存储容量大和成本低的要求，因此在计算机中必须有速度由慢到快、容量由大到小的多级层次存储器，以最优的控制调度算法和合理的成本构成具有性能可接受的存储系统。计算机数据存储系统的结构示意图如图2－5所示。

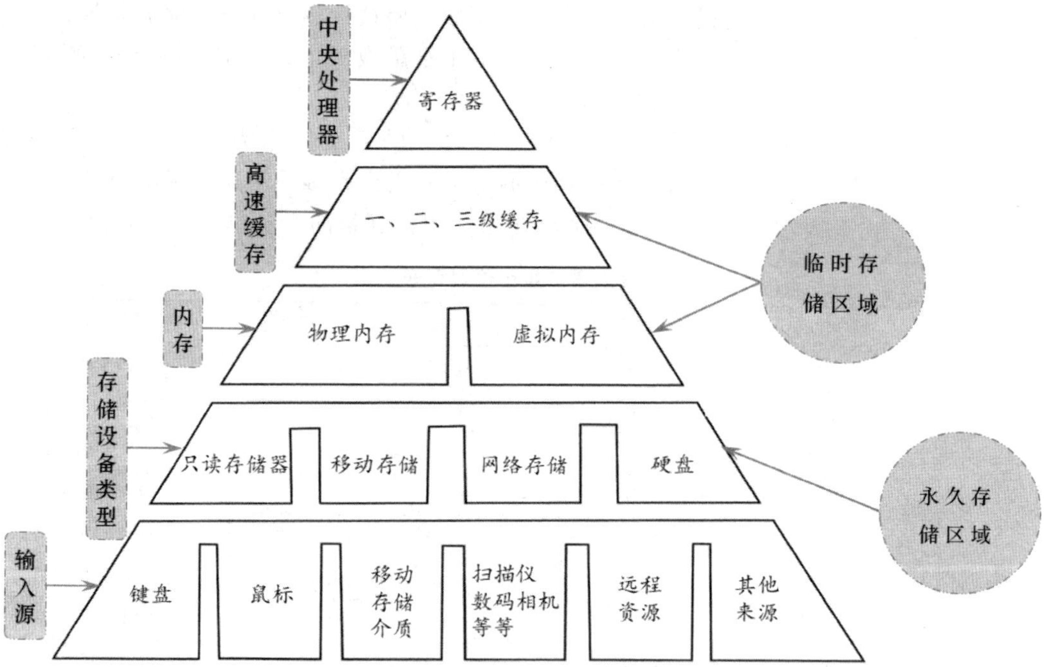

图2－5　计算机的数据存储系统结构示意图

伴随着信息与网络技术的飞速发展，数据存储系统的性能在计算机应用中所拥有的地位越来越重要，其主要原因在于以下三点：

其一，冯·诺依曼体系结构是基于存储程序概念的基础上，访存操作约占中央处理器（CPU）时间的70%左右。

其二，存储管理与组织的好坏直接影响到整机的效率。

其三，现代的信息处理，如图像处理、数据库、知识库、语音识别、多媒体等对存储系统的要求很高。

最初，计算机采用串行的延迟线存储器，不久又用磁鼓存储器；20 世纪 50 年代中期，主要使用磁芯存储器作为主存；20 世纪 60 年代中期以后，半导体存储器已取代磁芯存储器。在逻辑结构上，并行存储和从属存储器技术的采用提高了主存的供数速度，缓和了主存和高速的中央处理器速度不匹配的矛盾。1968 年 IBM – 360/85 最早采用了高速缓冲存储器——主存储器结构。高速缓冲存储器的存取周期与中央处理器主频周期一样，由硬件自动调度高速缓冲存储器与主存储器之间信息的传递，使中央处理器对主存储器的绝大部分存取操作可以在中央处理器和高速缓冲存储器之间进行。1970 年，美国 RCA 公司研究成功虚拟存储器系统。IBM 公司于 1972 年在 IBM370 系统上全面采用了虚拟存储技术。

由于科学计算和数据处理对存储系统的要求越来越高，需要不断改进已有的存储技术，研究新型的存储介质，改善存储系统的结构和管理。大规模集成电路和磁盘依然是主要的存储介质。利用新型材料制作大规模集成电路、大容量的存储器可大大提高速度，对计算机系统和软件都会产生影响。磁盘技术、光盘技术、约瑟夫逊结器件以及研究新的存储模型都是计算机存储系统发展的研究课题。

三、数据存储与管理

数据的存储与管理是相辅相成的，二者有机地融为一体。伴随着数据存储技术的发展，数据管理能力也不断提升，其发展大致经历了人工管理、文件系统和数据库管理系统三个阶段。

（一）人工管理阶段

在 20 世纪 50 年代中期以前，计算机主要用于科学计算，其数据的管理主要依赖于人工进行，这一阶段通常称为人工管理阶段。在硬件设备方面，外部存储器只有磁带、卡片和纸带等传统设备；在软件方面，只有汇编语言，尚无数据管理方面的软件，数据处理方式基本是批处理。此阶段具有如下特点：

（1）计算机系统不提供对用户数据的管理功能。用户在编制程序时，必须要全面考虑好相关的数据，包括数据的定义、存储结构以及存取方法等；程序和数据是一个不可分割的整体；如果数据脱离了程序就无任何存在的价值，数据也不具有独立性。

（2）数据不能共享。不同的程序均有各自的数据，这些数据对不同的程序通常是不相同的，不可共享；即使不同的程序使用了相同的一组数据，这些数据也不能共享，程序中仍然需要各自加入这组数据，谁也不能省略。基于这种数据的不可共享性，必然导致程序与程序之间存在大量的重复数据，浪费了存储空间。

（3）不单独保存数据。基于数据与程序是一个整体，数据只为本程序所使用，数据只有与相应的程序一起保存才有价值，否则就毫无用处。

（二）文件系统阶段

从 20 世纪 50 年代后期至 60 年代中期，计算机不仅用于科学计算，而且还应用在信息管理方面，这一阶段称为文件系统阶段。随着数据量的增加，数据的存储、检索和维护成为当时迫切解决的主要问题，从而推动了数据结构和数据管理技术的迅速发展。此时，在硬件方面，外部存储器已经有了磁盘、磁鼓等直接存取的存储设备；在软件方面，出现了操作系统和高级软件，操作系统中的文件系统是专门管理外存的数据管理软件，文件是操作系统管理的重要资源之一；在数据处理方面，处理数据的方式有批处理以及联机实时处理。此阶段具有如下特点：

（1）数据以“文件”形式可长期保存在外部存储器的磁盘上。由于计算机的应用转向对数据信息的管理，因此对文件要进行大量的查询、修改和插入等操作。

（2）数据的逻辑结构与物理结构有了区别，但比较简单。程序与数据之间具有“设备独立性”，即程序只需用文件名就可与数据打交道，不必关心数据的物理位置；由操作系统的文件系统提供存取方法（读/写）。

（3）文件组织已多样化。主要有索引文件、链接文件和直接存取文件等方式，但文件之间相互独立、缺乏联系；数据之间的联系要通过程序去构造。

（4）数据不再属于某个特定的程序，可以重复使用，即数据面向应用。文件结构的设计仍然是基于特定的用途，程序基于特定的物理结构和存取方法，因此，程序与数据结构之间的依赖关系并未根本改变。

（5）对数据的操作以记录为单位。这是由于文件中只存储数据，不存储文件记录的结构描述信息；文件的建立、存取、查询、插入、删除、修改等所有操作都要用程序来实现。

另外，随着数据管理规模的扩大，数据量急剧增加，利用文件系统来管理数据也暴露出了不少缺陷。例如，数据冗余问题，这是由于文件之间缺乏联系，造成每个应用程序都有对应的文件，有可能同样的数据在多个文件中重复存储；数据不一致性问题，这往往是由数据冗余造成的，在进行更新操作时，稍不谨慎，就有可能使同样的数据在不同的文件中变成了不一样的数据；等等。

文件系统阶段是数据管理技术发展中的一个重要阶段。在这一阶段得到的数据结构和算法丰富了计算机科学，为数据管理技术的进一步发展奠定了基础，目前仍是计算机软件科学的核心。

（三）数据库管理系统

从 20 世纪 60 年代后期至今，数据管理技术进入数据库管理系统阶段。数据库系统克服了文件系统的缺陷，提供了对数据更高级、更有效的管理。这个阶段，程序和数据的联系通过数据库管理系统来实现，如图 2－6 所示。

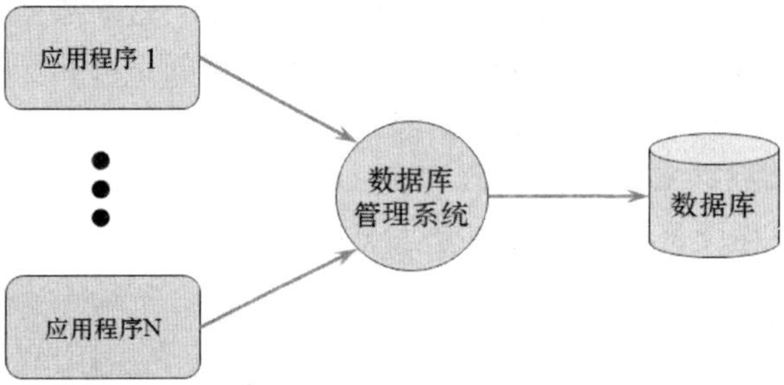

图 2－6　程序与数据间的联系

概括起来，数据库系统阶段的数据管理具有以下特点：

（1）采用数据模型表示复杂的数据结构。数据模型不仅描述数据本身的特征，还要描述数据之间的联系，这种联系通过存取路径实现；通过所有存取路径表示自然的数据联系是数据库与传统文件的根本区别。这样，数据不再面向特定的某个或多个应用，而是面向整个应用系统；数据冗余明显减少，实现了数据共享。

（2）有较高的数据独立性。数据的逻辑结构与物理结构之间的差别可以很大；用户以简单的逻辑结构操作数据而无需考虑数据的物理结构；数据库的结构分成用户的局部逻辑结构、数据库的整体逻辑结构和物理结构三级；用户（应用程序或终端用户）的数据和外存中的数据之间转换由数据库管理系统实现。

（3）数据库系统为用户提供了方便的用户接口。用户可以使用查询语言或终端命令操作数据库，也可以用程序方式操作数据库。

（4）数据库系统提供了数据控制功能。例如，在并发控制方面，通过对程序的并发操作加以控制，可防止数据库被破坏，杜绝提供给用户不正确的数据；在数据库的恢复方面，当数据库被破坏或数据不可靠时，系统有能力把数据库恢复到最近某个正确状态；在数据的完整性方面，能够保证数据库中数据始终是正确的；在数据安全性方面，能够保证数据的安全，防止数据的丢失、破坏。

（5）增加了系统的灵活性。对数据的操作不一定以记录为单位，可以以数据项为单位。

人工管理、文件管理以及数据库管理这三个递进式的数据管理发展阶段各有特点，其功能不断增强，数据管理的效率不断提升，价值越来越大，其特点对比如表 2－3 所示。

表 2－3　数据存储与管理的三个阶段对比

阶段		人工管理	文件系统	数据库管理系统
背景	应用背景	科学技术	科学技术与数据管理	大规模数据管理
	硬件背景	无直接存储设备	磁盘、磁带及磁鼓	大容量磁盘
	软件背景	无操作系统	有文件系统	有数据库管理系统
	处理方式	批处理	批处理与联机实时处理	批处理、实时处理与分布处理
特点	数据的管理者	用户（程序员）	文件系统	数据管理系统
	数据面向对象	某一应用程序	某一应用程序	现实世界
	数据共享程度	不共享、冗余度极大	共享性差、冗余度大	共享性好、冗余度小
	数据的独立性	完全依赖程序	独立性差	物理与逻辑独立性很高
	数据的结构化	无结构	整体有而记录无结构	整体结构化，用数据模型描述
	数据控制能力	应用程序自己控制	应用程序自己控制	由系统控制数据安全、完整性等

四、大数据存储

在当今的大数据时代，面对结构化、半结构化和非结构化等海量数据，数据容量超过了存储空间的极限，传统的关系型数据库已无法适应对其进行有效存储，容易发生数据管理失控问题，因此，需要借助于分布式、NoSQL 数据库、云数据库等管理系统来解决大数据的存储问题。

（一）分布式系统

分布式系统包含多个自主的处理单元，通过计算机网络互联来协作完成分配的任务，其分而治之的策略能够更好地存储、分析大规模数据，主要包括分布式文件系统以及分布式键值系统。在分布式系统中，数据的存取是通过分布式存储技术来实现的。

分布式存储技术是一种相对于集中式存储技术而存在的概念，不同于集中式存储技术，分布式存储技术将数据存储在了虚拟的网络空间中，而非特定的节点之上。具体来说，分布式存储技术充分利用了网络的优势，把网络上相对比较零散的存储空间虚拟为一个整体，进而将这一空间作为数据存储的主体。在实际存储过程中，数据分别存放于各个存储空间中，而非传统意义上某些特定的节点。

在分布式存储技术发展过程中衍生出了分布式存储管理系统，该系统能够有效整合零散的网络存储空间，并且通过多台服务器实现载荷的分散存储，进而为系统的安全性、可靠性与实用性提供有效保证。对于分布式存储技术而言，“分散存储”与“集中管理”是其最为主要的特点，同时也是其得以广泛应用的主要优势所在。图 2－7 就是一个典型的分布式系统示意图。

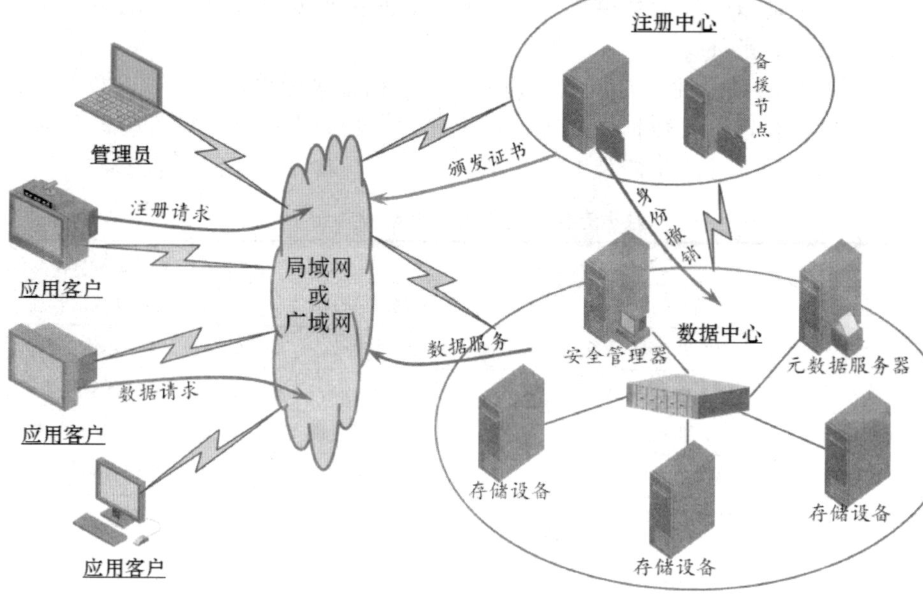

图 2－7　典型的分布式系统示意图

（二）NoSQL 数据库

随着云计算的发展和大数据时代的到来，关系型数据库越来越无法满足数据存储与管理的需要。这是因为越来越多的半关系型和非关系型数据需要用数据库进行存储管理，与此同时，分布式技术的出现也对数据库技术提出了新要求，于是越来越多的非关系型数据库相继问世。这类数据库与传统的关系型数据库在设计和数据结构有了很大的不同，它们更强调数据库数据的高并发读写和存储大数据，这类数据库一般被称为 NoSQL（Not only SQL）数据库。

在存储方式方面，不像传统的关系型数据库采用表格的储存方式，NoSQL 是以数据集的方式将大量的数据集中存储在一起。

在存储结构方面，传统关系型数据库是按照结构化的方法存储数据，每个数据表都必须先定义好表的结构，再根据表的结构存入数据；而 NoSQL 数据库由于面对的是大量非结构化数据的存储，它采用的是动态结构，对于数据类型和结构的改变非常的适应，可以根据数据存储的需要灵活的改变数据库的结构。

在扩展方式方面，由于 NoSQL 数据库的存储方式是分布式的，所以它克服了关系型数据库只具备纵向扩展能力的不足，可以添加更多数据库服务器到资源池，由这些增加的服务器来负担数据量增加的开销，实现了横向方式扩展数据库的功能。

在读写性能方面，由于 NoSQL 数据库是按 key - value 类型进行存储的，并以数据集的方式存储的，因此无论是扩展还是读写都非常容易，并且 NoSQL 数据库不需要关系型数据库繁琐的解析，所以 NoSQL 数据库的数据管理、检索、读写、分析以及可视化方面具有关系型数据库不可比拟的优势。图 2 - 8 就是 NOSQL 的一个整体架构图。

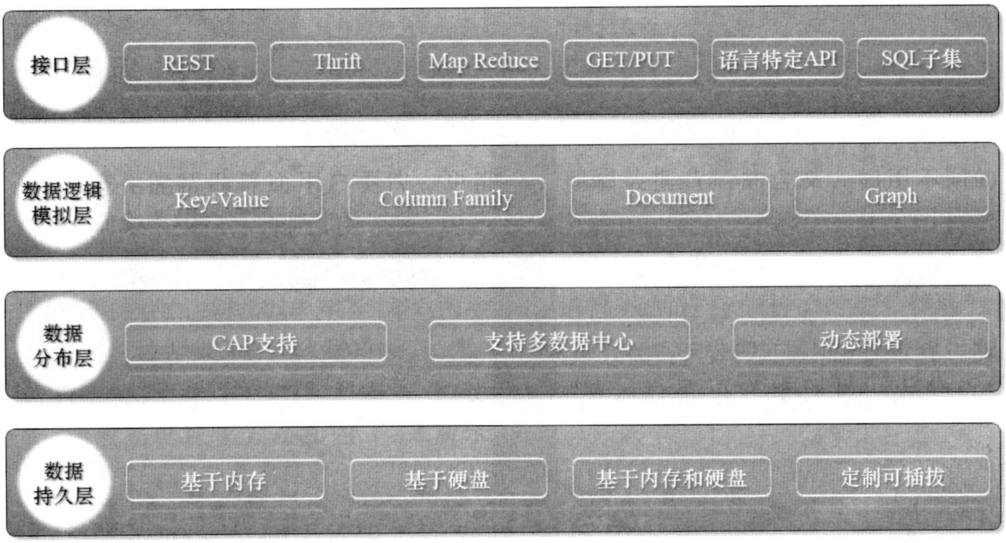

图 2 - 8　NOSQL 的整体架构图

目前，NoSQL 数据库没有统一的分类标准，其存储类别主要包括键值对存储数据库、列存储数据库、文档型数据库以及图形结构数据库四类，图 2 - 9 是这四种数据库的结构示意图。

1. 键值对存储数据库

键值对存储数据库利用一个哈希表，将一个特定的键与一个指针指向特定的数据相对应。这类数据库的优点在于部署容易、简单，数据查询速度快；缺点是需要存储数据之间的关系，效率不高。

2. 列存储数据库

列存储数据库是用来应对分布式存储的海量数据，键仍然存在，但是却指向了多个列，而且这些列是由列家族来安排的。这类数据库的优点是对数据能快速查询，数据存储的扩展性强，其缺点是数据库的功能有局限性。

3. 文档型数据库

文档型数据库存储的灵感是来自于 Lotus Notes 办公软件，可以看作是键值数据库的升级版，允许嵌套键值，比键值数据库的查询效率更高。这类数据库的优点是对数据结构要求

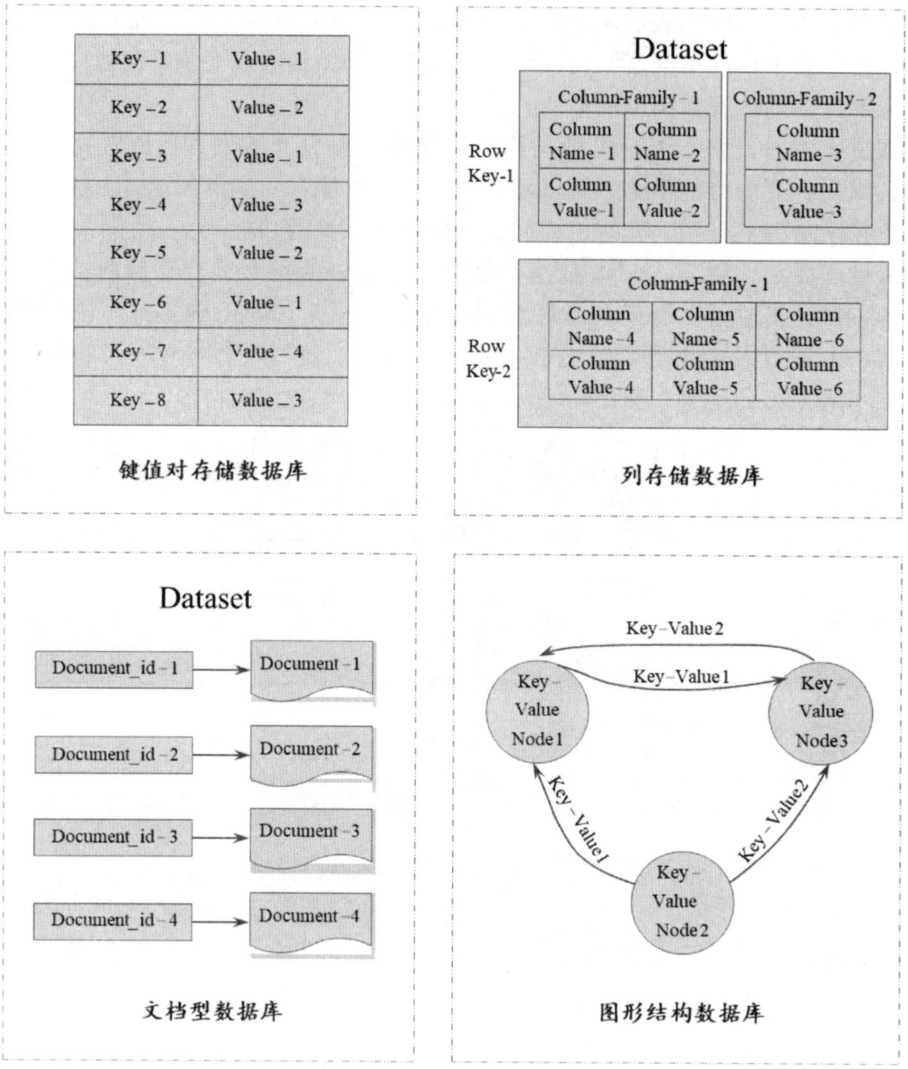

图 2-9 四种 NOSQL 数据库结构示意图

不是特别严格，其缺点是查询性能不好，同时缺少统一的查询语言。

4. 图形结构数据库

图形结构数据库同其他行列以及刚性结构的 SQL 数据库不同，它使用灵活的图形模型，并且能够扩展到多个服务器上。这类数据库的优点是可以方便地利用图结构的相关算法进行计算，其缺点是要想得到结果必须进行整个图的计算，而且遇到不适合的数据模型时，图形数据库很难使用。

（三）云数据库

随着近几年云计算、智慧云服务技术的不断发展，越来越多的企业和政府机构选择租用云服务提供商平台来存放和处理用户或产品数据，这些用户可以通过租用云服务器（IaaS）去实现质优价廉的大数据管理需求。一些用户甚至可以免除手动安装配置数据库的繁琐步骤，直接使用云服务提供商的数据库，从而达到存放和处理数据的目的。例如，百度智能云、华为云、腾讯云等，这些云服务提供商都将数据整合迁移到自营的云数据库中，在自营平台对客户数据提供管理服务。

云数据库是基于云计算技术发展的一种共享基础架构的存储方法，是部署在云计算环境中的虚拟化数据库，图 2－10 就是一个典型的云数据库。

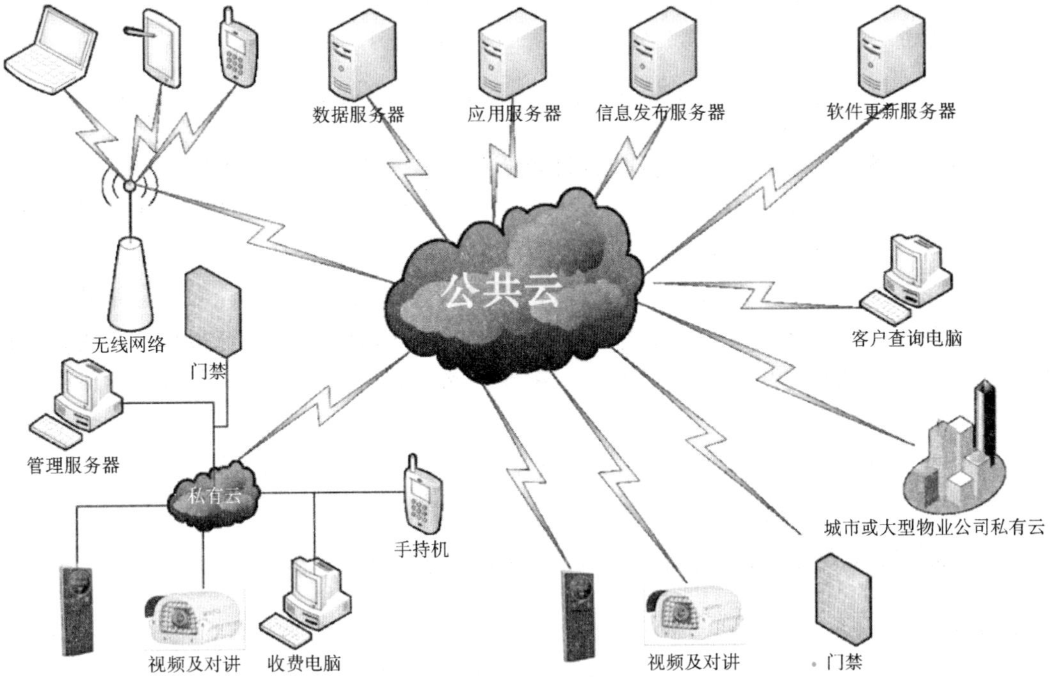

图 2－10　典型的云数据库

云数据库不仅拥有高可扩展性、高可用性、采用多租形式和支持资源有效分发等特点，而且还具有较低的使用代价、高性能、免维护、安全等特征。当然，从数据模型的角度来说，云数据库并非一种全新的数据库技术，而只是以服务的方式提供数据库功能，所采用的数据模型也可以是关系数据库所使用的关系模型。

第 3 节　数据预处理

对于收集到的各类数据，在不同程度上存在着“垃圾数据”。例如，搜集到二手资料数据中可能存在一些过时数据，调查数据中可能存在无回答的缺失数据，观察数据中可能存在输入错误的数据，实验数据中可能存在大误差数据，大数据中可能存在许多与研究问题无关的无用数据，等等。

思　收集到的数据还可能存在哪些问题？数据分析前应该做哪些具体工作？

既然收集到的数据可能存在问题，那么我们在数据分析前就需要对所收集的数据进行预处理，使其成为高质量的“干净数据”。

一、数据预处理的含义

数据预处理就是根据研究的目的与任务，运用科学的处理方法将获得的原始数据进行审核汇总与初步加工，使之系统化和条理化，从而进一步提升数据质量。

（一）数据预处理全面地检查了所收集数据的质量，提高了数据的应用价值

由于各种主客观原因，所获得的原始数据难免出现虚假、差错、缺损、余冗等现象，因此，只有对其进行科学的整理与审核，捡漏与补缺，去伪存真，去粗取精，才能保证数据的真实性、准确性、完整性和有用性，从而提高数据质量。

数据质量涉及准确性、完整性、一致性、时效性、可信性和可解释性等诸多因素。例如，因收集数据的设备出现故障或数据在传输过程中出现错误等引起的数据不正确；设备故障导致的输入缺失或记录中不一致数据的删除等造成的数据不完整；某产品的月销售数据月底没有及时的更新引起的数据时效性不高；等等。

由此可知，在正式进行数据分析之前，我们需要进行一定的预处理，如果发现数据中存在质量问题，就需要采用特定的方法处理这些“问题数据”。

（二）数据预处理将为后续的数据分析与应用奠定良好的基础

数据分析的目的是揭示所要研究现象总体的数量特征和统计规律，而最初所获得的原始数据是关于总体中若干个体的分散的、零碎的数据资料，只有通过汇总整理，使原始数据系统化、条理化、综合化，才能在此基础上对数据进行分析和研究。

另外，如果原始数据的形态不符合模型与目标算法的要求（如对数据的类型、规模、取值范围、存储位置等的要求），那么即使原始数据质量没有任何问题，我们也需要进行数据预处理工作。

基于此，数据预处理质量如何直接关系到数据分析的效果，关系到研究能否科学、客观地认识事物的自身规律和现象的本质特征。

（三）数据预处理是积累和保存资料的客观要求

收集到的原始数据既是对现象进行分析研究的客观依据，又是今后研究同类现象的重要参考资料。只有通过数据预处理才能使原始资料具有真实性、可靠性和有用性，才能使原始数据具有长期保存和应用的价值。

二、数据预处理的基本原则

数据预处理是连接数据收集与数据分析的桥梁和纽带，为了达到数据预处理的目的，使处理完的数据能够满足后期数据分析、应用的需要，通常要遵循以下基本原则：

（一）真实性原则

真实性原则是指对数据进行预处理时必须最大限度地保证原始数据的真实性。一方面，

在数据预处理之初，必须严格审核原始数据的真实性，对于审核出来的不真实的数据应该坚决予以剔除，对于缺失的数据应采取相应的补救措施；另一方面，在数据预处理的各个中间环节，应根据调查研究的目的和要求，合理地选择处理数据的方法和技术，不能因为处理方法不当而使原始数据的真实性受到严重损害。

（二）准确性原则

准确性原则是指对数据进行预处理时必须保证处理过的数据事实清楚、数据准确，不能含糊不清、模棱两可甚至相互矛盾。如果预处理完的数据不准确，则据此所做的数据分析就不可能得出准确、科学的结论。

（三）科学性原则

科学性原则是指数据预处理应根据研究的目的和要求以及数据本身的性质合理地选择科学的方法和技术，对原始数据进行系统的加工和处理，使之能够满足研究的需要。研究的目的和要求不同，数据整理所使用的方法也会有所不同。数据的类型、性质不同，采用的预处理方法也会有所区别。

（四）目的性原则

目的性原则是指数据预处理的目标应符合研究的目的和要求。数据预处理的内容非常丰富，层次也有高低之分。数据预处理要达到什么目标，层次是高是低，是简单还是复杂，在很大程度上取决于研究的目的和要求。只要预处理的结果能够满足研究的需要，处理结果具有较好的系统性和条理性就可以了。

三、数据预处理的基本流程

数据预处理没有完全固定的统一模式，针对不同研究目的、不同技术路线收集到的不同类型数据，需要采用不同的流程进行预处理。例如，如果样本数据是采用现场调查或观察方法并通过发放问卷收集到的，可以按照审核、编辑、录入、排序、汇总等主要流程进行数据预处理工作；如果是二手资料数据或采集到的是大数据，就可以按照清洗、集成、规约、变换、脱敏等主要流程进行数据预处理工作。具体流程如图2－11所示。

四、数据预处理的方法

图2－11所示的两种针对不同类型数据的预处理流程是实际应用中的两种典型数据预处理方法。下面分别讨论。

（一）基于问卷的调查或观察的形式所收集数据的预处理方法

对于通过问卷调查或观察的形式收集的样本数据，要围绕调查研究的目的，经过复查审核、编辑整理、编码、数据录入、再编码以及排序等环节进行预处理，且每个环节都有各自需要解决的问题与原则要求。下面将结合具体例子来加以讨论。

1. 复查审核

复查审核的目的是为了确保每份将要用于数据录入分析的调查问卷的有效性，其衡量标

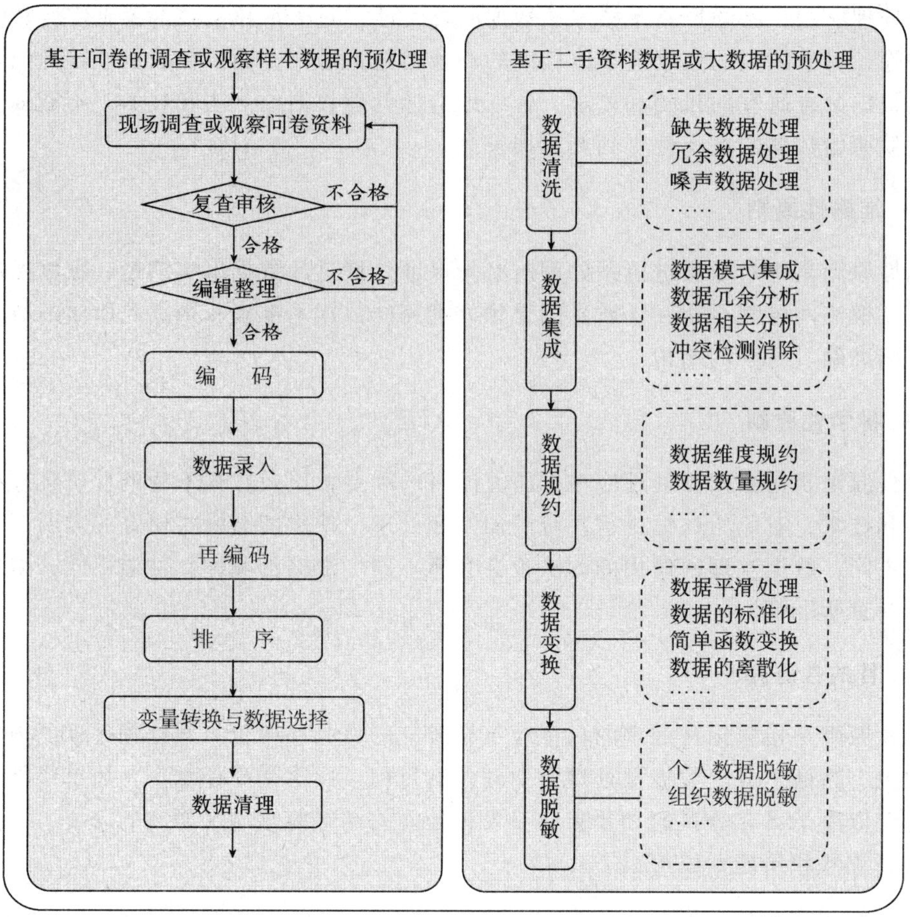

图 2－11 数据预处理流程图

准主要是看访谈是否按规定的方式进行，访员有无作假。对于某种特定类型的访谈，例如，入户调查，通常无法在调查现场进行监测，只能借助问卷开头部分记录调查过程的内容，如，受访者姓名、地址及电话号码等。虽然这些内容对数据的分析毫无用处，但可以为调查研究人员的复查审核提供基础。

在实际调查过程中，访员说谎作弊的现象时有发生，有时还比较严重，因此，复查审核回收问卷是否有效是数据分析过程中必不可少的重要环节。

> 思 问卷资料的复查审核应从哪几个方面考虑?

无论是入户调查、购物场所的拦截调查还是电话访谈，在调查结束后，项目委托方对每位访员所做的调查都要抽取 10%～20% 的比例进行复查，如果某位访员对 200 人做了调查，且以 12% 的比例复查审核的话，那么通过随机选择或根据疑点选择的方式将有 24 位受访者被选中进行复查审核。复查一般采用电话回访的方式，审核内容主要包括以下五个方面：

第一，查实此人是否真正接受了调查。例如，在某一时期内是否接受过某某有关调查。

第二，查实受访者是否满足调查条件。例如，某项调查要求其调查对象为居住在某小区月收入在 10000 元以上的居民，那么复查时对受访者要再次询问是否住在该小区且自己月收入是否在 10000 元以上。

第三，查实调查是否按规定的方式进行。例如，某项拦截访谈要求在指定的购物场所进行，那么就应查实受访者是否是在该购物场所接受的访谈。调查研究人员有义务确保所有的数据都是按照规定的条件获取的。

第四，查实问卷回答内容是否完整。有时候，访员会以“受访者忙而没有时间完成所有题目，或者某项具体调查很难找到受访者”为由，在问卷的后续部分可能自己填写问题的答案。因此，在复查审核过程中应查实受访者是否回答了所有问题。

第五，核查其他方面的问题。例如，访员举止是否礼貌、衣冠是否整齐、礼品是否足量送到、是否有过提示，受访者对访员或调查本身有什么意见，等等。

综上所述，通过复查审核进一步确认调查是否按要求正确无误地进行，研究人员必须确保得到的调查结果能够真实反映目标顾客的具体情况。

2. 编辑整理

复查审核是对访员的作弊行为和调查是否严守规程进行核实，而编辑整理是对访员和受访者的疏忽、遗漏、错误进行检查。通常，在数据录入前问卷应至少经过两次的编辑整理，包括实施现场调查的访员进行自我编辑整理以及市场调查机构的质量监督部门进行再次编辑整理。

思　在问卷的编辑整理过程中，应该查检哪些方面的问题？

对问卷的编辑整理主要是检查以下三个方面的问题：

第一，访员是否没问某些问题，或者没有记录某些问题的答案。如果这类问题能够及早发现，那么我们还可以通过补访的方式来弥补。但是，如果进入数据录入或分析阶段，这时往往没有时间再进行补访，那么这份问卷或相关问题的答案就无效了，从而不能被采纳。

第二，访员是否遵循了规定的跳问路线。在调查项目开始的前几次访谈中，访员很容易混淆相关问题，跳过了实际应该问的问题，或者没有跳过不要求作答的问题。

第三，开放式问题的答案是否真实合理。由于开放式问题的答案质量或者答案所记录的内容往往反映了访员的工作优劣程度，因此调查研究人员及项目委托方通常对开放式问题的答案很感兴趣。通常要求访员逐字记录答案，而不以任何方式重新解释、表述或掺进自己的见解，同时也要求进行不少于 3 次的追问。

做编辑整理工作的人员必须对开放式问题非标准答案做出判断，同时必须判定对某一特定问题的回答中哪些方面还存在缺陷，并在补访时要再次提问那些未被认定有效答案的相关问题。

3. 编码

编码是对一个问题的不同答案确定相应数字代码以便于后期数据分析的过程。由于问卷中大多数问题是封闭式的，且已预先编码，所以对回收问卷的编码主要是针对开放式题目的。

思　如何对问卷中的开放式题目进行编码？

通常，对问卷中开放式题目的答案进行编码可以按照四个步骤进行。

第一，录入答案。由于录入技术的进步以及录入成本的不断降低，传统的繁琐方法逐步被淘汰，取而代之的是按程序实施编码的新做法。

第二，尝试用不同方法，利用数据分析软件对录入的答案进行排序、归类，同时合并意思相近的答案。

第三，为精简后的答案设置编码，并对合并后浓缩的统一清单上的不同答案分配相应不同数字。

第四，录入编码。通过数据分析软件的寻找替换功能实现编码录入。

至此为止，调查问卷已经成为编辑完好、核对无误、编码清楚的有效信息载体，可以转交数据录入人员进行下一阶段的工作。

4. 数据录入

数据录入是数据分析的前提，借助这一过程，数据从书面形式转到计算机足以识别的电子或数字形式。

思 数据录入有哪些有效方法?

对于样本量较小、问卷长度较短的情况，直接录入是可行的；但是对于样本量较大或问卷长度较长的情况，采用程序录入则是首选途径，即录入员按事先编写好的程序实施数据录入。在该录入程序里，每个题目答案的变量性质（字符串型、数字型、日期型、逻辑型等）、编码长度（位数）、编码范围（1～5还是0～9等）、该变量与前面变量的逻辑关系以及跳项条件都有定义，录入时将依此进行逻辑检查。

光电扫描录入是另一种高效录入方法，随着扫描技术的发展和个人电脑的普及，这种数据录入方式在调查研究中的应用越来越普及，越来越重要。

5. 再编码

再编码也是编码，但是编码的目的有所不同。录入前的编码（包括问卷设计时的编码）主要是为方便录入，同时兼顾数据处理的需要；而再编码则纯粹是为了方便处理，有时是对原编码的补充，有时则是对原编码的调整修改。经过再编码，数据处理将更加方便可行。

思 再编码应坚持哪些原则?

事实上，再编码的过程并不复杂，但应坚持以下原则：

第一，合理性原则。首先，编码应充分反映调查项目之间的内在逻辑联系。例如，对省市编码时，相邻省市的编码值应该接近，以反映其地理位置接近这一客观事实；其次，能用自然数就绝不用小数编码，能用正数就绝不用负数编码，能用绝对值小的整数就绝不用绝对值大的整数编码，能用一位数字表示清楚的绝不用两位数字编码，等等；另外，不同编码值不能表示相同内容，不同种类的调查项目也不能用相同的编码值，否则就会引起混乱，出现误解。

第二，经济性原则。许多调查项目可借用现成编码，例如，在全国性调查中，各省市自治区的邮政编码、长途电话区码、国标地区编码等常见编码都可以借用，以便节省精力和时间。

6. 排序

按一定顺序将数据进行排列，便于研究者通过浏览数据发现某些明显的特征趋势或解决问题的线索。除此之外，排序还有助于对数据检查纠错，并能为重新归类、分组以及再编码提供依据。在某些场合，排序本身就是分析的目的之一。例如，通过排序了解市场上各种品牌手机的返修率，对于消费者选择购买哪种品牌的手机是很有用的信息。

思　数据排序有哪些具体方法？

通常，排序要借助于计算机来完成，常见的数据排序方法有以下三种：

第一，数值型数据排序。其又分为递增和递减两种。市场调查报告为了突出重点，总是坚持重点优先的惯例，选择递增还是递减取决于数据越大越好还是越小越好。一般来说，递减的场合更多一些。

第二，字母型数据排序。有升序、降序之分，但是习惯上升序用得更多，因为升序与字母的自然排列相同。

第三，汉字型数据排序。这种排序方式使用的最多。按拼音方式排列情况与字母型数据排序完全一样；按笔画则有笔画多少的升序、降序之分。交替运用不同方式排序在汉字型数据的检错、纠错与编码过程中十分有用，应予高度重视。

7. 变量转换与数据选择

变量转换与数据选择依赖于调查研究的目的与分析方法的需要，具体问题应具体分析。

思　变量转换与数据选择有哪些常用方法？

变量转换有两种常用方法，即变量类型转换与变量代换。在变量转换时要以适合计算机程序处理为原则。例如，出于录入需要有些数值型数据被定义为字符型数据，待进行数据处理时则要将这些字符型数据还原为数值型数据。在变量代换时，要用原有数据变量做自变量，利用常规运算和数据分析软件中的函数库构造新的变量。例如，可利用问卷调查中消费者购买轿车的时间减去问卷调查时间得到拥有轿车的时间，从而预测其再次购买轿车的个人意愿。

数据选择通常也有两种方法。一是将诸如明显错误或不合理的数据、缺失数据或“野值”等不合格的数据剔除；二是将某些符合特定条件的数据筛选出来进行计算，而把不符合条件的数据排除在外。例如，如果考察月消费在 5000 元以上的人员，那么就可以将月消费小于 5000 元的数据排除在外。

8. 数据清理

虽然所有问卷中的数据已经录入并在计算机中得到初步处理，但在进行图表化和数据分析之前，还需要从有效性审核、一致性审核和分布审核等方面进一步审核，再查实一次看看有没有错误，并对审核出来的问题通过查询、修正、插补等方法进行修正，我们不妨称这一过程为数据清理。

思 如何进行数据清理？

要完成数据清理工作，需要应用数据分析软件来实现。通常，有两种途径可以完成数据清理任务。

第一，错误检验查序。许多数据处理软件都允许用户编写错误检查程序，这些程序包括对不同条件进行检查的逻辑描述。例如，如果记录受访者性别的代码只有“1”或“2”，那么逻辑描述可以检查这个字段是否存在其他代码。

第二，汇总报告。通过一份简单的汇总表，可以列出各变量值的频数、频率、有效频率和累计频率。如果发现某些变量存在缺失值或未被定义的值，那么就要找出相应的原始问卷核查，并在计算机数据文件中进行纠正。

（二）基于二手资料数据或大数据的预处理方法

对于通过二手资料收集的数据或是采集到的相关大数据资源，由于存储这些数据资料最初的目的并不是为当前特定项目研究的目的而设计的，因此其中必然包含许多无用的“垃圾数据”，需要进行清洗、集成、规约、变换与脱敏等预处理工作，为后续的数据分析与挖掘奠定基础。

1. 数据清洗

数据清洗是将“脏数据”清洗成“干净数据”的过程，其中“脏数据”通常是指含有缺失数据、冗余数据、噪声数据等质量问题的数据；“干净数据”是指可以直接用来分析的数据。

思 数据清洗工作包括哪些具体内容？

第一，缺失数据的处理。缺失数据的处理涉及三个环节，即识别缺失数据、分析导致缺失数据的原因以及删除或填充缺失数据。在删除数据时，如果某一记录的多个变量都具有缺失值，那么可以删除这个记录；如果某变量的缺失值太多，可以删除该列变量。在填充缺失值时，分类变量可以用 Unknown 填充；数量变量可以用常量 0 填充，或者用同类变量的均值或众数填充，或者利用回归、推理工具或决策树等方法确定可能的填充值。

第二，冗余数据的处理。冗余数据通常表现为重复出现的数据以及与特定的数据分析任务无关的数据。冗余数据的处理需要通过识别、分析和过滤，对重复类冗余数据，通常采用重复过滤的方法处理；对于无关类冗余数据，一般采用条件过滤的方法处理。

第三，噪声数据的处理。噪声是指测量变量中的随机错误或偏差，主要表现为错误数据、虚假数据和异常数据三种形式。噪声数据处理常用的方法有分组、回归和离群点分析。分组的基本思路是将数据集放入若干个区间或区域后，用每个区间或区域内数据的均值（中值或边界值）替换该组内部的每个数据成员，进而达到噪声处理的目的；回归是用回归直线或平面上的点代替噪声点；离群点分析可以通过聚类来检测，它是将相似的值组成簇，落在簇集合之外的值被视为离群点。

2. 数据集成

数据集成是将两个或多个数据源中的数据存放在一个数据存储设备中，它有助于减少数据集的冗余和不一致，也有助于提高后续数据分析与挖掘的速度与精度。

思　数据集成的类型有哪几种？集成时需要注意哪些问题？

数据集成包括内容集成和结构集成两种。内容集成是指目标数据集的结构与来源数据集的结构相同，集成过程对来源数据集中的内容（个案）进行合并处理；结构集成是指目标数据集的结构与来源数据集的结构不同，目标数据集的结构是在对各来源数据集的结构进行合并处理后的基础上形成的。在数据集成时，需要注意以下问题：

第一，模式集成。主要涉及的问题是实体识别问题，即如何使来自多个数据源的现实世界的实体相互匹配。例如，如何确定两个姓名均为“李明”的个案是否代表的是同一个实体。

第二，冗余与相关分析。如果一个变量可以从其他变量中推演出来，那这个变量就是冗余变量。变量命名不一致也可能导致结果数据集中的数据出现冗余。通常利用相关分析的方法判断数据冗余问题。例如，可以通过计算变量 X 与变量 Y 的相关系数估计它们之间的相关度。

第三，数据的冲突检测与消除。对于一个现实世界实体，来自不同数据源的同一变量，其值出现差异，产生这种现象的原因可能是比例尺度不同或编码的差异等。例如，长度变量的尺度在一个数据库中用“厘米”表示，在另一个数据库中却使用“分米”表示。如果检测到这类数据相冲突后，可以根据需要修改某一数据库的变量值，以使不同数据库中同一变量的值相一致。

3. 数据归约

数据归约是指在不影响数据完整性和数据分析结果正确性的前提下，通过减少数据规模的方式达到减少数据量，进而提升数据分析的效果与效率的目的。

思　数据归约有哪些方法？

通常，数据归约方法有两种。

第一，维度归约。这种归约是通过减少所考虑的变量的个数来实现的。通常，维度归约采用线性代数方法。例如，离散小波变换、主成分分析以及奇异值分解等。

第二，数量归约。这种归约是使用回归分析、对数线性等参数模型或直方图、聚类、抽样和数据立方体聚类等非参数模型的方法近似表示数据，并且只存储数据生成方法与参数（不存储实际数据），最终实现数据归约的目的。

4. 数据变换

从数据源采集到的原始数据往往具有不同量纲，或其形式不符合建模的要求，因此在数据分析前，需要先对原始数据进行适当的变换，以达到有效分析数据的目的。

思 数据变换的方法有哪些？

常见的数据变换方法有五种。

第一，数据平滑处理。此方法是指去掉数据中的噪声波动使得数据分布平滑，通常采用分组、回归和聚类等技术手段来实现。

第二，数据的标准化（规范化）。此方法是将数据按比例进行缩放，使之落入一个特定的区间，如［0，1］区间。常用的数据标准化方法有 Max－Min 标准化（最大值归一化）、Z－score 标准化和小数定标标准化（标准差归一化），等等。

第三，简单函数变换。其主要包括平方、开方、对数变换与差分运算等。此种变换可以将不具有正态分布的数据变换成具有正态分布的数据，有时简单的对数变换和差分运算就可以将时间序列分析中的非平稳序列转换成平稳序列。

第四，数据离散化。此方法是将数值型的变量（如年龄）用区间标签（如 0～18、19～44、45～59 和 60～100 等）或概念标签（如儿童、青年、中年、老年等）表示。常用于数据离散化的方法有分组、聚类以及直方图分析等。

第五，数据编码。此方法是指研究、制定和推广应用统一的数据分类分级、记录格式及转换、编码等技术标准的过程，主要体现在对数据信息的分类和编码两个方面。对数据信息的分类是指根据一定的分类标准形成相应的若干层次目录，构成一个有层次的分类体系；数据的编码则是在分类体系的基础上，遵循系统性、唯一性、可行性、简单性、一致性、稳定性和标准化的原则，统一安排编码的结构与码位。

5. 数据脱敏

数据脱敏是指在不影响数据分析结果准确性的前提下，对原始数据进行一定的变换操作，对其中的个人（或组织）敏感数据进行替换或删除操作，降低信息的敏感性，避免相关主体的信息安全隐患和个人隐私问题。

当然，数据脱敏不能停留在简单地将敏感信息屏蔽掉或匿名处理，还必须满足单向性（即从原始数据可以得到脱敏数据，反过来则不行）、无残留（即数据脱敏之后，必须保证用户无法从其他途径还原敏感信息）和易于实现（即数据脱敏操作涉及的数据量大，需要采用易于计算的简单方法实现数据脱敏操作）三个基本要求。

第 4 节　数据预处理的 R 软件实现

数据预处理是数据分析的前提和基础，如果没有数据分析工具软件的协助，即使数据量不大也很难完成预处理与分析工作。本节主要介绍如何利用 R 软件实现数据的读存、抽样、集成、缺失值处理以及变换等相关内容。

一、数据读入与存储

利用 R 软件读入、存储数据非常方便，既可以在 R 软件的控制台窗口直接输入数据，也可以读取文本、R 包、Excel、SPSS、数据库、网络文件等外部文件（详细帮助信息读者可阅读“R Data Import/Export”）。在 R 软件中，实现数据的输入、读取与存储的常用函数主要有 c（）、scan（）、read. table（）、read. csv（）、read. spss（）等，具体使用方法如表 2－4 所示。

表 2－4　R 软件中数据输入、读取与存储的常用函数

函数名及格式	函数的功能
c（a_1，a_2…，a_n）	将 a_1，a_2，…，a_n 的值表示为一个向量，可以是数值型、字符型或其他类型
scan（）	既是一个键盘输入数据函数，也可以读入外部数据文件
write. table（X，“data1. txt”）	将变量 X 的数据存储到当前目录下名为 data1. txt 的文件中
write. csv（X，“data1. csv”）	将变量 X 的数据存储到当前目录下名为 data1. csv 的文件中
data（package＝“A”）	读入 R 包 A 中自带的数据
read. csv（file＝“abc”，header＝T）	读入文件名为 abc 的 Excel 文件，header＝T 或 F 表示是否包含首行变量名
read. table（“abc”，header＝T）	读入文件名为 abc 的文本文件，header＝T 或 F 表示是否包含首行变量名
read. csv（file＝“abc”，header＝T）	读入文件名为 abc 的 Excel 文件，header＝T 或 F 表示是否包含首行变量名
read. spss（“abc. sav”）	读入文件名为 abc 的 SPSS 格式的文件

［例 2－1］　按要求完成下列数据的读取与存储任务：

（1）分别利用函数 scan（）、c（）输入向量（2，5，8，4，9，10），并将其赋予变量 X；

（2）将变量 X 存储为名为 a1. txt 与 a2. csv 两种格式文件，并读入文件 a1. txt 中的数据。

解： 本例解答如图 2－12 所示。

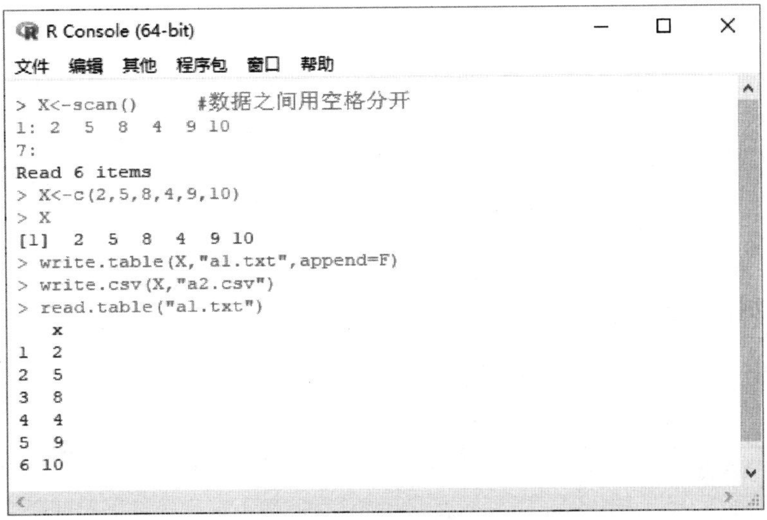

图 2－12　利用 R 软件求解例［2－1］的解答结果

［例 2－2］　某一社会调研项目的管理员利用 Excel 软件对参加人员的基本信息进行了整理，并将结果存放在 porject. xls 文件中，如表 2－5 所示。

表 2－5 项目参加人员基本信息一览表

编号	姓名	性别	年龄	学位	月工资	考核分数
1	张三	男	54	博士	24000	92.3
2	李四	男	45		18000	91.4
3	王五	女		硕士	16000	89.7
4	赵六	男	43	硕士	15000	90.3
5	孙七	女	48	学士	15500	91.4
6	小马	女	30		15000	93.1
7	小刘	女	24	学士	8000	90.6
8	小段	女			11000	87.1
9	小韩	男	26	硕士	10000	89.2
10	小杨	男	29	博士	14500	91.1

利用 R 软件读入文件 porject. xls 中的数据。

解：首先，将 Excel 中数据文件 project. xls 另存为扩展名为 csv 的文件 project. csv；然后，将此文件放在 R 软件的工作目录下；最后，利用 Read. csv（）函数即可读取。本例解答如图 2－13 所示。

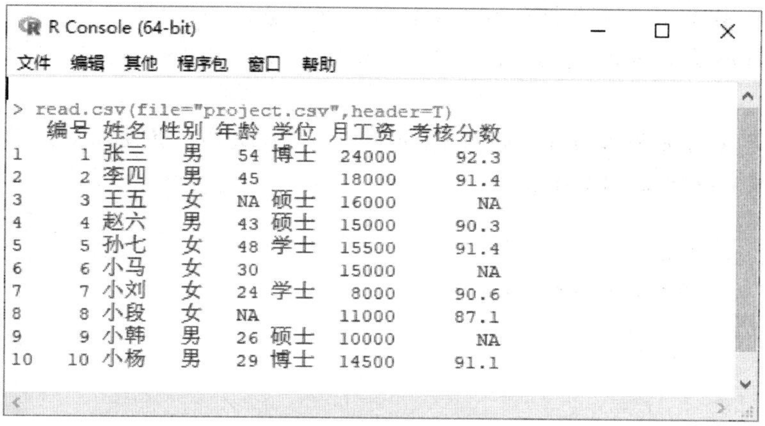

图 2－13 利用 R 软件求解［例 2－2］的解答结果

二、随机抽样

在 R 软件中，主要利用函数 sample（）进行随机抽样，具体使用方法如表 2－6 所示。

表 2－6 R 软件中的随机抽样函数

函数名及格式	函数的功能
sample（x，*n*）	从向量 x 中不放回等可能抽取容量为 *n* 的样本
sample（x，*n*，replace＝T）	从向量 x 中有放回等可能抽取容量为 *n* 的样本
sample（x，*n*，replace＝T，prob＝y）	从向量 x 中有放回按指定概率分布抽取容量为 *n* 的样本

［例 2－3］　利用 R 软件按如下要求进行随机抽样：

(1) 投掷 50 次质地均匀骰子点数的投掷结果；

(2) 从 10 至 100 中无放回地分别抽取容量为 20 的样本；

(3) 已知数字 1，3，5，7 被抽中的概率分别为 0.2，0.1，0.3，0.4，从中抽取容量为 100 的样本。

解： 本例解答如图 2－14 所示。

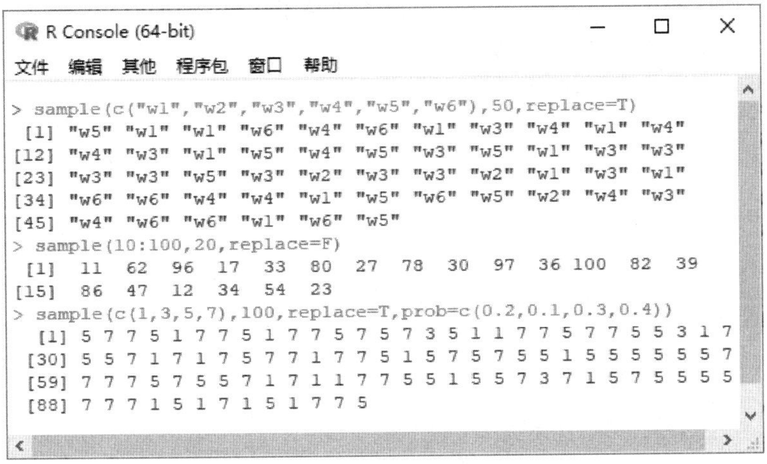

```
> sample(c("w1","w2","w3","w4","w5","w6"),50,replace=T)
 [1] "w5" "w1" "w1" "w6" "w4" "w6" "w1" "w3" "w4" "w1" "w4"
[12] "w4" "w3" "w1" "w5" "w4" "w5" "w3" "w5" "w1" "w3" "w3"
[23] "w3" "w3" "w5" "w3" "w2" "w3" "w3" "w2" "w1" "w3" "w1"
[34] "w6" "w6" "w4" "w4" "w1" "w5" "w6" "w5" "w2" "w4" "w3"
[45] "w4" "w6" "w6" "w1" "w6" "w5"
> sample(10:100,20,replace=F)
 [1]  11  62  96  17  33  80  27  78  30  97  36 100  82  39
[15]  86  47  12  34  54  23
> sample(c(1,3,5,7),100,replace=T,prob=c(0.2,0.1,0.3,0.4))
  [1] 5 7 7 5 1 7 7 5 1 7 7 5 7 5 7 3 5 1 1 7 7 5 7 7 5 5 3 1 7
 [30] 5 5 7 1 7 1 7 5 7 7 1 7 7 5 1 5 7 5 7 5 5 1 5 5 5 5 5 5 7
 [59] 7 7 7 5 7 5 5 7 1 7 1 1 7 7 5 5 1 5 5 7 3 7 1 5 7 5 5 5 5
 [88] 7 7 7 1 5 1 7 1 5 1 7 7 5
```

图 2－14　利用 R 软件求解［例 2－3］的解答结果

三、缺失数据处理

对缺失值的处理，主要包括识别缺失值、汇总缺失值、删除以及填补缺失值，等等。在 R 软件中，实现缺失数据处理的常用函数主要有 is. na（ ）、na. omit（ ）、complete. cases（ ）等，具体使用方法如表 2－7 所示。

表 2－7　R 软件中缺失数据处理的常用函数

函数名及格式	函数的功能
NA	缺失值的标识符号
is. na（data1）	判断数据集 data1 中是否包含缺失值
na. omit（data1）	删除数据集 data1 中所有包含缺失数据的行
complete. cases（data1）	显示数据集 data1 中含有缺失值的样本数据
sum（is. na（data1））	计算数据集 data1 中包含缺失值的个数
sum（complete. cases（data1））	计算数据集 data1 中没有包含缺失值的个数
nrow（data1［complete. cases（data1），］）	计算数据集 data1 中没有缺失值的样本量
data1［！complete. cases（data1），］	列出数据集 data1 中有缺失值的行
mean（is. na（data1 $ Ozone））	计算数据集 data1 中缺失值所占的比例
mean（is. na（data1））	计算数据集 data1 中含有缺失值的样本所占比例
x［is. na（x）］＝mean（x，na. rm＝T）	利用均值法替换变量 x 中包含的缺失值
x［is. na（x）］＝median（x，na. rm＝T）	利用中位数法替换变量 x 中包含的缺失值

[例 2-4] 利用[例 2-2]中项目参加人员基本信息的数据文件 porject. xls，完成如下任务：

(1) 判断数据文件 porject. xls 中是否包含缺失值；

(2) 显示数据文件 porject. xls 中包含缺失值的行列坐标；

(3) 列出数据文件 porject. xls 中没有缺失值的行；

(4) 计算数据文件 porject. xls 中包含缺失值的样本量；

(5) 计算数据文件 porject. xls 中包含缺失值的样本所占比例；

(6) 利用均值法替换变量包含的缺失值。

解： 本例解答如图 2-15 所示。

```
R Console (64-bit)
文件 编辑 其他 程序包 窗口 帮助
> > data1<-read.csv(file="project.csv",header=T)
> is.na(data1)                    #判别是否含有缺失值
       编号  姓名  性别  年龄  学位 月工资 考核分数
 [1,] FALSE FALSE FALSE FALSE FALSE  FALSE    FALSE
 [2,] FALSE FALSE FALSE FALSE FALSE  FALSE    FALSE
 [3,] FALSE FALSE FALSE  TRUE FALSE  FALSE     TRUE
 [4,] FALSE FALSE FALSE FALSE FALSE  FALSE    FALSE
 [5,] FALSE FALSE FALSE FALSE FALSE  FALSE    FALSE
 [6,] FALSE FALSE FALSE FALSE FALSE  FALSE     TRUE
 [7,] FALSE FALSE FALSE FALSE FALSE  FALSE    FALSE
 [8,] FALSE FALSE FALSE  TRUE FALSE  FALSE    FALSE
 [9,] FALSE FALSE FALSE FALSE FALSE  FALSE     TRUE
[10,] FALSE FALSE FALSE FALSE FALSE  FALSE    FALSE
> which(is.na(data1),arr.ind=T)  #返回缺失值的相应行列坐标
     row col
[1,]   3   4
[2,]   8   4
[3,]   3   7
[4,]   6   7
[5,]   9   7
> data1[complete.cases(data1),]  #列出没有缺失值的行
   编号 姓名 性别 年龄 学位 月工资 考核分数
1     1 张三   男   54 博士  24000     92.3
2     2 李四   男   45       18000     91.4
4     4 赵六   男   43 硕士  15000     90.3
5     5 孙七   女   48 学士  15500     91.4
7     7 小刘   女   24 学士   8000     90.6
10   10 小杨   男   29 博士  14500     91.1
> nrow(data1[!complete.cases(data1),])  #计算包含缺失值的样本量
[1] 4
> mean(is.na(data1))            #查看数据集中有缺失值的样本所占比例
[1] 0.07142857
> data1$年龄[is.na(data1$年龄)]=mean(data1$年龄,na.rm=T)
>                               #利用均值法补缺年龄变量包含的缺失值
> data1$年龄
 [1] 54.000 45.000 37.375 43.000 48.000 30.000 24.000 37.375
 [9] 26.000 29.000
```

图 2-15 利用 R 软件求解[例 2-4]的解答结果

由图 2-15 可知，上述处理缺失值的函数仅对数值型变量有效，对于字符型变量无法进行处理，需考虑其他方法。

四、数据集成

数据的集成主要包括数据集的合并、拆分、抽取及追加等操作。在 R 软件中，实现数据集成的常用函数主要有从 cbind ( )、rbind ( )、merge ( )、stack ( )、unstack ( )、 dataframe（）、subset（）等，具体使用方法如表 2－8 所示。

表 2－8　**R 软件中数据集成的常用函数**

函数名及格式	函数的功能
stack（dataframe）	将数据框 dataframe 中几组数据合并成一个分组变量
unstack（dataframe）	将数据框 dataframe 中按某分类变量拆分成几个变量分别存储数据
cbind（data1，data2）	将数据集 data1 与 data2 中数据按列合并所生成的数据集
rbind（data1，data2）	将数据集 data1 与 data2 中数据按行合并所生成的数据集
merge（data1，data2，conditions）	将数据集 data1 与 data2 中数据依条件 condition 按列合并所生成的数据集
dataframe（，c（m：n））	从数据框 dataframe 中选择第 *m* 到 *n* 列数据生成一个新数据集
dataframe（c（－m，－n））	从数据框 dataframe 中删除第 *m*、第 *n* 个变量剩余数据所生成的数据集
subset（dataframe，condition）	从数据框 dataframe 中选择出满足条件 condition 的数据所生成的数据集

［例 2－5］　利用 R 软件 dataset 的内置数据文件 PlantGrowth 完成下列任务：

（1）分别以 PlantGrowth 中变量 group 的三个观察值 ctrl、trt1、trt2 作为变量，重新生成一个新的数据文件；

（2）从新生成的数据文件中筛选出 ctrl＞5 且 trt1＜5 的所有记录再生成一个新数据文件。

解： 本例解答如图 2－16 所示。

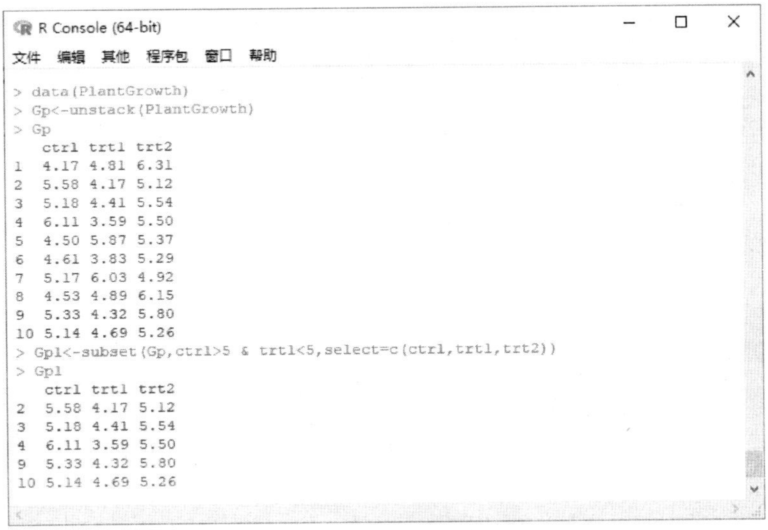

图 2－16　利用 R 软件求解［例 2－5］的解答结果

［例 2－6］　在［例 2－2］所讨论的项目中，假如最近来了 2 位新入职人员，管理员利用 Excel 软件将其基本信息保存在 project1. xls 文件中，其结果如表 2－9 所示。

表 2－9　**新入职人员基本信息一览表**

编号	姓名	性别	年龄	学位	月工资	考核分数
11	唐某	男	23	学士	7000	89.2
12	岳某	女	22	学士	8000	88.4

利用 R 软件完成下列任务：

（1）将数据文件 porject1. csv 与 porject. csv 中的数据合并为一个数据文件；

（2）从数据文件 porject. xls 中取姓名、性别、月工资三个变量组成一个新数据文件；

（3）向数据文件 porject. xls 中填加“类型”新变量，取值为（1，3，4，4，3，2，2，1，3，1）。

解：本例解答如图 2－17 所示。

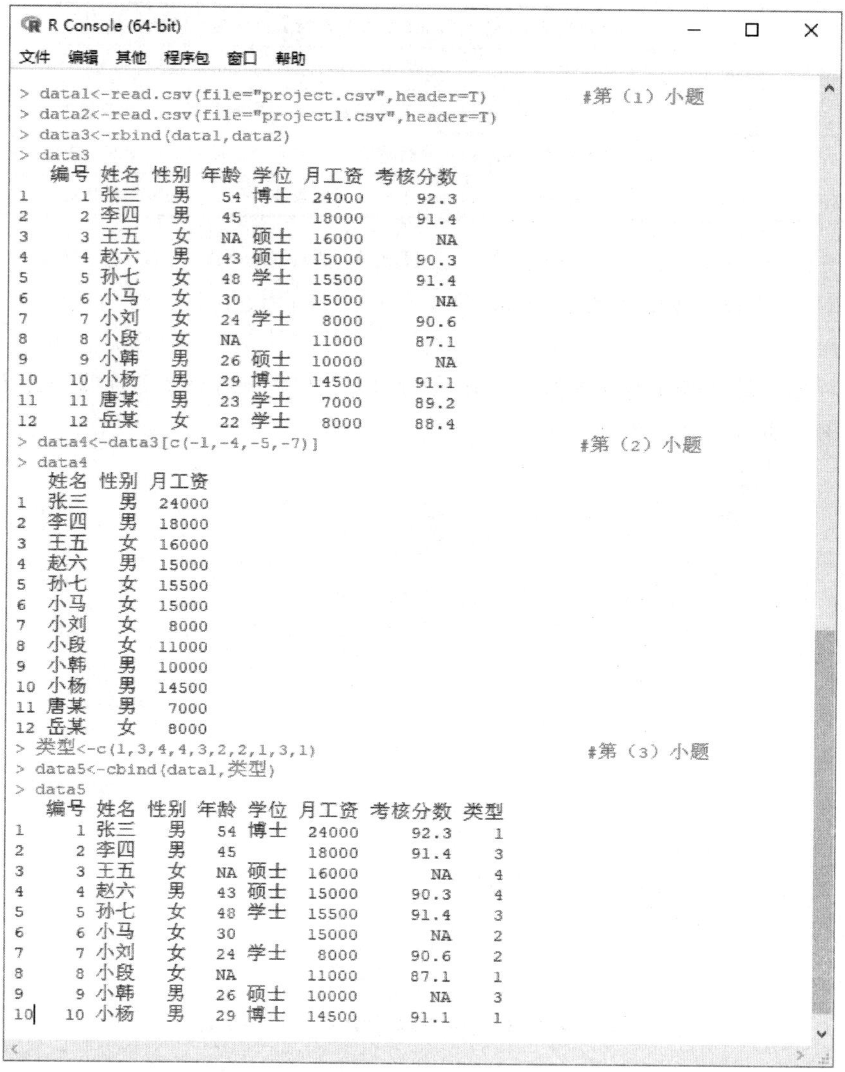

```
R Console (64-bit)
文件 编辑 其他 程序包 窗口 帮助
> data1<-read.csv(file="project.csv",header=T)          #第（1）小题
> data2<-read.csv(file="project1.csv",header=T)
> data3<-rbind(data1,data2)
> data3
   编号 姓名 性别 年龄 学位 月工资 考核分数
1     1 张三   男   54 博士  24000     92.3
2     2 李四   男   45       18000     91.4
3     3 王五   女   NA 硕士  16000       NA
4     4 赵六   男   43 硕士  15000     90.3
5     5 孙七   女   48 学士  15500     91.4
6     6 小马   女   30       15000       NA
7     7 小刘   女   24 学士   8000     90.6
8     8 小段   女   NA       11000     87.1
9     9 小韩   男   26 硕士  10000       NA
10   10 小杨   男   29 博士  14500     91.1
11   11 唐某   男   23 学士   7000     89.2
12   12 岳某   女   22 学士   8000     88.4
> data4<-data3[c(-1,-4,-5,-7)]                          #第（2）小题
> data4
   姓名 性别 月工资
1  张三   男  24000
2  李四   男  18000
3  王五   女  16000
4  赵六   男  15000
5  孙七   女  15500
6  小马   女  15000
7  小刘   女   8000
8  小段   女  11000
9  小韩   男  10000
10 小杨   男  14500
11 唐某   男   7000
12 岳某   女   8000
> 类型<-c(1,3,4,4,3,2,2,1,3,1)                           #第（3）小题
> data5<-cbind(data1,类型)
> data5
   编号 姓名 性别 年龄 学位 月工资 考核分数 类型
1     1 张三   男   54 博士  24000     92.3    1
2     2 李四   男   45       18000     91.4    3
3     3 王五   女   NA 硕士  16000       NA    4
4     4 赵六   男   43 硕士  15000     90.3    4
5     5 孙七   女   48 学士  15500     91.4    3
6     6 小马   女   30       15000       NA    2
7     7 小刘   女   24 学士   8000     90.6    2
8     8 小段   女   NA       11000     87.1    1
9     9 小韩   男   26 硕士  10000       NA    3
10   10 小杨   男   29 博士  14500     91.1    1
```

图 2－17　利用 R 软件求解［例 2－6］的解答结果

五、数据转换

数据转换既可以进行数据类型的转换，也可以利用数学函数进行相关变换。

在 R 软件中，实现数据类型转换的常用函数主要有 is. datatype（ ）、as. datatype（ ）、as. Date（ ）等，具体使用方法如表 2－10 所示。

表 2－10　R 软件中数据转换的常用函数

函数名及格式	函数的功能
str（dataframe）	查看数据框 dataframe 所有变量的数据类型、数据个数等结构
as. Date（x，"input_format"）	将字符型数据 x 按照 input_format（ ）的格式存储为日期变量，其中用于定义 input_format 格式的符号为： %d 表示 0～31 的日期；%a 表示缩写的星期名（如 Mon）； %m 表示 1～12 的月份；%A 表示非缩写的星期名（如 Monday）； %y 表示两位数的年份；%b 表示缩写的月份（如 Jan）； %Y 表示四位数的年份；%B 表示非缩写的月份（如 January）
is. numeric（ ）、as. numeric（ ）	数值型变量的判别与转换
is. character（ ）、as. character（ ）	字符型变量的判别与转换
is. vector（ ）、as. vector（ ）	向量型变量的判别与转换
is. matrix（ ）、as. matrix（ ）	矩阵型变量的判别与转换
is. data. frame（ ）、as. data. frame（ ）	数据框变量的判别与转换
is. factor（ ）、as. factor（ ）	因子型变量的判别与转换
is. logical（ ）、as. logical（ ）	逻辑型变量的判别与转换

［例 2－7］ 利用［例 2－2］中项目参加人员基本信息的数据文件 porject. xls 完成如下任务：

（1）查看数据文件 porject. xls 中所有变量的数据类型；

（2）将数据文件中变量“姓名”的数据类型改为字符型，并向读入的数据文件中填加新记录（13，"于某"，"女"，30，"硕士"，8500，93）；

（3）将王五与小段的年龄 50 岁、40 岁录入到数据文件，并将该数据文件中所有人员的年龄转换为出生年份。

解：（1）的解答如图 2－18 所示。

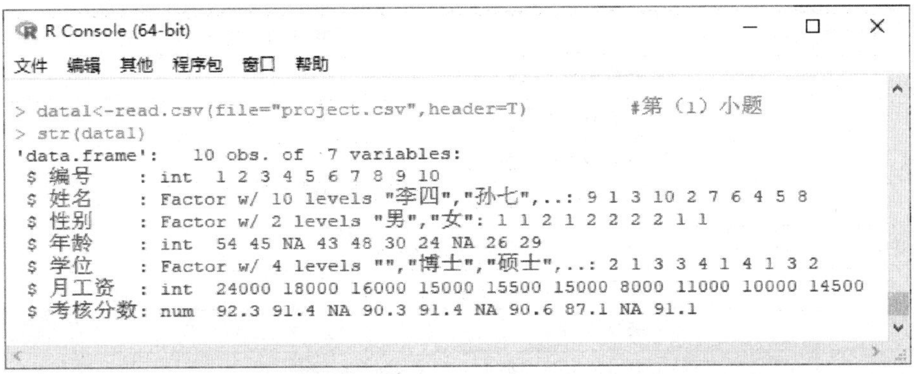


```
> datal<-read.csv(file="project.csv",header=T)          #第（1）小题
> str(datal)
'data.frame':   10 obs. of  7 variables:
 $ 编号    : int  1 2 3 4 5 6 7 8 9 10
 $ 姓名    : Factor w/ 10 levels "李四","孙七",..: 9 1 3 10 2 7 6 4 5 8
 $ 性别    : Factor w/ 2 levels "男","女": 1 1 2 1 2 2 2 2 1 1
 $ 年龄    : int  54 45 NA 43 48 30 24 NA 26 29
 $ 学位    : Factor w/ 4 levels "","博士","硕士",..: 2 1 3 3 4 1 4 1 3 2
 $ 月工资  : int  24000 18000 16000 15000 15500 15000 8000 11000 10000 14500
 $ 考核分数: num  92.3 91.4 NA 90.3 91.4 NA 90.6 87.1 NA 91.1
```

图 2－18　利用 R 软件求解［例 2－7］中（1）的解答结果

（2）、（3）的解答如图 2 - 19 所示。

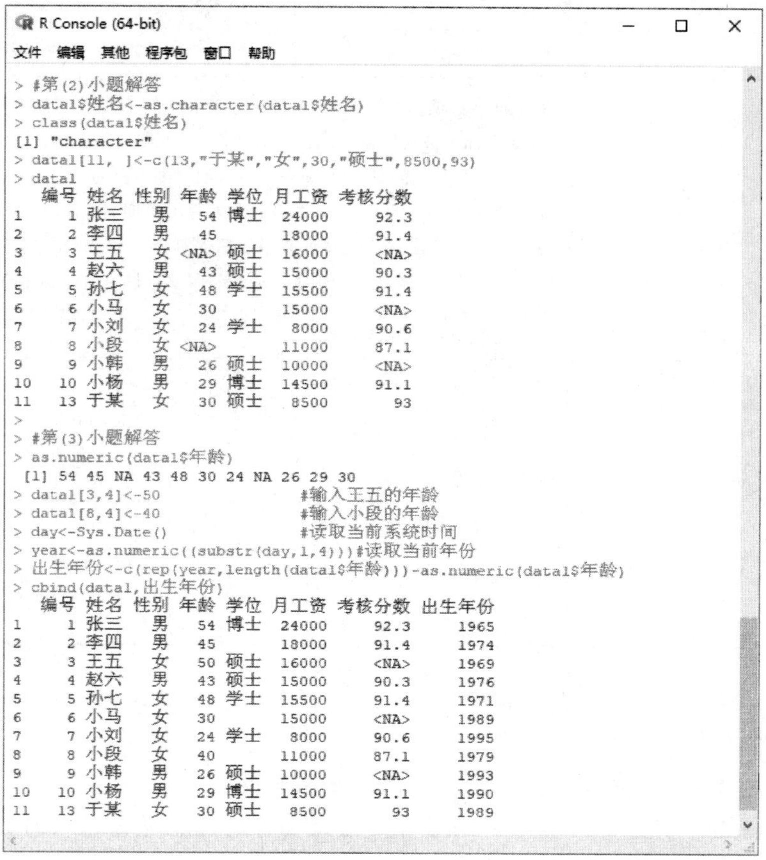

```
R Console (64-bit)
文件 编辑 其他 程序包 窗口 帮助
> #第(2)小题解答
> data1$姓名<-as.character(data1$姓名)
> class(data1$姓名)
[1] "character"
> data1[11, ]<-c(13,"于某","女",30,"硕士",8500,93)
> data1
   编号 姓名 性别 年龄 学位 月工资 考核分数
1     1 张三   男   54 博士  24000     92.3
2     2 李四   男   45       18000     91.4
3     3 王五   女 <NA> 硕士  16000     <NA>
4     4 赵六   男   43 硕士  15000     90.3
5     5 孙七   女   48 学士  15500     91.4
6     6 小马   女   30       15000     <NA>
7     7 小刘   女   24 学士   8000     90.6
8     8 小段   女 <NA>       11000     87.1
9     9 小韩   男   26 硕士  10000     <NA>
10   10 小杨   男   29 博士  14500     91.1
11   13 于某   女   30 硕士   8500       93
>
> #第(3)小题解答
> as.numeric(data1$年龄)
 [1] 54 45 NA 43 48 30 24 NA 26 29 30
> data1[3,4]<-50                    #输入王五的年龄
> data1[8,4]<-40                    #输入小段的年龄
> day<-Sys.Date()                   #读取当前系统时间
> year<-as.numeric((substr(day,1,4)))#读取当前年份
> 出生年份<-c(rep(year,length(data1$年龄)))-as.numeric(data1$年龄)
> cbind(data1,出生年份)
   编号 姓名 性别 年龄 学位 月工资 考核分数 出生年份
1     1 张三   男   54 博士  24000     92.3     1965
2     2 李四   男   45       18000     91.4     1974
3     3 王五   女   50 硕士  16000     <NA>     1969
4     4 赵六   男   43 硕士  15000     90.3     1976
5     5 孙七   女   48 学士  15500     91.4     1971
6     6 小马   女   30       15000     <NA>     1989
7     7 小刘   女   24 学士   8000     90.6     1995
8     8 小段   女   40       11000     87.1     1979
9     9 小韩   男   26 硕士  10000     <NA>     1993
10   10 小杨   男   29 博士  14500     91.1     1990
11   13 于某   女   30 硕士   8500       93     1989
```

图 2 - 19　利用 R 软件求解［例 2 - 7］中（2）、（3）的解答结果

在 R 软件中，常用的数学函数如表 2 - 11 所示。借助于这些函数可以对数值型变量进行变换。

表 2 - 11　R 软件中的常用数学函数

函数名及格式	函数的功能
exp（x）	指数函数 e^x
log（x）	自然对数 ln（x）
log（x，a）	以 a 为底的对数函数
sin（x），cos（x），tan（x），	三角函数（变量以弧度为单位）
asin（x），acos（x），atan（x）	反三角函数（结果用弧度表示）
abs（x）	绝对值函数（x 的绝对值）
sqrt（x）	开平方函数
prod（n：m）	从 n 个元素中取出 m 个元素的排列数
choose（n：m）	从 n 个元素中取出 m 个元素的排列数
max（x，y，z，…）	求出 x，y，z，…中的最大值

续表

函数名及格式	函数的功能
min（x, y, z, …）	求出 x, y, z, …中的最小值
sign（x）	符号函数（$x>0$ 时取 1, $x<0$ 时取 -1, $x=0$ 时取 0）
round（x）	取最接近于 x 的整数（四舍五入）
floor（x）	取不大于 x 的最大整数
ceiling（x）	取不小于 x 的最小整数
sum（x, y, z, …）	求出 x, y, z, …的和

[例 2-8] 利用［例 2-7］中添补后的数据完成如下任务：

(1) 计算 11 位员工月工资的最小值、最大值与工资总额；

(2) 对月工资进行最大值归一化、标准差归一化处理；

(3) 对年龄进行对数变换。

解： 本例的解答如图 2-20 所示。

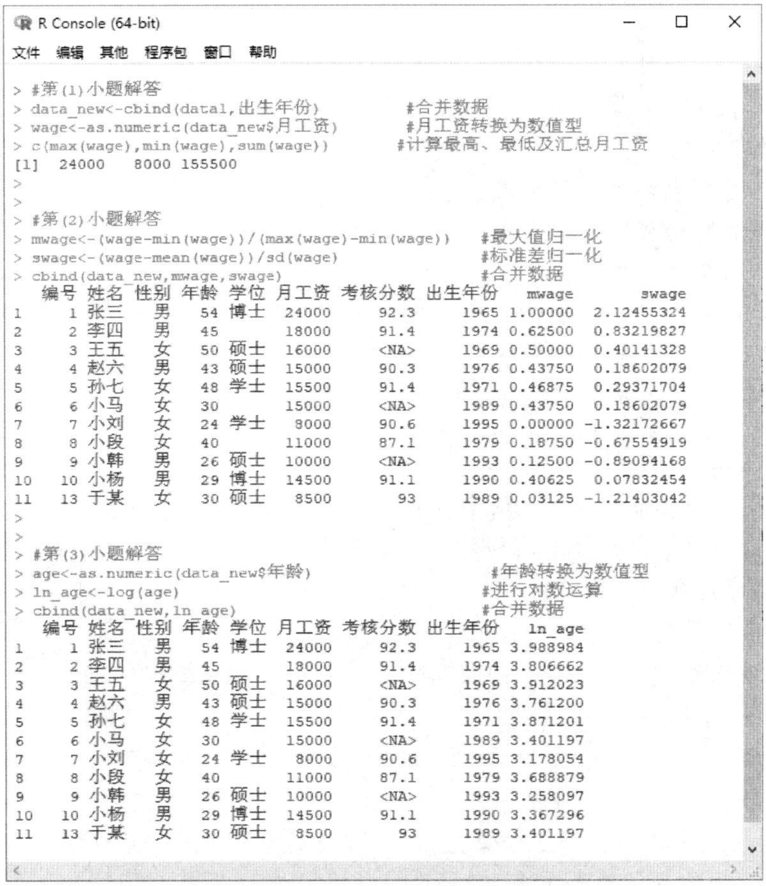

```
R Console (64-bit)
文件 编辑 其他 程序包 窗口 帮助
> #第(1)小题解答
> data_new<-cbind(data1,出生年份)              #合并数据
> wage<-as.numeric(data_new$月工资)            #月工资转换为数值型
> c(max(wage),min(wage),sum(wage))            #计算最高、最低及汇总月工资
[1]  24000   8000 155500
>
>
> #第(2)小题解答
> mwage<-(wage-min(wage))/(max(wage)-min(wage))    #最大值归一化
> swage<-(wage-mean(wage))/sd(wage)                 #标准差归一化
> cbind(data_new,mwage,swage)                       #合并数据
   编号 姓名 性别 年龄 学位 月工资 考核分数 出生年份   mwage       swage
1     1 张三   男   54 博士  24000     92.3     1965 1.00000  2.12455324
2     2 李四   男   45       18000     91.4     1974 0.62500  0.83219827
3     3 王五   女   50 硕士  16000     <NA>     1969 0.50000  0.40141328
4     4 赵六   男   43 硕士  15000     90.3     1976 0.43750  0.18602079
5     5 孙七   女   48 学士  15500     91.4     1971 0.46875  0.29371704
6     6 小马   女   30       15000     <NA>     1989 0.43750  0.18602079
7     7 小刘   女   24 学士   8000     90.6     1995 0.00000 -1.32172667
8     8 小段   女   40       11000     87.1     1979 0.18750 -0.67554919
9     9 小韩   男   26 硕士  10000     <NA>     1993 0.12500 -0.89094168
10   10 小杨   男   29 博士  14500     91.1     1990 0.40625  0.07832454
11   13 于某   女   30 硕士   8500       93     1989 0.03125 -1.21403042
>
>
> #第(3)小题解答
> age<-as.numeric(data_new$年龄)                    #年龄转换为数值型
> ln_age<-log(age)                                  #进行对数运算
> cbind(data_new,ln_age)                            #合并数据
   编号 姓名 性别 年龄 学位 月工资 考核分数 出生年份   ln_age
1     1 张三   男   54 博士  24000     92.3     1965 3.988984
2     2 李四   男   45       18000     91.4     1974 3.806662
3     3 王五   女   50 硕士  16000     <NA>     1969 3.912023
4     4 赵六   男   43 硕士  15000     90.3     1976 3.761200
5     5 孙七   女   48 学士  15500     91.4     1971 3.871201
6     6 小马   女   30       15000     <NA>     1989 3.401197
7     7 小刘   女   24 学士   8000     90.6     1995 3.178054
8     8 小段   女   40       11000     87.1     1979 3.688879
9     9 小韩   男   26 硕士  10000     <NA>     1993 3.258097
10   10 小杨   男   29 博士  14500     91.1     1990 3.367296
11   13 于某   女   30 硕士   8500       93     1989 3.401197
```

图 2-20　利用 R 软件求解［例 2-8］的解答结果

利用 R 软件进行数据预处理是一个复杂的过程，需要读者在数据分析实践过程中不断提升自己的分析能力。

通过本章学习，你对数据分析前的收集数据、存储数据、预处理数据等准备工作有了进一步的了解，希望你能够领悟到如下的思维方式以及所蕴含的哲理：

> **悟**
>
> 转化是数据分析中一种重要的思维方式，在数据收集、存储以及预处理等数据分析前的准备工作中表现得尤为明显。效率低下的手工收集数据要转化为高效的终端设备自动采集数据，纸质媒介保存的数据要转化为计算机存储的数据，复杂而难以处理的非结构化、半结构化数据要转化为简单而易于处理的结构化数据，混杂多样的“脏数据”要转化为能够满足需求的“干净数据”，具有量纲差异的不可比数据要转化为归一化、标准化的可比数据，等等，都是转化思想应用的很好例证。

习题

1. 在数据收集前应进行哪些准备工作？

2. 收集数据往往从收集二手资料数据开始，请简述二手资料数据收集的具体途径从及应注意的具体问题。

3. 在收集样本数据时，可通过哪些方式进行抽样？收集样本数据的方法有哪些？

4. 大数据时代由于数据来源的多元化使得大数据的收集更加复杂，请结合具体的实例简述大数据的收集方式。

5. 度量数据规模大小的单位有哪些？存储数据的方式又有哪些？

6. 简述数据预处理应坚持的基本原则。

7. 简述样本数据、大数据预处理的一般流程。

8. （实践题）为了研究网络对大学生学习和生活的影响，某项目组围绕研究目的，经过讨论与预调查，最终确定了调查问卷。假如你是该项目的一名数据分析员，在现场调查的基础上，请制定关于问卷审核、编码、数据录入等预处理的具体方案，并利用 Excel、R 软件加以实现。

> 你好！为了了解网络对大学生的学习和生活的影响情况，并做出科学的分析，特开展此项调查，希望你积极配合（此次问卷只用于课题研究，不用作其他用途）。
>
> （请在你认为适合的□内打√）
>
> 一、基本信息调查
>
> 专业：□经济类　□管理类　□理工类　□法学类　□语言类　□文学类
>
> 性别：□男　□女
>
> 年级：□大一　□大二　□大三　□大四　□研究生
>
> 1. 网龄有多长？
>
> □ 0　□ 1 ~ 2　□ 3 ~ 5　□ 5 ~ 7　□ 7 年以上
>
> 2. 你每周上网的平均次数是多少？
>
> □两次以内　□三至五次　□基本每天都上　□基本不上
>
> 3. 你每次上网的时间大约是多少？
>
> □ 2 小时以内　□ 2 ~ 5 小时　□ 5 ~ 8 小时　□ 8 小时以上

4. 你的主要上网途径有哪些（多选题）?

□宿舍自有电脑上网 □手机上网 □网吧上网 □其他

5. 你上网最常做的事情是（最多可选 4 个）?

□聊天交友 □讨论热门话题，论坛、贴吧跟贴

□看娱乐视频、电影，听歌 □玩游戏、看网络小说

□浏览新闻与评论 □下载各类资源

□收发电子邮件 □更新（微信、QQ 等）个人主页

□网上电子商务 □查询（Baidu 等）学习

□其他（请注明）______________________

二、研究问题调查（单选）

1. 你上网的主要目的是什么?

□关注感兴趣的事 □纯属娱乐 □说不清

2. 网络对你学习和生活的重要程度如何?

□十分重要 □重要 □不重要 □说不清

3. 网上与别人沟通是否比现实容易?

□容易沟通但并未因此交到更多朋友

□容易沟通并交到了很多朋友

□和现实与别人沟通差不多

4. 是否因为有了网络而丢掉过一些没有接触网络之前的兴趣?

□是 □否

5. 是否有意学习计算机与网络方面的技能?

□有想法但实际行动不明显

□做过但持续时间不长

□一直坚持在做

6. 你身边是否存在因上网影响其他同学正常生活的现象?

□有 □很普遍 □没有

7. 你的网络行为是否会带到现实的学习与生活中来?

□经常会有 □偶尔会有 □完全没有

8. 你在网上聊天或发表看法时，是否使用过不文明的语言?

□没有使用过 □偶尔有过 □经常使用

9. 你觉得上网对你现阶段的学习有无影响?

□有负面影响 □有正面影响 □双方面影响都有 □没什么影响

10. 你对现在语音聊天室、论坛、贴吧存在的骂人现象怎么看?

□非常反感 □没什么，很好玩 □别人都在骂，所以我也骂 □无所谓

11. 你认为网上有你所需要的学习资料吗?

□有很多且经常使用 □有一些 □几乎没有

12. 日常生活中遇到烦恼或不快时有向网络倾诉的习惯吗?

□很少　　□经常　　□没有

13. 当你学习上遇到困难，寻求帮助的途径?

□找同学商量　　□上网求助　　□自己独立解决

14. 你在上课期间使用手机网络吗?

□经常会　　□偶尔会　　□基本不会　　□从来没有过

15. 网络对你的影响主要有哪些方面?

□开阔了视野，拓展了知识面

□认识很多朋友，通过与网友交流减轻学习或其他方面所造成的心理压力

□获取网络上丰富的教育资源，学习成绩得到提高

□花费太多时间上网而使成绩下降

16. 你认为迷恋于虚拟网络最主要的负面影响是什么?

□影响睡眠障碍，体力透支　　□人际关系的淡化

□产生消极的道德和价值观念　　□成绩下降，学业荒废

三、校园网络调查

1. 你平时浏览学校的校园网站吗?

□经常浏览　　□偶尔浏览　　□只在必须使用校园网时（如选课）

2. 你是否能从校园网站上找到你想要的学习资料?

□是　　□否

3. 你是否认为校园网站上的内容有利于自己的学习?

□是　　□否

4. 你浏览校园网站是为了什么?

□交流相关学习资料，和老师互动　　□利用数据库　　□看视频　　□其他

5. 你认为校园网络建设如何?

□非常好　　□一般　　□很差

6. 你对校园网络有何建议（网络基础建设、网站内容建设等）? ____________

探究

大数据背景下抽样技术的发展趋势

当今，大数据正在全方位改变着人们的认识、思维和行为，维克托·迈尔·舍恩伯格提出大数据时代的三种思维变革：要全体不要抽样，要效率不要绝对精确，要相关不要因果。

这一观点在社会上产生了广泛影响，诸多学者表示赞同，认为以往因无法获取总体所以需要抽样，大数据时代“样本等于总体”，要分析与某事物相关的所有数据，而不是依靠少量样本数据，毕竟抽样就意味着有抽样误差的存在。

也有不少学者表达了另外一种观点，他们认为：进入大数据时代，能对全体数据进行分析，不一定要抽取样本，但这并不意味着抽样要退出历史舞台。当所获取的“大数据”总

体不能完全代表目标总体时，总有一部分个体被遗漏在外，此时大数据分析可能得到有偏差的结果；同时，大数据往往具有很多噪声，使得数据分析很容易被假象所迷惑，造成对规律的丧失和失真。因此，这些众多缺失、含有噪声甚至是错误的数据进入到数据库中，如果从中抽取部分样本数据更能有效地进行数据清洗，以分析、挖掘出数据背后的真规律。

请结合自己的认识与体会，谈谈你对“大数据与样本数据之间关系”的看法，并进一步探讨数据抽样技术的未来发展趋势。

第3章　数据可视化

1812年，拿破仑率大军踏上征服莫斯科的艰苦旅程，结果遭遇极端天气，98%的士兵都冻死在路上。50年后，当大多数法国人依然沉浸在荣耀中时，巴黎的工程师Charles Minard选择用数据的方式告诉世人这场战争的残酷性。图3－1中的黑色粗线显示了极端天气如何击败了拿破仑的军队，这张图也让人们在反思战争的同时更深入了解战争的真实代价。

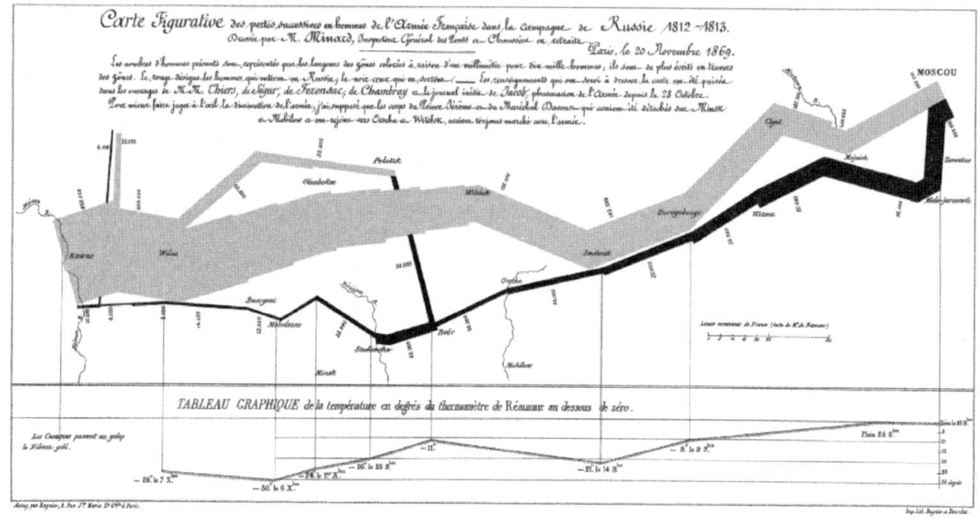

图3－1　1812年俄法战争拿破仑率大军征讨莫斯科军队规模

然而，在大数据时代，当人们手握各类数据的时候，欲将数据背后的信息呈现给大众，却变得越来越困难。那么，数据可视化都有哪些困难？数据可视化都有哪些方法？怎样才能进行数据可视化呢？

第1节　数据可视化简介

从外界获取信息，对于生物来说是最基本的功能之一，这些信息也直接引导着生物做出正确的反应。相关研究表明，人类获取外界信息的时候，90%的信息通过视觉形式传到大脑，速度比文字信息要快6万倍，所以当人们展示数据背后的信息时，最优的方法是数据可视化。当然，数据可视化不是将数据完整的罗列出来，那样会带来灾难性的信息冗余，那么到底什么是数据可视化，数据可视化的基本要求是什么？数据可视化能带来什么样的非凡意义？本节就来探讨这些具体问题。

一、数据可视化的基本概念

从前面章节我们知道，数据无处不在，数据蕴含着价值，可是世界上并不是有价值的东西就一定会被人类进行挖掘和开发，数据也是一样，它需要人类使用一定的工具，获取其中最有价值的部分并且提纯，再进行加工和利用。例如，当得到一家大型超市一年所有的销售记录时，便可以整理出一年所有单日的销售量，再利用数据可视化呈现给超市管理部门，他们就能更好的规划下一年超市收银员的工作安排，从而节省人力开支。那么可以看到，数据可视化将数据整理呈现的同时挖掘了其中的价值，并体现在经济上，其价值的体现便是其节省的人力开支。

思

①还有哪些数据可视化影响着某些行业并提供一定的价值，试举出几个具体的例子。

②如何给数据可视化下一个比较确切的定义？

广泛地讲，数据可视化是将已有的各种数据展示给人们的过程；而从应用的角度讲，数据可视化是为了挖掘和呈现已有数据的某项价值，以某种方式提取数据中的信息，并通过视觉表现形式展现给人们的过程；从学术研究的角度讲，数据可视化是对上述过程的科学技术研究。通常数据可视化包含可视化的目的、信息的提取方式和视觉表现形式三个要点。

数据可视化的目的在于以下几点：

（1）直观地展示数据。人们通过采集得到的数据包含结构化数据、半结构化数据和非结构化数据，其数据量庞大，内容相当复杂，想要展示出其中的内容往往在时间和空间上不能得到保障，而数据可视化可以将数据的某些信息简单、直观地呈现出来，节省不必要的人力和物力。

（2）分析数据信息。由于数据量的庞大，人们要花费很长的时间才能读懂，并归纳出其中的某些重要信息，那么通过数据可视化可以大大减少这个过程中的工作量，降低工作复杂度，并直观地获取分析信息。

（3）实现数据的价值。人们采集的数据，其价值往往密度很低，而数据可视化的受众是使用数据的人以及需要数据的人，所以要针对受众的需求，对数据进行有目的的提炼和展示，使得其价值能被集中利用。

提取数据信息的方式从分析方法来讲分为三类。

（1）数据描述分析。其是对所收集的数据进行分析并得出反映客观现象各种数量特征的一种分析方法，包括数据的集中趋势分析、数据离散程度分析、数据的频数分布分析等，描述性分析是对数据进一步分析的基础。

（2）推断性分析。其是研究如何根据样本数据来推断总体数量特征的一种分析方法，是在对样本数据进行描述统计分析的基础上，对研究总体的数量特征做出推断。常见的分析方法有假设检验、相关分析、回归分析、时间序列分析等。

（3）探索性分析。其是通过一些分析方法从大量的数据中发现未知且有价值信息的一种分析方法，它不受研究假设和分析模型的限制，尽可能地寻找变量之间的关联性。常见的分析方法有聚类分析、因子分析、对应分析等。

数据可视化中的视觉表现形式主要体现在采用的诸如图形、文字、数字、颜色等视觉符号，以及各种技术手段，以呈现数据信息为最终目的图像设计。按照所呈现的数据对象可分为单变量数据展示、多变量数据展示、高维数据展示、空间数据展示、关系数据展示等。按照数据展示的效果可分为坐标系展示、3D 数据展示、时间线、信息图标、地图展示、网络关系图等。按照数据时效性可分为历史数据展示、切片数据展示、实时数据展示。

思

①在平时的工作生活中，你见过哪些数据可视化案例，分别呈现出哪些信息？
②如果要展示一项数据信息，该优先考虑哪一个问题？

数据可视化既可以作为数据分析的起点，为数据分析提供直观的依据，也可以是数据分析的终点，为受众提供大量的信息，数据可视化作为数据分析的重要内容和步骤，是数据分析基础之一，应特别重视。

二、数据可视化的发展历史

近年来，数据可视化变得越来越热，是当今数据分析领域中发展最快且最引人注目的领域。一般认为，数据可视化来源于统计制图，并起源于统计学诞生的时代，其发展与整个人类近现代文明史一脉相承，应用在图表、地图、工程制图等方面，经过了几百年的发展。

（一）早期的数据可视化的发源

14～17 世纪早期，随着欧洲进入伟大的文艺复兴时期（14 世纪到 16 世纪），物理、数学、地理、天文学、美术、建筑等学科得到了长足的发展，再加上印刷术在欧洲的大量使用，人们开始进行早期制图的探索，这一时期，人们逐渐利用物理技术以及先进器具，通过手绘信息图的方式来展示各类数据。

17 世纪中后期，随着笛卡尔（René Descartes，1596～1650）发明了解析几何与坐标系，费马（Pierre de Fermat，1601～1665）和帕斯卡（Blaise Pascal，1623～1662）发展了概率论，英国人开始了人口统计学研究，分析几何、测量误差和政治版图等的出现及发展促进了制图的发展。

（二）数据可视化图形的诞生

18 世纪，由于统计理论和实验数据分析的发展，抽象图和函数图大量被发现，数据的价值开始被人们重视起来，人口、商业等经验数据开始被系统收集整理记录下来，各种图表和图形也开始诞生。在此期间，统计学、图形学的奠基者威廉·普莱费尔（William Playfair 1759～1823）发明了柱状图、折线图、饼图和圆环图等，为后人的研究提供了平台。

其中，William Playfair 在表现 1780～1781 年苏格兰进出口情况所画的条形图（如图 3－2 所示）是第一个定量的图形形式，它既没有在空间中定位数据，也没有坐标和表格，也没有时间，它是对离散定量比较问题的一个纯粹的解决方案。

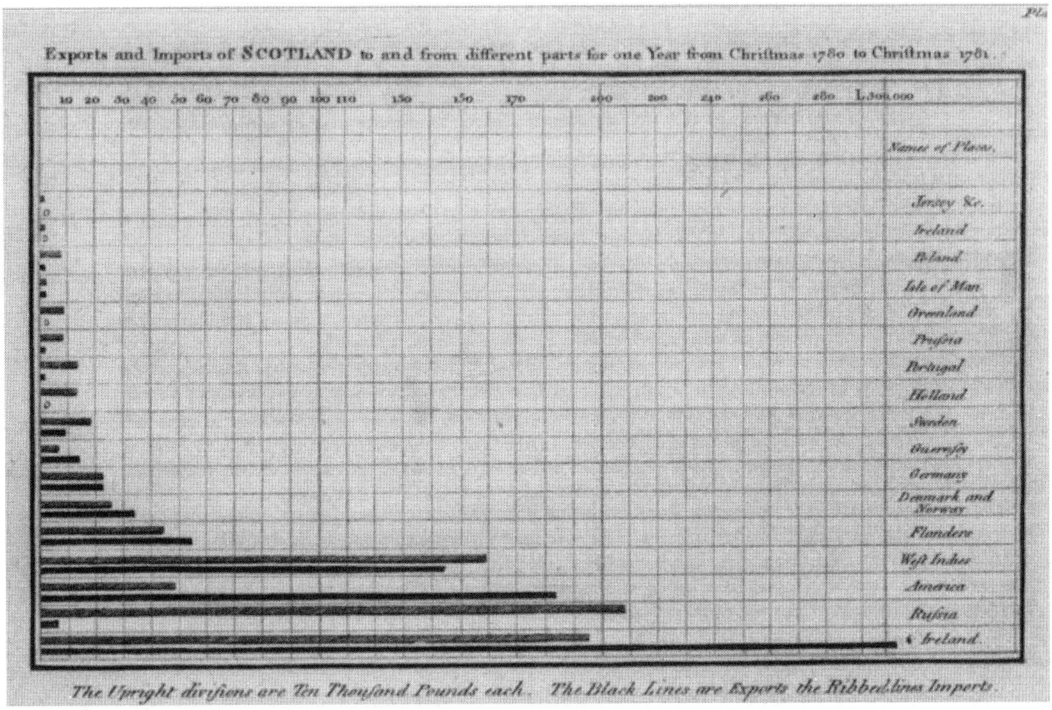

图 3-2 1780~1781 年苏格兰进出口情况

（三）数据可视化的大规模使用

19 世纪是现代图形学的开始，随着社会对数据的积累和应用的需求，以及在前人的设计和技术铺垫之后，数据开始得到人们的重视，社会、医学、经济等数据有规律的被人们收集，这些数据在政府规则和决策中的重要性逐渐清晰，随着现代图形学的发展，统计图形和概念图等大量出现，整套的数据可视化工具被人们掌握，其中包括散点图、直方图，折线图、极坐标图、时间线、轮廓线等当代统计图形的常用形式都已出现。与此同时，拉普拉斯（Pierre-Simon Laplace，1749~1827）和高斯（Carolus Fridericus Gauss，1777~1855）也奠定了统计理论的基础。

一个数据可视化的经典案例是 1858 年南丁格尔（Florence Nightingale，1820~1910）在克里米亚战争后，统计的英军伤亡人数，这个可视化图形就以她的名字命名：南丁格尔玫瑰图（如图 3-3 所示）。玫瑰图不仅清楚展示了军队死亡人数的变化，而且更重要的是，她将三种死亡情况分别用不同颜色标记出来：用蓝色表示死于可预防的疾病、用红色表示死于战争伤害、用黑色表示死于其他原因。这样可以清楚知道军队伤亡原因的结构，真正影响战争伤亡的并非战争本身，而是由于军队缺乏有效的医疗护理。

（四）数据可视化的黄金时期

19 世纪后半叶是数据可视化的黄金时期，出现了大量的经典作品，人们对数据价值的理解在图表的帮助下普及开来，数据信息在社会规划、工业、商业和交通等方面的重要性日益凸显，欧洲各国均设立了官方的统计部门。图 3-4 所示是美国第 11 次人口普查（1890）的情况图。

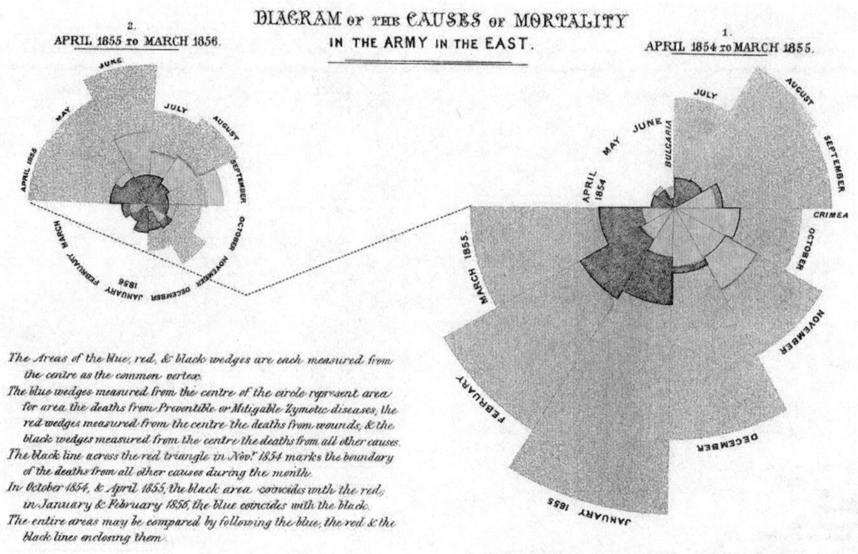

图 3-3 南丁格尔玫瑰图

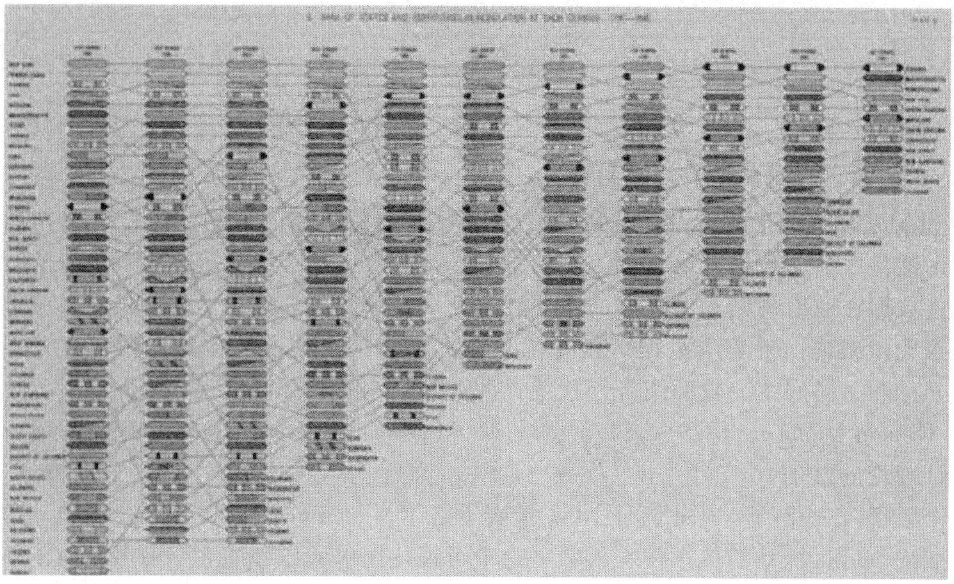

图 3-4 美国第 11 次人口普查

（五）数据可视化的发展低谷

随着 19 世纪结束，数据可视化的第一个黄金时期也终结了。20 世纪初，数据可视化进入了低谷，原因有两个：一是数理统计诞生，追求数理统计的数学基础成为首要目标，而图形作为一个辅助工具被搁置起来；二是“一战”、“二战”对经济的影响深远，之前的数据表现方式已经足够使用了。但数据可视化理论被纳入了教材、课程，并在政府、商业、科学及其他新兴学科等领域广泛使用。

（六）现代数据可视化的复苏和发展

“二战”结束至 20 世纪中后期，停滞几十年的可视化在此阶段又逐步发展，数据分析逐渐从数理统计学的统计分支中分离出来，变成了坚实的科学。随着人们开始根据数据的特点和关系来确定图形设计，数据可视化也逐渐独立成为一门学科。同时，随着世界大战后工业和科学发展对数据处理的迫切需求，以及计算机技术的兴起，人们开始使用电脑程序绘制统计图形。20 世纪晚期至今，数据可视化在更加广泛的学科领域发展，随着个人电脑和互联网的兴起，图形表达占据了重要的地位，比起参数估计假设检验，直观的图形形式更容易被人接受。桌面操作系统，计算机图形学，人机交互等技术的催生，高分辨率、高色深还原度的屏幕应用越来越广泛，数据可视化的需求也正在变的越来越强烈。数据可视化即将进入一个新的黄金时代！

图 3－5 所示为产品实施销售状况大屏可视化图。

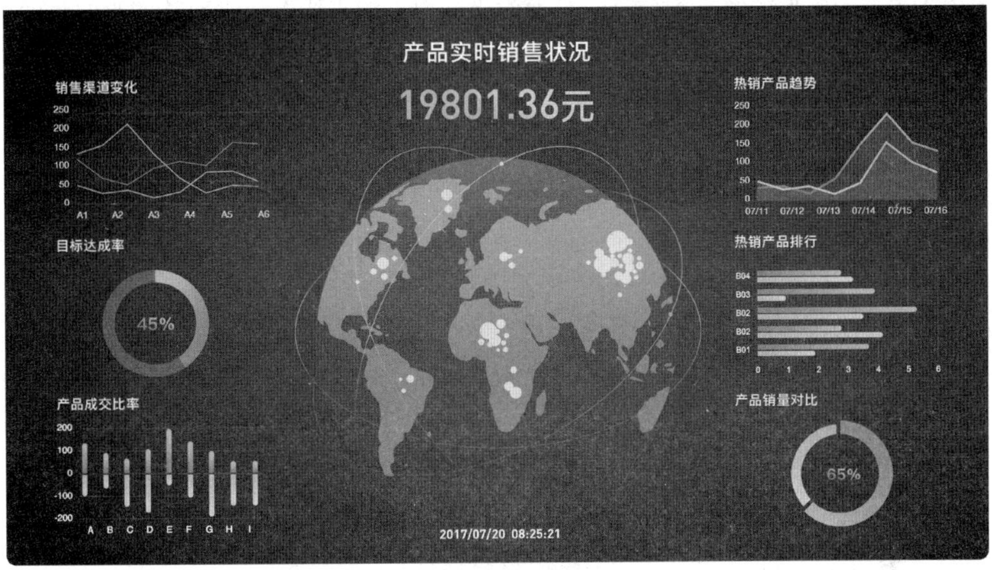

图 3－5　产品实施销售状况大屏可视化

三、数据可视化的基本作用

在大数据时代，数据的容量和复杂性不断增加，限制了一般用户或公司从数据中直接提取信息，对于数据可视化的需求越来越大，利用数据可视化对数据进行整理分析，以及对数据进行相关研究之后再可视化的展示必将成为大数据分析流程中的主要环节之一。通过数据可视化，配合先进的视觉呈现技术，让枯燥的数据以更简单的形式展现出来，可以让数据变得通俗易懂，有助于用户方便快捷地理解数据的深层含义，理清数据分析得出的相关结论，有效参与复杂的数据分析过程，提升数据分析质量，改善数据分析效果。

在大数据时代，可视化技术可以支持实现多种不同的目标。

（一）观测、跟踪数据

在许多实际应用中，数据量的庞大使得人们很难在短时间理解和提取其中蕴含的知识，利用数据可视化，可使枯燥的数值按照一定规则呈现出来，人们可以快速地获取并关注数据所代表的相关重要信息。如为了获取道路交通拥堵信息，地图公司从政府交通部门提供的摄像头和地感线圈数据，以及从出租车，公交车，客车，货物运输车等各类车辆的导航信息中获取数据，再配合其他数据，进行实时跟踪并计算，再通过百度地图等数据可视化系统提供实时路况服务，呈现出各大城市的实时交通路况信息。

（二）分析数据

利用可视化技术，可以呈现当前分析结果，引导用户参与分析过程，使用户可以与分析算法实现交互，方便用户指导数据分析的整个过程。

例如，根据天文学家多年对太阳系八大行星的观测，得出的行星轨道周期与从太阳到行星的平均距离之间的关系经过数据的可视化（如图 3－6 所示），发现行星轨道周期与平均距离的 3/2 次方的图形的散点均位于一条通过坐标原点的直线上，进而从实验的角度得到开普勒第三定律：$T=cR^{3/2}$，其中，T 为行星轨道周期，R 为从太阳到行星平均距离，c 为常数。

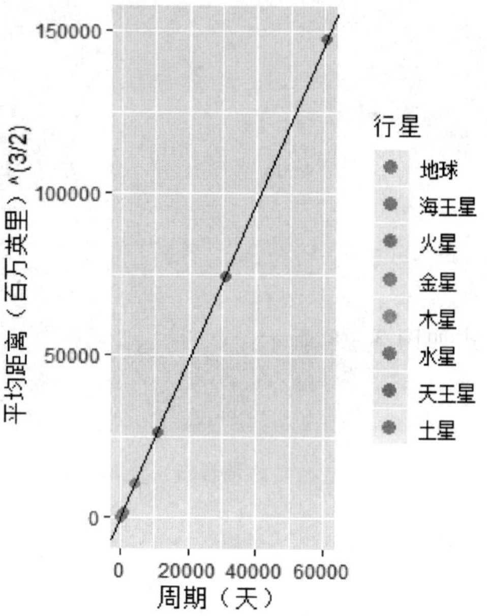

图 3－6　行星轨道周期与从太阳到行星的平均距离之间的关系图

> 思
> ①如何理解上述过程，并得出在一般问题上数据可视化参与的研究步骤？
> ②你还能找到哪方面的分析方法借助于数据可视化。

一般地，在进行数据分析时，根据用户的要求，数据首先被转化为图像给用户，用户通过视觉系统进行观察，同时结合自己的领域背景知识，对可视化图像进行认知，从而理解和分析数据的内涵与特征。随后，用户还可以根据分析结果，通过改变可视化程序系统的设置，来交互式地改变输出的可视化图像，从而可以根据自己的需求从不同角度对数据进行理解。其过程如图 3－7 所示。

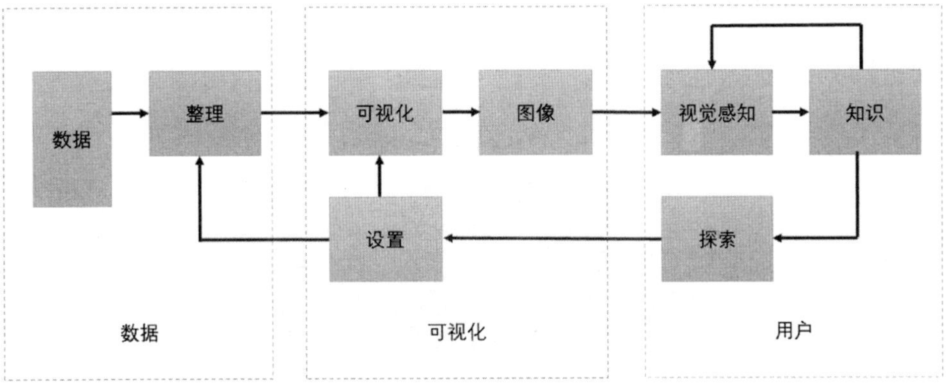

图 3－7　用户参与的可视化分析过程

（三）辅助理解数据及数据分析结果

数据可视化能帮助普通用户更快、更准确地理解数据背后的含义，如用不同的颜色区分不同的对象，用不同的长度区分数量的大小、用动画显示变化过程、用图结构展现对象之间的复杂关系等。例如，通过来源于微信公众平台、QQ 空间、腾讯新闻评论等公开场景的数据，对 2019 年全国“两会”报道高频词进行分析，“人工智能”、“脱贫攻坚”、“乡村振兴”、“减税降费”、“社会保障”、“污染防治”等词高频出现，涉及政治、经济、文化、社会、科技、生态多个领域。为了更好地理解以上分析结果，采取词云的数据可视化方式如图 3－8 所示。

图 3－8　2019 年全国两会报道高频词数据可视化

（四）增强数据吸引力

数据可视化有时还可作为向普通人群宣传观点或者提醒信息的工具，枯燥或专业的数据可视化不能被更多的人关注，而当数据被制作成强大视觉冲击力和说服力的图像时，却可以大大增加读者的阅读兴趣。图 3－9 所示为中国 2010 年人口普查各年龄段男女人口比例图，从图中可清晰地看出中国人口老龄化的情况。

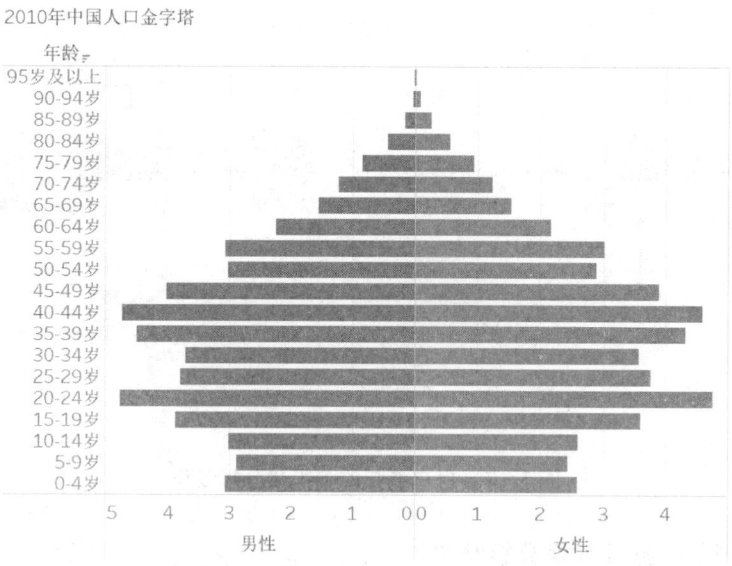

图 3－9　2010 年中国人口金字塔图

四、数据可视化的一般流程

Ben Fry 在《可视化数据》一书中将数据可视化的流程可划为七个阶段：获取、分析、过滤、挖掘、表述、修饰、交互，下面通过一个例子更好的理解这七个阶段的具体内容。

（一）获取

从数据库中的表格、文字、网络源文件、图像、视频、音频、传感器等渠道获得数据。这一部分其实包含在整个数据采集过程中的，有时过程极其复杂，有时却非常简单，然后通过数据处理将数据统一变成结构化数据。

例如，R 软件中的 iris 数据集中包含了对于鸢尾花的一组观测数据，包含采集的花萼长度（Sepal. Length）、花萼宽度（Sepal. Width）、花瓣长度（Petal. Length）、花瓣宽度（Petal. Width）、种类（Species）5 个维度的数据，如表 3－1 所示。

表 3－1　三种鸢尾花的花萼、花瓣数据

Sepal. Length	Sepal. Width	Petal. Length	Petal. Width	Species
5	2	3. 5	1	versicolor
6	2. 2	4	1	versicolor
6	2. 2	5	1. 5	virginica
6. 2	2. 2	4. 5	1. 5	versicolor
4. 5	2. 3	1. 3	0. 3	setosa
…	…	…	…	…

（二）分析

根据数据传达的信息和意义，构建结构图，并按照分类进行排序。在这个步骤数据被转化为有用的格式，而转化的方法需要根据具体要表达的意义来选择，例如，若需统计全国各城市的所有住宅小区某项数据的总和，那么原数据中各小区的地址数据就只需要被格式化为所在城市即可，也可以格式化为城市的邮编等。在进行格式化的过程中，可以考虑格式化的数据类型为字符串、浮点数、字母、整数、等级、索引等。

在上述鸢尾花的例子中，鸢尾花的花萼长度、宽度、花瓣长度、宽度均为正值浮点数据，而种类为字符串类型，经过筛选，这组鸢尾花数据共包含 versicolor、virginica、setosa 三个种类，所以可以认为其是索引数据，如表 3－2 所示，通过对数据格式的分析，对于这组数据的数据种类产生了更好的理解。

表 3－2　三种鸢尾花的花萼、花瓣分析挖掘数据

	Sepal. Length	Sepal. Width	Petal. Length	Petal. Width	Species
数据类型	正浮点	正浮点	正浮点	正浮点	字符串索引
索引					VE.，VI.，SE.
最大值	7.9	4.4	6.9	2.5	
最小值	4.3	2	1	0.1	

（三）过滤

保留有意义且有价值的数据，删除无价值的数据。在进行数据可视化的过程中，可以删除数据中不使用的部分。删除某个含有空值的个体数据，或者对于某个维度将所有数据按照某个数学模型进行范式化。

（四）挖掘

利用统计学及数据挖掘方法辨析数据格式，挖掘其中的规律。这个步骤涉及数学、统计和数据挖掘。在这个例子中，只对数据进行遍历确定鸢尾花的花萼长度、宽度、花瓣长度、宽度的最大值和最小值如表 3－2 所示，这样方便数据可视化，使数据可以在正常范围显示，而大多数时候需要对数据进行复杂的挖掘，参看其他章节的数据分析。

（五）表述

选择一个基本的视觉模型，比如，条形图、列表或者树状结构图。根据数据的类型和实际意义，一些数据可以通过简单的图形表述，一些数据集合可以通过列表表述，而数据之间的关系可以用树状结构图表述。但实际操作远远不限于此，例如，上例中为了描述鸢尾花的花萼长度、宽度、花瓣长度、宽度和种类 5 个维度的数据，可以选取高维数据可视化中常用的平行坐标法来表述，如图 3－10 所示，图中每条折线代表每个样品数据的 5 个维度的取值。

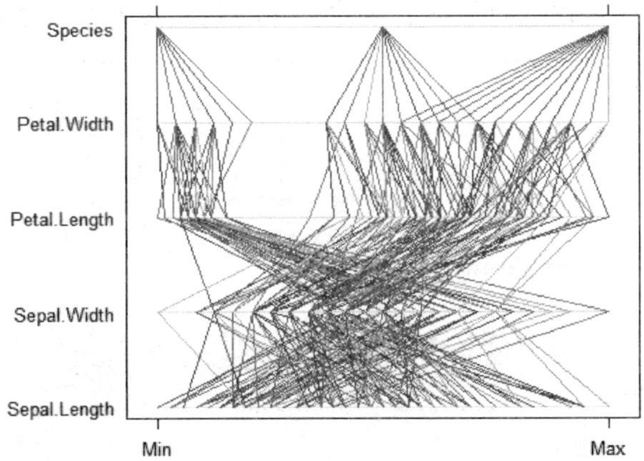

图 3－10　鸢尾花数据的平行坐标图

数据表述是一个重要的环节，它在一个可视化项目中告知一个最重要的决定，并且可以让你重新审视早期的那些阶段。比如，数据表述可能会影响到你采集数据时的某些决定，是否应该改进采集方案，也可能会影响到你的过滤数据，是否应该抽取某些特殊数据。

（六）修饰

改善基本的表述方法，使它变得更加清晰和更容易视觉化。在这个步骤中，图形设计方法通过更多地关注特殊数据（如建立层次结构），或者是改变数据可读性的属性（如添加颜色），来更进一步地改善数据的表述，图 3－11 将图 3－10 进行修饰，使得数据按维度横向展示，再利用颜色来区分每个鸢尾花数据中的种类，显得更容易提取数据的信息，其中，用绿色展示种类 virginica、用紫色展示种类 versicolor、用蓝色展示种类 setosa。

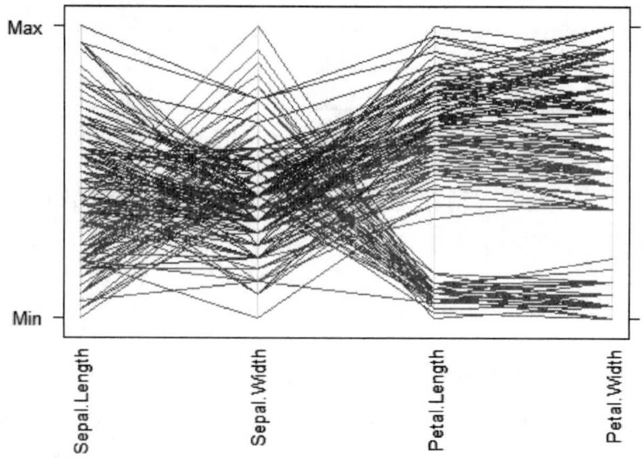

图 3－11 修饰后的鸢尾花数据的平行坐标图

（七）互动

增加方法来操作数据或控制其可见的特性。这个环节增加了互动部分，使用户能够控制和探索数据，选择一个数据子集或改变视点。这个阶段也可能影响过滤、表述等环节，例如，视点的改变可能需要重新设计完全不同的数据。

鸢尾花的例子中，可以设置互动选择需要表述的数据，如图 3－12 去掉了花萼宽度，只选择花萼长度、花瓣长度、花瓣宽度，较图 3－11 更容易看出三种鸢尾花的区别，用户也可以通过互动选择查看其中一种或两种鸢尾花的数据，这提高了用户可以选择显示并提取知识的效果。一般的互动方法可以通过输入、按键、移动调节器等方式进行。

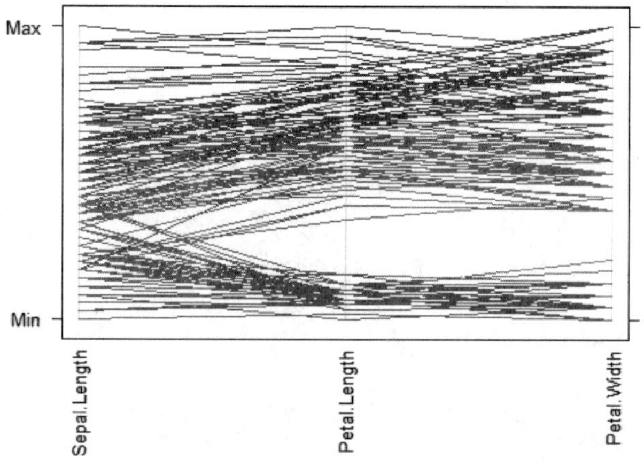

图 3－12 去掉花萼宽度后的鸢尾花数据的平行坐标图

五、数据可视化的软件工具

数据可视化的工具有很多，常用的可视化工具主要有：

（一） Excel

Excel 作为入门级工具，是初学者实现数据可视化的理想工具，它可以创建专业的数据透视表和基本的统计图表、主要有函数公式、条件格式、数据图表、迷你图、动态透视图、三维地图等功能。

（二） Tableau

Tableau 比较适合日常数据报表和数据可视化分析工作，产品覆盖 Tableau Desktop、Tableau Server 以及 Tableau Public。Tableau Desktop 是基于斯坦福大学突破性技术的软件应用程序。它能生动地分析实际存在的任何结构化数据，可在几分钟内生成美观的图表、坐标图、仪表盘与报告。利用 Tableau 简便的拖放式界面，可以自定义视图、布局、形状、颜色等。

（三） R

R 作为用于分析大数据集的统计组件包，是一种相对复杂的开源工具。R 提供了丰富的数据可视化命令，适合数据分析人员进行初级的数据可视化。

（四） Python

Python 是一种计算机程序设计语言，是一种面向对象的动态类型语言，最初被设计用于编写自动化脚本，随着版本的不断更新和语言新功能的添加，其越来越多地被用于独立的、大型项目的开发。由于 Python 的通用性，数据分析者越来越多的使用其提供的数据可视化功能。

（五） Google Charts

Google Charts 是一个免费的开源 JS 库，使用起来非常简单，只需要在标签中将 src 指向该开源 js 库然后即可开始绘制。它支持 HTML5/SVG，可以跨平台部署，并特意为兼容旧版本的 IE 采用了 vml。

（六） D3

D3（Data Driven Documents）是支持 SVG 渲染的另一种 Java 库。但是 D3 能够提供大量线性图和条形图之外的复杂图表样式。D3 对网页标准的强调足以满足在所有主流浏览器上使用的可能性，使你免于被其他类型架构所捆绑的苦恼，它可以将视觉效果很棒的组件和数据驱动方法结合在一起。

（七） Echarts

Echarts 是百度出品的优秀产品之一，也是国内目前开源项目中少有的精品。一个纯 Java 的图表库可以流畅地运行在 PC 和移动设备上，兼容当前绝大部分浏览器，底层依赖轻量级的 Canvas 类库 ZRender，提供直观、生动、可交互、可高度个性化定制的数据可视化图表。

（八） DataV

DataV 是阿里出品的数据可视化解决方案，相比于传统图表与数据仪表盘，如今的数据可视化致力于用更生动、友好的形式即时呈现隐藏在瞬息万变且庞杂数据背后的业务洞察。

（九） Flourish

Flourish 是一个在线图表工具，无需编码，图表多样，包含地图。它可以直接导入数据，也支持 Google Sheets 在线文档的识别。可以导出 svg，数据可以分列控制，对多维度数据很友好，其动画视角非常方便用户制作自己的视频。

（十） Gephi

Gephi 是一款开源免费跨平台基于 JVM 的复杂网络分析软件，其主要用于各种网络和复杂系统，是动态和分层图的交互可视化与探测开源工具。

第 2 节　单变量数据可视化

单变量数据展示是最常见、最简单的数据可视化方法，也是多变量数据展示的基础。本节将根据实例来介绍单变量数据常用的展示方法，所引用的数据来源于 R 软件 ISLR 包中的 Wage 数据文件，包含时间（year）、年龄（age）、婚姻状况（maritl）、种族（race）、教育（education）、地区（region）、职业类别（jobclass）、健康（health）、医疗保险（heath_ins）、工资的对数值（logwage）和工资（wage）共 11 个指标。该数据集记录了 2011 年 3 月大西洋地区 3000 名男性工人的工资及其相关情况。如表 3－3 所示。

表 3－3　　Wage 数据指标情况表

指标	数据类型	数值	中位数	平均值
year	时间数据	2003 ~ 2009	2006	2006
age	整数	18 ~ 80	42	42.41
maritl	索引	Nevermerried、merried、widowed、divorced、separated		
race	索引	White、black、Asian、other		
education	等级	< HS Grad、HS Grad、some college、college Grad、Advanced Degree		
region	索引	Middle Atlantic		
jobclass	索引	Industrial、information		
health	索引	< = Good、> = very good		
health_ins	索引	Yes、No		
logwage	浮点	3.000 – 5.763	4.653	4.654
wage	浮点	20.09 – 318.34	104.92	111.70

通过对这些数据的基本类型和数值范围分析，大概掌握了各指标的基本内涵，但仍然不能满足这些信息，比如，作为索引数据的 maritl 指标，可能需要得到其各类型的频数和所占整体的比例，作为浮点数据的 wage 指标，可能需要得到其大概的分布，作为等级的 education 指标，可能需要得到某个等级以上累计的数值，需要对这些指标进行更加详细的单变量分析。

思

①对以上每个指标做单变量数据分析还能提取其他什么信息？

②如何根据想要提取的单变量数据信息的种类，选择什么样的数据可视化呢？

一般地，对于单变量的数据，常常首先会考虑提取数据的频数或取值本身或所占比率等，而所采取的数据可视化可以选择散点图、条形图、饼图等。

一、条形图

条形图（bar chart）是对某一个索引或等级数据，规定单位长度表示一定的数量，利用宽度相同的条形元素的高度或长度来表示各索引或等级数据的某个统计量大小的图形。条形图可以横置或纵置，纵置时也称为柱形图（column chart）。此外，条形图有简单条形图、复式条形图等形式。从条形图中很容易看出某个统计量在各个索引或等级之间的大小比较，条形图一般被用来展示频数的统计量。

条形图的目的是利用条形元素的长度对统计量的大小进行展示，其不仅可以直观的展示统计量的大小，而且对于统计量之间的顺序关系、倍数关系都有很好的刻画。例如，以上例子中想要大概了解 Wage 数据集中作为索引数据的 Maritl 指标中各取值的大小关系，以及哪一个取值最多，不同取值的数量的差异性如何等信息，可以绘制条形图来得到。

（一）条形图的绘图步骤

首先，统计数据中的某个索引或等级数据的频数，如在上面 Wage 数据集中的索引数据 Maritl 指标中，统计 Never merried、merried、widowed、divorced、separated 分别出现的频数，如表 3－4 所示。

表 3－4　maritl 数据表

取值	Never merried	merried	widowed	divorced	separated
频数	648	2074	19	204	55
长度	2.592	8.296	0.076	0.816	0.22
health_ins－YES 数量及对应长度	395/1.58	1488/5.952	14/0.056	151/0.604	35/0.14
health_ins－NO 数量及对应长度	253/1.012	586/2.344	5/0.02	53/0.212	20/0.08

其次，根据频数的量级，选取单位长度表示固定的频数，如 maritl 指标例子中选取 250 频数作为单位，并计算出该指标每个取值的对应的长度（如表 3－4 所示）。

再次，选择竖向条形进行图形展示，建立直角坐标系，在横轴上将以上 5 个取值均匀地对应在不同的刻度，选取合适的宽度作为所有条形元素的宽，并保证条形元素之间有一定的缝隙，在各刻度上利用计算出的长度作为高度，绘制条形元素。

最后，将所有条形元素按照统一的颜色或者不同的颜色进行绘制和填充，并标注取值与刻度，如图 3－13 所示。

条形图不仅能够显示各组频数分布的情况，而且易于显示各组之间频数的差别。图 3－13中条形元素清晰的显示出 married 值出现了 2000 多次，而 widowed 出现在极少数数据中，也可以通过条形元素的长度直观地显示 married 指标的频数大概是 Never Married 指标频数的 3 倍。

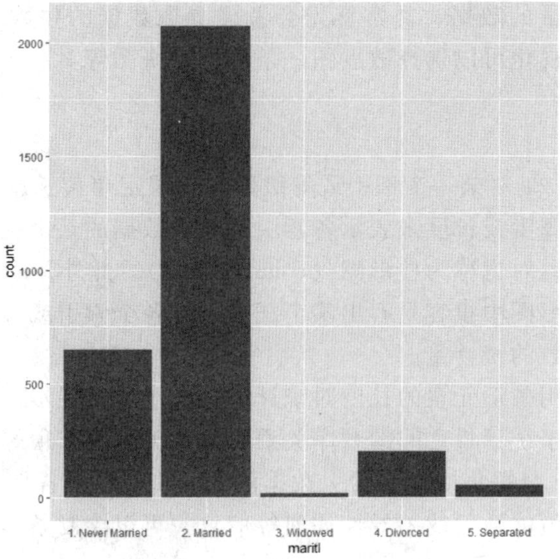

图 3－13　Wage 数据 maritl 指标频数条形图

（二）堆积条形图与簇状条形图

1. 堆积条形图

利用条形图在展示各取值频数的同时，可以采用堆积的方式展示各取值频数中所在另一个分类指标的更详细的统计情况。例如，在表 3－4 中，首先，在统计 maritl 指标的各取值频数的基础上分别统计在 health_ins 取值所占的频数；其次，将频数依照单位长度表示的数量转化为长度；最后，利用高度分别画出每一个条形元素，并利用堆叠的方式将同一 maritl 指标的条形元素组合在一起用不同的颜色进行填充，如图 3－14 所示。

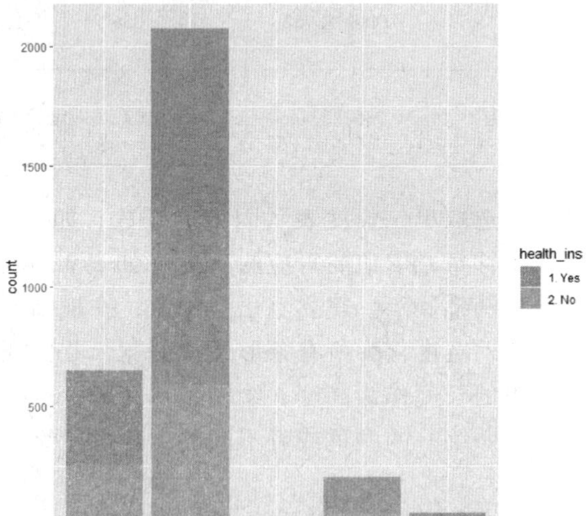

图 3－14　maritl 指标频数堆积条形图

2. 簇状条形图

利用在展示各取值频数的同时，可以采用簇状的方式展示各取值频数中所在另一个分类指标的更详细的统计情况。例如，在表3－4中，利用maritl的频数在health_ins的各取值中的数据及其对应的长度分别画出每一个条形元素，并利用簇状的方式将同一maritl指标的条形元素组合在一起用不同的颜色进行填充，如图3－15所示。

思
①条形图利用条形的长度进行展示数据有哪些优劣性？
②堆积条形图和簇状条形图突出了哪些重要的数据信息？

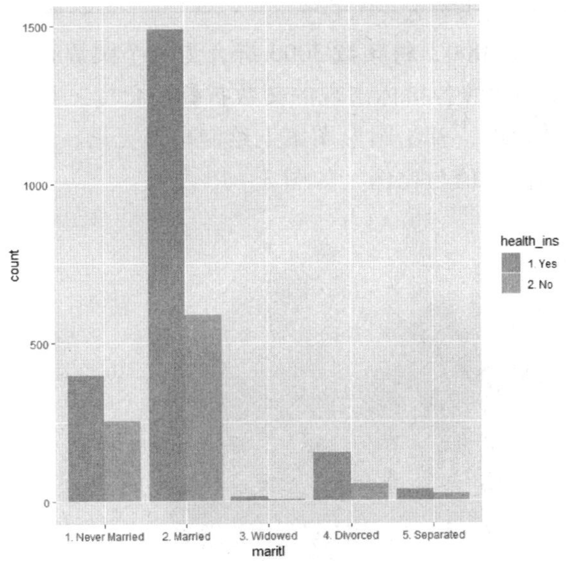

图3－15　maritl指标频数簇状条形图

二、饼图

饼图（Pie Graph）是基于一个圆形作为基本图形，对某一个索引或等级数据在规定了总量的基础上，绘制圆形上的扇形元素，并利用扇形元素所占的角度来表示各数据的某个统计量大小的图形。饼图可以基于一个整圆，也可以是圆形的一部分。饼图有简单饼状图和复合条饼状图之分。从饼图中很容易看出某个统计量上部分与部分、部分与整体之间的数量关系。饼图一般被用来展示频数的统计量。

饼图的目的是利用扇形元素的角度，对统计量的大小进行展示，不仅可以直观地展示统计量的大小，而且对于部分在整体所占的比例、部分的权重、部分之间的顺序关系有很好的刻画。例如，以上例子中想要大概了解Wage数据集中作为等级数据的education指标中各取值占总数的比例关系，以及不同取值的数量的差异性如何等信息，可以利用绘制饼图来得到。饼图的绘图步骤如下：

首先，统计数据中的某个索引或等级数据的频数，如在上面Wage数据集中的索引数据education指标中，统计<HS Grad、HS Grad、Some College、College Grad、Advanced Degree分别出现的频数如表3－5所示。

表 3－5 education 数据表

取值	< HS Grad	HS Grad	Some College	College Grad	Advanced Degree	合计
频数	268	971	650	685	426	3000
角度（度）	32.16	116.52	78	82.2	51.12	360
长度	1.072	3.884	2.6	2.74	1.704	
health_ins－YES 数量及对应高度	124/0.496	612/2.448	467/1.868	529/2.116	351/1.404	
health_ins－NO 数量及对应高度	144/0.576	359/1.436	183/0.732	156/0.624	75/0.3	

其次，计算出频数总计 3000，将频数 3000 折合为一个圆周角 360 度，得出一个频数折合角度 0.12 度，将 education 的各指标出现的频数折算成角度，如表 3－5 所示。

最后，按照各分类项角度，基于圆形图案上绘制扇形元素，将所有扇形元素用不同的颜色进行绘制和填充，并标注取值与比例，如图 3－16 所示。

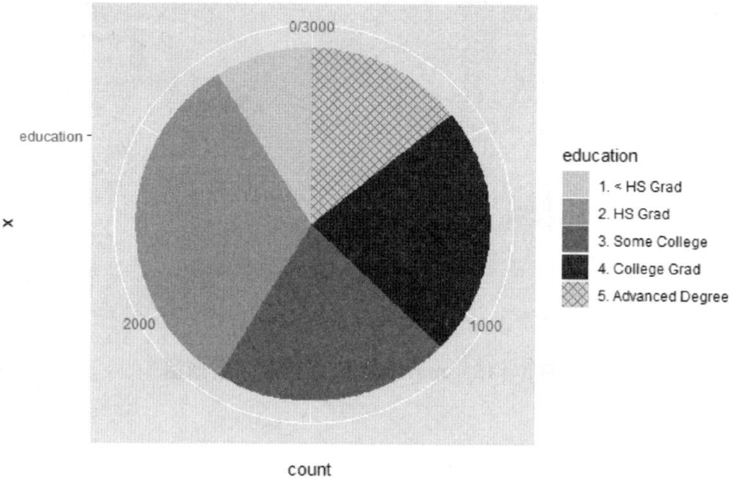

图 3－16 education 指标频数饼图

饼图不仅能够显示各组频数分布的情况，而且易于显示部分与整体的关系。图 3－16 中扇形元素清晰地显示出 HS Grad 指标的频数占总数将近三分之一，以及 < HS Grad 指标的频数大约是 < HS Grad 的三分之一，而饼图往往应用在等级数据上的另一个优势是，容易看出某个等级区域的部分和占整体的比例，如图 3－16 中 Some College 及以上的频数占了将近总数的三分之二。

三、玫瑰图

玫瑰图又叫南丁格尔玫瑰图、风玫瑰图、名鸡冠花图、极坐标区域图，是南丁格尔在克里米亚战争期间提交的一份关于士兵死伤报告时发明的一种图表。南丁格尔玫瑰图是在极坐标下绘制的条形图，条形元素变为扇形元素使用扇形元素的半径长短表示数据某统计量的大小。由于半径和面积的关系是平方的关系，南丁格尔玫瑰图会将数据之间的比例大小夸大，尤其适合对比大小相近的数值。由于圆形有周期的特性，所以玫瑰图也适用于表示一个时间周期内的数据信息，如星期、月份。

（一）玫瑰图的绘图步骤

首先，与条形图的绘图步骤相似，统计数据中的某个索引或等级数据的频数，选取单位，换算成半径长度，如以表 3 – 5 中的长度作为半径，建立极坐标系，将该指标的 5 个取值均匀地对应在不同的极坐标角度刻度。

其次，在每个刻度上，利用半径绘制扇形元素，将所有扇形元素按照统一的颜色或者不同的颜色进行绘制和填充，并标注取值与刻度，如图 3 – 17 所示。

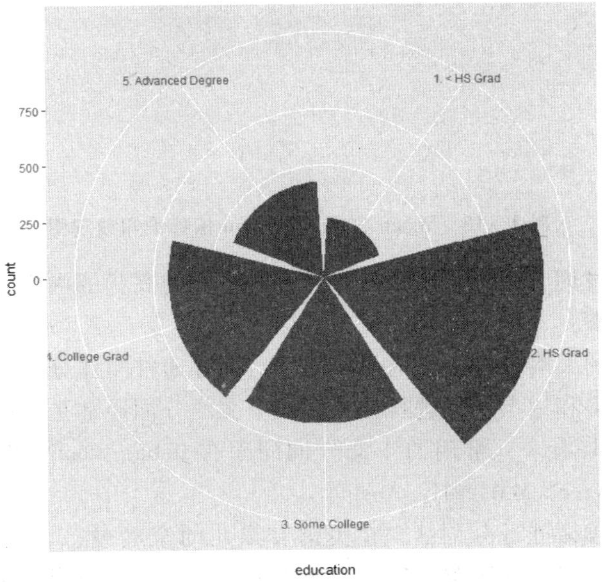

图 3 – 17　Wage 数据 education 指标玫瑰图

> **思**
> ①玫瑰图与条形图有哪些相同和不同的地方？
> ②玫瑰图是利用长度还是面积来展示数据，利用面积展示数据的优势是什么？

玫瑰图将条形图转化为更美观的饼图形式，是极坐标化的条形图，其夸大了数据之间差异的视觉效果，用来更直观的对比大小，适合展示数据差异小的数据。图 3 – 17 中扇形元素清晰的显示出 College Grad 频数与 Some College 的微小差距，而 HS Grad 与 < HS Grad 之间的倍数被从 3 倍放大到了接近 10 倍。

（二）堆积玫瑰图

堆积玫瑰图的绘制类似堆积条形图，以表 3 – 5 为例，首先，计算出 education 指标各取值频数中 health_ins 各取值所占的频数；其次，将频数依照单位长度表示的数量转化为长度；最后，利用这些长度以堆叠的方式绘制 education 指标各取值的扇形元素，并用不同的颜色进行填充，如图 3 – 18 所示。

四、词云图

词云图（word cloud chart）是对某一段文本中出现的频率较高的“关键词”予以视觉上的突出，形成“关键词云层”或“关键词渲染”。词云图的目的是过滤掉大量的文本信息，

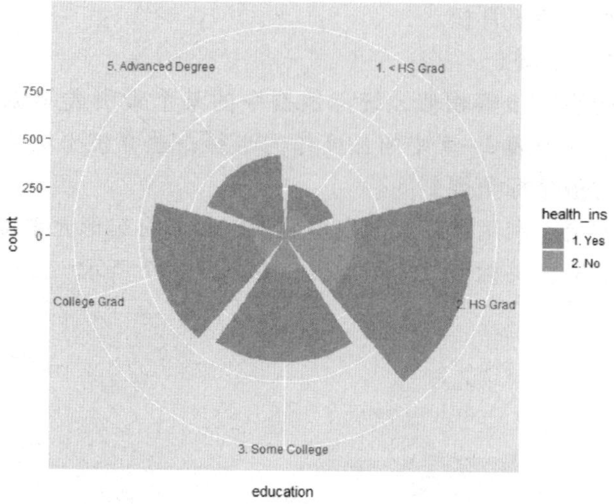

图 3-18 Wage 数据 education 指标堆积玫瑰图

使浏览者只要一眼扫过词云图就可以领略该文本的主要的高频的内容信息。

词云图的绘图步骤：

首先，对要处理的文本内容进行词汇提取，这部分通常叫作分词，英文的分词是通过英文单词之间自然的空格和标点符号进行分词，而中文的分词通常是根据某一个词库来进行比对从而将词汇一一提取出来，常用的中文分词词库有 jieba、FoolNLTK、HanLP、THULAC、NLPIR、LTP，IKAnalyzer，MMseg4j，Ansj 等。

例如，对下面一段话进行分词："在美国有婴儿的家庭中，一般是母亲在家中照看婴儿，年轻的父亲前去超市购买尿布。父亲在购买尿布的同时，往往会顺便为自己购买啤酒，这样就会出现啤酒与尿布这两件看上去不相干的商品经常会出现在同一个购物篮的现象。如果这个年轻的父亲在卖场只能买到两件商品之一，则他很有可能会放弃购物而到另一家商店，直到可以一次同时买到啤酒与尿布为止。沃尔玛发现了这一独特的现象，开始在卖场尝试将啤酒与尿布摆放在相同的区域，让年轻的父亲可以同时找到这两件商品，并很快地完成购物；而沃尔玛超市也可以让这些客户一次购买两件商品，而不是一件，从而获得了很好的商品销售收入，这就是"啤酒与尿布"故事的由来。"

首先，利用 jieba 分词得到分词结果："在"，"美国"，"有"，"婴儿"，"的"，"家庭"，"中"，"一般"，"是"，"母亲"，"在家中"，"照看"，"婴儿"，"年轻"，"的"，"父亲"，"前去"，"超市"，"购买"，"尿布"……共 154 个词。

其次，对得到的分词结果进行频数统计，得到每个词出现的频数及排序。由于单字词一般都是连词或虚词，没有实际的含义，于是常常将单字词进行删除。在此例中得到两字及以上的词的频数并将其降序排列，如表 3-6 所示。

表 3-6 两字及以上的词频表

词语	尿布	啤酒	购买	两件	商品	可以
词频	6	5	4	4	4	3
词语	年轻	同时	超市	出现	购物	…
词频	3	3	2	2	2	…

最后，按照词频的顺序进行绘图，根据需要在一定的图形范围内，依照词频大小顺序选出所需要绘出的词语个数，依次将各个词语画在图形范围内，其字体的大小依据其对应的词频，词频越高，字体越大。依据表 3 - 6 的词频数据，利用 R 软件，选取出现两次及以上的词，即前 18 个高频词，画出如图 3 - 19 所示的词云图。

图 3 - 19　词云图

通过这个词云图，可以看出这段文字的关键词是尿布和啤酒，大概内容是关于父亲、购买、商品、两件、同时的内容，这与文章的实际意义完全一致，适合用户快速浏览并把握段落大意。

第 3 节　多变量数据可视化

在数据分析过程中，最常遇见的是对两个及两个以上的变量进行分析，借助于多变量的数据可视化可以直观地体现变量之间的相互关系。本节将根据实例从散点图、折线图、平等坐标图、桑基图四个方面来介绍多变量数据常用的展示方法。

一、散点图

利用 R 软件内置 mtcars 数据来更好的理解散点图，该数据包括 32 辆汽车（1973 - 74 型）的油耗和 10 个方面的汽车设计和性能。matcars 数据中共 11 个指标：每加仑里程（mpg，miles/gallon）、发动机缸数（cyl）、排量（disp，cu. in.）、总马力（hp）、后轴比（drat）、重量（wt）、1/4 英里行驶时间（qsec）、发动机类型（vs）、变速类型（am）、前进档数（gear）和汽化器个数（carb）。详情如表 3 - 7 所示。

表 3 - 7　mtcars 数据指标情况表

指标	数据类型	数值	中位数	平均值
mpg	浮点	10.40 ~ 33.90	19.20	20.09
cyl	整数	4 ~ 8	6	6.188

续表

指标	数据类型	数值	中位数	平均值
disp	浮点	71.1～472.0	196.3	230.7
hp	浮点	52.0～335.0	123.0	146.7
dart	浮点	2.760～4.930	3.695	3.597
wt	浮点	1.513～5.424	3.325	3.217
qsec	浮点	14.50～22.90	17.71	17.85
vs	索引	0 = V - shaped，1 = straight		
am	索引	0 = automatic，1 = manual		
gear	整数	3，4，5	4	3.688
carb	整数	1～8	2	2.812

思

①对以上指标做多变量分析，还能提取哪些相应的特征？

②为什么需要用浮点和整数数据来做散点图，其他数据适合做散点图吗？

通过观察表3－7信息，发现大部分数据为浮点数据或整数数据，而这些数据之间的大小似乎有着一定的关系。通过对数据的可视化可以将这些数据在图像中进行表达，使其直观的被展示出来，并了解是否存在这样的关系，要做到这一点，利用散点图是容易的。

散点图是指在分析两个及两个以上浮点或整型变量之间关系时，样本点在直角坐标系平面上的分布图，用来展示它们的直观的关系，是多变量可视化中最常用的展示方式。散点图通常用于大规模数据中显示和比较数值，例如，科学数据、统计数据和工程数据。若干个数据点会在直角坐标系中呈现出一定的分布形态或者关联趋势，方便了解数据之间的关系程度，并可以指导进一步的分析处理。

一般地，通过散点图重点了解数据的以下几种特点：根据散点的位置，是否有一定分布密度的聚集点群，成团状或是带状；根据散点的分布密度，有几个聚集的点群，若为多个则应考虑它们是否呈现出相同的趋势，或者它们之间在直角坐标系中存在明显的距离；对于某个点群或在同一趋势下的数个点群，是否体现出多变量之间的关联关系，正相关、负相关或强烈的线性相关以及变化趋势；是否有离群点，以及离群点的分布状态，并考虑是否加以特别处理。以上特点在散点图中都可以迅速地判断出来，并为将来的回归分析和聚类分析提供重要的信息。

（一）散点图的绘图步骤

对于两个变量的散点图，一般画在平面直角坐标系中。

首先，在数据集中选取两个指标，通常为浮点或整数类型，一个作为将要绘制的横轴自变量，另一个作为纵轴因变量，以考察自变量变化时因变量的变化情况，并选取合适的单位，将所有样品的这两个指标数据换算成刻度并结合成数值对作为绘制散点图的数据依据。

例如，我们选取mtcats数据集中的排量（disp）作为横轴变量，总马力（hp）作为纵轴变量，选取数据集中的原有单位，将32个样品数据的这两个指标数据换算成数值对：(160.0，110)，(160.0，110)，(108.0，93)，(258.0，110)，(360.0，175)，(225.0，

105）……根据数据的情况有时可以对数据进行适当的变换，如进行对数变换。

其次，建立平面直角坐标系，选择横纵坐标的刻度，可以根据数值的分布情况和需要平移坐标轴使其数值尽量靠近坐标轴交点，再将所有样品对应的点绘制在坐标系中，如图 3－20 所示。

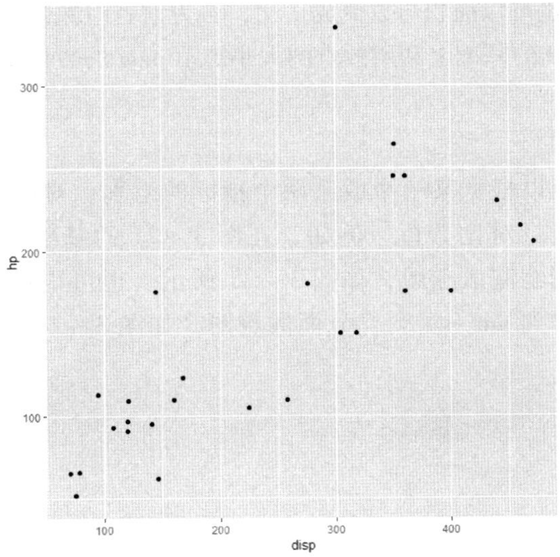

图 3－20　disp－hp 指标散点图

最后，调整各点的样式、大小、颜色、位置。考虑各样品的某几种分类或连续变量数值映射为不同的样式、大小及颜色；考虑样品点重叠的情况，根据需要适当移动点使其呈现出分布的密度或者使用半透明的点；考虑样品点的变化趋势添加趋势线；考虑样品点的实际意义，进行其他加工和美化。

例如，根据样品的 am 值（自动挡/手动挡）选择不同的形状，根据样品的 cyl 值（缸数）选择不同的颜色来进行绘图，可以清楚地看到 am 值和 cyl 值与样品点分布的关系，如图 3－21 所示。

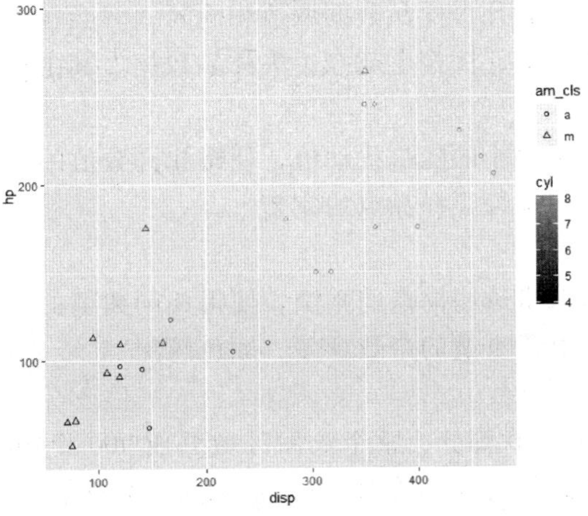

图 3－21　disp－hp 指标加工散点图

（二）气泡图

气泡图（bubble chart）与散点图类似，在绘制气泡图的时候，利用散点的大小来展示第三个变量，气泡图是展示三个变量关系时最主要的图形之一。特别注意的是，根据需要散点的大小可以是半径与数值成正比，也可以面积与数值成正比，若为前者时数值之间的实际差距在显示时会被夸大，例如，在图 3 –20 的基础上利用散点的大小展示 mpg 的数值，如图 3 –22 所示。

（三）分面

在绘制散点图时，可以根据某一个或某两个指标的组别，对样品进行分组并分别绘制在不同的散点图中，方便进行对比分析。例如，在图 3 –21 的基础上，对 vs 指标进行分组并按照水平排列的方式分别绘制散点图，如图 3 –23 所示，也可以进一步对 am 指标进行分组并按照纵向排列的方式得到 am –vs 联合分面散点图，如图 3 –24 所示。

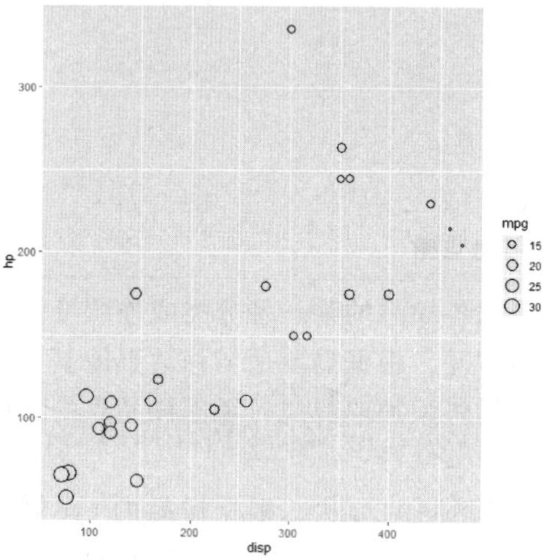

图 3 –22　disp –hp 指标的 mpg 气泡图

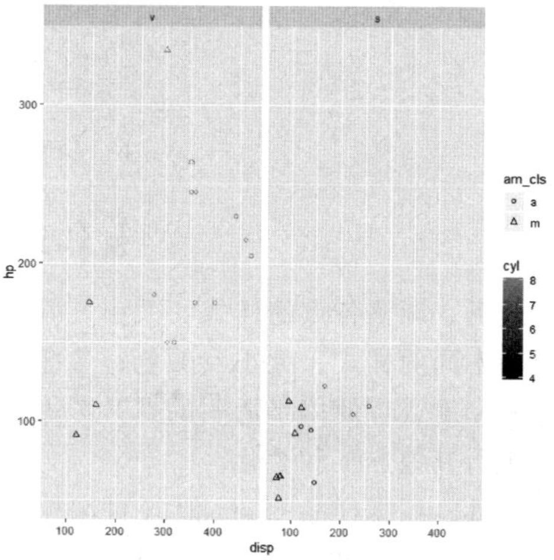

图 3 –23　disp –hp 指标 vs 分面散点图

（四）处理图像重叠

绘制散点图的时候，当有几个样品数据取值相同时，就会在坐标系中出现样品点重叠的情况，此时如果不加处理的话，图像上就会丢失样品数据。其主要的处理方式有三种。

1. 随机扰动法

对每个样品点添加一个很小的随机扰动值，使得相同数值的样品点绘图时不会重叠，虽然牺牲了较低的精确度，但保证了样品点的完整。

2. 半透明法

在绘制样品点时，采取半透明描点的画法，使得相同数值的样品点可以重叠成更深的颜色，区别于其他未重叠的点，重叠的个数越多，颜色越深。

3. 分箱法

将横轴和纵轴分别进行 30 等分，整个绘图区域分成 900 个箱子，根据每个箱子覆盖点的样品点的个数进行着色，该方法适合样品点较多的时候使用。图 3 –25 所示分别为原始图、随机扰动图、半透明图、分箱图。

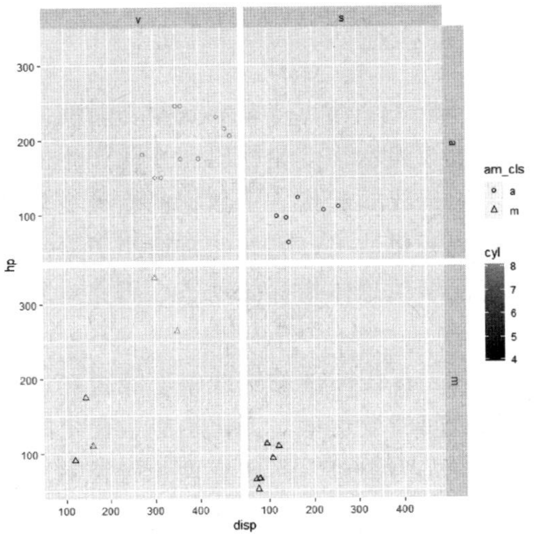

图 3－24　disp－hp 指标 am－vs 分面散点图

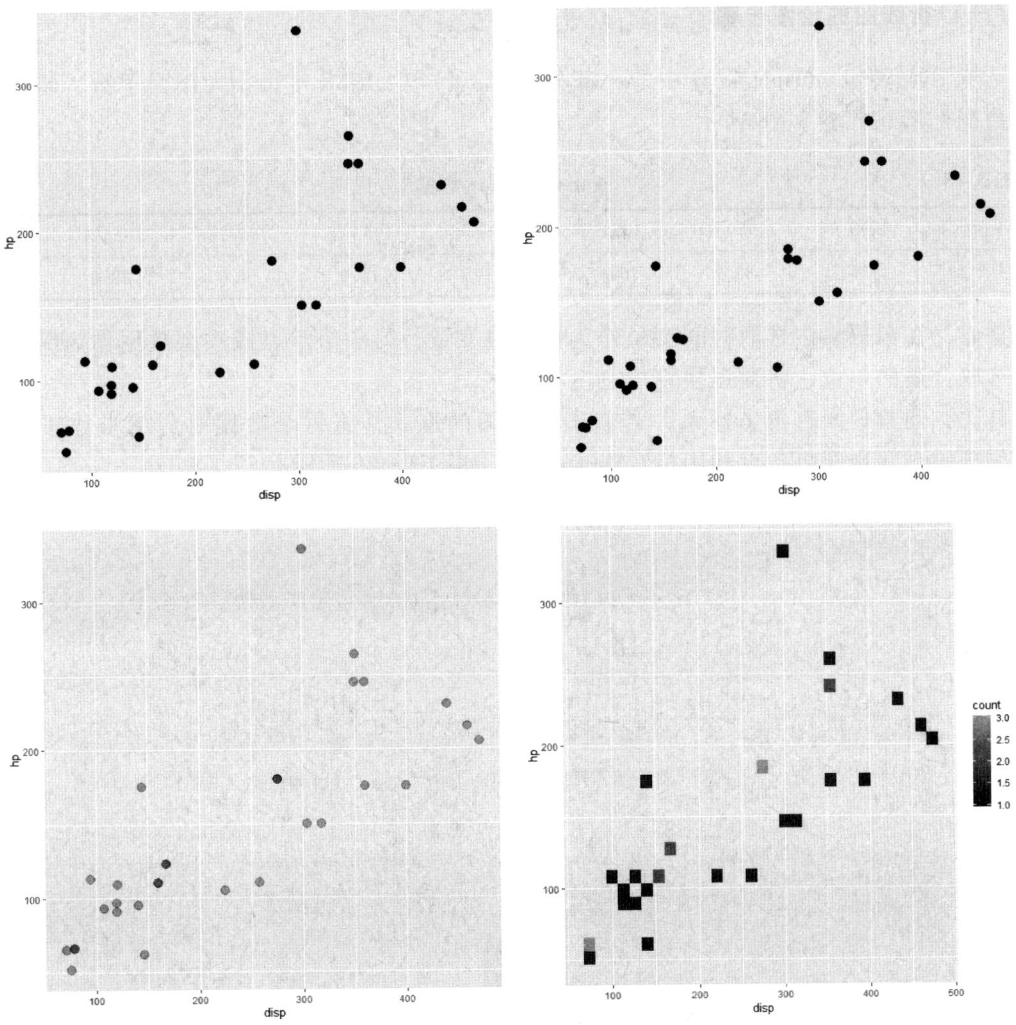

图 3－25　重叠数据处理对比图

二、折线图

折线图也称趋势图，通常分析一个浮点或整型变量与时间之间关系时，在平面直角坐标系上将时间作为自变量，利用折线展示该变量随时间变化产生的起伏变化所用的图，是时间序列数据最常用的展示方式。用折线的起伏表示数据的增减变化情况，不仅可以表示数量的多少，而且可以反映数据的增减变化情况，因此非常适用于显示在相等时间间隔下数据的趋势。人们常用折线图来描绘统计事项总体指标的动态、研究对象间的依存关系以及总体中各部分的分配情况等。

由于当采用相等时间间隔时，折线图中的折线斜率能很好地显示出变量在相邻时刻之间的变化率，所以在研究变量随时间的变化率、变化趋势、变化的凹凸性、变化的拐点等问题时，利用折线图展示数据就显得尤为重要。当研究两个浮点或整型变量之间的函数关系时，折线图的自变量也可以选取其中一个变量，用来展示这两个变量的函数关系趋势，进而研究函数相关的一系列问题。

（一）折线图的绘图步骤

选取 R 自带包 sunspot. year 中的一部分数据：1949 ~ 1988 年每年太阳黑子数，将数据处理成数据框形式如表 3 - 8 所示。

表 3 - 8　　sunspot. year 数据

年份	1949 年	1950 年	1951 年	1952 年	1953 年	1954 年	1955 年	…
黑子个数	134. 7	83. 9	69. 4	31. 5	13. 9	4. 4	38. 0	…

首先，在数据集中选取时间变量作为横轴自变量，另一个浮点或整型数据作为纵轴因变量，选取合适的单位，将数据换算成刻度。

其次，建立平面直角坐标系，类似于散点图的形式，将每个数据对应的点描于坐标系上，再按照时间顺序将各点利用折线连接起来，如图 3 - 26 所示。

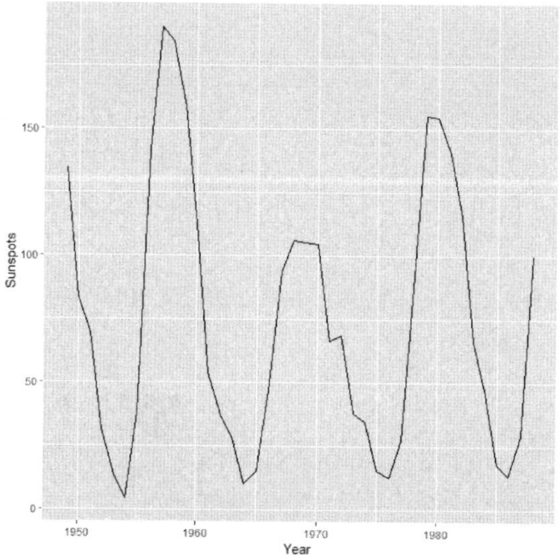

图 3 - 26　1949 ~ 1988 年太阳黑子数折线图

最后，对折线进行加工和美化，将每个样品点突出图并标注其数值，如图 3 - 27 所示。

通过观察以上折线图，可以清晰地看出在 1949 ~ 1988 年之间太阳黑子数呈平均 11 年一次波峰及波谷的周期性规律，在此期间经历了 5 次波峰和 4 次波谷，根据这个规律，可以对 1988 年之后的每年太阳黑子数的可能性进行预测。

绘制折线图时，可以对折线进行加工，根据需要对颜色、粗细、样式进行选择，如图 3 - 28 所示，也可以通过对折线图的填充来显示数据的其他含义，如图 3 - 29 所示。

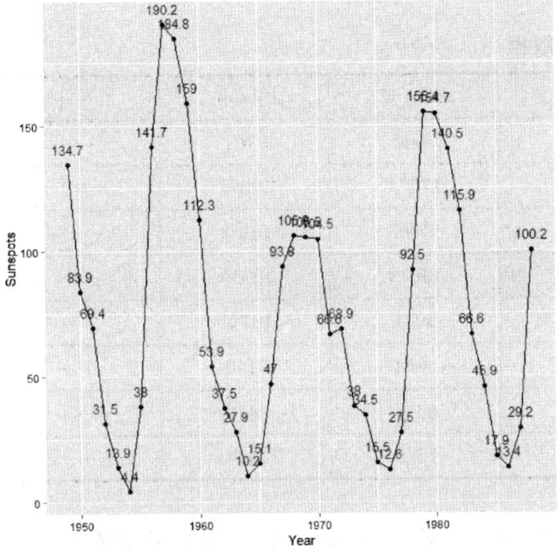

图 3 - 27　太阳黑子数加工折线图

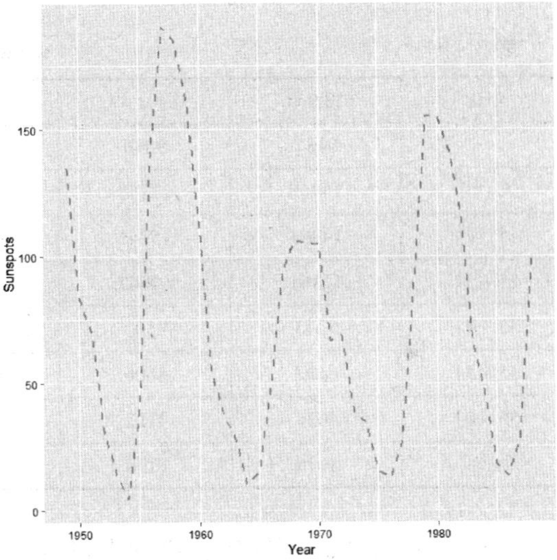

图 3 - 28　太阳黑子数加工折线图

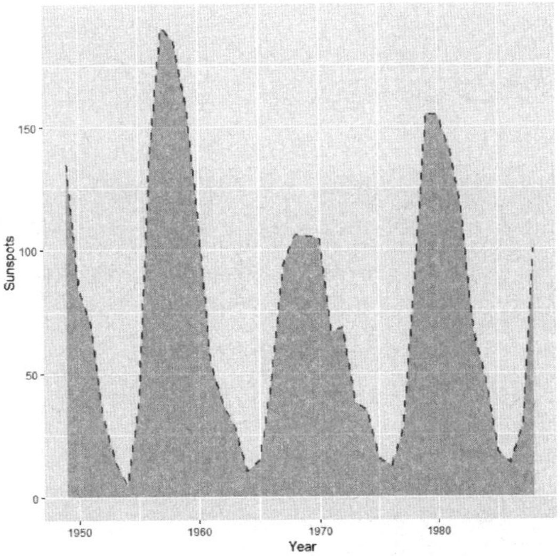

图 3 - 29　太阳黑子数填充折线图

（二）多条折线图与堆积折线图

在绘制折线图时，可以同时绘制多条折线来显示不同变量与时间变量之间的关系，此时应注意以下几点：多条折线应选择不同的样式、颜色、粗细及标注加以区别；当变量之间的单位不同或数值过于悬殊时，纵轴可以选择多种刻度或者对变量进行变换来适应不同的变量；当多变量之间可以累积计算或单一变量可以进一步分类时，可以考虑利用堆积折线图来展示。

例如，选取 Rgcookbook 包 uspopage 中的数据：1900～2002 年某地区各年龄段人口数据，如表 3－9 所示。堆积折线图如图 3－30 所示。

表 3－9　　uspopage 数据

年份	1900 年	1901 年	1902 年	1903 年	1904 年	……
<5	9181	9336	9502	9645	9791	……
5～14	16966	17158	17360	17524	17697	……
15～24	14951	15242	15555	15858	16178	……
25～34	12161	12442	12737	13019	13315	……
35～44	9273	9504	9745	9974	10211	……
45～54	6437	6606	6788	6964	7150	……
55～64	4026	4122	4220	4313	4410	……
>64	3099	3174	3256	3335	3414	……

在图 3－30 中，不同年龄段的人口数量用不同颜色和样式区别，通过图像可以看出各条曲线有平移和相似的关系，这是因为每个年龄段的人口会在 10 年后整体变成下一个年龄段的人口。

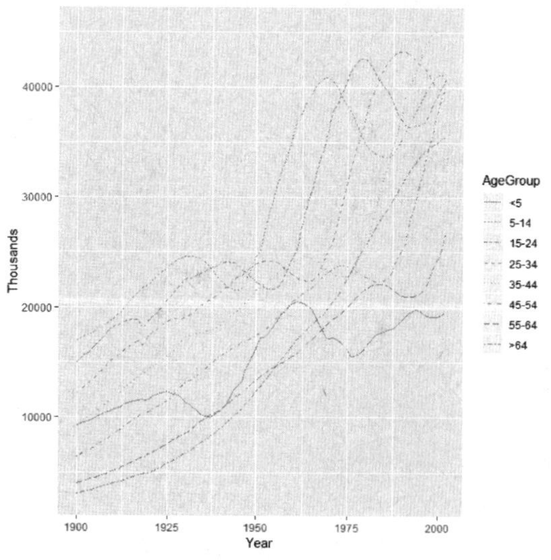

图 3－30　不同年龄段人口折线图

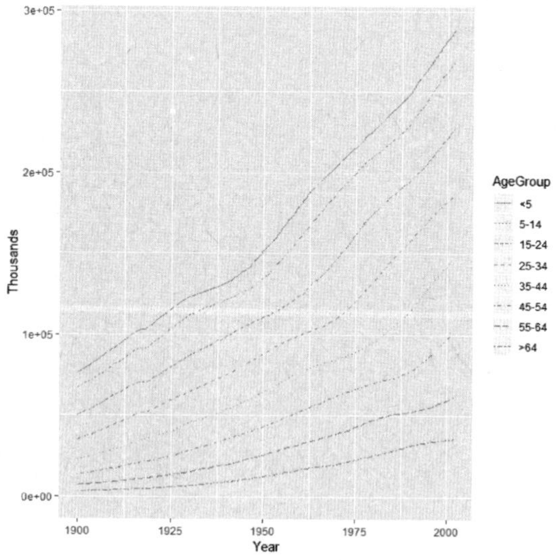

图 3－31　不同年龄段人口堆积图

堆积折线图是折线图的变形，在展示某一变量数据的同时，进一步展示其各部分数据，使其显示出整体与部分的关系以及随时间所产生的变化。绘制时按照分类的一定顺序，先将数据变换为累积值，再分别如折线图一样绘制于直角坐标系，例如，将表 3－9 中的数据选择自高到低的年龄将其转换为累积值，如表 3－10 所示。

表 3－10　　uspopage 数据累积值

年份	1900 年	1901 年	1902 年	1903 年	1904 年	……
总数	76094	77584	79163	80632	82166	……
>4	66913	68248	69661	70987	72375	……
>14	49947	51090	52301	53463	54678	……
>24	34996	35848	36746	37605	38500	……
>34	22835	23406	24009	24586	25185	……
>44	13562	13902	14264	14612	14974	……
>54	7125	7296	7476	7648	7824	……
>64	3099	3174	3256	3335	3414	……

再将数据累积值绘制到折线图中，如图 3－31 所示，在显示出总量随时间增长的同时，各部分也在增长，尤其是年龄越大的部分增长的越快，这说明随着医疗条件的逐渐改善，年龄较大的人群的生存率逐步提高。

为了更好地展示各部分随时间的变化情况，可以选择对折线图进行填充，通过不同颜色突出各部分的数据，如图 3－32 所示。如果要特别突出各部分占的比例的话，为了更好地显示人口结构和老龄化的进程，可以将数据换算成比例，使其展示各部分的人口在总人口所占的比重，如图 3－33 所示。

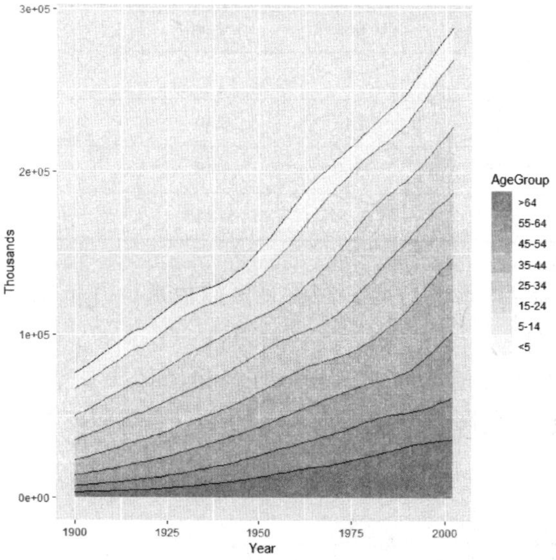

图 3－32　不同年龄段人口堆积填充图

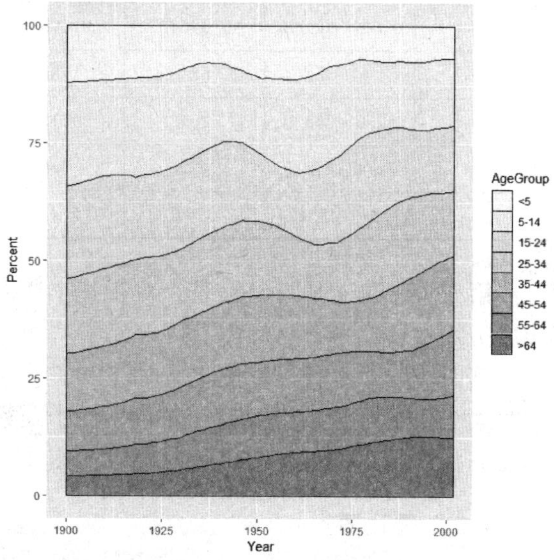

图 3－33　不同年龄段人口比例堆积填充图

思

①堆积填充图和比例堆积填充图各突出了哪些信息？

②对比图 3－9 与图 3－33，想一想这两种图分别适合在什么情况绘制？

三、平行坐标图

平行坐标图（parallel coordinates plot）是对于具有多变量的一种可视化方法，用于对高维几何和多元数据的可视化。

平行坐标图的目的是为了在平面图形中展示多个变量数据，可以看作高维数据在平面上的一个直观投影，将数个坐标轴平行的排列在平面上，再利用折线穿过坐标轴的刻度展示每一个样品，并找到样品之间的分类关系或变量之间的相关关系。

本章第 1 节表述可视化流程时所展示的即是平行坐标图。

（一）平行坐标图的绘图步骤

第一步，选取要展示的变量，浮点、整型、级别或索引数据，通常在 4 个及以上（这是由于平行坐标系的优势在于高维数据的展示，对于低维数据则较其他类型的图有很多劣势），以及确定这些变量的顺序，这一步是非常重要的，直接影响着最终图像的优劣，即使图形绘制完成仍有可能要重新调整变量的顺序使图像显示的信息更加清晰明确。

第二步，确定数据的范围和坐标轴的刻度，使其标准化成等长的坐标轴，根据需要将样品数据进行变换，转化为刻度数值，形成样品数值向量。例如使用表 3－7 中的数据，选取 gpm（每英里耗油，mpg 的倒数）、cyl、hp、disp、wt 数据，统计其最大值、最小值，选取其原始数据为相应刻度数值，如表 3－11 所示。

表 3－11　　mtcars 数据向量

指标	刻度范围	样品 1	样品 2	样品 3	样品 4	样品 5	…
gpm	0.029～0.096	0.09615	0.09615	0.07518	0.06993	0.06803	…
cyl	4～8	8	8	8	8	8	…
hp	52.0～335.0	205	215	245	245	230	…
disp	71.1～472.0	472	460	350	360	440	…
wt	1.513～5.424	5.25	5.424	3.84	3.57	5.345	…

第三步，建立平行坐标系，对于每个样品确定每条平行坐标轴的刻度数值点，并依次连接成折线，形成平行坐标图。

第四步，对平行坐标图进行加工和美化，增删变量或改变变量顺序，使图像更加清晰；依照某个变量对各条折线进行着色，便于观察和分析图像。如图 3－34 所示。也可以对每组样品分别绘制平行坐标图进行对比，如图 3－35 所示。

（二）雷达图

雷达图又称星状图，是类似于平行坐标系展示多变量数据的图形，基于极坐标的形式，过原点绘制数条射线作为坐标轴，分别展示各变量数据，可看作是将平行坐标系的坐标轴移动成星状的结果，而每条折线最终连接成封闭图形，可根据需要对每条折线单独呈现成星状图，也可以统一在同一个坐标系中形成雷达图，如图 3－36、图 3－37 所示。

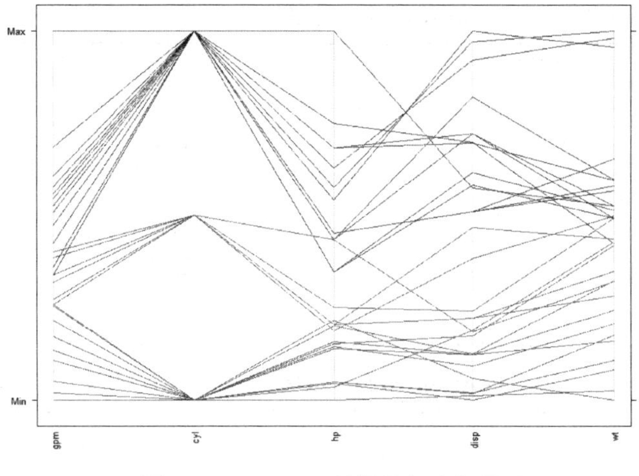

图 3－34　mtcars 数据平行坐标图

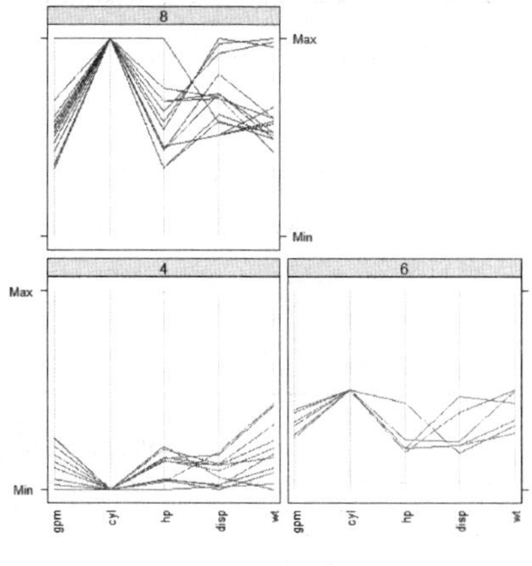

图 3－35　平行坐标图分组对比图

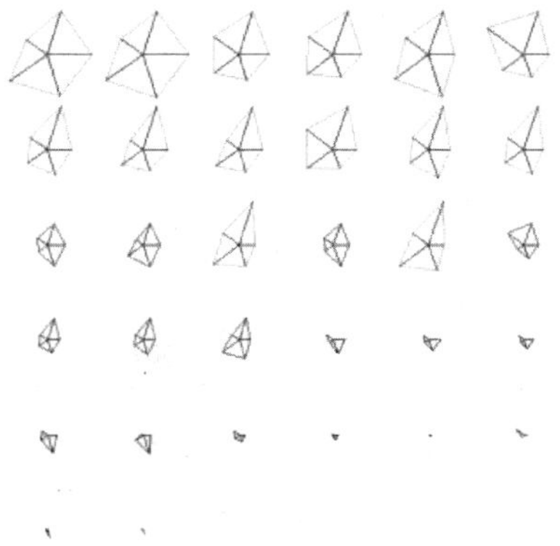

图 3－36　mtcars 数据星状图

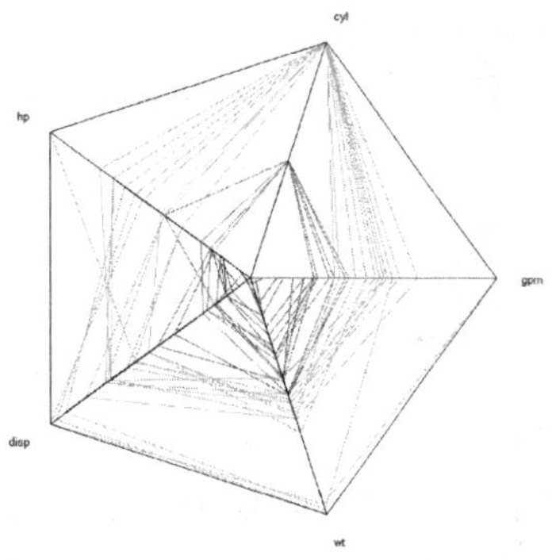

图 3－37　mtcars 数据雷达图

四、桑基图

桑基图（Sankey diagram），即桑基能量分流图，也叫桑基能量平衡图。它是一种特定类型的流程图，图中延伸的分支的宽度对应数据流量的大小。桑基图最明显的特征就是，始末端的分支宽度总和相等，即所有主支宽度的总和应与所有分出去的分支宽度的总和相等，保持能量的平衡。

桑基图的目的是展现数据流动，桑基图主要由边、流量和节点组成，其中，边代表了流动的数据，流量代表了流动数据的具体数值，节点代表了不同分类。边的宽度与流量成比例地显示。边越宽，流量数值越大。

（一）桑基图绘制的步骤

第一步，依据要展示的目的，选取某几个索引或等级变量，确定这些变量的顺序，以展示相邻变量之间的流量情况，例如，选取表 3－3 中的 Wage 数据中的 jobclass，health，heath_ins 变量。

第二步，统计每个变量对应的每个值的频数或含量（如表 3－12 所示），以及相邻两个变量的每对取值之间的流量，构成来源—目标—流量表（如表 3－13 所示）。

表 3－12　　Wage 数据 jobclass，health，heath_ins 变量频数表

变量	分类	频数（含量）
jobclass	Industrial	1544
	Information	1456
health	< ＝good	858
	> ＝very good	2142
heath_ins	Yes	2083
	No	917

表 3－13　　Wage 数据 jobclass，health，heath_ins 变量流量表

来源分类	目标分类	流量
Industrial	< ＝good	487
Industrial	> ＝very good	1057
Information	< ＝good	371
Information	> ＝very good	1085
< ＝good	yes	548
> ＝very good	yes	1535
< ＝good	no	310
> ＝very good	no	607

第三步，建立平行分类图，将每个变量的分类利用矩形元素分别绘制在独立的一列，每种分类的长度依照其频数进行统一标准。

第四步，根据表中的相邻变量之间的流量数据，利用带状元素将各相邻分类连接起来，带状的宽度仍依照上一步统一标准，形成最终桑基图（流量图）。如图 3－38 所示。

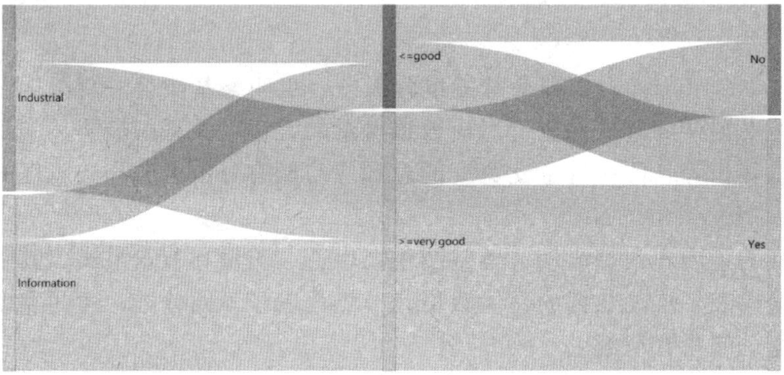

图 3－38　Wage 数据 jobclass，health，heath_ins 变量桑基图

通过图像可以看出，jobclass，health，heath_ins 三个索引变量之间的关系，如职业为 Information 的人群比职业为 Industrial 的健康度更高，而是否买保险并不太影响身体的健康程度。

前文图 3－1（1812 年俄法战争拿破仑率大军征讨莫斯科时军队规模图）就是桑基图，用来展示军队规模及流量。

（二）弦图

弦图是二维桑基图的变形，将各变量的平分类图依次排列在圆上，即得出弦图。其绘制步骤如下：

第一步，选取两个索引或级别变量，统计它们之间的流量。例如，选取 Wage 数据中的 race 和 education 两个变量以及它们之间的流量。如表 3－14 所示。

表 3－14　　Wage 数据中的 race 和 education 流量表

	Industrial	Information
< HS Grad	190	78
HS Grad	636	335
Some College	342	308
College Grad	274	411
Advanced Degree	102	324

第二步，类似桑基图一样，将每个变量的分类依次分别绘制在整圆的周围，每种分类的长度依照其频数进行统一标准。

第三步，根据表中的流量数据，利用带状元素将分类连接起来，带状的宽度仍依照上一步统一标准，形成最终弦图，如图 3－39 所示。

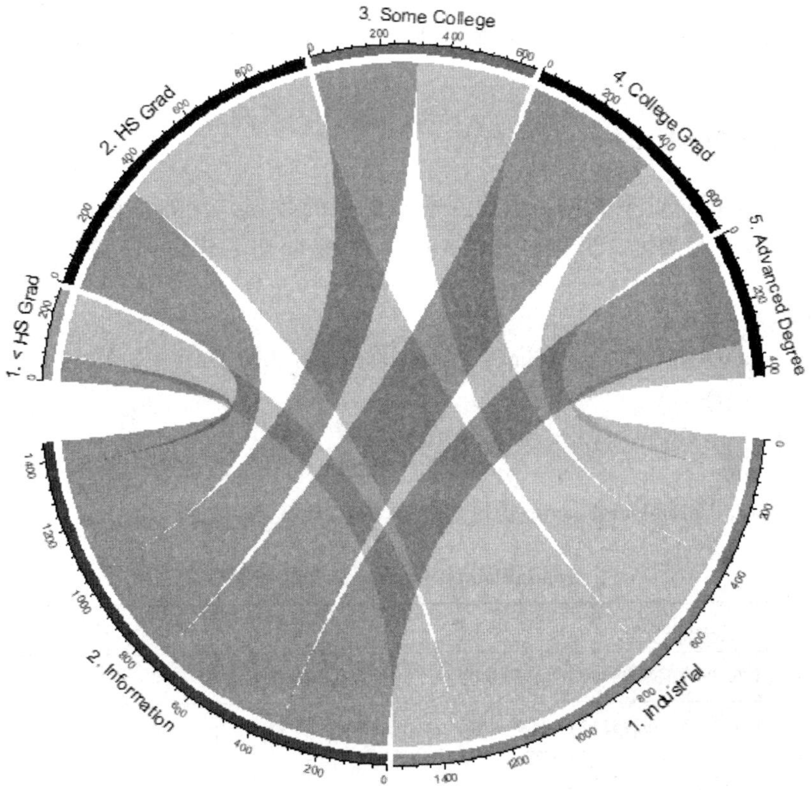

图 3－39　Wage 数据 race 和 education 变量弦图

通过变量弦图可以看出各变量、各分类的流量情况，比如，Advanced Degree 人员更偏向在 Information 方面就业。

第 4 节　空间数据可视化

随着互联网和大数据的发展，空间数据越来越多地被各种传感器获取，含有定位的通信数据越来越被人们所重视，随着智能手机的广泛应用，所产生的用户行为大部分都含有定位数据，各行各业对于空间利用的要求也迫使空间数据被广泛应用，并作为一种热门的技术发展起来。本节主要介绍空间数据的可视化，并介绍 R 软件如何操作空间数据进行可视化。

一、地图的基础数据

在进行实际空间可视化的时候，地图作为基本图形需要从网络获取以及用软件来加载使用，常用的地图基础数据是 shp 型文件，其中保存着各类地图矢量数据，可以用 ARCGIS、R、Matlab 等软件进行加载，并操作和显示地图。其中利用 R 软件加载后可以生成三种形式，分别为 SpatialPointsDataFrame 型、SpatialLinesDataFrame 型、SpatialPolygonsDataFrame 型数据，包含地图中以点作为元素的数据集、以线作为元素的数据集、以及以区域为元素的数据集，下面以通过网络下载得到我国地理 1:400 万的地图数据内容，分别来了解这三类数据。

（一）SpatialPointsDataFrame 型数据

SpatialPointsDataFrame 型数据是包含着地图上点的数据，例如，运行以下程序，加载我国首都和省级行政中心数据，其中“res1_4m. shp”是前期下载的 shp 数据：

```
library (rgdal)
pri_cap < - readOGR ("D: \\map\\xzzx\\res1_4m. shp")
summary (pri_cap)
pri_cap [1:3,]
```

得到一个 SpatialPointsDataFrame 型数据，其内容如表 3 - 15 所示。

表 3 - 15　SpatialPointsDataFrame 型数据表

行	coordinates	AREA	PERIMETER	RES1_4M_	RES1_4M_ID
1	(116. 3809, 39. 92361)	0	0	1	61
2	(117. 2035, 39. 13112)	0	0	2	70
3	(114. 4898, 38. 04513)	0	0	3	121

续表

行	GBCODE	NAME	ADCODE93	ADCODE99	ADCLASS	PINYIN
1	31010	北京	110100	110100	1	Beijing
2	31020	天津	120100	120100	2	Tianjin
3	31020	石家庄	130101	130101	2	Shijiazhuang

由表 3－15 可以看出，前三行分别为首都或行政中心的信息，而每行都含有一个 coordinates 的数据，这个数据包含有两个值，分别为纬度和经度，作为该行（样品）的地理坐标，所有以点作为元素的 SpatialPointsDataFrame 数据集，每行（样品）都包含有这样的地理坐标，在这个数据集中除了地理坐标数据以外还包含着其他数据，如邮编、拼音等，也可以包含或添加其他相关的数据作为可视化的依据。

（二）SpatialLinesDataFrame 型数据

SpatialLinesDataFrame 型数据是包含着地图上线型的数据，例如，运行以下的程序：

```
river < - readOGR ("D:\\map\\river_1\\hyd1_4l. shp")
summary (river)
river [1:2,]
```

可以加载一级河流数据（其中，“hyd1_4l. shp”是前期下载的 shp 数据），得到一个 SpatialLinesDataFrame 型数据，其内容如表 3－16 所示。

表 3－16　SpatialLinesDataFrame 型数据表

行	FNODE_	TNODE_	LPOLY_	RPOLY_	LENGTH	HYD1_4M_
1	18	18	6	4	0. 075	1
2	19	19	5	4	0. 111	2

行	GBCODE	HYD1_4M_ID	NAME	LEVEL_RIVE	LEVEL_LAKE	ID
1	23010	1359	克鲁伦河	3	1	1
2	23010	1359	克鲁伦河	3	1	1

行	coords	bbox
1	[1,] 117. 7539 49. 16444；[2,] 117. 7578 49. 16217； [3,] 117. 7703 49. 16749；…	x：117. 75384，117. 78703 y：49. 16217，49. 17107
2	[1,] 117. 7173 49. 18985；[2,] 117. 7226 49. 18394； [3,] 117. 7157 49. 17979；…	x：117. 71568，117. 73548 y：49. 14626，49. 18985

由表 3－16 可以看出，前两行都是克鲁伦河的数据，这是因为克鲁伦河在地图上被拆分成了数段折线，比如，在 1∶400 万的全国地理信息矢量数据中黄河被拆分成了 235 段。coords 数据中保存着克鲁伦河被拆分的每一段里的折线点的地理坐标，bbox 包含着该段的地理坐标范围，在地图可视化时 bbox 可以被用来控制地图坐标轴的取值范围，ID 中包含着这条河在数据集中的河流代码，以及其他数据（包括河流等级、湖泊等级的数据）。

（三）SpatialPolygonsDataFrame 型数据

SpatialPolygonsDataFrame 型数据，是包含着地图上轮廓的数据，例如，运行以下程序：

```
province < - readOGR ("D:\\map\\province\\bou2_4p. shp")
summary (province)
province [1:2,]
```

加载省级轮廓数据（其中,"bou2_4p. shp" 是前期下载的 shp 数据），得到一个 SpatialLinesDataFrame 型数据，其内容如表 3－17 所示。

表 3－17　　SpatialLinesDataFrame 型数据表

行	AREA	PERIMETER	BOU2_4M_	BOU2_4M_ID	ADCODE93	ADCODE99
1	54.447	68.489	2	23	230000	230000
2	129.113	129.933	3	15	150000	150000

行	coords	bbox
1	[1,] 117.7539, 49.16444; [2,] 117.7578, 49.16217; [3,] 117.7703, 49.16749; …	x: 117.75384, 117.78703 y: 49.16217, 49.17107
2	[1,] 117.7173, 49.18985; [2,] 117.7226, 49.18394; [3,] 117.7157, 49.17979; …	x: 117.71568, 117.73548 y: 49.14626, 49.18985

由表 3－17 可以看出，前两行为黑龙江省和内蒙古自治区的数据，coords 数据中保存每个行政区的轮廓折线的地理坐标，bbox 包含着该区域的地理坐标范围，而有些省份因为有众多岛屿，在数据集中会为每个封闭图形建立单独一行数据，在读取该省份的轮廓线时，要注意将该省的所有轮廓一同调取。此数据集中还包含其他数据如面积、周长、邮编等数据。

二、空间数据可视化的呈现

根据以上地图数据，就可以将与地理位置有关的数据在地图上呈现，下面通过一个例子来介绍具体的步骤。例如，2018 年部分省份的 GDP 数据如表 3－18 所示。

表 3－18　　2018 年部分省份 GDP 数据　　（单位：亿元人民币）

省份	GDP	排名	省份	GDP	排名	省份	GDP	排名
广东省	97277.77	1	山东省	76469.67	3	河南省	48055.86	5
江苏省	92595.40	2	浙江省	56197.15	4	四川省	40678.13	6

来源：国家统计局。

第一步，选择要呈现的数据，对于空间数据可视化并不是所有的数据都适合进行可视化，关于某区域的数据、某线的数据、某点的数据通常作为可视化的基本数据，并且是在坐标轴内可以通过散点图、折线图、曲线图、填充图等方式呈现的各种数据类型。在这个例子中选取各省区域的数据（GDP 和排名）作为呈现数据。

第二步，选择图层以及各图层呈现的数据内容，空间数据可视化通常会包含两个或两个以上的图层来展示数据，而所有图层根据展示的方式决定上下的顺序，其中，底层图层呈现的是地图原貌，一般会选择地图轮廓图或地图照片作为底层图层。在例子中，由于各省 GDP 是区域数据，所以可以选取各省轮廓图作为底层图；中层可以根据各省份的 GDP 数值对各省的区域进行颜色呈现；上层可以选择排名作为文字显示在各省区域中。

第三步，选择各层呈现的具体方式，即各层具体选择什么样的散点图、折线图、曲线图、填充图等。在例子中，底层的轮廓图依据省级轮廓数据集中的 coords 数据绘制折线轮廓图，中层可以利用各省的 GDP 数据对底层轮廓进行颜色填充呈现，而上层的排名作为文字利用首都和省级行政中心数据集中的 coords 数据作为坐标位置进行显示。

第四步，利用软件对各层的图像进行呈现并合成在同一张图内。

通过空间数据的可视化，不仅能明确地呈现数据，而且也能更加直观地感受到数据在地理空间的位置关系，方便更进一步的分析和应用。

三、可互动式的空间数据可视化

在日常利用网页浏览地图的时候，地图的背景可以选择城市地图、卫星地图或其他各种类型的地图图片，而网页地图也可以提供诸如缩放、各类标记、点、折线、轮廓区域、说明和互动等基于 JS 的可视化元素，在 R 中可以实现这样的互动式地图，下面通过一个例子简要说明绘图步骤。

第一步，确定需要呈现的基本内容，例如，要展示北京紫禁城附近的地图，显示北京、故宫、故宫停车场的位置，背景选择街道图、卫星图、白底图，

第二步，选择呈现这些内容的方法，包括点、折线、轮廓和所需数据，以及视点、缩放和其他互动元素，如表 3 – 19 所示。

表 3 – 19　　互动式地图的图形元素表

地图元素	内容
底图	街道图、卫星图、白底图
视点与缩放级别	116.3908，39.9159，缩放级别为 16
互动标记点	坐标：(116.391，39.912)，鼠标点击："这里是北京 <换行> 你好北京" 坐标：(116.3908，39.9159)，鼠标点击："这里是故宫"
点	停车场坐标：(116.3942，39.915)，(116.3878，39.9152)
轮廓	故宫轮廓折线 (116.386，39.921)，(116.3951，39.9213) …
其他	缩放，图层交互框

第三步，利用软件进行呈现，R 软件的 leaflet 包提供了完整的呈现方法，并最终在网页中利用 JS 展示。

可互动的地图展示有助于用户针对自己的需求直接和地图进行互动，更加人性化的使用户不需要面对程序和数据就可自己选择最佳的呈现内容，是很多商业数据可视化的发展方向。

第5节　数据可视化的R软件实现

一、R软件常用的数据可视化系统

本书选用R软件作为数据可视化工具，R软件具有突出的绘图功能，可利用参数精确地控制图形。R软件绘制的图形可满足出版印刷的要求，支持输出jpg、tiff、eps、emf、pdf、png等各种格式的图形。通过与GhostScript软件的结合，还可以生成600dpi、1200dpi等各种分辨率和尺寸的图形。R软件是借助绘图函数结合相应的选项完成的，有很多画图的方法，最常用的三个包是：Graphics、Lattice和ggplot2。

其中，Graphics包中有用于绘图各种图形的函数。定制或修改图形都很简单，也可以实现和屏幕上的图形交互。Lattice包中使用另外一组用于绘图的函数，使用与绘制按一定的条件分割数据的Lattice图形。ggplot2包则使用了一套完全不同的方法，可以便捷的画出高质量的图。

（一）Graphics绘图系统

Graphics包中提供了绘制常见图形的工具，包括柱状图、饼图、线图和散点图。此外其还可以画一些相对少见的图，如太阳花图、等高线图等，表3－20列出了Graphics包中可以绘制的一些图形。

表3－20　　Graphics包与Lattice包函数对照

Graphic中的函数	Lattice中的函数	描述
plot	xyplot	画图基础函数，可绘制多种图
matplot		类似plot可画多种图，同时展示多列数据
barplot	barchart	柱状图或列图
dotchart	dotplot	克利夫兰点图
hist	histogram	直方图
pie		饼图
density	densityplot	核密度图
stripchart	stripplot	带状图
smoothScatter		平滑散点图
pairs	splom	散点矩阵图
image		image图
contour	contourplot	等高图
persp	cloud，wireframe	三维数据透视图
heatmap（stats中）		热图
sunflowerplot		太阳花图

续表

Graphic 中的函数	Lattice 中的函数	描述
	parallel	平行坐标图
	bwplot	盒形图

Graphics 包的命令均是直接的绘图命令，当出现绘图函数时，函数直接在图形设备上绘图。如输入如下命令：

```
x < -c (0:9)
y < -c (1:10)
plot (x, y)
```

则 R 软件将按照函数 plot ( ) 的指令输出如图 3 -40 所示的散点图。

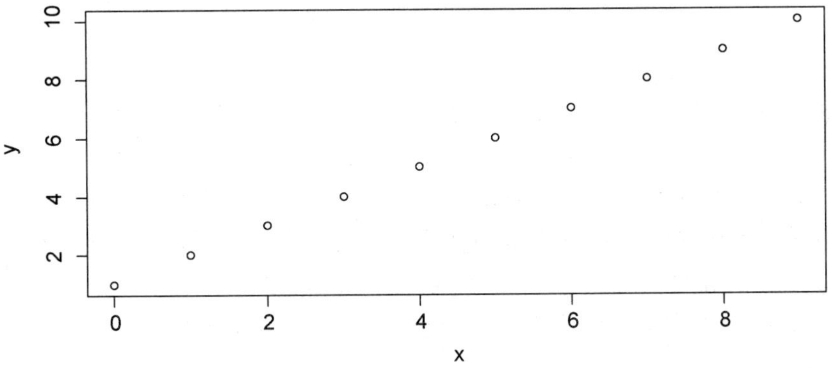

图 3 -40　Graphic 包 plot 绘制的图形

（二）Lattice 绘图系统

Lattice 包提供了一种在 R 中绘图的方式。与 R 的标准绘图不同，Lattice 包有不同的函数，有不同的选项。用标准绘图很难实现的功能，用 Lattice 函数则能轻易地实现。例如，在一个页面上，创建多个图形，或者多重图。此外大部分的 Lattice 函数默认输出简洁，结果可读性强。

Lattice 绘图有一个或者多个称为面板的长方形绘图区域构成。赋值给每个面板的数据可以看作一个数据包。Lattice 函数通过调用一个或者多个面板函数来工作，数据包绘制在相关的面板内。通过绘图函数的参数或者改变面板函数来改变图形的外观。

Lattice 的工作原理并不是直接在图形设备上绘图，而是返回 trellis 类对象，然后由打印函数在设备上进行绘图，例如，图 3 -40 可以利用 Lattice 包方式呈现。

```
library (lattice)
d < -data. frame (x = c (0:9), y = c (1:10))
P < -xyplot (y ~ x, data = d)
print (P)
```

Lattice 绘图最简单的方式是通过调用高级作图函数。几乎所有这些函数在 graphics 包里都有相似的函数（详见表 3 - 20）。

（三）ggplot2 绘图系统

R 的 ggplot2 包是 Hadley Wickham 于 2005 年创建的数据可视化包。作为 R 最为强大的作图软件包，其强于自成一派的数据可视化理念。当熟悉了 ggplot2 的基本套路后，数据可视化工作将变得非常轻松而有条理。ggplot2 是尚未下载的安装包，需要单独下载。

在利用 ggplot2 绘图时，与 lattice 包类似，函数只是创建了一个绘图对象，需要利用 print 函数将绘图对象在设备上显示出来，例如，执行以下程序命令：

```
library (ggplot2)
d < - data. frame (a = c (0:9), b = c (1:10))
P < - ggplot (data = d, aes (x = a, y = b)) + geom_point ()
print (P)
```

R 的 ggplot2 包的最大特色在于，其图形语法让其在决定如何构建一幅图形的时候，不在陷入具体的图形元素里，而是把图形拆分为一些互相独立并且可以自由组合的成分。例如，在考虑图形所在的坐标系时，常见的坐标系有两种，即笛卡尔坐标系和极坐标系。在语法中，它们属于一个成分，可以自由拆卸替换。当笛卡尔坐标系替换为极坐标系时，笛卡尔坐标系上的条形图的高自然的对应到了极坐标系上的角度，本质上没什么区别。通过使用 ggplot2，能在更抽象的层面上控制图形，使创造性的绘图变得容易；而且使得数据分析者只需专注于数据层面。

使用 ggplot2 的过程中，作图的每个方面都被分离出来，帮助找到展示数据的最佳方法。在作图时每个方面都设定了一个名称，而 ggplot2 包中有一系列函数对图形中的每一个成分进行调整，对应的成分具体包括九个部分。

1. 数据（data）

将要展示的数据，如上例中的“data = d”定义了全局数据。

2. 映射（mapping）

数据中的变量到图形成分的映射，如上例中“aes（x = a，y = b）”定义了 x 轴、y 轴的映射。在 ggplot2 中，ggplot 函数 aes（）声明了全局数据和映射关系，在后续几何对象中如未重新设定数据和映射关系，几何对象将沿用 ggplot 中声明的数据与映射关系。

3. 几何对象（geometric object、geom）

用来展示数据的几何对象，如上例中“+ geom_point（）”定义了散点图几何对象；ggplot 可以添加多个几何对象，例如，geom_point：散点图，geom_bar：条形图，geom_line：折线图，geom_area：面积图，geom_polygon：多边形图，geom_text：添加标签等，分别产生不同的图层。

4. 图形属性（Aesthetic property、aes）

图形属性决定了图形的外观。例如，字体大小、标签位置及刻度线都是图形属性。

5. 标度（scale）

标度决定了变量如何被映射到图形属性上。

6. 坐标系（coordinate）

坐标系描述了数据如何被映射到图中。例如，你可以用命令 coord_cartesian 来指定笛卡尔坐标系；用 coord_polar 指定极坐标系；或者用 coord_map 来指定地理投影。

7. 统计变换（statistical transformation、stat）

统计变换是用来对数据进行汇总的。例如，箱线图用 stat_boxplot，线图用 stat_abline，直方图用 stat_bin。

8. 分面（facet）

分面用来描述数据如何被拆分为子集，以及对不同子集是如何绘制的。

9. 位置调整（positional adjustment）

位置调整参数可以对图形元素的位置进行精细的控制。

如果要查看绘图对象 P 的各种属性，可以借助于函数 summary（ ）实现此功能，图 3－41 就是相应的运行结果：

```
R Console (64-bit)
文件 编辑 其他 程序包 窗口 帮助
> summary(P)
data: a, b [10x2]
mapping:  x = ~a, y = ~b
faceting: <ggproto object: Class FacetNull, Facet, gg>
    compute_layout: function
    draw_back: function
    draw_front: function
    draw_labels: function
    draw_panels: function
    finish_data: function
    init_scales: function
    map_data: function
    params: list
    setup_data: function
    setup_params: function
    shrink: TRUE
    train_scales: function
    vars: function
    super:  <ggproto object: Class FacetNull, Facet, gg>
-----------------------------------
geom_point: na.rm = FALSE
stat_identity: na.rm = FALSE
position_identity
```

图 3－41　利用 summary 查看绘图对象 P 的结果

其中，data：全局数据为以 a，b 为列名的 10×2 格式数据；mapping：映射为 x 轴映射数据的 a 列，y 轴映射为 b 列；faceting：没有进行分面；geom_point：添加的几何对象为绘制点图，移除 nan 数据操作为否；stat_identity：只用数据本身的数值，不进行统计变换，移除 nan 数据操作为否；position_identity：只用本身的位置，不进行位置变换。

二、单变量数据可视化的 R 软件实现

本章第 2 节到第 4 节的所有图形均是用 R 软件进行实现的，下面逐一介绍这些绘图方法，其中大部分利用 ggplot2 包的 ggplot 命令完成。

（一）条形图的绘制方法

［例 3－1］　利用 R 软件绘制图 3－13 所示的条形图。

解： R 软件可以利用 ggplot 命令和几何元素 geom_bar（）进行绘制条形图。输入以下命令：

```
library（ggplot2）
library（ISLR）
P < -ggplot（Wage, aes（x = maritl））+geom_bar（）
print（P）
```

其中，数据为 ISLR 包中的 Wage 数据，映射为 x 坐标轴为 maritl 列。

以上 R 程序中"+geom_bar（）"添加了条形图几何对象，括号内为空则取默认参数"stat = 'count'"，即对 x 轴映像的数据进行频数统计并映射到 y 轴。然后将 ggplot 返回的绘图对象赋值给 P，并用 print 函数将 P 在屏幕上显示。由于当 ggplot 不将返回的绘图对象赋值给任何变量时，自动显示此绘图，所以可以用下面方法作图省去 print 函数（为了简化篇幅，以后一般都用这种方法）：

```
ggplot（Wage, aes（x = maritl））+geom_bar（）
```

［例 3－2］ 利用 R 软件绘制图 3－14、图 3－15 所示的条形图。

解： 要绘制图 3－15 所示的堆叠条形图，需要在［例 3－1］的命令中添加"fill = health_ins"，对不同的 health_ins 值进行不同的填充，相应的 R 程序如下：

```
ggplot（Wage, aes（x = maritl, fill = health_ins））+geom_bar（）
```

要绘制图 3－15 所示的簇状条形图，需要在图 3－14 的基础上改变位置属性"position = 'dodge'"，相应的 R 程序如下：

```
ggplot（Wage, aes（x = maritl, fill =  health_ins））+geom_bar（position = 'dodge'）
```

注：若 geom_bar（）中的参数 position = 'fill'的话，条状图将展示各类的百分比。

（二）饼图的绘制方法

［例 3－3］ 利用 R 软件绘制图 3－16 所示的饼图。

解： 事实上，饼图与条形图的区别主要在于坐标系不同，条形图是在直角坐标系下绘制的，而饼图是在极坐标系下绘制的。

首先，可以在直角坐标系里呈现饼图，其 R 程序如下：

```
library（ggplot2）
ggplot(Wage,aes(x = "education",fill = education))+geom_bar（）
```

绘制的图形如图 3－42 所示。

其中，x 轴映射为单一的字符串"education"，而不是数据的 education 列，使之只有一个条形元素，设定"fill = education"，按照 education 的类别进行着色。

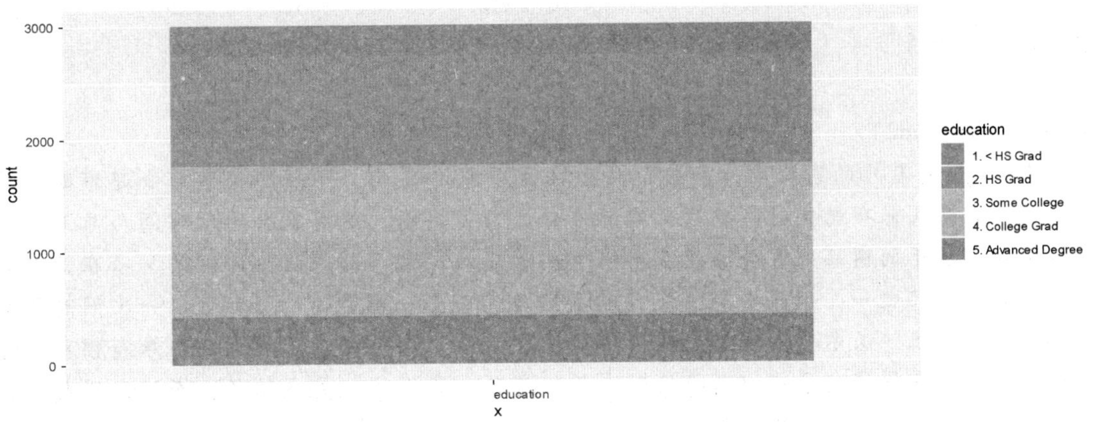

图 3－42 edcation 指标堆积条形图

其次，更改坐标系为极坐标系"＋coord_polar（theta＝'y'）"，其中，"theta＝'y'"表示扇形的角度 theta 对应 y 轴，于是扇形的半径对应 x 轴，即形成了饼图。

绘制图 3－16 的 R 程序如下：

```
ggplot (Wage, aes (x = "education", fill = education)) + geom_bar() + coord_polar(theta = 'y')
```

(三)玫瑰图的绘制方法

[例 3－4] 利用 R 软件绘制图 3－17、图 3－18 所示的玫瑰图。

解:事实上,玫瑰图可以看作条形图直接变换到极坐标系中,扇形角度对应的是 x 轴,扇形半径对应 y 轴,于是通过在条形图的基础上直接添加"＋coord_polar（theta＝'x'）"的方法即可绘制图 3－17，相应的 R 程序如下：

```
library (ggplot2)
ggplot (Wage, aes (x = education)) + geom_bar () + coord_polar (theta = 'x')
```

类似地，图 3－18 可以看作堆积条形图直接变换到极坐标系中，扇形角度对应的是 x 轴，扇形半径对应 y 轴，于是通过在堆积条形图的基础上直接添加"＋coord_polar（theta＝'x'）"即可绘制图 3－18，相应的 R 程序如下：

```
ggplot (Wage, aes (x = education, fill = health_ins)) + geom_bar() + coord_polar(theta = 'x')
```

(四) 词云图的绘制方法

[例 3－5] 利用 R 软件绘制图 3－19 所示的词云图。

解：绘制词云图时，首先利用 R 中的 jiebaR 包和 jiebaRD 包进行分词，得出所需的分词结果；然后再利用 wordcloud2 包进行绘图，相应的 R 程序如下：

```
library(jiebaRD)
library(jiebaR)
library(wordcloud2)
T = "在美国有婴儿的家庭中，一般是母亲在家中照看婴儿，年轻的父亲前去超市购买尿布。父亲在购买尿布的同时，往往会顺便为自己购买啤酒，这样就会出现啤酒与尿布这两件看上去不相干的商品经常会出现在同一个购物篮的现象。如果这个年轻的父亲在卖场只能买到两件商品之一，则他很有可能会放弃购物而到另一家商店，直到可以一次同时买到啤酒与尿布为止。沃尔玛发现了这一独特的现象，开始在卖场尝试将啤酒与尿布摆放在相同的区域，让年轻的父亲可以同时找到这两件商品，并很快地完成购物；而沃尔玛超市也可以让这些客户一次购买两件商品、而不是一件，从而获得了很好的商品销售收入，这就是'啤酒与尿布'故事的由来。"
jieba <- worker () #建立分词模型
word <- segment (T, jieba) #对T进行分词，保存结果在word变量中
word <- word [nchar (word) >1] #提取word中大于1个字的分词结果，并更新word变量
word <- table (word) #对word进行频数统计
word <- word [! grepl ('[0-9]+', names (word))] #去掉word中的词汇为数字的项
word <- sort (word, decreasing = TRUE) [1:18] #对word进行降序排序，并取出前18个结果
wordcloud2 (word) #绘出词云图
```

其中，“wordcloud2 (word)”是直接在网页利用 JS 绘出词云图，并有简单的互动，且每次运行都会随机排列词语位置。

三、多变量数据可视化的 R 软件实现

（一）散点图与气泡图的绘制

[例 3-6] 利用 R 软件绘制图 3-20、图 3-21 所示的散点图。

解：（1）绘制图 3-20 所示的散点图。利用 ggplot 命令和几何元素 geom_point ( ) 即可以绘制图 3-20 所示散点图，相应的 R 程序如下：

```
library (ggplot2)
ggplot (mtcars, aes (x = disp, y = hp)) + geom_point ()
```

其中，mtcar 为 R 自带的数据集。

（2）绘制图 3-21 所示的散点图。在利用 geom_point ( ) 绘制散点图的时候，可以根据需要制定形状和颜色，其中，形状由 am 变量决定，但由于 am 变量取值是浮点型，需要将 am 划分为索引型，并赋予到 ggplot 的 shape 参数，并利用“+scale_shape_manual [values = c (1, 2)]”确定形状的代码为 1 和 2；而颜色由 cyl 指标决定，赋予到 color 参数。

相应的 R 程序如下：

```
#将 am 变量划分为索引型变量 am_cls，取值"a","m"，并保存到 mtcars 数据集的新的一列中
mtcars $ am_cls = cut (mtcars $ am, breaks = c ( -1, 0. 5, 1), labels = c ('a', 'm'))
ggplot (mtcars, aes (x = disp, y = hp, shape = am_cls, color = cyl)) + geom_point ( ) +
scale_shape_manual (values = c (1, 2))
```

注：散点图的形状代码参数对照如图 3 - 43 所示。

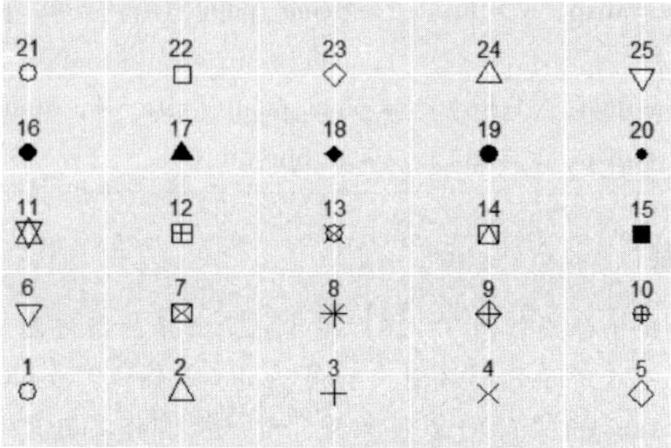

图 3 - 43　geom_point ( ) 形状代码图

［**例 3 - 7**］　利用 R 软件绘制图 3 - 22 所示的气泡图。

图 3 - 22 所示的气泡图的做法其实是在散点图的基础上添加 size 参数控制大小，以及在 geom_point ( ) 内添加样式。相应的 R 程序如下：

```
ggplot (mtcars, aes (x = disp, y = hp, size = mpg)) + geom_point (color = "black", shape
= 21, fill = "yellow")
```

［**例 3 - 8**］　利用 R 软件绘制图 3 - 22、图 3 - 23 所示的散点图。

解：(1) 绘制图 3 - 22 所示的散点图。利用 ggplot 实现分面的方法，是在命令后面添加" + facet_wrap ( )"，并在括号内设定分面依据的索引变量，所以要事先将浮点型的 vs 变量划分为索引型，再填入括号内，相应的 R 程序如下：

```
mtcars $ am_cls = cut (mtcars $ am, breaks = c ( -1, 0. 5, 1), labels = c ('a', 'm'))
mtcars $ vs_cls = cut (mtcars $ vs, breaks = c ( -1, 0. 5, 1), labels = c ('v', 's'))
ggplot (mtcars, aes (x = disp, y = hp, shape = am_cls, color = cyl)) + geom_point ( ) +
scale_shape_manual (values = c (1, 2)) + facet_wrap ( ~ vs_cls)
```

(2) 绘制图 3 - 23 所示的散点图。利用 ggplot 绘制矩阵分面散点图的方法是在命令后面添加" + facet_grid ( )"，并在括号内设置两个索引变量，相应的 R 程序如下：

```
ggplot (mtcars, aes (x = disp, y = hp, shape = am_cls, color = cyl)) + geom_point ( ) +
scale_shape_manual (values = c (1, 2)) + facet_grid (am_cls ~ vs_cls)
```

[**例 3-9**] 利用 R 软件绘制图 3-25 所示的散点图。

解：在图 3-25 所示的四张图中，第二张图是散点图的基础上控制散点的位置，在 geom_point ( ) 中添加 "position = position_jitter (width =5, height =5)" 可以让散点在横纵坐标随机移动最多 5 个单位；第三张图是在散点图的基础上加上透明度，在 geom_point ( ) 中添加 "alpha =0.3" 使所有散点透明度为 0.3；第四张图则不是利用散点图，而是在 ggplot 中添加 "stat_bin_2d ( )" 2 维平面上统计频率的图层。四张图的 R 程序分别如下：

```
ggplot(mtcars,aes(x = disp,y = hp)) + geom_point (size =4)
ggplot (mtcars, aes (x = disp, y = hp)) + geom_point (size = 4, position = position_jitter
(width =5, height =5))
ggplot (mtcars, aes (x =disp, y =hp)) +geom_point (size =4, alpha =0.3)
ggplot (mtcars, aes (x =disp, y =hp)) +stat_bin_2d ()
```

（二）折线图的绘制

[**例 3-10**] 利用 R 软件绘制图 3-26、图 3-27 所示的折线图。

解：（1）绘制图 3-26 所示的折线图。利用 ggplot 命令的 "geom_line ( )" 折线图几何元素即可以画出。由于 sunspot 是时间序列类型，所以提前将其转化为数据框类型，并取后 40 个数据，相应的 R 程序如下：

```
library (ggplot2)
sunspotyear < - data. frame (Year = as. numeric (time (sunspot. year) [250:289]),
Sunspots =as. numeric (sunspot. year [250:289]))
ggplot (sunspotyear, aes (x = Year, y = Sunspots)) +geom_line ()
```

（2）绘制图 3-27 所示的折线图。图 3-27 是在折线图上添加元素，其中，黑点即为散点图，可以将 "geom_point ( )" 直接添加后面作为新图层，而文字是可以利用 "geom_text ( )" 添加，需要利用 label 参数定义所需要添加的文字，而 vjust (hjust) 参数是用来调整文字与点之间的垂直（水平）位置关系，相应的 R 程序如下：

```
ggplot (sunspotyear, aes (x = Year, y = Sunspots)) +geom_line () +geom_point ()
 +geom_text (aes (label = Sunspots), vjust = -1)
```

[**例 3-11**] 利用 R 软件绘制图 3-28、图 3-29 所示的折线图。

解：（1）绘制图 3-28 所示的折线图。图 3-28 是在折线图中 "linetype =2" 设点了折线类型的参数，相应的 R 程序如下：

```
ggplot (sunspotyear, aes (x = Year, y = Sunspots)) +geom_line (linetype =2, color =
"red", size =1)
```

linetype 还提供如图 3-44 所示的其他几种线的类型。

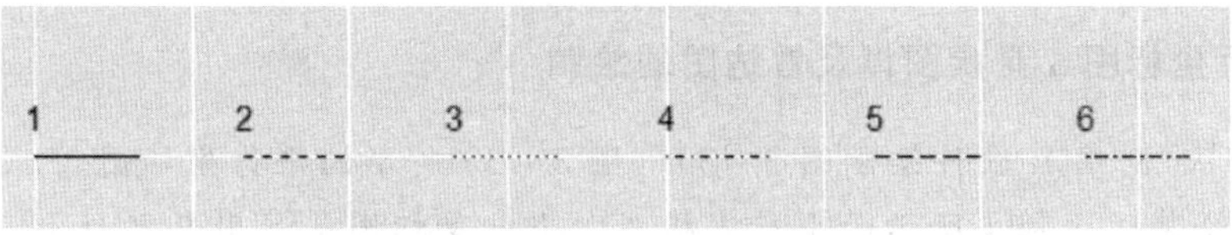

图 3－44　linetype 线型代码图

（2）绘制图 3－29 所示的折线图。图 3－29 是在折线图的基础上，加上“geom_area ( )”增加填充图层，相应的 R 程序如下：

```
ggplot (sunspotyear, aes (x = Year, y = Sunspots)) + geom_line (linetype = 2, color = 2,
size = 1) + geom_area (fill = " blue", alpha = 0.2)
```

［例 3－12］　利用 R 软件绘制图 3－30、图 3－31 所示的折线图。

解：（1）绘制图 3－30 所示的折线图。图 3－30 是利用 ggplot 中 aes ( ) 内的“group = AgeGroup”对组别进行定义，对不同 AgeGroup 组别的数据分别进行绘图，从而实现多条折线的绘制，同时 color、linetype 也可以设置为根据 AgeGroup 分别着色和调整线型，相应的 R 程序如下：

```
library (gcookbook)
ggplot (uspopage, aes (x = Year, y = Thousands, group = AgeGroup, color = AgeGroup,
linetype = AgeGroup)) + geom_line (size = 0.5)
```

（2）绘制图 3－31 所示的折线图。图 3－31 是利用“geom_line ( )”中“position = 'stack'”设置为堆积折线模式，相应的 R 程序如下：

```
ggplot (uspopage, aes (x = Year, y = Thousands, group = AgeGroup, color = AgeGroup)) +
geom_line (position = 'stack', size = 0.2)
```

［例 3－13］　利用 R 软件绘制图 3－32、图 3－33 所示的折线图。

解：（1）绘制图 3－32 所示的折线图。图 3－32 在图 3－31 的基础上添加填充元素“geom_area ( )”，并利用“fill = AgeGroup”依据 AgeGroup 对填充进行分组，而利用“scale_fill_brewer (palette = " Blues")”定义填充调色板，相应的 R 程序如下：

```
ggplot (uspopage, aes (x = Year, y = Thousands, fill = AgeGroup)) +
geom_line (position = "stack", size = 0.2) + geom_area (size = 0.2, alpha = 0.4) +
scale_fill_brewer (palette = "Blues")
```

（2）绘制图 3－33 所示的折线图。图 3－33 与图 3－32 的区别在于将数据提前处理为人口比例值，相应的 R 程序如下：

```
library (plyr)
uspopage_prop < - ddply (uspopage, "Year", transform, Percent = Thousands/sum (Thou-
sands) * 100)
ggplot (uspopage_prop, aes (x = Year, y = Percent, fill = AgeGroup)) + geom_area (color
= "black", size = 0.2, alpha = 0.4) + scale_fill_brewer (palette = "Blues")
```

（三）平行坐标图、星状图以及雷达图的绘制

[例 3-14] 利用 R 软件绘制图 3-34、图 3-35 所示的平行坐标图。

解：（1）绘制图 3-34 所示的平行坐标图。平行坐标图是利用 R 软件 lattice 包中的 parallelplot 函数来绘制，"~mtcars" 来控制坐标系的数轴，"groups" 参数来控各条折线分组染色的依据，"horizontal. axis" 参数来控制坐标轴的朝向，相应的 R 程序如下：

```
library (lattice)
library (plyr)
mtcars = ddply (mtcars,"mpg", transform, gpm = 1/mpg)
mtcars $ cyl_cls = cut (mtcars $ cyl, breaks = c (2, 4, 6, 8), labels = c ('4', '6', '8'))
parallelplot (~mtcars [c ("gpm","cyl","hp","disp","wt")], mtcars, groups = cyl_cls,
horizontal. axis = FALSE)
```

（2）绘制图 3-35 所示的平行坐标图。parallelplot 函数绘制平行坐标图在进行分组展示的时候，只需要在坐标系后面声明分组依据就可以，相应的 R 程序如下：

```
parallelplot (~mtcars [c ("gpm","cyl","hp","disp","wt")] | cyl_cls, groups = cyl_cls,
mtcars, horizontal. axis = FALSE)
```

[例 3-15] 利用 R 软件绘制图 3-36 所示的星状图以及图 3-37 所示的雷达图。

解：（1）绘制图 3-36 所示的星状图。星状图是利用 R 软件自带包中的 stars 函数来绘制，首先声明坐标系，其次利用 "col. lines" 参数声明颜色分组，相应的 R 程序如下：

```
stars (mtcars [c ("gpm","cyl","hp","disp","wt")], col. lines = mtcars [,"cyl"])
```

（2）绘制图 3-37 所示的雷达图。在星状图的基础上添加 "locations" 参数声明各条折线的坐标中心点，"key. loc" 参数声明坐标轴的显示位置即可，相应的 R 程序如下：

```
stars (mtcars [c ("gpm","cyl","hp","disp","wt")], col. lines = mtcars [,"cyl"], loca-
tions = c (0, 0), key. loc = c (0, 0))
```

（四）桑基图与弦图的绘制

[例 3-16] 利用 R 软件绘制图 3-38 所示的桑基图。

解：绘制桑基图的流程如下：

首先，建立 dataframe 数据集，各列分别为流出、流向和流量；

其次，对所有流出、流向进行编码替代；

最后，利用 R 软件 networkD3 的 sankeyNetwork 函数进行绘图。"Links" 参数指明数据集，"Source"、"Target"、"Value" 参数分别指出流出，流向和流量的数据集中列名，"Nodes" 参数指明数据集中编码的文字来源数据集，"NodeID" 参数指出编码文字的所在列名。

相应的 R 程序如下：

```
library (networkD3)
#建立 dataframe 数据集包含流量信息。
sankey = data. frame (Source = c ("Industrial","Industrial","Information","Information","<
=good",">=very good","<=good",">=very good"),
Target = c ("<=good",">=very good","<=good",">=very good", "Yes", "Yes",
"No", "No"), Flow = c (487, 1057, 371, 1085, 548, 1535, 310, 607))
#对数据的流出，流向的类别进行编码替代，并将类别名单独存储。
network <- sankey [, 1:3] #生成一张新表，命名 network，取出需要的列数据
colnames (network) <- c ("Source", "Target", "Flow") #给新表各列命名
factor_list <- sort (unique (c (levels (network $ Source), levels (network $ Target)))) #列
出所有类别名称
num_list <- 0: (length (factor_list) -1) #对类别名称进行编码
attribute <- data. frame (name = c (factor_list)) #将类别名单独存储
levels (network $ Source) <- num_list [factor_list %in% levels (network $ Source)] #识别
各流出的编码
levels (network $ Target) <- num_list [factor_list %in% levels (network $ Target)] #识别
各流向的编码
network $ Source <- as. numeric (as. character (network $ Source)) #因子型数据转为数
据型
network $ Target <- as. numeric (as. character (network $ Target)) #因子型数据转为数据型
#绘图
sankeyNetwork (Links = network, Source = "Source", Target = "Target", Value = "Flow",
Nodes = attribute, NodeID = "name", fontSize = 25, nodeWidth = 30)
```

［例 3-17］ 利用 R 软件绘制图 3-39 所示的弦图。

解： 图 3-39 是利用 R 软件中的 circlize 包的 chordDiagram 函数实现的，需要提前将流量数据制成 dataframe 型表格，“transparency” 用来调节透明度。相应的 R 程序如下：

```
library (ISLR)
library (circlize)
dat <- table (Wage [,"jobclass"], Wage [,"education"]
chordDiagram (as. data. frame (dat), transparency = 0. 5)
```

四、空间数据可视化的 R 软件实现

（一）空间数据可视化的呈现

地图数据呈现时，首先，利用 R 软件中的 rgdal 包中 readOGR 函数调取 shp 型数据文件，然后，再利用 ggplot 函数的 geom_point 图层来展示点数据，geom_line 图层展示折线数据，geom_polygon 图层来展示轮廓数据，其中，利用 coord_map 选取地图坐标系。

[**例 3－18**] 利用 R 软件绘制我图各省份轮廓图。

解：调取我国各省份的轮廓数据，然后选取 geom_polygon 图层，相应的 R 程序如下：

```
library (rgdal)
library (ggplot2)
China_map < - readOGR ("D: /map/province/bou2_4p. shp")
ggplot (China_map, aes (x = long, y = lat, group = group) ) +
geom_polygon (colour = "grey40", fill = "white") + coord_map ("polyconic")
```

[**例 3－19**] 利用 R 软件绘制我国各省份 GDP 分布图。

解：首先，利用轮廓数据与 GDP 数据进行合并，用来绘制轮廓图以及填充颜色；其次，利用省会点的坐标与 GDP 数据排名进行合并，用来绘制各省排名数字；最后，用 ggplot 命令进行绘图。

相应的 R 程序如下：

```
library (rgdal)
library (plyr)
library (ggplot2)
#提取各省地图数据中的各个轮廓数据并制成 datafame 数据集
China_map < - readOGR ("D: /map/province/bou2_4p. shp")
x < - China_map@ data # 调取 China_map 的 data 数据
xs < - data. frame (x, id = seq (0:924) - 1) #添加 id
China_map_data < - fortify (China_map) # 提取 China_map 的轮廓折线数据
China_map_data < - join (China_map_data, xs, type = "full") #根据 id 字段 合并两数据
#提取各省 GDP 数据 根据 NAME 字段合并数据
data = read. csv ('D: /map/2018GDP. csv')
China_map_data < - join (China_map_data, data, type = "full")
#提取各省省会点的坐标数据并与 GDP 数据合并
pro_cap < - readOGR ("D: /map/pro_cap/res1_4m. shp")
pro_cap_data = data. frame (coordinates (pri_cap)) # 提取 pri_cap 的坐标数据
colnames (pro_cap_data) = c ("capx","capy") #修改列名
pro_cap_data $ capital = pro_cap $ NAME # 添加 NAME 字段
pro_cap_data < - join (pro_cap_data, data, type = "full") #根据 capital 字段 合并两数据
#绘图
ggplot (China_map_data, aes (x = long, y = lat, group = group, fill = GDP) ) +
geom_polygon (colour = "grey40") +
geom_text (data = pri_cap_data,aes(x = capx,y = capy,group = capital,label = rank),size = 3) +
scale_fill_gradient (low = "white", high = "steelblue") + coord_map ("polyconic")
```

（二）可互动式的空间数据可视化

[例3-20]　利用R软件绘制互动展示图。

解： 首先，将点轮廓的数据转换为标准格式；其次，利用leaflet包中的命令进行绘图，相应的R程序如下：

```
library (leaflet)
df = data. frame (lng = c (116. 3942, 116. 3878), lat = c (39. 915, 39. 9152), co = 1) #建立
点坐标集
mk = data. frame (lng = c (116. 391, 116. 3908), lat = c (39. 912, 39. 9159), pop = c ("这
里是北京<br/>你好北京","这里是故宫")) #建立互动点坐标集及信息
Sr1 = Polygon (cbind (c (116. 386, 116. 3951, 116. 3956, 116. 3864),
c (39. 921, 39. 9213, 39. 9123, 39. 912))) # 建立轮廓折线
srs1 = Polygons (list (Sr1), "s1") # 建立轮廓集
SpP = SpatialPolygons (list (srs1)) # 建立轮廓 SpatialPolygons 类格式
leaflet ()% >% # 建立互动地图
setView (lng = 116. 3908, lat = 39. 9159, zoom = 16)% >% # 设置视点和缩放比例
addProviderTiles ("OpenStreetMap. Mapnik", group = "街道")% >% #添加街道图层
addProviderTiles ("Esri. WorldImagery", group = "卫星") % >% #添加卫星图层
addProviderTiles ("Stamen. TonerLite", group = "白底") % >% #添加白底图层
addTiles ()% >% #添加互动元素
addMarkers (data = mk, popup = ~pop, group = "标记")% >% #添加互动点
addCircles (data = df, radius = 30, group = "圈点")% >% #添加圆
addCircleMarkers (data = df, lng = ~lng, lat = ~lat, radius = 20, color = ~co, fill = TRUE,
group = "圈点")% >% #添加圆形标记
addPolygons (data = SpP, group = "轮廓")% >% #添加轮廓线
addLayersControl ( baseGroups = c ("高德", "卫星", "白底"), overlayGroups = c ("圈点",
"轮廓","标记"), options = layersControlOptions (collapsed = FALSE)) #添加互动控制窗
```

第6节　数据可视化注意事项

数据可视化的目的是展示清晰且易于理解的数据信息，一张精心设计的图形可以有效地展示数据。数据可视化并不是对数据天马行空地进行随意构图，而是存在有迹可循的规律，在学习数据可视化的时候，首先应该清楚数据可视化的这些规律，其中包括可视化的基本要求、可视化的基本元素、可视化的构图方法、可视化的常用工具，只有当符合可视化的基本要求，合理的选取可视化元素，采用合理的构图时，数据的呈现才会规范，数据的表达才会准确，才能避免读者的误解，然后可以适当发挥自己的想象力，对图像进行再加工再创作。

正确地进行数据可视化是做好数据分析的基本技能。

一、数据可视化的基本要求

数据可视化既要在尽可能地保留数据中的重要信息的同时，方便读者进行数据分析，又要以直观且易于理解的方式来呈现信息，尽可能地减少读者理解方面的问题，力求一目了然、简单清晰。从操作层面来看，需要注意七个方面。

（一）数据的定位方法

面对庞大的数据，应以合乎逻辑的方式展示数据，方便对数据的某个重要的属性进行系统的展示，还要突出这种属性的具体含义和属性值之间的关系。因此，根据数据的类别，可以按照字母顺序、大小顺序、等级顺序、时间顺序、空间位置、相互关系进行定位。

（二）尽量避免数据信息过度丢失

数据可视化的过程中，在对数据进行展示时会导致数据模糊不清或丢失，但过于详细的数据又不能突出所反映的重要内容，所以要在保证能够传达数据重要信息的基础上，尽量涵盖数据的更多信息，比如，在使用饼图时，突出了各分组样品所占总量的比例，虽然具体数据很难再进行展示，但仍可以添加数字来指出各分组的实际数量。

（三）合理增加数据可视化维度

当确定了数据可视化方法时，数据往往只突出其中几个属性，若仍然需要展示更多属性时，可以添加如颜色、长度、面积、形状等元素来进行展示。比如，使用直方图时，可以增加颜色来呈现额外的信息。

（四）避免扭曲数据

比较是为了展示数据大小差异的常用方法，应正确使用可视化元素。在使用面积元素、体积元素时，图形的大小应以面积和体积进行扩展，而不是利用半径扩展。在使用颜色时，不是为了显示数据具体数值，而是为了理清数据之间的大小关系。

（五）选择合适的数据可视化元素

利用图形元素展示数据具体大小是常用的数据可视化方法，应尽量使用视觉容易分辨的图形元素，如线条、直方、面积元素等，避免使用体积元素、角度元素等。

（六）尽量使用二维图形

三维图形会扭曲读者的感知，从而扭曲数据，如果不是必须使用，应尽量使用二维图形，以确保数据展示的准确性。

（七）颜色的常见规律

1. 单色的使用

使用单色就能表达数据意义的情况下，不建议使用多色，应尽量使用常用配色方案。

2. 多色的使用

人们在不连续区域的情况下通常可以分辨 6～12 种不同色相，以及有限个可辨亮度层次，使用过多的颜色将对人类的视觉感知产生困扰。如果着色区域较小，由于视觉通道的互相干扰，可分辨的颜色数量相应下降。亮度和饱和度可以编码数据的顺序或数量特征。通常只会在特定图表内使用到多亮度或多饱和度，例如，在一个“热力图”中，用不同亮度的红色来表示不同的气温测量值。

3. 背景色的使用

图表设计中的颜色使用必须统一，建议背景颜色不要选取与图表主体内容相同或相近的颜色。在一个精心设计的图表中，背景颜色既要能良好地衬托图表主体，又要不产生喧宾夺主的效果。通常较多地使用白色、浅灰色作为背景颜色，有些情况下也会使用黑色。

4. 透明度的使用

透明度是与色相、亮度、饱和度紧密相关的另一个视觉通道。由于透明度编码本身受亮度和饱和度编码的强烈影响，建议不要同时使用这三个视觉通道。但是它可以和色相编码一起使用。通常使用透明度时，图表会有很多堆叠层次，需要做到使每一个前景层都能够在背景层之上良好地显示，并且不产生相互干扰。

5. 辅助元素的使用

辅助元素的配色需要避免与图表主体配色产生冲突，在此基础上，尽量与图表主体配色统一。

二、图形元素的选择规律

在绘图的最初阶段，确定图像是为了突出数据信息的某种特点，展示其中蕴含的某种信息，选择合适的图形元素才能最终决定所用的可视化基本图形。常常将图形元素分成八大类帮助选择合适的图形来进行可视化展示。

（一）比较类

可视化的方法显示值与值之间的不同和相似之处。使用图形的长度、宽度、位置、面积、角度和颜色来比较数值的大小，通常用于展示不同分类间的数值对比，不同时间点的数据对比，如条形图、饼图、玫瑰图、词云图。

（二）关系类

可视化的方法显示数据之间相互关系。使用图形的嵌套和位置表示数据之间的关系，通常用于表示数据之间的前后顺序、父子关系以及相关性，如桑基图、堆积图、饼图。

（三）趋势类

可视化的方法分析数据的变化趋势。使用图形的位置表现出数据在连续区域上的分布，通常展示数据在连续区域上的大小变化规律，如折线图、桑基图、条形图、平行坐标图。

（四）分布类

可视化的方法显示频率，数据分散在一个区间或分组。使用图形的位置、大小、颜色的渐变程度来表现数据的分布，通常用于展示连续数据上数值的分布情况，如散点图、气泡图。

（五）地图类

可视化的方法显示地理区域上的数据。使用地图作为背景，通过图形的位置来表现数据的地理位置，通常来展示数据在不同地理区域上的分布情况，主要为地图可视化。

（六）区间类

可视化的方法显示同一维度上值的上限和下限之间的差异。使用图形的大小和位置表示数值的上限和下限，通常用于表示数据在某一个分类（时间点）上的最大值和最小值，如条形图、玫瑰图。

（七）时间类

可视化的方法显示以时间为特定维度的数据。使用图形的位置表现出数据在时间上的分布，通常用于表现数据在时间维度上的趋势和变化，如折线图、条形图。

（八）流程类

流程类显示流程流转和流程流量。一般流程都会呈现出多个环节，每个环节之间会有相应的流量关系，这类图形可以很好地表示这些关系，如桑基图。

通过本章学习，你对数据可视化的原理、方法与实现工具有了进一步的了解，希望你能够领悟到如下的思维方式以及所蕴含的哲理：

悟

数据可视化的历史贯穿了从人类工业发展到当前信息时代的整个过程，数据可视化为人类理解数据、利用数据提供了便利，更大的发挥了数据在各行各业的应用价值。

数据可视化的作用体现了人们利用数据的初衷，也体现了人们对数据信息来处理问题的重要性。在数据分析以及数据展示中，运用合理的数据可视化，势必起到事半功倍的效果，促进人们去研究问题，解决问题。

一个优秀的数据可视化作品需要有足够的、有特点的、可阅读的信息；有合乎逻辑的、引人入胜的故事；有显而易见的，能使用户产生反响的目标；以及有合理的可视化形式及交互形式。所以优秀的数据可视化依赖于优异的设计，并非仅仅选择正确的图表，而在于以一种更加有助于理解和引导的方式去表达信息，尽可能减轻用户获取信息的成本，尽可能的增加用户体验价值。

习题

1. 数据可视化的目的是什么？举出几个行业利用数据可视化的例子。

2. 数据可视化的发展历史有几个进程？随着计算机的广泛应用，现代数据可视化有哪些特点。

3. 数据可视化的基本作用有哪些？数据可视化的一般流程是什么？

4. 利用条形图对 ISLR 包中的 Wage 数据集的 health 变量数据进行可视化，以及利用堆叠图和簇状图观察不同职业的健康情况。

5. 利用饼图对 ISLR 包中的 Wage 数据集的 maritl 和 health 变量数据进行可视化。

6. 利用玫瑰图对 ISLR 包中的 Wage 数据集的 health 变量数据进行可视化，并观察、不同教育背景的健康状况。

7. 摘取一段文字，制作其词云图，并简述该段文字的主要内容和词云图之间的关系。

8. 利用散点图对 mtcars 数据集的 mpg 和 hp 变量数据进行可视化，以及在此基础之上展示 gear 和 wt 变量的信息。

9. 利用折线图对 gcookbook 包 uspopage 中的数据集中的小于 5 岁，15 ~ 24 岁的人口数进行可视化，以及对这两个年龄范围人口的增长率进行可视化。

10. 利用平行坐标图对 iris 数据集参照第 1 节中的例子进行可视化，以及绘制雷达图。

11. 利用桑基图对 ISLR 包中的 Wage 数据集中的 maritl、education 和 jobclass 变量数据之间的流量进行可视化，并提取其中的有用信息，以及绘出 education 和 jobclass 变量数据之间流量的弦图。

12. 查找去年各省、市、自治区的 GDP 增速，在地图中进行可视化，并添加合适的元素展示前年各省、市、自治区 GDP 的基数。

13. 建立互动的地图可视化，显示上海南京路步行街的出入口、附近的停车场和公交车站，并建立互动窗口。

探究

数据可视化是怎么转换为生产力的

数据可视化最初的作用是为了展示数据、理解数据、提取信息，但当这些作用被进一步应用到实际生产和生活中的时候，数据可视化的效果便影响到了生产的效率和生活的质量，以及影响到最终的决策，于是数据可视化技术逐渐变成生产生活的一个重要环节，作为一种生产力而存在。

在医疗行业，大数据信息类型繁多，医疗人员并不擅长对各种类型的数据进行利用，强大而灵活的可视化技术，可以增强医疗大数据的可读性，使得计算机擅长的数据分析方法和计算能力可以通过可视化内容辅助医疗人员，为诊断和治疗提供必要的支持。

在交通行业，随着车辆数量的不断增长，导致的一系列问题如交通堵塞、尾气污染等。通过 GPS 地理感知设备所提供的大量定位数据，并进行数据可视化能够清晰地反映城市交通的情况，诊断出城市交通的各种问题，为人们出行提供丰富的交互可视化内容，为智能交通提供支持。

大数据时代，大规模、高纬度、非结构化数据层出不穷，数据可视化可以完美地将信息展示出来，提升了用户决策效率，为科学判断提供支撑，形成新一轮的核心竞争力，提高了工作效率，明晰了行业趋势规律，降低了生产成本，提高了生产效率，并深入到我们的生活，为进一步实现社会发展提供了重要的生产力。

请你在查阅相关资料的基础上，谈谈当前各行各业都以何种方式使用数据可视化来作为生产力？

第 4 章　数据的描述性分析

想

在统计学史上有一则关于法国大科学家亨利·庞加莱（Henri·Poincaré，1854～1912）的趣闻。据说，庞加莱每天都要食用从某个面包房买来的面包。有一天，他发觉标着均重 1 千克的面包手感很轻，为此他连续记录了 25 天的面包分量，并做成了图表。经分析发现，面包重量近似服从均值为 950 克、标准差为 50 克的正态分布。这表明面包的平均重量不足 1 千克，面包房存在欺诈。庞加莱将证据交给了质检部门，面包房因此受到警告。之后，庞加莱继续记录每天的面包分量，他注意到这次数据的均值几乎是 1 千克，但它的分布却并非正态，而是明显右偏。这是怎么回事？他仔细观察了数据，发现这次分布的图形和此前那个正态分布的右侧部分非常相似。庞加莱终于明白：原来面包房仍然和以前一样在做平均重量远不足 1 千克的面包，但为避免投诉，面包师特意选分量较重的面包卖给他！庞加莱又将证据交给了质检部门，面包房再次受到警告。这一回，面包房终于改过自新，不敢在分量上做手脚了。

那么，庞加莱是如何分析面包数据并发现问题的？其实，这些问题都可用数据的描述性分析方法解决。

数据的描述性分析，泛指对数据进行初步计算和处理的方法。其主要内容是通过计算描述性统计量、编制表格、绘制图形等手段，对杂乱无章的数据进行初步的加工、整理、探索和概括，由此提取数据中蕴含的有价值的信息。

与可视化方法相比，描述性分析更注重对数据特征的定量描述，且以数据为本，“让数据说话”，不迁就于任何模型，不需要对数据的总体分布做任何先入为主的假定。

本章第 1 节介绍几个基本概念，并以定量数据为范例，概述描述性统计的框架。第 2～4 节重点讨论了单变量截面数据的集中趋势、离散程度、偏度与峰度等宏观特征的测度方法。第 5 节介绍几种常见的图形描述法，包括箱线图、直方图、经验分布图、正态 QQ 图等。第 6 节，展示描述性分析的 R 软件实现。

至于多变量截面数据与时间序列数据各有专门的分析方法，不在本章范围之内，有关内容参见第 6 章、第 7 章。

在介绍具体方法之前，要强调一个重要的数据分析常识：各种分析方法的使用必须与具体的数据类型、数据结构相匹配。在学习每个方法时，必须要明确它的适用条件，以及在不同条件下其计算细节应作哪些修正。那些不问青红皂白，将数据分析方法生搬硬套地用于不适当数据的拿来主义做法是不可取的。

第 1 节　描述性分析概述

一、基本概念

在数据分析中，我们把研究对象的全体称为总体，构成总体的每个成员称为个体。在实际操作时，每个个体都是具体的人或物，而我们关注的其实是个体所携带的某些指标，这些指标值才是真正的研究对象。

比如，我们要研究某高校学生的身高情况，那么该校全部学生构成本问题的总体，每个学生就是一个个体。但由于学生个体与其身高值一一对应，因此在本质上每个学生的身高值就是个体，全部身高值的集合即是总体，身高的取值规律就是总体的分布规律。更进一步，由于人的身高受到大量不可控的随机因素的影响，不能保证所有学生的身高都整齐划一，所以合理的处理方式是假定学生的身高是一个随机变量 X。那么，身高总体的分布，就等同于随机变量 X 的分布。

因此，所谓的总体，归根到底是指一个随机变量或随机向量 X，而总体的分布就是 X 的分布。本章仅讨论一维总体（随机变量）的情形。

对于一个总体 X 来说，我们最感兴趣的是它的分布，然而总体分布是未知的。为了了解总体的分布情况，我们需要从总体中随机抽取 n 个个体，记其指标值为 x_1，x_2，…，x_n，称之为来自总体的一个样本，n 为样本容量，样本中的个体称为样品。我们通常所说的数据，大多都可视为是来自某个总体的样本。

样本数据作为总体的一系列观测值，其中必然携带着总体分布的信息，数据分析的核心任务就是要千方百计地挖掘样本数据中蕴含的各类信息，以期从不同角度描摹隐藏于数据背后的那个总体的分布特征。

那么，如何从样本数据中提取总体的信息呢？一个主要方法是根据具体研究目的，对样本数据施加某一函数运算 $T(x_1, x_2, \cdots, x_n)$，以此方法提取样本信息。我们称这种样本函数 $T(x_1, x_2, \cdots, x_n)$ 为统计量。例如，若总体均值 μ 未知，我们很自然地会想到用样本数据 x_1，x_2，…，x_n 的平均值 $\bar{x} = \frac{1}{n}\sum_{i=1}^{n} x_i$ 去估计 μ，这里样本函数 $\bar{x} = \frac{1}{n}\sum_{i=1}^{n} x_i$ 就是一个统计量。

统计量 $T(x_1, x_2, \cdots, x_n)$ 就相当于一个信息加工设备，我们向这个设备中输入的是杂乱无章的数据 x_1，x_2，…，x_n，经加工后输出的函数值 $T(x_1, x_2, \cdots, x_n)$ 就是可解读的信息。因此，统计量是数据分析的重要工具。

特别地，我们把研究总体的平均水平、分散程度、偏度与峰度等宏观特征的统计量称为描述性统计量，它们在描述性统计分析中居于核心地位。

二、离散型随机变量要点回顾

定量数据可以来自连续型总体，也可来自离散型总体，但不论哪种情况，所得到的数据总是离散而有限的，而不可能是连续和无限的。不难发现，定量数据的这种取值特征与离散型随机变量的取值情况极其相似。事实上，描述性数据分析方法的主要思想就是将数据与随机变量（尤其离散型随机变量）进行类比，借鉴随机变量的研究方法来处理定量数据。在本章将多次用到这种思想。

在概率论中，对离散型随机变量的研究有最基本的三大途径：分布列、分布函数、数字特征。下面仅对取有限个值的随机变量展开讨论。

（一）分布列

设离散型随机变量 X 只取有限个值 x_1，x_2，…，x_n，记 X 取各个值的概率为：

$$P(X=x_i)=p_i \qquad (i=1,2,\cdots,n) \tag{4-1}$$

其中，$p_i \geqslant 0$，且 $\sum_{i=1}^{n} p_i = 1$，则称公式（4－1）为 X 的分布列。其表格形式如表 4－1 所示。

表 4－1 离散型随机变量的分布列

X	x_1	x_2	…	x_n
P	p_1	p_2	…	p_n

只要明确了 X 的取值及其概率，就确定了它的分布列。

（二）分布函数

设离散型随机变量 X 的分布列如公式（4－1）所示，X 的分布函数定义为：

$$F(x) = P(X \leqslant x) = \sum_{x_i \leqslant x} p_i, \ -\infty < x < +\infty \tag{4-2}$$

F（x）的值指的是 X 取值不超过实数 x 的概率。计算 F（x）时，只需找出所有满足 $x_i \leqslant x$ 的那些 x_i，然后将与之对应的概率 p_i 累加即可。

随着 x 的变化，可以描绘 $y=F$（x）的图像。众所周知，离散型随机变量分布函数的图像是二维平面上处于直线 $y=0$ 与 $y=1$ 之间的单调不减的阶梯形，且各阶梯的跃度与 p_i 相应。

［**例 4－1**］已知随机变量 X 的分布列如表 4－2 所示。

表 4－2 X 的分布列

X	−2	−1	1	3	4
P	0.2	0.1	0.4	0.1	0.2

则其分布函数的图像如图 4－1 所示。

观察图 4－1 不难验证，曲线的间断点 −2，−1，1，3，4 即 X 的全部取值，曲线在各个间断点处的跃度 0.2，0.1，0.4，0.1，0.2 正是 X 取诸 x_i 值的概率。

（三）数字特征

设离散型随机变量 X 的分布列如公式（4－1）所示，则 X 最主要的两个数字特征——均值和方差的计算公式分别为：

$$E(X) = \sum_{i=1}^{n} p_i x_i \tag{4-3}$$

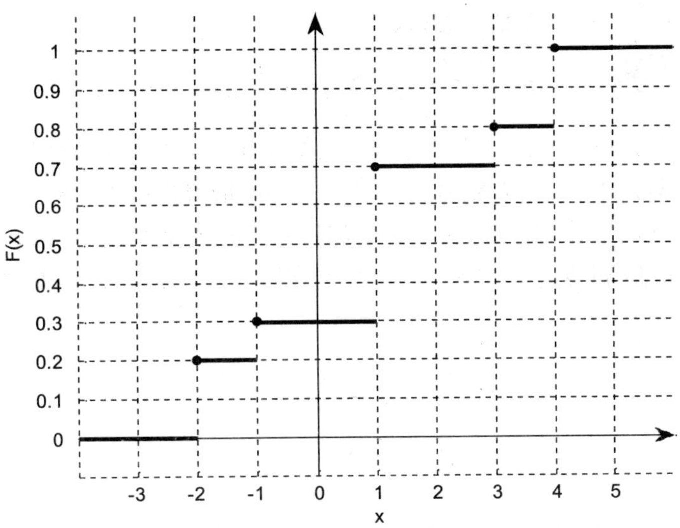

图 4－1　X 的分布函数图像

$$Var(X) = E[X - E(X)]^2 = \sum_{i=1}^{n} p_i [x_i - E(X)]^2 = \sum_{i=1}^{n} p_i x_i^2 - [E(X)]^2 \tag{4-4}$$

我们知道，均值与方差是随机变量的两个最重要的数字特征，均值描述了随机变量的平均值，方差则刻画了随机变量取值的离散程度。

[例 4－2] 对于［例 4－1］中的随机变量 X，可以算得：

$$E(X) = \sum_{i=1}^{n} p_i x_i = 0.2 \times (-2) + 0.1 \times (-1) + 0.4 \times 1 + 0.1 \times 3 + 0.2 \times 4 = 1$$

$$Var(X) = \sum_{i=1}^{n} p_i x_i^2 - [E(X)]^2 = 0.2 \times (-2)^2 + 0.1 \times (-1)^2 + 0.4 \times 1^2 + 0.1 \times 3^2 + 0.2 \times 4^2 - 1^2 = 4.4$$

三、未分组数据的描述性分析概要

设未经分组处理的原始数据为 x_1，x_2，…，x_n，这里每个数值出现的频数皆为 1，各数值出现的频率皆为$\frac{1}{n}$。可将这些信息汇总如表 4－3 所示。

表 4－3　未分组数据的频数分布表

数据值	x_1	x_2	…	x_n
频数	1	1	…	1
频率	$\frac{1}{n}$	$\frac{1}{n}$	…	$\frac{1}{n}$

可见，若将 x_1，x_2，…，x_n 视为某个离散型随机变量 X 的所有可能取值，将数据的 x_i 频率$\frac{1}{n}$视为 X 取值 x_i 的概率，则表 4－2 就是 X 的分布列。至此，便将未分组数据与离散型随机变量等同起来了。

仿照公式（4-2），可得 X 的分布函数：

$$F(x) = P(X \leqslant x) = \sum_{x_i \leqslant x} p_i = \frac{n_x}{n}, \ -\infty < x < +\infty \tag{4-5}$$

其中，n_x 表示 x_1，x_2，…，x_n 中不超过 x 的数据个数。在数据的描述性分析中，称由公式（4-5）定义的函数 $F(x)$ 为数据 x_1，x_2，…，x_n 的经验分布函数（详见第5节）。

仿照公式（4-3）与公式（4-4），可以计算 X 的数学期望与方差，分别称之为数据 x_1，x_2，…，x_n 的均值和方差，它们都是基于数据 x_1，x_2，…，x_n 的统计量，其计算公式为：

$$\bar{x} = \frac{1}{n}\sum_{i=1}^{n} x_i \tag{4-6}$$

$$s^2 = \frac{1}{n}\sum_{i=1}^{n} (x_i - \bar{x})^2 \tag{4-7}$$

其中，由公式（4-7）定义的方差 s^2 通常称为未修正的方差，若将因子 $\frac{1}{n}$ 换作 $\frac{1}{n-1}$，就得到更常用的所谓修正方差。

在数据分析中，$\bar{x}$ 与 s^2（修正或未修正）是最关键的两个统计量，它们分别用来估计总体均值和总体方差，同时也是进一步构造其他统计量的要素。

四、分组数据的描述性分析概要

（一）数据的分组

所谓分组，就是将全体数据按某种规则分成若干个不重不交的小组。例如，在调查一个企业的员工工资状况时，可将员工按性别分组，也可以按年龄、工种、岗位级别等某个标准进行分组，那么员工的工资额也就随之被分成了若干组。我们把这种经过分组处理的数据称为分组数据。

定性数据本身就是分组数据，比如，统计某批产品中一等品、二等品、次品的数目，这里以质量等级为标准，将全部产品划分为三类。

定量数据的分组情况有些复杂。若数据来自离散型总体，则数据本身就是分组的，例如，统计一个班级中每个学生上次期末考试不及格的课程数，这相当于用不及格课程的门数作为分类标准，将全班学生划分为若干类。若数据来自连续型总体，则原始数据本身并未分组，例如，记录某学院大一新生的身高数据，一人一个身高，并没有天然的标准将其分组，而且原始数据信息是最完备的，也没有分组的必要。然而，有时出于某些不得已的原因或数学处理的需要，还是要对定量连续型数据进行分组，主要原因如下：

一方面，我们可能根本无法获得观测指标的原始数据值，或者所获取的数据本身就是经过分组处理的二手数据。比如，像家庭年收入这么复杂的对象，要测定它的准确值是相当困难的，此时一个自然的做法是：根据情况设置若干个不重不交的区间，然后一一判断每个家庭的收入属于哪个区间，最后统计各个区间分别包含了多少家庭，这个汇总的数据显然是分组型的。

另一方面，即使能够获取观测指标的准确值，但由于数据量庞大，互异的数据值多而且密，为了整合数据信息，有时候也需要将数据分组才便于处理。比如，尽管可以获取每个大一新生的准确身高数据，但我们通常并不关心其中有多少人身高为 170cm、175cm，等等，而更倾向于将身高范围适当地划分为若干个区间，进而统计有多少人身高处于 160 ~ 170cm 之间、170 ~ 180cm 之间，如此等等。这是一种最常见的分组方法，称之为组距式分组，每个区间的中点称为组中值。

然而，"一条河流永远不可能高过它的源头"，数据一经分组，往往会有信息损失，因此未分组的原始数据是宝贵的、不可替代的，实际工作中应尽量获取原始数据，只有在迫不得已时才采用分组数据。

下面仅讨论定量分组数据的描述性分析。

（二）分组数据的描述性分析

假设将样本量为 n 的原始数据分成 k 组，各组所含数据的频数记为 n_1，n_2，…，n_k，则 $n_1+n_2+\cdots+n_k=n$。进而，称 $f_i=n_i/n$ 为频率，显然 $\sum_{i=1}^{k}f_i=1$。特别地，当各组频数都等于 1 时，分组数据就化作未分组数据。因此，未分组数据可视为分组数据的特例。

为了处理的需要，还要为每个组指定一个代表值 m_i。代表值如何选取，要结合具体情况，一般可以选取各组数据的平均值，或各组的组中值，等等。

在分组数据中，通常总是假设每个组内部的元素均匀取值，以至于组内各元素都约等于该组的代表值，则第 i 组数据可近似视为由 n_i 个 m_i 构成，在这个近似的意义上，相当于将分组数据化作了未分组数据的形式，如此便将二者统一起来了。

分组数据的信息可汇总如表 4 -4 所示。

表 4 -4　　分组数据的频数分布表

组代表值	m_1	m_2	…	m_k
组频数	n_1	n_2	…	n_k
组频率	f_1	f_2	…	f_k

若将 m_1，m_2，…，m_k 视为某随机变量 X 的所有可能值，将频率 f_i 视为 X 取值 m_i 的概率，则表 4 -4 就是 X 的分布列。如此，就把分组数据与离散型随机变量等同起来。

仿照公式（4 -2），可得分组定量数据的经验分布函数。不过，对分组数据来说，很少使用经验分布函数，而是代之以频率直方图或频率密度直方图（详见第 5 节），用以近似描述数据总体的分布列或概率密度函数。

仿照公式（4 -3）、公式（4 -4），可得分组数据的均值和方差（未修正）的计算公式：

$$\bar{x}=\frac{1}{n}\sum_{i=1}^{k}n_im_i=\sum_{i=1}^{k}f_im_i \tag{4-8}$$

$$s^2=\frac{1}{n}\sum_{i=1}^{k}n_i(m_i-\bar{x})^2=\sum_{i=1}^{k}f_i(m_i-\bar{x})^2 \tag{4-9}$$

需要强调的是，公式（4 -9）中的 $\bar{x}$ 须用公式（4 -8）计算。

若将公式（4 -9）中的因子 $\frac{1}{n}$ 换做 $\frac{1}{n-1}$，就得到修正方差。与未分组数据情形类似，$\bar{x}$

与 s^2 是基于分组数据的最关键的统计量，分别用于估计总体均值和总体方差，并且也是进一步构造其他统计量的要素。

未分组数据的均值与方差的计算公式在结构上都是简单算术平均形式，分组数据的均值与方差公式则是以频率 f_i 为权重的加权平均形式。可见，随着数据结构的不同，相应统计量的计算式也是不同的。

五、描述性统计量概述

为了描述一个概率分布的宏观特征，近代数理统计学的创始人、著名统计学家卡尔·皮尔逊（Karl Pearson，1857－1936）历史性地提出了刻画总体分布的四个描述性指标：位置、散度、偏度、峰度。具体来说，就是众所周知的均值、方差、偏度系数、峰度系数，尤其后二者一般被认为是皮尔逊的开创性成果。这四个指标的数学定义如下：

总体均值：$\mu = E(X)$

总体方差：$\sigma^2 = E(X-\mu)^2$

总体偏度：$CS = E\left(\frac{X-\mu}{\sigma}\right)^3$

总体峰度：$CK = E\left(\frac{X-\mu}{\sigma}\right)^4$

除了上述四大指标，刻画总体宏观特征的描述性指标还有很多，我们统称之为总体数字特征。掌握这些数字特征对于了解总体分布特点是至关重要的。

然而，当总体分布未知时，总体的数字特征也是未知的。描述性分析的主要任务之一就是要用适当的描述性统计量来估计总体的数字特征。事实上，这是容易做到的。如前所述，我们通常用样本均值估计总体均值，用样本方差估计总体方差。同样，可以用样本偏度系数、样本峰度系数来估计总体偏度系数、总体峰度系数，其他总体数字特征的估计方法也与此类似。

表 4－5 列举了最常见的 6 个总体数字特征的定义式及其常见估计式。

表 4－5　　常用的总体数字特征及其估计量对照表

名称	总体数字特征	估计量（未分组情形）	估计量（分组情形）
均值	$\mu = E(X)$	$\bar{x} = \frac{1}{n}\sum_{i=1}^{n} x_i$	$\bar{x} = \frac{1}{n}\sum_{i=1}^{k} n_i m_i$
方差	$\sigma^2 = E(X-\mu)^2$	$s^2 = \frac{1}{n}\sum_{i=1}^{n}(x_i-\bar{x})^2$	$s^2 = \frac{1}{n}\sum_{i=1}^{k} n_i (m_i-\bar{x})^2$
标准差	$\sigma = \sqrt{\sigma^2}$	$s = \sqrt{s^2}$	$s = \sqrt{s^2}$
变异系数	$Cv = \frac{\sigma}{\mu}$	$Cv = \frac{s}{\bar{x}}$	$Cv = \frac{s}{\bar{x}}$
偏度系数	$Cs = E\left(\frac{X-\mu}{\sigma}\right)^3$	$Cs = \frac{1}{n}\sum_{i=1}^{n}\left(\frac{x_i-\bar{x}}{s}\right)^3$	$Cs = \frac{1}{n}\sum_{i=1}^{k} n_i\left(\frac{m_i-\bar{x}}{s}\right)^3$
峰度系数	$Ck = E\left(\frac{X-\mu}{\sigma}\right)^4$	$Ck = \frac{1}{n}\sum_{i=1}^{n}\left(\frac{x_i-\bar{x}}{s}\right)^4$	$Ck = \frac{1}{n}\sum_{i=1}^{k} n_i\left(\frac{m_i-\bar{x}}{s}\right)^4$

需要说明的是，某些统计量（如方差、偏度系数、峰度系数）的计算公式可能不止一种，表 4－5 所罗列的公式只是其中最易理解、结构最简洁的形式。利用此表可对最重要的 6 个描述性统计量的来源与结构有一个清晰的认识。

考察表 4－5，我们注意到，在总体数字特征中，μ 与 σ（或 σ^2）是最基本的，其余几个数字特征要借助于 μ 与 σ 构造出来。相应地，在描述统计量中，不论数据分组与否，$\bar{x}$ 与 s（或 s^2）是最基本的，其余几个统计量都要借助 $\bar{x}$ 与 s 构造出来。

进一步，还发现一个重要事实：描述性统计量作为估计量，与所要估计的总体数字特征，二者在结构上是相通的，在性质上是相似的，描述性统计量无非是相应总体数字特征的样本形式而已。

严格来说，为了与同名的总体数字特征相区别，本章涉及的描述性统计量在命名上都应冠以“样本”二字，如样本均值、样本方差等，以便与总体均值、总体方差相区分。但为行文方便，这里一律略去“样本”，而不至于引起混淆。

第 2 节　数据的集中趋势分析

用描述性统计量来概括数据的平均水平、典型状态或数据的取值中心，这项工作一般称为集中趋势（central tendency）分析。但所谓“集中趋势”只是约定俗成的说法，就其工作内涵而言，主要关注数据的平均水平或中心位置而已，并不带有任何“趋势”的意义。

描述数据集中趋势的统计量很多，常见的有算术平均数、调和平均数、几何平均数、中位数、分位数和众数。它们的计算方法、适用条件以及优缺点都不尽相同，需要详加区分。

一、平均数

（一）算数平均数

算术平均数（arithmetic mean）即样本均值，简称均值，是将数据总值除以样本量 n 的结果。算术平均数是总体均值 $E(X)$ 的样本形式，是作为总体均值的估计量而出现的。它结构简洁，便于数学处理，是反映数据平均水平的最重要指标。

1. 算术平均数的计算

根据数据是否分组，算术平均数有两种计算方式。

（1）简单平均数。基于未分组数据的计算公式为：

$$\bar{x} = \frac{1}{n}(x_1 + x_2 + \cdots + x_n) = \frac{1}{n}\sum_{i=1}^{n} x_i \tag{4-10}$$

（2）加权平均数。基于分组数据的计算公式为：

$$\bar{x} = \frac{n_1 m_1 + n_2 m_2 + \cdots + n_k m_k}{n_1 + n_2 + \cdots + n_k} = \frac{1}{n}\sum_{i=1}^{k} n_i m_i = \sum_{i=1}^{k} f_i m_i \tag{4-11}$$

其中，m_i，n_i，f_i（$i=1, 2, \cdots, k$）分别为各组的代表值、频数、频率，n 为样本量。

公式（4－11）表明，所谓加权平均数，就是以各组的频率为权重，对代表值 m_i 进行加权平均。其值不但与各组的代表值有关，还与各组的频数或频率有关。此外，由于分组可能导致信息损失，所以用公式（4－11）计算出的 $\bar{x}$ 可能只是真正样本平均值的近似值。

[例 4－3] 某年级共有三个班，各班人数分别为 31、33、36。已知各班的数学期末考试平均成绩分别为 90、82、80，求该年级全体学生的数学平均成绩（总平均）。

解：全体学生的数学成绩按班级分成了三组，各组的代表值就是其平均成绩，各组的频数即班级人数。按分组数据的加权平均数计算公式可得年级的总平均成绩为：

$$\bar{x}=\frac{90\times31+82\times33+80\times36}{31+33+36}=83.76\ (\text{分})$$

思

① [例 4－3] 的计算结果是总平均的精确值还是近似值？

②可直接将 90、82、80 的简单平均数作为总平均吗？

③在什么情况下，各组均值的加权平均数才恰巧等于各组均值的简单平均数？

[例 4－4] 某公司全体销售人员的销售额经分组整理后，汇总如表 4－6 所示。试计算该公司销售人员的平均销售额。

表 4－6　　公司员工销售业绩分组数据表

销售额（万元）	员工数（n_i）	组中值（m_i）	各组总值（n_im_i）
10 以下	18	7.5	135
10～15	72	12.5	900
15～20	106	17.5	1855
20～25	182	22.5	4095
25～30	121	27.5	3327.5
30～35	66	32.5	2145
35～40	22	37.5	825
40 以上	13	42.5	552.5
合计	600	—	13835

解：由于该数据属于组距分组数据，故以组中值作为代表值。组中值的计算一般遵循如下原则：

闭合组组中值＝(上限＋下限)/2

缺下限组组中值＝上限－临近组组距/2

缺上限组组中值＝下限＋临近组组距/2

按以上原则计算组中值，具体结果记录在表中第三列。则销售人员的平均销售额为：

$$\bar{x}=\frac{7.5\times18+12.5\times72+\cdots+42.5\times13}{18+72+\cdots+13}=\frac{13835}{600}=23.058\ (\text{万元/人})$$

思

[例 4－4] 所得的平均销售额是精确值还是近似值？

2. 算术平均数的基本性质

算术平均数的性质，与数学期望的性质非常类似，在此不一一详述。下面仅以简单平均数为例，列举两条最基本的性质。

性质 1：全部数据与 $\bar{x}$ 的偏差之和为 0。即：$\sum_{i=1}^{n}(x_i-\bar{x})=0$。

这条性质表明，$\bar{x}$ 处于数据重心的位置，全部数据与 $\bar{x}$ 的差值恰好正负抵消，导致代数和为 0。

性质 2：对任何常数 c，有：$\sum_{i=1}^{n}(x_i-\bar{x})^2 \leqslant \sum_{i=1}^{n}(x_i-c)^2$。

这条性质表明，全部数据与 $\bar{x}$ 的离差平方和达到最小。这意味着，在离差平方和准则下，$\bar{x}$ 是与原数据集最接近的一个常数。

在第 5 章，还会从参数估计的角度，考察样本均值的其他优良性质。

> **思**　加权平均数是否也有类似的性质？请叙述并证明。

3. 使用算术平均数的注意事项

算术平均数仅适用于定量数据，它描述了数据的重心。但它有一个缺点：易受极端值（异常值）的影响，缺乏稳健性。也就是说，当数据中存在个别特大值或特小值时，$\bar{x}$ 的值倾向于向极端值靠近，这时 $\bar{x}$ 对数据整体水平值的代表性变差。这就像有一只原本平稳的小船，突然上来一个彪形大汉，小船的重心立即偏移一样。因此，算术平均数不适用于严重偏态的数据，只有当数据表现为单峰和基本对称时才适用。对于像家庭收入这样容易出现极端值的数据，要慎用算术平均。

民间流传着一首打油诗：“老张资产一千万，邻居九个穷光蛋，平均起来算一算，家家都有一百万”。此诗生动诙谐地刻画了算术平均数的缺点：一个张千万就掩盖了九个穷光蛋，大部分人都“被平均了”。

当数据中存在极端值时，算术平均不能很好地表征数据的平均水平，此时往往改用下文要介绍的中位数、三均值等，此外，还可以采用截尾均值。

截尾均值（trimmed mean）：将数据排序后，在数据大小两端各去掉 d 个数据，再对余下的 $n-2d$ 个数据求算术平均值，这个平均值就称作截尾均值。在数据分析中常用的是 5% 截尾均值，即两端各去掉 5% 的数据后所得的截尾均值。

例如，在文艺评比中，通常要对全体评委的打分数据去掉若干个最高分、最低分，计算截尾均值，作为选手的真实得分，以防止人为抬高或压低分数。

如果截尾均值和算术平均相差不大，说明数据不存在极端值，或者两侧极端值的影响正好抵消。反之，则说明数据中有极端值，此时截尾均值能更好地反映数据的中心位置。

（二）调和平均数

调和平均数（harmonic mean）又称倒数平均，是数据倒数的平均之倒数，记作 $\bar{x}_H$。

1. 调和平均数的计算

根据数据的分组与否，调和平均数有如下两种计算形式：

（1）简单调和平均数。对未分组数据，$\bar{x}_H$ 的计算公式为：

$$\bar{x}_H = \left(\frac{1}{n}\sum_{i=1}^{n}\frac{1}{x_i}\right)^{-1} = \frac{n}{\frac{1}{x_1}+\frac{1}{x_2}+\cdots+\frac{1}{x_n}} \tag{4-12}$$

（2）加权调和平均数。对分组数据，记 $n = \sum_{i=1}^{k} n_i$，则 $\bar{x}_H$ 的计算公式为：

$$\bar{x}_H = \left(\frac{1}{n}\sum_{i=1}^{k}\frac{n_i}{m_i}\right)^{-1} = \left(\sum_{i=1}^{k} f_i\frac{1}{m_i}\right)^{-1} = \frac{n_1+n_2+\cdots+n_k}{\frac{n_1}{m_1}+\frac{n_2}{m_2}+\cdots+\frac{n_k}{m_k}} \tag{4-13}$$

[例 4 –5] 假如某种蔬菜在早、中、晚市上每斤的价格分别为 2 元、1.5 元、1 元。顾客甲在早、中、晚市各买 1 斤蔬菜；顾客乙则在早、中、晚市各购买 1 元钱蔬菜。试问这两种购买方式哪个更划算？

解：只需比较一下两种购买方式的平均价格即可。由于平均价格 = 总金额/总重量，则甲乙二人买菜的均价分别为：

$$\bar{x}_{甲} = \frac{2+1.5+1}{3} = 1.5 \text{（元/斤）}$$

$$\bar{x}_{乙} = \frac{3}{\frac{1}{2}+\frac{1}{1.5}+\frac{1}{1}} = \frac{18}{13} \approx 1.38 \text{（元/斤）}$$

可见，$\bar{x}_{甲}$是三个价格的算术平均数，而 $\bar{x}_{乙}$ 则是三个价格的调和平均数。因后者的值更小，故可认为乙的购买方式更划算。

2. 调和平均数与算术平均数的关系

下面以分组数据为例，揭示调和平均数与算术平均数之间的本质联系。

我们知道，当分组数据中各组的代表值 m_i 及频数 n_i 已知时，算术平均数为：

$$\bar{x} = \frac{n_1m_1+n_2m_2+\cdots+n_km_k}{n_1+n_2+\cdots+n_k} = \frac{1}{n}\sum_{i=1}^{k} n_im_i$$

现在，若频数 n_i 未知，但各组的代表值 m_i 及总值 $y_i = n_im_i$ 已知，该如何求算术平均呢？

不难看出，只需借助 y_i 反求出频数 $n_i = \frac{y_i}{m_i}$，即得算术平均：

$$\bar{x} = \frac{n_1m_1+n_2m_2+\cdots+n_km_k}{n_1+n_2+\cdots+n_k} = \frac{y_1+y_2+\cdots+y_k}{\frac{y_1}{m_1}+\frac{y_2}{m_2}+\cdots+\frac{y_k}{m_k}}$$

因此，上式右端正是以 y_i 为权重的关于 m_i 的调和平均数。因此，调和平均数是特殊条件下对算术平均数的一种变形。

可见，对分组数据求算术平均数时，有两个途径：当 m_i 与 n_i 已知时，宜采用加权算术平均数公式。当 m_i 与 y_i 已知而 n_i 未知时，宜采用加权调和平均数公式。

[例 4 –6] 承［例 4 –5］，假如顾客丙在早、中、晚市分别购买 1 斤、2 斤、3 斤蔬菜；顾客丁则在早、中、晚市各购买 1 元、2 元、3 元钱的蔬菜。试问二人买菜的均价各为多少？

解：可以根据公式“平均价格 = 总金额/总重量”完成求解。不过，也可以根据上述求算术平均的两个不同途径，直接代入公式求解：

$$\bar{x}_{丙}=\frac{n_1m_1+n_2m_2+\cdots+n_km_k}{n_1+n_2+\cdots+n_k}=\frac{1\times2+2\times1.5+3\times1}{1+2+3}=\frac{4}{3}\approx1.33\ (元/斤)$$

$$\bar{x}_{丁}=\frac{y_1+y_2+\cdots+y_k}{\frac{y_1}{m_1}+\frac{y_2}{m_2}+\cdots+\frac{y_k}{m_k}}=\frac{1+2+3}{\frac{1}{2}+\frac{2}{1.5}+\frac{3}{1}}=\frac{36}{29}\approx1.24\ (元/斤)$$

[例 4-7] 欲调查某农贸市场上某种蔬菜的日平均价格，因市场中摊位、顾客众多，无法取得总销售额和总销售量的资料，仅知道该蔬菜在早、中、晚市每斤售价分别为 8 元、6 元、7 元，因价格随行就市，根据经验知早、中、晚市的销售额之比为 3:1:2。试求此蔬菜的平均价格。

解： 这是典型的已知各组总值（销售额）和代表值（价格）的情况下求平均数的问题，直接代入调和平均数公式，得平均价格：

$$\bar{p}_H=\frac{3+1+2}{\frac{3}{8}+\frac{1}{6}+\frac{2}{7}}=\frac{36}{29}\approx7.25\ (元/斤)$$

[例 4-8] 一辆汽车在公路上行驶，起初以 60 千米/小时的速度行驶了 20 千米，随后以 80 千米/小时的速度行驶了 50 千米，最后以 40 千米/小时的速度行驶了 10 千米。试求该车在这段时间内的平均速度。

解： 根据公式“平均速度 = 总里程/总时间”，或将此问题视为已知各组总值（各段的里程）和代表值（各段的速度）情况下求平均数的问题，代入调和平均数公式，得平均速度：

$$\bar{v}_H=\frac{20+50+10}{\frac{20}{60}+\frac{50}{80}+\frac{10}{40}}\approx66.2\ (千米/小时)$$

3. 使用调和平均数的注意事项

调和平均数仅适用于具有特殊结构的定量数据，当各组的代表值与总值已知时，关于数据算术平均数的计算，就转化为调和平均数的计算。调和平均数的缺点是：易受极端值影响，且数据中不允许有 0 值。

（三）几何平均数

几何平均数（geometric mean）是 n 个数据之积的 n 次方根，记作 $\bar{x}_G$。

1. 几何平均数的计算

根据数据的分组与否，几何平均数有如下两种计算形式：

（1）简单几何平均数。根据未分组数据计算 $\bar{x}_G$ 的公式为：

$$\bar{x}_G=\sqrt[n]{x_1x_2\cdots x_n}\tag{4-14}$$

（2）加权几何平均数。对于分组数据，记 $n=\sum_{i=1}^{k}n_i$，计算 $\bar{x}_G$ 的公式为：

$$\bar{x}_G=\sqrt[n]{m_1^{n_1}m_2^{n_2}\cdots m_k^{n_k}}\tag{4-15}$$

[例 4-9] 某产品的生产需要经过六道工序，各道工序的合格率分别为 98%、91%、93%、98%、98%、91%，那么这六道工序的平均合格率是多少？

解：设各道工序的合格率为 p_i，（$i=1, 2, \cdots, 6$），成品的合格率记为 P，六道工序的平均合格率为 p，则：

$$P = p_1 \times p_2 \times \cdots \times p_6 = p^6$$

于是：

$$p = \sqrt[n]{p_1 p_2 \cdots p_n} = \sqrt[6]{98\% \times 91\% \times 93\% \times 98\% \times 98\% \times 91\%} = 94.78\%$$

可见，全部工序的平均合格率等于各道工序合格率的几何平均。

> 思
> ①可以直接对六道工序的合格率做简单算术平均吗？
> ②若要保证总合格率达到90%以上，每道工序的平均合格率至少是多少？

[例4-10] 一位投资者持一只股票，在连续五年中的年收益率分别为3%、2.3%、12%、25%、2.5%。求该投资者在这五年内的平均收益率。

解：设初始投资额为 A，各年的收益率为 r_i（$i=1, 2, \cdots, 5$），平均收益率为 r，则第五年底的本利总值为：

$$A \times (1+r_1) \times (1+r_2) \times \cdots \times (1+r_5) = A \times (1+r)^5$$

于是：

$$r = \sqrt[5]{(1+r_1) \times (1+r_2) \times \cdots \times (1+r_5)} - 1$$

$$= \sqrt[5]{1.03 \times 1.023 \times 1.12 \times 1.25 \times 1.025} - 1 = 8.62\%$$

即知平均收益率为8.62%。其计算过程中用到了 $1+r_i$ 的几何平均。

> 思
> 为什么不直接对5个年收益率求几何平均呢？

2. 使用几何平均数的注意事项

几何平均数仅用于定量数据，适用于计算一个连续发展过程中有比率累积关系的各阶段的平均变化率，如平均增长率、平均发展速度、平均收益率、平均利率、平均合格率等。当所掌握的数据值本身是比率形式时，一般要用几何平均数求平均比率。在接下来的讨论中还将看到，几何平均数还适用于那种本身分布不对称但经过对数变换后呈对称分布的数据。

调和平均数的缺点是：易受极端值影响，且只对取正值的数据有效，当数据中出现0或负数时，几何平均数失去意义。

（四）三种平均数的关系

下面仅以简单平均数为例展开讨论，其结论不难推广到加权平均数情形。

（1）三种平均数的统一格式。我们考察算术平均、调和平均、几何平均三者的计算公式，发现它们在表面形式上差别很大，似乎毫无关联。但事实上，三者完全可以用统一的数学形式加以概括和推广。

定义：设 $f(x)$ 是一个定义在 $(0, +\infty)$ 上的严格单调函数，对于任意 n 个正数 x_1，x_2，$\cdots$，x_n，定义其 f-平均为：

$$m_f(x_1, x_2, \cdots, x_n) = f^{-1}\left[\frac{1}{n}\sum_{i=1}^{n} f(x_i)\right] \tag{4-16}$$

其中，$f^{-1}(x)$ 表示 $f(x)$ 的反函数。

每选择一个合适的 $f(x)$，那么 m_f 就相当于是数据 $x_1, x_2, \cdots, x_n$ 的一种广义平均。例如：

令 $f(x)=x$，则：

$$f^{-1}(x)=x,\ m_f=\frac{1}{n}\sum_{i=1}^{n}x_i=\bar{x}$$

令 $f(x)=\frac{1}{x}$，则：

$$f^{-1}(x)=\frac{1}{x},\ m_f=\left(\frac{1}{n}\sum_{i=1}^{n}\frac{1}{x_i}\right)^{-1}=x_H \tag{4-17}$$

令 $f(x)=\ln x$，则：

$$f^{-1}(x)=e^x,\ m_f=\exp\left(\frac{1}{n}\sum_{i=1}^{n}\ln x_i\right)=\exp\left[\ln(x_1\cdot x_2\cdots x_n)^{\frac{1}{n}}\right]=(x_1\cdot x_2\cdots x_n)^{\frac{1}{n}}=x_G \tag{4-18}$$

由此可见，三种平均数可以统一在 f - 平均的框架之下。随着 $f(x)$ 选取的不同，还可以定义其他形式的平均数，只要它有实际价值即可。例如，令 $f(x)=x^2$，即可得到所谓的平方平均等等。注意到，$m(x_1, x_2, \cdots, x_n)$ 的定义式中已经包含了对 $f(x_i)$ 取算术平均的手续，因此可以说算术平均数是三种平均数的核心。

（2）平均数不等式。在数学上可以严格证明：若数据 $x_1, x_2, \cdots, x_n$ 皆大于 0，则成立如下不等式：

$$\frac{n}{\frac{1}{x_1}+\frac{1}{x_2}+\cdots+\frac{1}{x_n}}\leqslant\sqrt[n]{x_1x_2\cdots x_n}\leqslant\frac{x_1+x_2+\cdots+x_n}{n} \tag{4-19}$$

即：调和平均≤几何平均≤算术平均，此即著名的平均数不等式。且当 $x_1, x_2, \cdots, x_n$ 的取值越分散，三个平均数之间的差异就越大；$x_1, x_2, \cdots, x_n$ 的值越均匀，三个平均数的值就越接近，尤其当所有数据值都相等时，三个平均数也相等。

为了直观地感受平均值不等式，下面对 $n=2$ 的情形在同一坐标系下绘制了三个曲面（如图 4-2 所示），曲面的方程自上而下分别为：

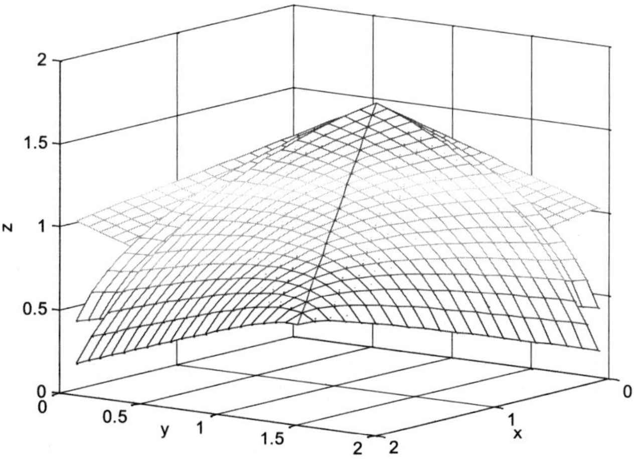

图 4-2　平均数不等式示意图

$$z=\frac{1}{2}(x+y),\ z=\sqrt{xy},\ z=\frac{2}{1/x+1/y}$$

同时，图 4－2 中还画出了空间直线：$z=x=y$。当 x 与 y 取值越接近，三个平均数也越接近，反映在图像上即：越是在直线 $z=x=y$ 附近，三个曲面的 z 坐标越近似相等，反之，三个 z 坐标的差距就越发明显。且当 x 与 y 至少有一个接近 0 时，调和平均数与几何平均数也近似为 0。

二、中位数

中位数（median）是指将数据按从小到大顺序排列后位于中间位置的那个数据值，记作 M_e。以中位数为界，正好将排序后的数据分为两部分：50% 的数据位于中位数左侧，另外 50% 的数据位于中位数右侧。在几何上，中位数将数据的频数条形图一分为二，使得两部分的频数大致相等。

（一）中位数的计算方法

确定中位数的总体思路：首先对数据进行排序，然后确定中位数的位置，最后确定中位数的值。下面分三种情形讨论中位数的确定方法：

（1）定性有序数据情形：将全部数据按其有序类依次排开，则与中间位置对应的那个数据所属的类就是中位数。

（2）未分组定量数据情形：先将原始数据 x_1，x_2，…，x_n 从小到大排序，记排序后的数据为 $x_{(1)}\leqslant x_{(2)}\leqslant\cdots\leqslant x_{(n)}$，则中位数为：

$$M_e=\begin{cases}x_{(\frac{n+1}{2})} & \text{当 } n \text{ 为奇数}\\ \frac{1}{2}\left(x_{(\frac{n}{2})}+x_{(\frac{n}{2}+1)}\right) & \text{当 } n \text{ 为偶数}\end{cases} \tag{4-20}$$

即：若 n 为奇数，则处在第$\frac{n+1}{2}$个位置的数值就是中位数；若 n 为偶数，则取第$\frac{n}{2}$与第$\frac{n}{2}+1$ 位置上两数的平均值为中位数。

（3）组距分组定量数据情形：在假定各组内部数据取值相对均匀的前提下，可以按比例法近似推定中位数的值。具体方法是，先根据中位数的位置$\frac{n+1}{2}$确定中位数所在的组，不妨记中位数处在第 m 组，然后任选下述四个公式之一，计算中位数：

下限公式：

$$M_e=L+\frac{\frac{n}{2}-\sum\limits_{i<m}n_i}{n_m}\cdot d \text{ 或 } L+\frac{\sum\limits_{i\geqslant m}n_i-\frac{n}{2}}{n_m}\cdot d \tag{4-21}$$

上限公式：

$$M_e=U-\frac{\frac{n}{2}-\sum\limits_{i>m}n_i}{n_m}\cdot d \text{ 或 } U-\frac{\sum\limits_{i\leqslant m}n_i-\frac{n}{2}}{n_m}\cdot d \tag{4-22}$$

其中，L、U 分别为中位数所在组的下限、上限，$d=U-L$ 为该组的组距。这四个公式的计算结果是相同的。

[例 4－11] 将某班学生的年龄数据进行分组处理后的资料如表 4－7 所示，求此数据的中位数。

表 4－7　定性有序数据的中位数计算表

年龄（周岁）	人数	正向累积频数	反向累积频数
17	6	6	50
18	9	15	44
19	20	35	35
20	12	47	15
21	3	50	3
合计	50	—	—

解： 这是定性有序数据。首先根据频数信息计算正向或反向累积频数，如表 4－7 所示。由 $n=50$，知年龄中位数的位置为 $(50+1)/2=25.5$，则中位数位于第 25 与第 26 位同学之间。对照累积频数，可知中位数位于第三组，故中位数即为第三组的代表值 19（周岁）。

[例 4－12] 利用表 4－6 的数据，计算销售额的中位数。

表 4－8　组距分组数据的中位数计算表

销售额（万元）	员工数	正向累积频数	反向累积频数
10 以下	18	18	600
10～15	72	90	582
15～20	106	196	510
20～25	182	378	404
25～30	121	499	222
30～35	66	565	101
35～40	22	587	35
40 以上	13	600	13
合计	600	—	—

解： 这是组距分组定量数据，首先计算累积频数，结果如表 4－8 所示。由 $n=600$ 可得销售额中位数的位置为 $(600+1)/2=300.5$，对照累积频数，知中位数位于第四组 [20，25]。则 $m=4$，$n_m=182$，$L=20$，$U=25$，$d=5$。结合表中信息，代入计算中位数的下限公式得：

$$M_e = L + \frac{\frac{n}{2} - \sum_{i<m} n_i}{n_m} \cdot d = 20 + \frac{300 - 196}{182} \cdot 5 = 22.857(\text{万元})$$

或：

$$M_e = L + \frac{\sum_{i \geq m} n_i - \frac{n}{2}}{n_m} \cdot d = 20 + \frac{404 - 300}{182} \cdot 5 = 22.857(\text{万元})$$

若代入上限公式，得：

$$M_e = U - \frac{\frac{n}{2} - \sum_{i>m} n_i}{n_m} \cdot d = 25 - \frac{300 - 222}{182} \cdot 5 = 22.857(\text{万元})$$

或：

$$M_e = U - \frac{\sum_{i \leqslant m} n_i - \frac{n}{2}}{n_m} \cdot d = 25 - \frac{378 - 300}{182} \cdot 5 = 22.857(\text{万元})$$

因此，销售额的中位数为22.857万元。这意味着大约一半员工的销售额低于22.857万元，另一半员工的销售额高于22.857万元。

本例印证了中位数的四个计算公式的一致性。

（二）中位数的性质

性质1：中位数不受极端值的影响，因而具有稳健性。

性质2：对任何常数 c，有：$\sum_{i=1}^{n} |x_i - M_e| \leqslant \sum_{i=1}^{n} |x_i - c|$。

这条性质揭示了中位数的最优化特性，即：全部数据与中位数 M_e 的总绝对离差达到最小。这意味着，在总绝对离差准则下，M_e 是与原数据集最接近的一个常数。

（三）使用中位数的注意事项

中位数涉及数据排序，因此不能用于定性分类数据。中位数的优点是具有稳健性，当数据总体为偏态分布时，在描述数据的中心位置方面，中位数的表现往往优于均值。但由于它依赖于数据的排序，导致了数学处理上的困难；并且仅考虑居中的位置，对信息的利用不充分；当样本量较小时，其数值不太稳定，这些都是中位数的不足之处。

三、分位数

分位数（quantile）全称 p 分位数（$0 \leqslant p \leqslant 1$），是指将数据从小到大排列后位于第 $p(n+1)$ 个位置上的那个数据值，记作 Q_p。其中，特别规定 $Q_0 = \min\{x_1, x_2, \cdots, x_n\}$，$Q_1 = \max\{x_1, x_2, \cdots, x_n\}$。

Q_p 将一组数据分为两部分：大约有 $100p\%$ 的数据小于 Q_p，$100(1-p)\%$ 的数据大于 Q_p。例如，在一次共有200人参加的考试中，某同学得了92分，排名第25，由于（200－25）/200＝0.875，则92就是全体成绩数据的87.5%分位数 $Q_{0.87}$，意味着全班大约有87.5%的同学成绩不超过92分。

特别地，当 p 依次取0.25、0.5、0.75时，就得到三个分位数 $Q_{0.25}$、$Q_{0.5}$、$Q_{0.75}$，用这三个数值点可将排序后的数据等分为四个部分，使得每部分中大致包含25%的数据，因此这三个特殊的分位数分别被称为第一个、第二个、第三个“四分位数”。但由于 $Q_{0.5}$ 其实就是中位数，所以通常所说的四分位数主要是指 $Q_{0.25}$ 与 $Q_{0.75}$，也称下四分位数、上四分位数。易见，下、上四分位数其实就是将数据排序后，下、上两半数据的中位数，因此可以认为 $Q_{0.25}$ 是“低水平者”的代表，$Q_{0.75}$ 是“高水平者”的代表，而区间 $[Q_{0.25}, Q_{0.75}]$ 则恰好涵盖了处于排序数据的最中间50%的数据。

分位数是数据的重要数字特征，它与位置有关，具有稳健性，且能反映数据在任何一个局部的集中位置。

（一）分位数的计算公式

尽管对定性有序数据也可求 p 分位数，但实际意义不大，因此我们只讨论定量数据分位数的计算。

分位数的计算方法不止一种，计算结果或有细微差别。下面是最常见的一种计算方法：

（1）未分组定量数据情形：先将原始数据 x_1，x_2，…，x_n 从小到大排序，记排序后的数据为 $x_{(1)} \leqslant x_{(2)} \leqslant \cdots \leqslant x_{(n)}$，则 x_1，x_2，…，x_n 的 p 分位数为：

$$Q_p = \begin{cases} x_{[(np)+1]} & \text{当 } np \text{ 不是整数} \\ \dfrac{1}{2}[x_{(np)} + x_{(np+1)}] & \text{当 } np \text{ 是整数} \end{cases} \tag{4-23}$$

其中，$0<p<1$，符号［np］表示 np 的整数部分。

（2）组距分组定量数据情形：和中位数的求法类似，在假定各组内部数据取值相对均匀的前提下，按比例法近似推定 p 分位数 Q_p 的值。具体方法是，先用（$n+1$）p 来确定 Q_p 所在的组，不妨记 Q_p 落在第 m 组，然后任选下述四个公式之一完成近似计算：

$$\text{下限公式：} Q_p = L + \frac{np - \sum\limits_{i<m} n_i}{n_m} \cdot d \text{ 或 } L + \frac{\sum\limits_{i \geqslant m} n_i - n(1-p)}{n_m} \cdot d \tag{4-24}$$

$$\text{上限公式：} Q_p = U - \frac{n(1-p) - \sum\limits_{i>m} n_i}{n_m} \cdot d \text{ 或 } U - \frac{\sum\limits_{i \leqslant m} n_i - np}{n_m} \cdot d \tag{4-25}$$

其中，n_m、L、U、d 分别为 p 分位数所在组的频数、下限、上限、组距。四个公式的计算结果都是一样的。

［例 4－13］ 已知某班 36 名同学的数学考试成绩如下：

77，62，77，71，70，68，74，59，89，85，79，79
72，90，78，72，93，77，74，77，71，68，98，96
83，67，71，78，87，66，56，65，43，32，54，78

求该数据集的 25% 与 80% 分位数。

解： 这是未分组的原始数据，$n=36$，首先将数据从小到大排序为：

32，43，54，56，59，62，65，66，67，68，68，70
71，71，71，72，72，74，74，77，77，77，77，78
78，78，79，79，83，85，87，89，90，93，96，98

当 $p=0.25$ 时，$np=36\times0.25=9$ 为整数，根据公式（4－23）得：

$$Q_{0.25} = \frac{1}{2}(x_{(9)} + x_{(10)}) = \frac{1}{2}(67+68) = 67.5$$

当 $p=0.8$ 时，$np=36\times0.8=28.8$ 不是整数，由公式（4－23）得：

$$Q_{0.8} = x_{([np]+1)} = x_{(29)} = 83$$

［例 4－14］ 利用表 4－6 的数据，计算销售额的 80% 分位数。

表 4 -9　组距分组数据的分位数计算表

销售额（万元）	员工数	正向累积频数	反向累积频数
10 以下	18	18	600
10 ~ 15	72	90	582
15 ~ 20	106	196	510
20 ~ 25	182	378	404
25 ~ 30	121	499	222
30 ~ 35	66	565	101
35 ~ 40	22	587	35
40 以上	13	600	13
合计	600	—	—

解：这是组距分组定量数据，根据 $n=600$，$p=0.8$，算出 80% 分位数 $Q_{0.8}$ 的位置为 $(n+1)p=(600+1)\times0.8=480.8$，对照累积频数，知 $Q_{0.8}$ 位于第 5 组[25,30]，则：$m=5$，$n_5=121$，$L=25$，$U=30$，$d=5$

结合表 4 -9 中的累积频数信息，根据公式（4 -24）中的第一个下限公式，可得：

$$Q_{0.8}=L+\frac{np-\sum_{i<m}n_i}{n_m}\cdot d=25+\frac{480-378}{121}\cdot5=29.21(万元)$$

因此，销售额的 80% 分位数为 29.21 万元，这意味着大约有 80% 员工的销售额低于这个数值。

（二）使用分位数的注意事项

分位数有两种提法：一种是"p 分位数"，其中 $0<p<1$，这正是我们采用的 Q_p 的定义；另一种是"N 分位数"，其中 N 是正整数，N 分位数指的是将数据排序后等分为 N 个部分时所用到的分割点之值，显然"四分位数"一词就是用的这种提法。但需注意，二分位数只有 1 个（即中位数），三分位数共有 2 个，四分位数共有 3 个，以此类推，N 分位数共有 $N-1$ 个。特别地，十分位数共有 9 个，百分位数共有 99 个。

分位数中应用最广的就是四分位数，为了综合三个四分位数的信息，统计学家提出了如下的三均值：

$$TM=\frac{1}{4}(Q_{0.25}+2Q_{0.5}+Q_{0.75})=0.25Q_{0.25}+0.5Q_{0.5}+0.25Q_{0.75} \tag{4-26}$$

三均值也是刻画数据中心位置的重要指标，受到了著名统计学家 Tueky 的特别重视，在探索性数据分析中有广泛用途。

前面提到，$Q_0=\min\{x_1,x_2,\cdots,x_n\}$，$Q_1=\max\{x_1,x_2,\cdots,x_n\}$，这也是数据的两个重要的数字特征，例如，可用它们定义数据的中程数（mid - range）：

$$m_r=\frac{1}{2}(Q_0+Q_1)=\frac{1}{2}[\min\{x_1,x_2,\cdots,x_n\}+\max\{x_1,x_2,\cdots,x_n\}] \tag{4-27}$$

中程数是数据最大值与最小值的平均数，也可用来刻画数据中心位置。但是它对数据的极大值、极小值都高度敏感，并忽略了除极大值、极小值之外的所有数据，所以它只是描述数据中心的一个非常粗略的指标，只有在信息极度匮乏的情况下才考虑使用。例如，若仅仅已知某高校 2018 年在某省录取新生的最低分与最高分时，则只能用中程数来粗略估算录取的平均分。可以证明，对于连续型均匀分布总体来说，中程数是总体均值的一个良好估计。

四、众数

众数（mode）是指在数据中出现次数最多（频率最高）的那个数据值，记作 M_o。在几何上，众数就是数据频率密度拟合曲线的最高点的横坐标值，在一定程度上反映了数据的中心位置。

众数容易理解，也不易受极端值影响，但没有太明确的统计特性，故一般很少使用。众数可能不存在，即使存在，也可能不唯一。如果数据中有两个众数，则称此数据为双众数的。如果有三个或三个以上的众数，则称数据为多众数的。在多众数的情况下，众数对于描述数据中心已经没有多大意义了。

众数主要用于定性数据，尽管理论上也可用于定量数据。对于定性数据以及离散型（计数型）定量数据，可直接按定义求众数。比如，依次记录每件产品表面的瑕疵数，其中出现频数最高的瑕疵数目就是众数值，这个值对于产品的评价是有意义的。对于连续型定量数据而言，由于互异数据值过多过密，众数的实用价值不大。

五、算术平均数、中位数、众数的比较

（一）算术平均数、中位数、众数的直观意义

为了对定量数据 x_1，x_2，…，x_n 的算术平均数 $\bar{x}$、中位数 m_e、众数 m_o 有个直观的理解和比较，下面综述一下三者的物理意义或几何意义：

（1）算术平均数 $\bar{x}$ 标志了数据重心的位置。假设在数轴上坐标为 x_1，x_2，…，x_n 的点上各放置一个质量为 1 的质点，对于这个力学系统，在数轴上何处放置支点，可令系统保持平衡？根据力矩的平衡条件可以证明，这个平衡支点（亦即重心）的坐标就是 $\bar{x}$。于是可以想象，为了保持系统平衡，$\bar{x}$ 势必倾向于朝着数据的极端值靠近。

（2）中位数 m_e 是数据频率密度拟合曲线的面积中心。数据的中位数 m_e 是总体中位数的估计值，在几何上，以 m_e 为界，可将数据的频率密度拟合曲线与横轴围成的面积二等分，或者说将数据的频数条形图一分为二，使得两部分的频数大致相等。

（3）众数 m_o 标志了数据频率密度拟合曲线的最大值点。数据的众数 m_o 是总体众数的估计值，在几何上标志了数据频率密度拟合曲线的最大值点。

（二）均值、中位数、众数的位置关系

在实际应用中，大部分数据都具有单峰分布，对于这种情况，结合上述的直观意义，可知均值 $\bar{x}$、中位数 m_e、众数 m_o 有如下位置关系：

（1）若数据分布是对称的，则 $\bar{x}$、m_e、m_o 三者近似相等。

（2）若数据分布是左偏的，则数据中偏小的值较多，从而拉动 $\bar{x}$ 向左靠拢；中位数 m_e

对应着频率密度拟合曲线覆盖面积的等分点；m_o 对应着拟合曲线最高峰处的横坐标。此时一般有 $\bar{x} < m_e < m_o$。

（3）若数据分布是右偏的，此时一般有 $m_o < m_e < \bar{x}$。

经验表明，单峰数据的分布不论左偏还是右偏，中位数总是处在众数与均值之间更靠近均值的位置。据此，我们可以根据均值与中位数的大小关系判断数据分布的偏斜情况：若均值在中位数左方，则可推测数据分布为左偏的；若均值在中位数右方，则数据分布为右偏的。

一般来说，当数据分布基本对称时，例如，身高、体重数据，可用均值来度量数据的平均水平；若数据明显有偏时，例如，收入、价格数据，则一般不用均值，而是改用中位数或者三均值、截尾均值等。

第3节 数据的离散程度分析

上一节，我们借助一系列描述统计量，从不同角度刻画了数据取值的平均水平或取值中心。那么这些平均值到底在多大程度上体现了其“数据中心”的地位，它对于数据整体的代表性如何，或者说数据全体偏离其中心位置的程度如何？这个问题就是所谓数据的离散程度分析。总的来说，离散程度的测度值越小，说明数据取值越集中；离散程度值越大，表明数据的取值越离散。

下面以一系列刻画数据离散程度的描述统计量为核心，展开讨论。按其定义，各个统计量适用于何种数据是显然的，不再一一说明。

一、极差

极差（range）也称全距，是一组数据中的最大值与最小值之差，即：

$$R = \max\{x_1, x_2, \cdots, x_n\} - \min\{x_1, x_2, \cdots, x_n\} \tag{4-28}$$

极差是描述数据离散程度的最简单指标，计算简单，易于理解。但极差显然极易受极端值的影响，且只表达了最大、最小值的差异，不能反映其他数值的离散程度。因此，极差只是一个粗略的概括指标。

二、四分位差

四分位差（inter - quartile range，IQR）是上四分位数与下四分位数之差，也称为内距，用 IQR 表示。其计算公式为：

$$IQR = Q_{0.75} - Q_{0.25} \tag{4-29}$$

IQR 是中间50%数据的极差，是“高水平者”的代表 $Q_{0.75}$ 与“低水平者”的代表 $Q_{0.25}$ 之差，从某种角度反映了数据整体的离散程度。在可比的情况下（同等量纲），IQR 越小，说明数据越集中；IQR 越大，说明数据越分散。

四分位差不受极端值影响，具有很好的稳健性，这一点优于极差。此外，当数据分布明显存在偏斜时，四分位差是较好的描述离散程度的指标，这一点优于标准差。

对于明显偏斜的非正态分布数据，四分位差的一个重要用途就是与下四分位数、上四分位数联合使用来识别数据中的异常值（outlier）。具体地，一般称 $Q_{0.25}-1.5\times IQR$ 和 $Q_{0.75}+1.5\times IQR$ 为数据的下截断点、上截断点，凡是小于下截断点的数据为特小值，大于上截断点的数据为特大值，特小值、特大值统称为数据的异常值。这里，四分位差相当于测量数据点与数据主体之间距离远近的一个“标尺”。

三、平均差

平均差（mean deviation）也称平均绝对离差，是所有数据与样本均值的平均距离，记作 M_d。

对于原始数据：

$$M_d=\frac{1}{n}\sum_{i=1}^{n}|x_i-\bar{x}| \tag{4-30}$$

其中，$\bar{x}=\frac{1}{n}\sum_{i=1}^{n}x_i$。

对于分组数据：

$$M_d=\frac{1}{n}\sum_{i=1}^{k}n_i|m_i-\bar{x}|=\sum_{i=1}^{k}f_i|m_i-\bar{x}| \tag{4-31}$$

其中，$\bar{x}=\frac{1}{n}\sum_{i=1}^{k}n_im_i$。

在可比的情况下，M_d 越小，说明 $\bar{x}$ 的代表性越好，数据分布越集中；M_d 越大，说明 $\bar{x}$ 的代表性越差，数据分布越分散。

平均差是总体标准差的估计量，但估计的准确性一般不如样本标准差 s。平均差易受极端值影响，且在计算时用到绝对值，不便于数学处理。这都一定程度上限制了它的用途。

[例 4-15] 利用［例 4-13］的数据，计算平均差。

解： 首先计算均值：

$$\bar{x}=\frac{1}{n}\sum_{i=1}^{n}x_i=\frac{1}{36}\sum_{i=1}^{36}(77+62+\cdots+78)=\frac{2636}{36}\approx 73.22$$

代入公式（4-30）可得平均差：

$$M_d=\frac{1}{n}\sum_{i=1}^{n}|x_i-\bar{x}|\approx 9.88$$

[例 4-16] 利用表 4-6 的分组数据，计算其平均差。

解： 根据［例 4-4］的计算结果，均值 $\bar{x}=23.058$，将它代入公式（4-31）可得：

$$M_d=\frac{1}{n}\sum_{i=1}^{k}n_i|m_i-\bar{x}|=\frac{1}{600}(18\times|7.5-23.058|+\cdots+13\times|42.5-23.058|)=5.77$$

四、方差与标准差

方差（variance）是全部数据与其算术平均值的离差平方的算术平均，一般记作 s^2。标准差（standard deviation）是方差的算术根，记作 s。它们分别是总体方差、总体标准差的优良估计。

（一）方差的计算公式

由于标准差是方差的算术根，故只需讨论方差的计算公式即可。根据数据是否分组，给出方差的计算公式如下：

（1）简单形式。用于计算未分组数据的方差，其计算公式为：

$$s^2 = \frac{1}{n}\sum_{i=1}^{n}(x_i - \bar{x})^2 \tag{4-32}$$

或：

$$s^2 = \frac{1}{n-1}\sum_{i=1}^{n}(x_i - \bar{x})^2 \tag{4-33}$$

其中，$\bar{x}$ 是简单算术平均，即 $\bar{x} = \frac{1}{n}\sum_{i=1}^{n}x_i$。

（2）加权形式。用于计算分组数据的方差，其近似公式为：

$$s^2 = \frac{1}{n}\sum_{i=1}^{k}n_i(m_i - \bar{x})^2 = \sum_{i=1}^{k}f_i(m_i - \bar{x})^2 \tag{4-34}$$

或：

$$s^2 = \frac{1}{n-1}\sum_{i=1}^{k}n_i(m_i - \bar{x})^2 \tag{4-35}$$

其中，$\bar{x}$ 是加权算术平均，即 $\bar{x} = \frac{1}{n}\sum_{i=1}^{k}n_i m_i = \sum_{i=1}^{k}f_i m_i$。

在实际计算时，可用下列恒等式简化计算：

$$\sum_{i=1}^{n}(x_i - \bar{x})^2 = \sum_{i=1}^{n}x_i^2 - n\bar{x}^2 \tag{4-36}$$

$$\sum_{i=1}^{k}n_i(m_i - \bar{x})^2 = \sum_{i=1}^{k}n_i m_i^2 - n\bar{x}^2 \tag{4-37}$$

一般认为，当数据是总体数据时，方差的计算采用公式（4－32）或（4－34）（未修正形式）。当数据是样本数据时，则采用公式（4－33）或（4－35）（修正形式），这是默认的方差计算式。当然，在 n 很大的情况下，两种方法的差别几乎可以忽略不计。

[例 4－17] 利用［例 4－13］的数据，计算（修正）方差、标准差。

解： 将 $\bar{x}=73.22$ 代入公式（4－33）可得修正方差：

$$s^2 = \frac{1}{n-1}\sum_{i=1}^{n}(x_i - \bar{x})^2 = \frac{1}{36-1}\sum_{i=1}^{36}[(77-73.22)^2 + \cdots + (78-73.22)^2] \approx 186.3$$

进而，知标准差 $s = \sqrt{186.3} \approx 13.65$。

[例 4－18] 利用表 4－6 的分组数据，计算（修正）方差、标准差。

解： 将均值 $\bar{x}=23$ 代入公式（4－35）可得修正方差：

$$s^2 = \frac{1}{n-1}\sum_{i=1}^{k}n_i(m_i - \bar{x})^2 = \frac{1}{600-1}[18\times(7.5-23)^2 + \cdots + 13\times(42.5-23)^2] \approx 56$$

进而，知标准差 $s = \sqrt{56} \approx 7.48$。

（二）方差与标准差的性质

性质 1： $s^2 \geqslant 0$，且当且仅当所有数据都相同时才有 $s^2 = 0$。

性质 2：若用线性变换 $y=ax+b$（$a\neq 0$）将数据 x_1，x_2，…，x_n 化为 y_1，y_2，…，y_n，则前后两组数据的均值、方差、标准差之间满足如下关系：

$$\bar{y}=a\bar{x}+b$$
$$s_y^2=a^2s_x^2$$
$$s_y=|a|s_x$$

关于此性质，有两个重要的特例：

当 $a=1$ 时，$y_i=x_i+b$，则 $\bar{y}=\bar{x}+b$，$s_y^2=s_x^2$，$s_y=s_x$。这说明，一组数据都加减一个常数后，均值也随之加减该常数，而方差、标准差保持不变。

当 $b=0$ 时，$y_i=ax_i$，而 $\bar{y}=a\bar{x}$，$s_y^2=a^2s_x^2$，$s_y=|a|s_x$。这说明，一组数据都放缩 a 倍后，均值也随之放缩 a 倍，方差则放缩 a^2 倍，标准差放缩 $|a|$ 倍。

在手工计算数据的均值与方差时，巧妙利用性质 2 可以显著降低计算量。

［**例 4－19**］一组篮球队员的身高（单位：cm）为：188、180、187、179、182，求该数据的均值、方差、标准差。

解：记原数据为 x_i，（$i=1$，2，…，5），令 $y_i=x_i-180$，根据性质 2，可知 $\bar{y}=\bar{x}-180$，$s_y^2=s_x^2$。容易算出 y_i 值为 8、0、7、－1、2，且：

$$\bar{y}=\frac{1}{5}(8+0+7-1+2)=3.2(\text{cm})$$

$$s_y^2=\frac{1}{n}\sum_{i=1}^{n}y_i^2-\bar{y}^2=\frac{1}{5}(8^2+0^2+7^2+(-1)^2+2^2)-3.2^2=13.36(\text{cm}^2)$$

则：

$$\bar{x}=\bar{y}+180=183.2\ (\text{cm})$$
$$s_x^2=s_y^2=13.36\ (\text{cm}^2)$$
$$s_y=\sqrt{13.36}=3.6551\ (\text{cm})$$

本例数据属于总体数据，因此采用了未修正形式的方差公式。

性质 3：设有 K 组同质的数据，若每组数据的频数 n_i、均值 $\bar{x}_i$、方差（未修正）σ_i^2 都已知，则这 K 组数据合并后的总均值、总方差（未修正）分别为：

$$\bar{x}=\frac{1}{n}\sum_{i=1}^{K}n_i\bar{x}_i=\sum_{i=1}^{K}f_i\bar{x}_i \qquad (4-38)$$

$$s^2=\frac{1}{n}\sum_{i=1}^{K}n_is_i^2+\frac{1}{n}\sum_{i=1}^{K}n_i(\bar{x}_i-\bar{x})^2=\sum_{i=1}^{K}f_is_i^2+\sum_{i=1}^{K}f_i(\bar{x}_i-\bar{x})^2 \qquad (4-39)$$

其中，$n=n_1+n_2+\cdots+n_K$，$f_i=n_i/n$ 为各组的频率。

公式（4－38）表明，总均值等于各组均值的加权平均。然而，由公式（4－39）可见，总方差却并不等于各组方差的加权平均，而是包含两个部分：一部分是各组方差的加权平均 $\sum_{i=1}^{K}f_is_i^2$，称为组内方差；另一部分为 $\sum_{i=1}^{K}f_i(\bar{x}_i-\bar{x})^2$，称为组间方差。

思　对照公式（4－34）与公式（4－39），有何感想？

（三）使用方差与标准差的注意事项

需要注意的是，方差的计算式分为未修正、修正两种形式，一般出于理论的原因，更倾向于使用修正方差。因此，在实际计算时，若无特殊说明，所用的方差都是指修正方差。

方差和标准差有着良好的数学性质，是描述数据离散程度最常用的指标。其计算过程涉及每个数据，所以它们反映的信息是全面的，但也正因如此，它们易受极端值的影响。当数据中存在明显极端值时，要慎用方差与标准差，此时可用四分位差代替之。实际上，方差和标准差最适用于服从正态分布或近似正态分布的数据。

由于在方差的计算中使用了平方运算，这使得方差的量纲是数据原有量纲的平方。而标准差作为方差的算术根，则与原数据有相同量纲。因此，与方差相比，标准差有更明显的实际意义，它表达了均值与全部数据值之间的平均差距。

（四）数据的标准化

数据的均值与标准差往往联合使用，其中一个重要的用途就是可以对每个数据值进行标准化处理，以描述每个数据在数据集中的相对位置，并可用来判别数据中的异常值等。

设数据 x_1，x_2，…，x_n 的均值为 $\bar{x}$，标准差（修正或未修正）为 s，令：

$$z_i = \frac{x_i - \bar{x}}{s}(i = 1, 2, 3, \cdots, n) \tag{4-40}$$

则称数据 z_1，z_2，…，z_n 为 x_1，x_2，…，x_n 的标准化数据，或称标准得分（z - score），简称 z 值。

“标准化”一词源自标准化数据的如下重要性质：标准化数据是无量纲的，且其均值为 0，方差为 1。

z 值无量纲是显然的。至于其均值与标准差的计算，只需将公式（4 - 40）变形为：

$$z_i = \frac{1}{s}x_i - \frac{\bar{x}}{s}$$

令 $a = \frac{1}{s}$，$b = -\frac{\bar{x}}{s}$，根据方差的性质 2 即知：

$$\bar{z} = a\bar{x} + b = \frac{\bar{x}}{s} - \frac{\bar{x}}{s} = 0$$

$$s_z^2 = a^2 s^2 = \frac{s^2}{s^2} = 1$$

标准化相当于对原始数据进行了一个特殊的线性变换，将其均值变为 0，方差变为 1，但并不改变数据之间的相对位置。其本质是以标准差 s 作为测量尺度，度量了数据 x_i 与 $\bar{x}$ 的相对距离。

数据值 x_i 具有标准得分 z_i 的含义是：x_i 与均值 $\bar{x}$ 的距离为 $|z_i|$ 个标准差，z_i 的符号正负则标识了 x_i 与 $\bar{x}$ 的大小关系。比如，$z_1 = 1.5$，意味着 x_1 比 $\bar{x}$ 大了 1.5 个标准差。同样，$z_2 = -0.5$，表明 x_2 比 $\bar{x}$ 少了 0.5 个标准差。还可知道，x_1 与 x_2 之间相隔了 2 个标准差的距离。

容易证明，标准得分具有线性变换之下的不变性：若 $y_i = ax_i + b$ $(i = 1, 2, 3, \cdots, n)$，其中 $a > 0$，则 y_i 与 x_i 的标准得分相同。

标准化有许多重要的应用，下面略举二例。

1. 异常值的判定

我们知道，若随机变量 $X \sim N(\mu, \sigma^2)$，则：

$$P(|X-\mu| \leqslant \sigma) = 2\Phi(1) - 1 \approx 0.6827$$
$$P(|X-\mu| \leqslant 2\sigma) = 2\Phi(2) - 1 \approx 0.9545$$
$$P(|X-\mu| \leqslant 3\sigma) = 2\Phi(3) - 1 \approx 0.9973$$

与此相仿，对于数据 $x_1, x_2, \cdots, x_n$ 来说，若它的分布为正态或近似正态的，则数据的取值情况也有类似的规律，此即所谓数据汇总的经验法则（empirical rule）：

（1）约 68% 的数据与 $\bar{x}$ 的距离不超过 1 个标准差；

（2）约 95% 的数据与 $\bar{x}$ 的距离不超过 2 个标准差；

（3）约 99% 的数据与 $\bar{x}$ 的距离不超过 3 个标准差。

用标准得分的概念来表述，即：约 68% 数据的 z 值落在 $[-1, 1]$ 之内；约 95% 数据的 z 值落在 $[-2, 2]$ 之内；约 99% 数据的 z 值落在 $[-3, 3]$ 之内。

根据经验法则，绝大部分数据落在范围 $[\bar{x}-2s, \bar{x}+2s]$ 或 $[\bar{x}-3s, \bar{x}+3s]$ 之内，落在这些范围之外的情况是极其罕见的。因此，我们把落在 $[\bar{x}-2s, \bar{x}+2s]$ 之外的数据称为异常值，把落在 $[\bar{x}-3s, \bar{x}+3s]$ 之外的数据称为高度异常值。换言之，$|z_i| > 2$ 的数据为异常值，$|z_i| > 3$ 的数据为高度异常值。需要指出的是，这个判定异常值的方法适用于服从或近似服从正态分布的数据。

此外，由于 $[\bar{x}-2s, \bar{x}+2s]$ 涵盖了大约 95% 的数据，故还可用极差的四分之一来粗略估算标准差 s。

［例 4－20］ 假设考试成绩服从正态分布，今有 10 名学生的成绩：33，45，70，73，77，82，83，85，85，99，计算可得，$\bar{x} = 73.2$，$s = 19.8707$。数据的 z 值依次为：

-2.0231，-1.4192，-0.1610，-0.0101，0.1912
0.4429，0.4932，0.5938，0.5938，1.2984

可以验证，$\bar{z} = 0$，$s_z = 1$。还可看到，最低分 33 分比平均分低了 2.0231 个标准差，最高分 99 分比平均分高了 1.2984 个标准差。而且由于最低分的 z 值为 $-2.0231 < -2$，因此可以认为 33 分是个异常值，说明这个分数相对于数据整体而言低得不正常。

2. 等级划分

仿照与经验法则类似的推理，若随机变量 $X \sim N(\mu, \sigma^2)$，则：

$$P(X \geqslant \mu + \sigma) = 1 - \Phi(1) \approx 0.1587$$
$$P(\mu \leqslant X < \mu + \sigma) = \Phi(1) - \Phi(0) \approx 0.3413$$
$$P(\mu - \sigma \leqslant X < \mu) = \Phi(0) - \Phi(-1) \approx 0.3413$$
$$P(\mu - 2\sigma \leqslant X < \mu - \sigma) = \Phi(2) - \Phi(1) \approx 0.1359$$
$$P(X < \mu - 2\sigma) = \Phi(-2) \approx 0.0228$$

与此相仿，可对服从正态分布的数据（如考试成绩）进行等级划分。具体地，可将大于 $\bar{x}+s$ 的数据值定为 A 级，大于等于 $\bar{x}$ 而低于 $\bar{x}+s$ 的数据值为 B 级，依此类推。换言之，凡 z 值 >1 的数据为 A 级，z 值在［0，1）之内的数据为 B 级，z 值在［−1，0）之内的数据为 C 级，z 值在［−2，−1）之内的数据为 D 级，z 值 < −2 的数据为 E 级。

［例 4−21］ 假设考试成绩服从正态分布，已知某班一次考试的平均分为 76.5，标准差为 10，其中第一小组的 6 名学生成绩如下：66，96，83，77，90，79，试对这些分数划分等级。

解： 根据公式（4−40）计算 6 人成绩的 z 值，再评定等级，结果汇总如表 4−10 所示。

表 4−10　6 名学生的成绩等级汇总表

序号	成绩	Z 值	等级
1	66	−1.05	D
2	96	1.95	A
3	83	0.65	B
4	77	0.05	B
5	90	1.35	A
6	77	0.25	B

此处的等级划分是综合考虑了全班成绩的整体水平而确定的，这比简单地以分数段划分等级的方法要合理得多。

3. 数据的无量纲化变换

一般情况下，数据本身可能是带有量纲的，如身高（cm）、体重（kg），而不同量纲的数据之间是无法直接比较的，除非统一量纲或者消除量纲。标准化是消除量纲的常见手段之一，在回归分析、多元分析等统计学分支里有重要应用。

［例 4−22］ 某考生的中考成绩为 495 分，三年后他参加高考，成绩为 510 分。已知当年他所在地区中考成绩的均值为 440，标准差为 50；高考成绩的均值为 450，标准差为 60。请问该考生哪次的成绩表现较好？

解： 表面上看，510 高于 494，并且他的中考成绩比均值高出 55 分，而他的高考成绩则比均值高出 60 分，似乎都表明了该考生的高考表现优于中考。但是，因为两次考试的背景不同，相当于量纲不同，两次成绩是不宜直接比较大小的。更合理的方法是考虑两次成绩的 z 值：

$$z_{中考}=\frac{494-440}{50}=1.08$$

$$z_{高考}=\frac{510-450}{60}=1$$

如此看来，该考生的中考表现其实略优于高考。由于标准化是在综合考虑了均值与标准差的条件下消除了量纲，所以有理由认为，基于 z 值的结论是更为合理的。

需要指出的是，除了公式（4−40）所给的数据标准化手续之外，还有其他形式的标准化程序，例如，令：

$$y_i = \frac{x_i - \min\limits_{1 \leqslant i \leqslant n} \{x_i\}}{\max\limits_{1 \leqslant i \leqslant n} \{x_i\} - \min\limits_{1 \leqslant i \leqslant n} \{x_i\}} = \frac{x_i - x_{(1)}}{x_{(n)} - x_{(1)}} \quad (i = 1, 2, 3, \cdots, n)$$

这个标准化手续也称“极差归一化变换”，所得的标准化数据 y_1，y_2，…，y_n 的均值不是 0，标准差也不是 1，但可保证 y_i 取值在［0，1］之内。

再如，还可令：

$$u_i = \frac{x_i - \bar{x}}{\sqrt{\sum_{i=1}^{n} (x_i - \bar{x})^2}} (i = 1, 2, 3, \cdots, n)$$

这相当于将中心化数据（向量）（$x_1 - \bar{x}$，$x_2 - \bar{x}$，…，$x_n - \bar{x}$）除以自身的长度，因此也称之为“中心单位化变换”。不难看出，$u_i = \frac{z_i}{\sqrt{n-1}}$或 $u_i = \frac{z_i}{\sqrt{n}}$，具体取决于计算 z_i 时采用的 s 是修正的还是未修正的。于是可知，u_1，u_2，…，u_n 的均值为 0，标准差为$\frac{1}{\sqrt{n-1}}$或$\frac{1}{\sqrt{n}}$，且 $\sum_{i=1}^{n} u_i^2 = 1$。

在涉及数据标准化的问题中，必须要弄清所用的是哪种标准化程序，不可混为一谈。当然，由公式（4－40）定义的标准化是最常用的，以至于大多数软件都有现成的命令实现这一操作。

五、变异系数

极差、四分位差、平均差、标准差都带有与原始数据相同的量纲，因此都是刻画数据离散程度的绝对指标。用这些指标不但可以描述单个数据集的离散程度，而且还能对若干个同质数据集的离散程度进行横向比较。然而，对不同质的数据集来说，用这些绝对指标进行横向比较就不合适了。其原因有二：

（1）数据量纲不同。例如，要比较人的身高与体重数据的离散程度，二者标准差的量纲分别是厘米和千克，显然无法直接比较大小。

（2）测量尺度相差悬殊。例如，希望比较蚂蚁和大象的体重数据的离散程度，尽管可以统一量纲，比如都采用克，但其数值相差了好几个数量级，这种比较毫无意义。

因此，在比较不同质的数据集时，应当设法消除尺度和量纲的影响。为此，仿照总体变异系数的定义，给出数据变异系数的概念。

变异系数（coefficient of variance）是数据的标准差与均值绝对值之比，即：

$$Cv = \frac{s}{|\bar{x}|} \tag{4－41}$$

此公式对于未分组、分组数据都适用。

Cv 是衡量数据离散程度的相对指标，一般用于非负数据。Cv 显然没有量纲，同时又用数据各自的均值对标准差进行了标准化，这样就可以用于比较几个量纲不同的数据集的离散程度，或者比较量纲相同但是平均水平相差悬殊的数据集的离散程度了。

[**例4－23**] 考察下面两组数据：

第一组：1　2　3　4　5

第二组：101　102　103　104　105

从集中趋势的角度看，两组数据的均值分别为3和103，差距很大。从离散程度的角度看，二者的极差皆为4，四分位差皆为2，平均差皆为1.2，修正方差均为2.5，似乎表明两组数据的离散程度完全相同。然而注意到这两组数据的数量级相差悬殊，这些绝对性离散指标的相等是无意义的。此时宜采用相对性离散指标——变异系数：

$$Cv_1=\frac{s_1}{\bar{x}_1}=\frac{2.5}{3}=0.83$$

$$Cv_2=\frac{s_2}{\bar{x}_2}=\frac{2.5}{103}=0.024$$

可见，前者的变异系数是后者的34倍之多。

第4节　数据的偏度与峰度

在描述了数据的集中趋势和离散程度之后，并不能说完全掌握了数据的主要特征，尤其当数据不服从正态分布时，还需利用偏度、峰度进一步描述分布的其他特征。偏度与峰度也是重要的描述统计量，它们是由“近代统计学之父”卡尔·皮尔逊最早引入的。

一、偏度

偏度系数（coefficient of skewness）（记为Cs），简称偏度，是描述数据分布的偏斜方向以及偏斜程度的指标。

现实中有些数据的分布往往是非对称型的，如家庭收入、企业市场份额、资源占有量等，通常称之为偏态分布。如前所述，通过考察均值、中位数和众数的位置关系就可以辅助判断数据分布是对称、左偏还是右偏，但若想定量描述分布的偏斜程度，就要计算偏度。

（一）偏度的计算

偏度的计算公式不止一种，下面所给的公式是最简洁的：

1. 未分组数据情形

$$Cs=\frac{1}{n}\sum_{i=1}^{n}\left(\frac{x_i-\bar{x}}{s}\right)^3 \qquad (4-42)$$

其中，$\bar{x}=\frac{1}{n}\sum_{i=1}^{n}x_i$，$s=\sqrt{\frac{1}{n}\sum_{i=1}^{n}(x_i-\bar{x})^2}$。

2. 分组数据情形

$$Cs=\frac{1}{n}\sum_{i=1}^{k}n_i\left(\frac{m_i-\bar{x}}{s}\right)^3=\sum_{i=1}^{k}f_i\left(\frac{m_i-\bar{x}}{s}\right)^3 \qquad (4-43)$$

其中，$\bar{x}=\frac{1}{n}\sum_{i=1}^{k}n_i m_i$，$s=\sqrt{\frac{1}{n}\sum_{i=1}^{k}n_i(m_i-\bar{x})^2}$，而 m_i、n_i、f_i（$i=1, 2, \cdots, k$）分别为各组的组中值、频数、频率。

注意，上述公式中所用的 s 是未修正的标准差。

数据的偏度是总体偏度 $Cs=E\left(\frac{X-\mu}{\sigma}\right)^3$ 的样本形式，用统计学的术语说，总体的偏度是标准化变量 $\frac{X-\mu}{\sigma}$ 的"三阶原点矩"，而数据的偏度则是标准化数据 $z_i=\frac{x_i-\bar{x}}{s}$ 的三阶原点矩。

在偏度的定义中为什么要采用三阶矩？我们知道，标准化数据的均值为 0，方差为 1，即：

$$\bar{z}=\frac{1}{n}\sum_{i=1}^{n}z_i=\frac{1}{n}\sum_{i=1}^{n}\left(\frac{x_i-\bar{x}}{s}\right)=0$$

$$s_z^2=\frac{1}{n}\sum_{i=1}^{n}(z_i-\bar{z})^2=\frac{1}{n}\sum_{i=1}^{n}z_j^2=\frac{1}{n}\sum_{i=1}^{n}\left(\frac{x_i-\bar{x}}{s}\right)^2=1$$

可见，标准化数据的一阶、二阶原点矩皆为定值，不足以体现 z_i 的深层变化信息，因此在偏度的定义中采用了三阶矩，在稍后的峰度系数的定义中则采用四阶矩。

[例 4－23] 利用［例 4－13］的数据，计算偏度系数。

解：根据［例 4－17］的计算结果，均值 $\bar{x}=73.22$，修正方差为 186.3，可得未修正方差：

$$s^2=\frac{1}{n}\sum_{i=1}^{n}(x_i-\bar{x})^2=\frac{n-1}{n}\left[\frac{1}{n-1}\sum_{i=1}^{n}(x_i-\bar{x})^2\right]=\frac{35}{36}\times 186.3\approx 181.12$$

则未修正标准差 $s=\sqrt{181.12}\approx 13.46$。代入公式（4－42）可得偏度系数：

$$Cs=\frac{1}{n}\sum_{i=1}^{n}\left(\frac{x_i-\bar{x}}{s}\right)^3=\frac{1}{36}\times\frac{1}{13.46^3}\times[(77-73.22)^3+\cdots+(78-73.22)^3]\approx -0.75$$

[例 4－24] 利用表 4－6 的分组数据，计算偏度系数。

解：根据［例 4－18］的计算结果，均值 $\bar{x}=23$，由于 $n=600$ 数值很大，可认为未修正方差、修正方差近似相等，故未修正标准差 $s=7.48$。代入公式（4－43）可得偏度系数：

$$Cs=\frac{1}{n}\sum_{i=1}^{k}n_i\left(\frac{m_i-\bar{x}}{s}\right)^3=\frac{1}{600}\cdot\frac{1}{7.48^3}\cdot[18\cdot(7.5-23)^3+\cdots+13\cdot(42.5-23)^3]$$
$$\approx 0.228$$

（二）偏度的性质与意义

偏度是一个无量纲的相对性指标，故可用于比较不同数据集的偏斜程度。

偏度具有线性不变性：若 $y_i=ax_i+b$（$i=1, 2, 3, \cdots, n$），其中 $a>0$，则 y_1，y_2，$\cdots$，y_n 与 x_1，x_2，$\cdots$，x_n 的偏度值相同。这意味着一系列可用线性变换贯穿起来的"同源"数据集都具有相同的偏度。特别地，一组数据与它的标准化数据偏度必然相同。

为了准确理解偏度的意义，应先明确3次幂函数变换 $f(x)=x^3$ 的特性：当 $|x|<1$ 时，有 $|x^3|\ll|x|$，如 $-0.2^3=-0.008$，此时 $f(x)$ 有显著的缩小效用，使得 $f(x)$ 比 x 更接靠近0；当 $|x|>1$ 时，有 $|x^3|\gg|x|$，如 $2.5^3=15.625$，此时 $f(x)$ 有显著的放大效用，使得 $f(x)$ 比 x 更远离0。因此，当 $f(x)$ 作用于一个以0为中心的数据集时，就起到了掩盖近端（小数）效应，而突出远端（大数）效应的效果。

再结合公式（4-42）以及标准化 z 值的取值特性，可知偏度最终反映了标准化数据中所有 z 值的3次幂正负相消之后的剩余效应，具体意义如下：

（1）当 $Cs\approx0$ 时，意味着数据的正负 z 值之间几乎相互抵消，表明数据在均值两侧的分布是基本对称的。特别地，对于服从正态分布的数据而言，$Cs\approx0$。

（2）当 Cs 明显大于0时，表明正的极端 z 值占优势，均值右侧的数据更为分散，标准化数据分布的右端有长长的拖尾，称之为正偏或右偏。

（3）当 Cs 明显小于0时，表明负的极端 z 值占优势，均值左侧的数据更为分散，标准化数据分布的左端有长长的拖尾，称之为负偏或左偏。

总之，Cs 越接近0，标准化数据分布就越对称；$|Cs|$ 越大，标准化数据分布的某个单侧拖尾就越长。

二、峰度

峰度系数（coefficient of kurtosis）（记为 Ck），简称峰度，是描述数据分布两侧拖尾宽窄程度的指标。准确地说，它描述了标准化数据的分布与标准正态分布相比拖尾更宽或更窄的程度。但由于分布拖尾的宽与窄往往（但不绝对）与分布峰部的尖与平有关，因此峰度系数也常被认为是刻画分布尖峭程度的指标，“峰度”一词即来源于此。

（一）峰度的计算

峰度的计算公式也不止一种，最简洁的一种形式如下：

1. 未分组数据情形

$$Ck=\frac{1}{n}\sum_{i=1}^{n}\left(\frac{x_i-\bar{x}}{s}\right)^4 \qquad (4-44)$$

其中，$\bar{x}=\frac{1}{n}\sum_{i=1}^{n}x_i$，$s=\sqrt{\frac{1}{n}\sum_{i=1}^{n}(x_i-\bar{x})^2}$。

2. 分组数据情形

$$Ck=\frac{1}{n}\sum_{i=1}^{k}n_i\left(\frac{m_i-\bar{x}}{s}\right)^4=\sum_{i=1}^{k}f_i\left(\frac{m_i-\bar{x}}{s}\right)^4 \qquad (4-45)$$

其中，$\bar{x}=\frac{1}{n}\sum_{i=1}^{k}n_im_i$，$s=\sqrt{\frac{1}{n}\sum_{i=1}^{k}n_i(m_i-\bar{x})^2}$，而 m_i、n_i、$f_i(i=1,2,\cdots,k)$ 分别为各组的组中值、频数、频率。

同样要注意，上述公式中所用的 s 是未修正的标准差。

数据的峰度是总体峰度 $Ck=E\left(\frac{X-\mu}{\sigma}\right)^4$ 的样本形式，是标准化数据的四阶原点矩。

[例 4-25] 利用 [例 4-13] 的数据，计算峰度系数。

解：由 [例 4-17] 的计算结果可知，均值 $\bar{x}=73.22$，未修正标准差 $s=13.46$。代入公式 (4-44) 可得峰度系数：

$$Ck=\frac{1}{n}\sum_{i=1}^{n}\left(\frac{x_i-\bar{x}}{s}\right)^4=\frac{1}{36}\times\frac{1}{13.46^4}\times[(77-73.22)^4+\cdots+(78-73.22)^4]\approx 4.25$$

[例 4-26] 利用表 4-6 的分组数据，计算峰度系数。

解：与 [例 4-24] 道理类似，将 $\bar{x}=23$、$s=7.48$ 代入公式 (4-45) 可得峰度系数：

$$Ck=\frac{1}{n}\sum_{i=1}^{k}n_i\left(\frac{m_i-\bar{x}}{s}\right)^4=\frac{1}{600}\cdot\frac{1}{7.48^4}\cdot[18\cdot(7.5-23)^4+\cdots+13\cdot(42.5-23)^4]\approx 2.9$$

(二) 峰度的性质与意义

通过与偏度类比，可平行地得到峰度的一系列性质，但峰度的个别性质略为复杂。

与偏度的可正可负不同，峰度永远是非负的。峰度也具有线性不变性：若 $y_i=ax_i+b$ ($i=1, 2, 3, \cdots, n$)，则 $y_1, y_2, \cdots, y_n$ 与 $x_1, x_2, \cdots, x_n$ 的峰度值相同，其中，a、b 为任意常数。亦即，相互之间只差一个线性变换的数据集都具有相同的峰度。特别地，任何数据集与它的标准化数据集峰度相同。

峰度也是一个无量纲的相对性指标，故可用于不同数据集之间的比较。不过，为便于比较，需设定一个"标准"的峰度值作为基准。由于正态分布的重要性，我们自然想到以正态峰度值作为标准。可以证明，若 $X\sim N(\mu,\sigma^2)$，不论 μ、σ^2 为何值，X 的峰度系数恒等于 3。于是我们规定 3 为标准峰度，其他峰度值都要与 3 做比较。

为深入理解峰度系数的意义，须考察 4 次幂变换 $g(x)=x^4$ 的特性。显然，将 $g(x)$ 作用于一个以 0 为中心的数据集上时，起到了比 3 次幂变换更显著的掩盖近端效应、突出远端效应的效果，而且还规避了正负数的相消效应。因此，Ck 值反映了标准化数据中极端值的累积效应，Ck 值越大，说明极端的 z 值越多。

综合以上分析，峰度的意义可概述如下：

(1) 当 $Ck\approx 3$ 时，意味着标准化数据中异常值的分布范围、分布拖尾的宽窄程度与 $N(0, 1)$ 分布基本相当。或者说，原数据集的分布与同等的正态分布的尾部特征基本一致。所谓同等正态分布是指与原数据集有相同的均值和标准差的正态分布。

(2) 当 Ck 明显大于 3 时，意味着标准化数据与 $N(0, 1)$ 分布相比（或者说原数据集与同等的正态分布相比），分布的拖尾更宽，异常值分布范围更广，称之为厚尾分布。

(3) 当 Ck 明显小于 3 时，意味着标准化数据与 $N(0, 1)$ 分布相比（或者说原数据集与同等的正态分布相比），分布的拖尾更细，异常值分布范围更窄，称之为细尾分布。

经验表明，在大多数常见的单峰分布情形，厚尾分布往往伴随着尖峰，细尾分布往往伴随着缓峰。因此，一般也称 $Ck>3$ 的分布为尖峰的，称 $Ck<3$ 的分布为平峰的。当然，这里所谓"尖""平"都是相对正态分布而言的。

尖峰分布的典型形态是在均值附近有一个陡峭的峰，峰的两侧迅速下降，并有较长的拖尾。平峰分布的峰部则比较平坦开阔，拖尾较短，均匀分布就是一个极端的例子。但必须注意，"厚尾尖峰"、"细尾平峰"只是对常规单峰分布而言的经验型的结论，实际问题中遇到的数据形态到底如何，还要借助直方图等工具辅助判断。

在有些教程中，特意将 $Ck-3$ 作为峰度的定义。若按此定义，则峰度的基准值——正态峰度就化作 0，峰度值就可以取负数，但绝不会低于 -3。其他细节类推可知。

三、关于偏度、峰度的注意事项

“偏度”、“峰度”二词都有明显的指示形状的意味，根据偏度、峰度的值，也确实可以粗略推测出数据分布的大致形状。然而必须明白，偏度、峰度都是具有线性不变性的相对指标，对任何一组数据进行任意的线性变换 $y=ax+b$（$a>0$）之后，其偏度、峰度保持不变。显然，数据变换前后的分布曲线必存在尺度差异，曲线形状肯定是不同的，然而它们却有着相同的偏度和峰度。例如，对于不同的 μ、σ^2 值，正态分布 N（μ，σ^2）密度曲线的高低、尖平程度明显不同，但它们的偏度都是 0，峰度都是 3。因此，不能简单地根据分布的外形来比较偏度、峰度的大小，也无法根据偏度、峰度准确反映分布的形状。我们只能说，对于单独一个数据集来说，偏度、峰度所反映的是它的标准化数据的分布特性，至于原始数据的分布形状，确实与标准化数据的分布形状有些形似而已。类似地，对于多个数据集来说，也只有在分别进行标准化之后，或者经适当的线性变换使得它们具有相同的均值和标准差之后，关于分布拖尾宽窄与峰部尖平的比较、关于偏度与峰度大小的比较才有意义。

总之，偏度与峰度所刻画的是剔除了尺度、量纲、线性变换等影响因素之后，在数据分布中依旧保持不变的本性。这一点类似于圆周率：不论圆的外形大小如何悬殊，其周长与直径之比都恒等于 π。

关于偏度与峰度，还有各种复杂的修正的计算公式，此处从略。在用软件计算时，不同软件所采用的计算公式或有不同，结果也稍有差别。

偏度与偏度常常联合使用，用来辅助判断数据是否服从正态分布。一般只要数据同时满足 $Cs\approx0$ 与 $Ck\approx3$ 这两个条件，就能初步认可其正态性；两个条件中只要有一个明显不成立，就可否定其正态性。

[例 4-27] 试求表 4-11 所示数据的均值、标准差、偏度、峰度，分析数据分布的形状特征，并判断它是否来自正态总体。

表 4-11　偏度与峰度实验数据

0.43	1.334	2.10	3.28	0.04	0.92	1.23	1.65	2.80
5.28	1.39	1.59	5.69	8.04	1.35	0.03	1.72	0.30
1.45	3.03	0.98	2.59	1.83	1.63	0.57	2.01	0.89
0.98	0.86	1.13	0.73	0.36	0.65	0.47	0.17	1.97

解： 经计算可知，数据的均值为 1.71，标准差为 1.67，偏度为 2.13，峰度为 7.83。偏度明显大于0，表明数据分布是右偏的；峰度明显大于 3，表明该数据集的 z 值的分布要比标准正态分布的拖尾更宽，峰部更尖峭。由于偏度、峰度都明显偏离正态的水平值，故可判断该数据不服从正态分布。

第 5 节　数据分布的图形描述

均值、标准差、偏度、峰度等描述统计量固然可以在某些侧面反映数据分布的特征，但是它们作为单一的数值，所含信息毕竟十分有限。为了更全面展示数据的整体性状，一个必不可少的工具就是统计图。

统计图是用点、线、形、长宽、面积、色彩等元素综合表示数据集及其特征的几何图形。它能使枯燥的数据表达得生动、形象、直观，使数据中的异常性对比更加强烈，使数据的特征体现得更加鲜明，对数据集的整体概括性更强。由于人类具有非凡的模式识别本能，数据一旦与图形相结合，就可大大激发人们的想象空间。因此，在对数据进行探索性分析时，统计图发挥着极为重要的作用。

根据数据的特点和分析的目的，选择一种或几种适宜的统计图来展示数据是数据分析工作的基础。在分析中，要将图形与研究对象的背景知识紧密结合才能合理地解释现象，乃至发现新问题，得到新启迪，开创新成果。

统计图种类繁多，本节只介绍在实际工作中使用最广泛的几种：箱线图、直方图、经验分布图、QQ 图，它们一般只适用于定量数据。

一、箱线图

箱线图（box and whisker plot，简称 box plot）又称盒须图，是利用数据的最小值、下四分位数、中位数、上四分位数、最大值等数字特征绘制而成的简图。可用于粗略表达一组定量数据的分布情况，还特别适用于多组定量数据的并列比较。

（一）箱线图的绘制方法

图 4－3 是基于［例 4－13］中 36 名学生的数学成绩数据用 R 软件绘制的箱线图。

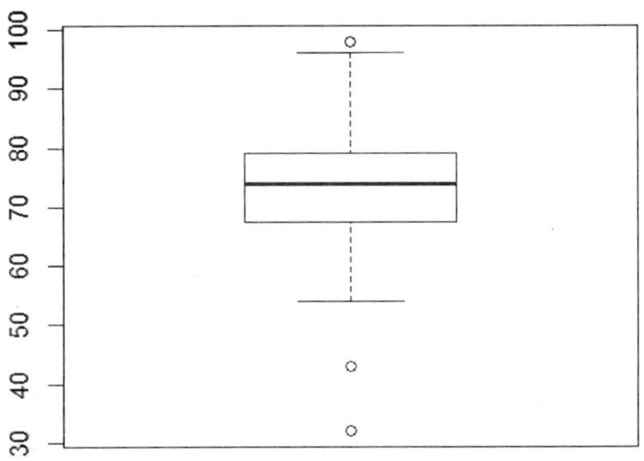

图 4－3　36 名学生数学成绩的箱线图

下面结合图 4－3，给出箱线图的结构及绘制步骤：

（1）先计算数据的最小值、下四分位数、中位数、上四分位数、最大值，并按公式

$Q_{0.25}-1.5\times IQR$ 与 $Q_{0.75}+1.5\times IQR$ 计算下、上截断点，本例中这 7 个值分别为：32、67.75、74、79、98、50.25、96.25。

（2）根据最小值、最大值，画一纵向数轴，使轴刻度能够覆盖所有数据。在本例中，刻度设置为 30 ~ 100。

（3）在数轴的右边绘制一个“箱子”，使其上下端坐标与上下四分位数对应；并在矩形的中间画一横线，对应中位数。

（4）在数据中找到位于上、下截断点之间的最大值与最小值，并在矩形的上下方各画一条短横线与之对应，再用竖线将箱子上下端和上下两条短横线相连，竖线与短横线构成所谓“须”。本例中“须”的两个端点坐标为 54 和 96。

（5）处于上下短横线之外的点作为异常值，在相应坐标处用圆点标出。在本例中，有三个异常值：32、43、98。

（二）箱线图的用途

通过箱线图可以直观地看到数据的集中位置、离散程度、偏斜程度以及异常值的分布情况等信息。比如，箱线图的纵向跨度相当于数据的极差；箱子中涵盖了中间 50% 的数据，箱子越短，数据越集中；中位线越处于箱子的正中，数据分布就越对称；触须越长，说明极端值越多；两须的长短差异越大，分布就越偏斜，等等。

仅表达一组数据的箱线图，称为简单箱线图。若将多组数据的箱线图罗列在一个图中，则称为复式箱线图。复式箱线图特别适于同时对多个数据集进行比较，下面略举数例。

1. 不同生产条件下工作效率的比较

例如，某供热公司有 3 台锅炉一起承担供热任务，为了比较这些锅炉在热效率上的差异，随机记录了 3 台锅炉在某 49 个时刻的热效率值，绘制这三组数据的复式箱线图如图 4-4 所示。

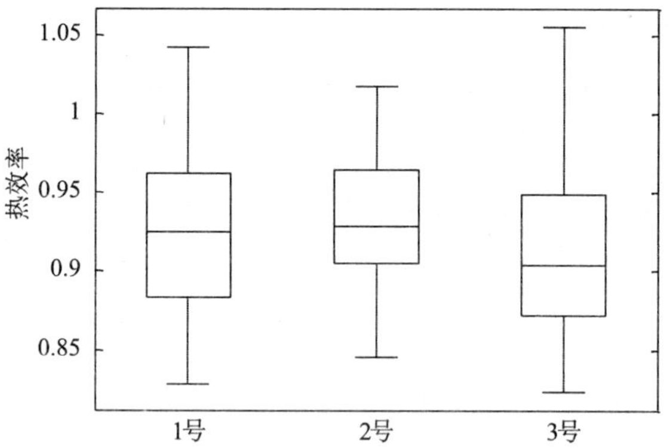

图 4-4 三台锅炉热效率值数据的箱线图

由图 4-4 可见，相比之下，2 号锅炉的热效率值不论是平均水平还是稳定性、对称性等方面都是最佳的；3 号锅炉的热效率整体水平最低，并且倾向于有较多的正偏极端值，稳定性最差；1 号锅炉热效率的平均水平大体与 2 号锅炉相当，但是离散程度较大，稳定性差。另外，全部箱线图中没有任何异常值，说明热效率这个变量的整体取值范围是稳定的，没有太大的波动。

2. 同一数据集中不同子类间的比较

例如，某企业共有 296 名员工，为研究员工收入与文化程度的关系，将全部员工按学历分为三组：初中学历 80 人，高中学历 126 人，大学学历 90 人。对这三组员工以及全体员工的收入数据绘制复式箱线图如图 4－5 所示。

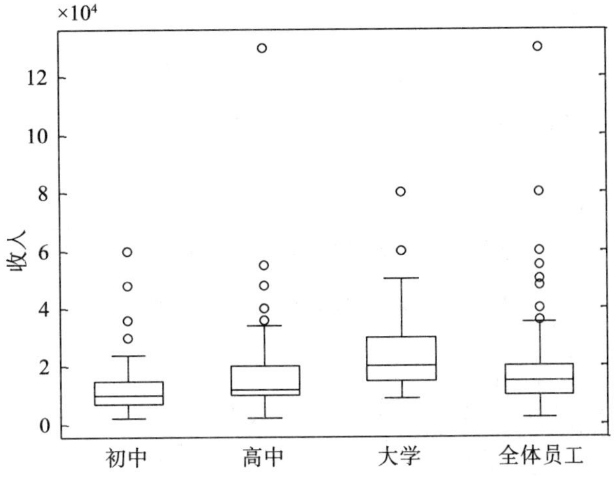

图 4－5　不同文化程度群体的收入数据箱线图

我们注意到，前三个箱线图的高度逐节上升，可见员工的收入水平确实有随着文化程度的升高而升高的趋势；大学组的最小值与中位数值都明显高于其他各组，但该组数据的离散程度也是最大的；高中组与全体人员组的箱线图形状非常相像，说明高中组的收入状况最具代表性；还可看到，收入的离散程度也随着文化程度升高而变大，这个现象也许可以解释为一个群体的平均收入越高，则群体内部的收入差异也越大；各组数据分布都有明显的右偏特征，都有离群点，可见每个组都有出现高收入的机会，尤其最高收入值出现在高中组也印证了这一判断。

（三）同一量纲的不同变量之间的比较

例如，某经济学实验班共有学生 37 人，在大一第一学期共有 5 门考试课程：经济学、计算机基础、大学英语、数学分析、高等代数。对这 5 门课程的期末成绩绘制复式箱线图如图 4－6 所示。

从图 4－6 可以发现，总的看来，计算机基础的成绩最好，经济学的成绩最低，但二者都仅有一人不及格；大学英语成绩的整体水平虽然不是最高，但却是 5 门课程中唯一的全班及格的科目；经济学、大学英语的成绩有较好的对称性，可认为这两组数据都近似服从正态分布；数学分析、高等代数同为数学课，平均成绩并不低，但两极分化情况却比其他课程严重得多，不及格人数更是居高不下；整体上看，各组数据的分布都有左偏倾向，这大概与各门课程的平均成绩都较高有关；计算机基础的平均成绩明显偏高，而其余 4 门课程的平均成绩则基本持平，这提示我们，计算机基础的考核方式可能有些特别。

如果我们还对这 37 名学生的个人成绩分布感兴趣，可将每个学生的 5 门课程成绩视为一组数据，绘制 37 组数据的复式箱线图。图 4－7 是按个人平均分从高到低的顺序绘制的箱线图，每人的成绩分布特点及其在全班的相对位置就一目了然了。

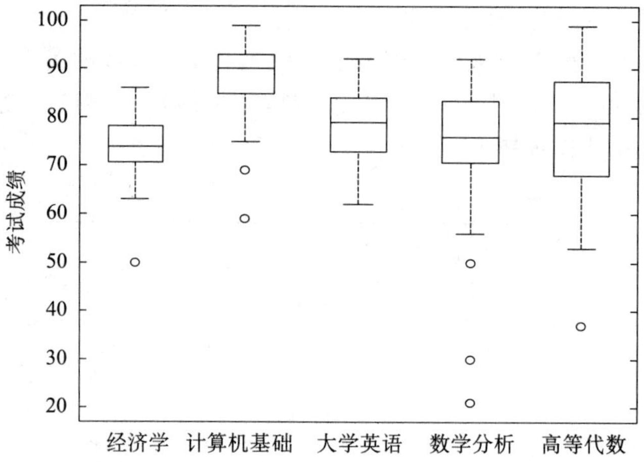

图 4-6 实验班五门课程成绩的箱线图

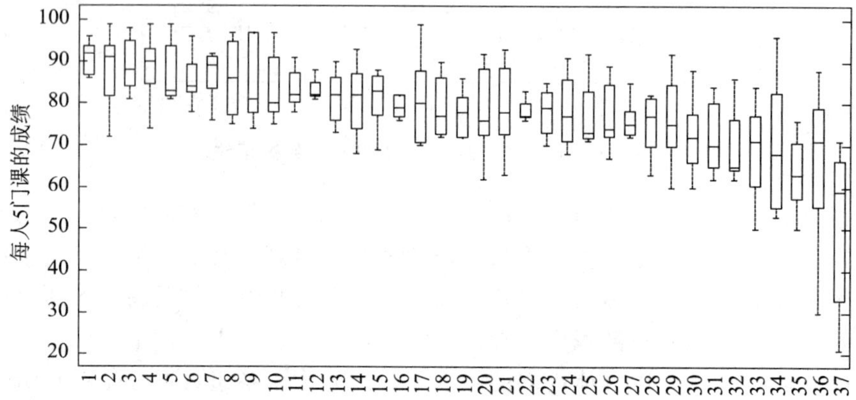

图 4-7 实验班 37 名学生个人成绩的箱线图

在以上数例中，当然还可基于原始数据计算各组数据的中位数、均值、标准差、偏度、峰度等描述性指标，与箱线图结合使用会得到更准确、全面的结论。此处从略。

二、直方图

直方图（histogram）是对定量数据的频数、频率、频率密度分布的图形展示，尤其对来自连续总体的数据而言，频率密度直方图的上端轮廓线给出了总体概率密度曲线的良好近似。

（一）直方图的绘制方法

直方图的构建思想与分类数据的频数条形图一脉相承。其绘制方法为：将数据 x_1，x_2，$\cdots, x_n$ 从小到大排序为 $x_{(1)} \leqslant x_{(2)} \leqslant \cdots \leqslant x_{(n)}$，取一个略小于 $x_{(1)}$ 的数 a 和一个略大于 $x_{(n)}$ 的数 b，在区间 $[a, b]$ 内嵌入 $k-1$ 个分点（组界），将区间 $[a, b]$ 划分为 k 个左开右闭的小区间（一般是等距区间），各区间的长称为组距。统计数据落入每个区间的频数 n_i，一般要求 $n_i \geqslant 5$，若个别 $n_i < 5$，可将相邻的区间合并以实现这一要求（此时就须放弃区间的等距性）。然后顺次在每个区间之上都画一个矩形，其宽度等于区间长 d_i，其高度 h_i 则有三

种设定方式，随之便有三种直方图：

（1）频数直方图：$h_i = n_i$，此时 $\sum_{i=1}^{k} h_i = n$。

（2）频率直方图：$h_i = \frac{n_i}{n} = f_i$，此时 $\sum_{i=1}^{k} h_i = 1$。

（3）频率密度直方图：$h_i = \frac{f_i}{d_i} = \frac{n_i}{nd_i}$，此时 $\sum_{i=1}^{k} d_i h_i = \sum_{i=1}^{k} f_i = 1$。

在上述步骤中，区间组数 k 以及区间分点的确定是灵活的。一般来说，k 越大越好，但保证每个 n_i 足够大也很重要。要在二者之间取得一个恰当的平衡才能获得高质量的直方图，这可能需要多次的尝试之后才能确定。

这三种直方图的区别在于矩形高度（纵坐标）的意义不同：频数直方图以频数为高，全部矩形高度之和为样本量 n；频率直方图以频率为高，全部矩形高度之和为1；频率密度直方图则以频率密度为高，此时矩形的面积恰等于相应区间的频率 f_i，故全部矩形面积之和为1，而矩形高度之和无意义。

[例4-28] 从某高校随机抽取60名大学生的身高数据（cm）如下：

156	162	169	172	175	178	169	160	164	162
183	165	173	167	174	164	160	160	171	167
167	177	170	170	178	164	173	174	167	170
162	162	169	173	184	164	170	168	157	166
158	174	163	169	165	170	165	171	173	179
167	163	177	162	174	169	177	167	161	184

试绘制该数据的频数直方图。

解：首先确定组数 k，一般在5～20之间，此处不妨取组数为 $k=6$。数据最小值为156，最大值为184，故可将数据范围设置为［155，185］。然后计算等分法的组距 $d = \frac{185-155}{6} = 5$，一般情况下该比值可能带有小数，那就要适当取整。于是可得组界为：

155，160，165，170，175，180，185

接下来统计各组的频数，得频数表（如表4-12所示）。

表4-12　学生身高数据频数表

区组	频数	频率	频率密度
155～160	6	0.1	0.02
160～165	15	0.25	0.05
165～170	18	0.3	0.06
170～175	12	0.2	0.04
175～180	6	0.1	0.02
180～185	3	0.05	0.01
合计	60	1	—

根据表 4－12 可绘制频数直方图（如图 4－8 所示）。

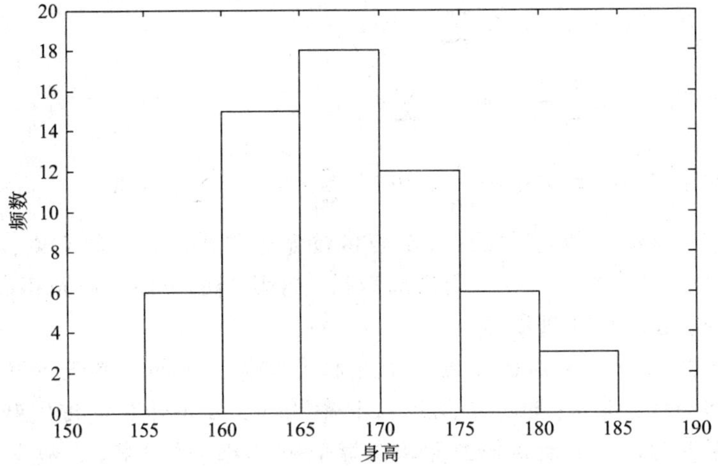

图 4－8　学生身高数据的频数直方图

从图 4－8 中可清晰看出，各个区组内所包含的人数以及不同区组频数的相对大小。

（二）关于直方图的注意事项

为了弄清上述三种直方图的细微差别，下面举例说明。

［**例 4－29**］ 图 4－9 是根据表 4－12 的整理结果，对同一组数据绘制的频数、频率、频率密度直方图。

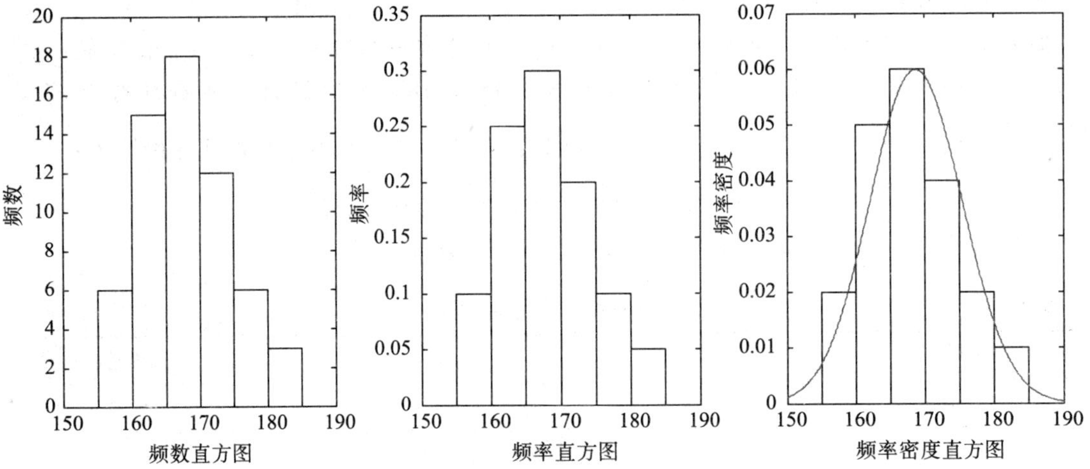

图 4－9　学生身高数据的频数、频率、频率密度直方图

由图 4－9 可见，三个直方图的外形完全相同，差别只在于纵轴的刻度（比例尺）不同。这是因为当初采用了等距分组。若记共同的组距为 d，则同一区间对应的矩形在三个图中的高度 n_i、$\frac{n_i}{n}$、$\frac{n_i}{nd}$ 皆与频数 n_i 成正比，三个高度之间只相差常数倍，因此，三个图除了矩形高度的比例尺有所放缩外，其外观并无差别。

然而必须指出，三者之中频率密度直方图最为重要，它是无可替代的。原因如下：

（1）在不等距分组情况下，组距 d_i 不再是常数，频率密度$\frac{n_i}{nd_i}$与 n_i 不再成正比例关系，频率密度直方图与其余两种直方图的外形不再相似。严格地讲，此时只有频率密度直方图是正确图形，其余二种虽然可以绘制，但将导致解读上的谬误，皆不可取。

大多数情况下，人们习惯于基于等距分组来绘制直方图，但是当数据中有许多异常值时，等距分组就不合适了。这是因为，少数几个异常值数据可能占据了很广阔的区间范围，各区间频数、频率很低，相应的矩形高度接近甚至等于 0，这些零散的矩形不利于数据信息的整合与呈现。相比之下，若将这有限的几个异常值适当并入一两个大区间，形成不等距分组，由此绘制的频率密度直方图看上去更平滑，也便于观察数据的整体特征。

思　在不等距分组情况下绘制的频数或频率直方图，容易导致怎样的感官错觉？

（2）频率密度直方图的全部矩形面积之和等于 1。这一点与概率密度函数的性质一致，这表明，只有频率密度直方图的轮廓才是总体概率密度曲线的良好近似，其余二种直方图都不具有这个特性。如在图 4－9 中所看到的，只有第三幅直方图中可配置拟合密度曲线。

事实上，采用频率密度的目的就是按区组的宽度来调整频率，以使矩形面积等于相应的频率，且矩形面积之和为 1。因此，频率密度就是单位长度上的频率值，频率密度函数的值为：

$$\hat{f}(x)=\frac{n_i}{nd_i},x\in B_i$$

该值就是总体密度函数值$f(x)$的良好近似。其中，B_i 为 x 所在的区组，n_i 与 d_i 分别为该区组的频数和组距。

思　为频数或频率直方图硬性地配置拟合密度曲线会出现什么情况？

（三）直方图的用途

直方图（尤其频率密度直方图）是最基本、最重要的统计图之一，它可以从直观上综合反映数据的宏观特征，如集中程度、集中区间、离散程度、对称性、偏斜性、单峰性、异常点情况等，对于判断分布类型、推测密度函数形式等方面具有极重要的参考意义。将直方图反映的信息与数据实际背景相结合，就可获取很多有价值的启示，为深入分析指明方向。

经验表明，在生产实践中获得的大部分数据，其直方图轮廓一般都与正态密度曲线有些相近，如大多具有单峰、双尾等特征，凡是形状明显异常的直方图都应特别注意。为此，人们总结了若干种特殊直方图及其可能的成因，可做参考。

1. 孤岛型

在直方图的边缘处有一个或几个孤立的小岛状突起（如图 4－10（a）所示），此类情形称为孤岛型直方图。一般来说，孤岛型直方图提示数据中存在异常值。

2. 陡壁型

直方图形状像高山陡壁一样向一边倾斜，这种情形称为陡壁型直方图（如图 4－10（b）

所示)。一般来说，当对收集到的数据采取某种过滤处理后，其直方图往往表现为陡壁型。

3. 双峰型

所谓双峰型是指直方图中出现了两个高峰（如图 4 - 10（c）所示)。此种直方图提示：全体数据可能由来自于两个不同总体的数据混杂而成，而且一般来说这两个总体的均值差异很大。此时需对数据做分层处理。

4. 平台型

平台型直方图的顶峰不明显，近似呈平顶形状（如图 4 - 10（d）所示)。造成平台型直方图的主要原因是：全体数据很可能是由来自两个乃至多个总体的数据混合而成。

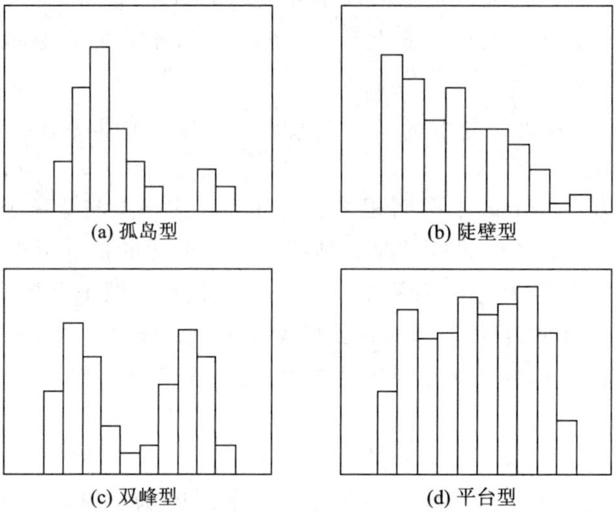

图 4 - 10　几种特殊形状的直方图

（四）双直方图

双直方图（bihistogram）是在同一图中一上一下绘制两幅直方图，用来对两组数据进行比较的复合图形。

图 4 - 11 是对某高校全体男生、女生两组身高数据绘制的频率双直方图，从图中可以直观地对两组数据的平均水平、离散程度、偏斜程度、异常值等方面进行比较。

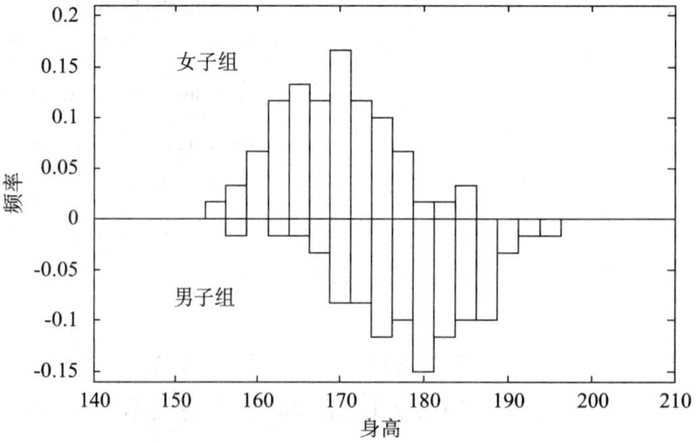

图 4 - 11　双直方图

三、经验分布函数图

如前所述，我们可以用频率密度函数估计总体密度函数，用直方图近似推测总体密度曲线的形状。基于同样的思想，从样本数据出发，我们还可以对总体分布函数 $F(x)$ 及其图像进行估计，此即经验分布函数及经验分布函数图。

基于数据 x_1，x_2，…，x_n，定义其经验分布函数（Empirical cumulative distribution function）为：

$$F_n(x)=\frac{n_x}{n},\ -\infty<x<+\infty$$

其中，n_x 表示 x_1，x_2，…，x_n 中不超过 x 的数据个数，亦即 $F_n(x)$ 的函数值就是 x_1，x_2，…，x_n 中那些不超过 x 的数据所占的百分比。

事实上，若将数据 x_1，x_2，…，x_n 视为某个离散型随机变量 X 的所有可能取值，将 x_i 的频率 $\frac{1}{n}$ 视为 X 取值 x_i 的概率，则随机变量 X 的分布函数就是数据 x_1，x_2，…，x_n 的经验分布函数。

可以证明，当样本容量 n 充分大时，经验分布函数 $F_n(x)$ 是总体分布函数 $F(x)$ 的良好近似。

经验分布函数 $F_n(x)$ 的图像，称为数据 x_1，x_2，…，x_n 的经验分布函数图，它是总体分布函数 $F(x)$ 图像的良好近似。

［例 4 – 30］ 由［例 4 – 28］的大学生身高数据，可以绘制其经验分布函数图，如图 4 – 12 所示。

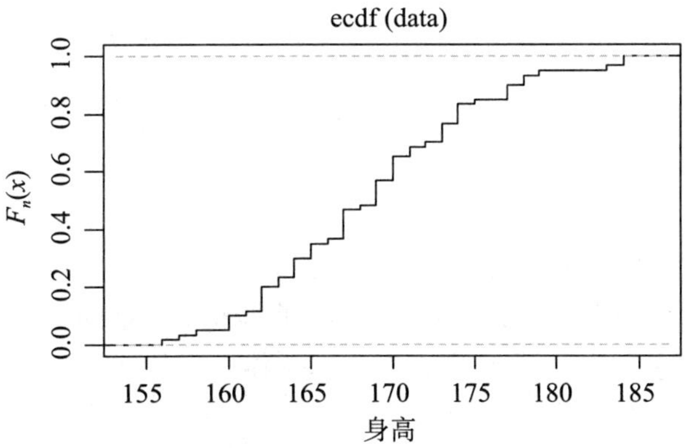

图 4 – 12　身高数据的经验分布函数图

直方图与经验分布函数图都是探索定量数据总体分布的有力工具。从适用范围上看，直方图一般仅适用于连续型总体，经验分布函数图则不受此限制。从功能上看，直方图用于近似估计总体概率密度函数图，经验分布函数图用于估计总体分布函数图。但需注意，绘制直方图之前要进行数据分组，这将损失掉原始数据的部分信息，并且组数及组距的设定也带有很大的灵活性，但这些都不足以否认直方图的重要价值。经验分布函数图的绘制不需要数据分组，也不存在信息损失，其图形虽然是确定的，但又略显繁琐。总之，这两种统计图的功用各有千秋，对二者进行综合考察有助于推测总体的分布形式。

四、正态 QQ 图

QQ 图（Quantile - quantile plot）全称“分位数 - 分位数图”，是进行分布检验的图形方法。QQ 图有很多种，分别用于处理不同的检验问题，这里仅介绍最常用的一种：正态 QQ 图。

正态 QQ 图用于从直观上判断一组数据 x_1，x_2，…，x_n 是否服从正态分布，即所谓正态性检验。其基本思想是绘制经验分位数与理论分位数的散点图（QQ 图），根据散点图的特征做出判断。

我们知道，如果随机变量 $X \sim N(\mu,\sigma^2)$，则 $Z=\frac{X-\mu}{\sigma} \sim N(0,1)$。记 X，Z 的分布函数分别为 $F(x)$，$\Phi(z)$，对任意 $\alpha \in (0,1)$，令 x_α，z_α 分别表示这两个分布的（下侧）α 分位数，则：

$$F(x_\alpha)=P(X\leqslant x_\alpha)=P(Z\leqslant\frac{x_\alpha-\mu}{\sigma})=\Phi(\frac{x_\alpha-\mu}{\sigma})=\alpha$$

立即可见 $\frac{x_\alpha-\mu}{\sigma}=z_\alpha$，即：$x_\alpha=\sigma z_\alpha+\mu$。

因此，只要随机变量 X 服从正态分布 N（μ，σ^2），则不论 μ，σ^2 为何值，N（μ，σ^2）分布的分位数 x_α 必是 N（0，1）分布分位数 z_α 的线性函数。于是，随着 α 在区间（0，1）的连续取值，二维点集（z_α，x_α）在 $x_\alpha-y_\alpha$ 坐标平面上必呈现为一条直线。这就是绘制正态 QQ 图的原理。

回到我们的问题，设数据 x_1，x_2，…，x_n 来自总体 X，绘制正态 QQ 图的步骤如下：

（1）将数据 x_1，x_2，…，x_n 从小到大排序为 $x_{(1)}\leqslant x_{(2)}\leqslant\cdots\leqslant x_{(n)}$。

（2）估算每个 $x_{(i)}$ 相当于总体分布的多大水平 α_i 的分位数，即估计 $\alpha_i=P$（$X\leqslant x_{(i)}$）的值。显然 α_i 的一个自然的估计是 $\hat{\alpha}_i=\frac{i}{n}$，但理论和实践都表明 α_i 更好的估计是 $\hat{\alpha}_i=\frac{i-0.5}{n}$、$\frac{i}{n+1}$ 或 $\frac{i-0.375}{n+0.25}$（R 软件所采用）。

（3）根据诸 $\hat{\alpha}_i$ 的值，依次确定标准正态分位数 $z_{\hat{\alpha}_i}=\Phi^{-1}$（$\hat{\alpha}_i$）（$i=1$，2，…，$n$）。

（4）在坐标平面上绘制散点图（$z_{\hat{\alpha}_i}$，$x_{(i)}$），此即正态 QQ 图。

显然，若数据 x_1，x_2，…，x_n 确实来自正态总体，由前述原理可知，所得 QQ 图必然近似呈一直线。因此，若 QQ 图上的点近似分布在一条直线的附近，就可认为数据服从正态分布；反之，若 QQ 图明显不呈直线，则有理由否定数据的正态性。

［例 4 - 31］ 由［例 4 - 28］的大学生身高数据，可以绘制其正态 QQ 图（如图 4 - 13 所示）。

由图 4 - 13 可见，QQ 图中的散点基本围绕在一条直线附近，因此可以认为该数据服从正态分布。且图中拟合直线的斜率大约为（185 - 155）/4.5 = 6.6，截距约为 168，因此还可以大致估算数据来自总体 N（168，6.6^2）。

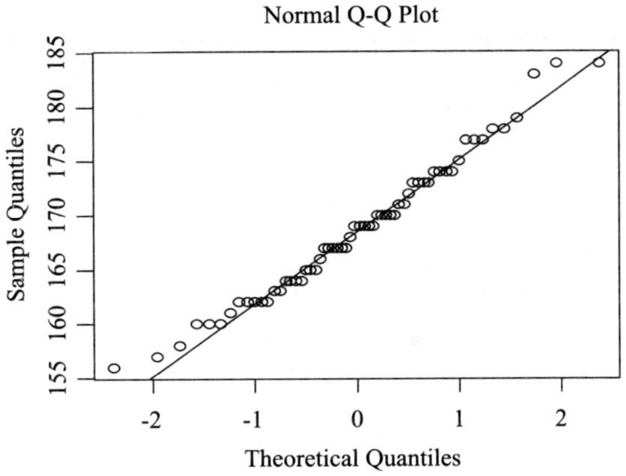

图 4 - 13　身高数据的正态 QQ 图

由正态 QQ 图的生成原理可以看出，我们事先根本不必知道那个“隐身”的正态分布的 μ，σ^2 之值，就可用 QQ 图判断数据的正态性。换言之，用该方法能判断数据是否来自“正态分布族”，而不需指明它是族中哪个具体分布。这是正态 QQ 图检验法有别于其他各种正态性检验法的最突出的优点。

除了正态分布，基于其他分布是否也可以绘制类似的具有上述优良性质的 QQ 图呢？事实上，并非任何分布族都可以做到这一点，但对于指数分布、对数正态分布、威布尔分布等若干个特殊分布族，这是可以实现的。而且，随着问题背景的不同，还有其他类型的 QQ 图可供使用。限于篇幅，此处不再赘述。

思　分布族具有哪些特征时才可以绘制出类似正态 QQ 图的图形？

第 6 节　描述性分析的 R 软件实现

本节介绍如何运用 R 软件进行描述性分析，包括两个部分：描述性统计量的计算，常见统计图的绘制。

一、描述性统计量的计算

利用 R 软件可以快速计算出数据的各种描述性统计量，具体函数命令如表 4 - 13 所示。

表 4 - 13　R 软件中有关描述性统计量的常见计算命令

命令	功能
summary（data）	依次输出数据 data 的最小值、下四分位数、中位数、均值、上四分位数、最大值
describe（data）	依次输出数据 data 的元素个数、均值、标准差、中位数、10% 截尾均值、平均差、最小值、最大值、极差、偏度、峰度、平均值的标准误

续表

命令	功能
range（data）	依次输出数据 data 的最小值、最大值
sum（data）	求数据 data 的所有元素之和
min（data）	求数据 data 的最小值
max（data）	求数据 data 的最大值
sort（data）	将数据 data 从小到大排序
length（data）	求数据向量 data 的维数
mean（data）	求数据 data 的均值
mean（x，trim = p）	求数据 data 的 100p% 截尾均值（0 < p < 0.5）
median（data）	求数据 data 的中位数
geometric. mean（data）	求正值数据 data 的几何平均数
harmonic. mean（data）	求数据 data 的调和平均数
quantile（data，probs = p，type = 2）	按 R 软件提供的第 2 种方式计算 data 的 p 分位数
quantile（data）	依次输出数据 data 的最小值、下四分位数、中位数、上四分位数、最大值，并带有标题行
fivenum（data）	五数概括（与 quantile（data）功能类似，但无标题行）
var（data）	求数据 data 的方差
sd（data）	求数据 data 的标准差
mad（data）	求数据 data 的平均差
scale（data）	对数据 data 进行标准化
skewness（data）	求数据 data 的偏度系数
kurtosis（data）	求数据 data 的峰度系数
IQR（data，type = 2）	求数据 data 的四分位差
table（data）	求数据 data 的频数分布

注：①使用 skewness（ ）和 kurtosis（ ）函数之前，需加载 moments 程序包。

②使用 describe（ ）、geometric. mean（ ）、harmonic. mean（ ）函数之前，需加载 psych 程序包。

表 4－13 中并未涵盖所有描述性统计量，比如，没有现成命令来求三均值、截断点、异常值、众数、变异系数，等等，不过我们只需灵活运用这些基本命令，经简单编程就可完成这些任务。此外，诸如偏度、峰度、分位数等统计量的计算公式都不止一种，若 R 所采用的公式并非我们期望的那个，此时就需要我们自己编程来实现。

［例 4－32］ 基于［例 4－13］的数据，编程计算其三均值。

解： 可编程构造一个自定义函数 trimean（ ）计算三均值，其 R 程序及运行结果如图 4－14 所示。

```
R Console (64-bit)
文件 编辑 其他 程序包 窗口 帮助
> #自定义函数trimean( )计算三均值（参照公式4-26）：
> trimean<-function(data)
+ {p<-c(0.25,0.5,0.25)
+ q<- quantile(data,probs=c(0.25,0.5,0.75),type=2)
+ sum(p*q)}
> data<-c(77,62,77,71,70,68,74,59,89,85,79,79,72,90,78,72,93,77,
+ 74,77,71,68,98,96,83,67,71,78,87,66,56,65,43,32,54,78)
> trimean(data)
[1] 73.625
```

图 4－14　R 程序及其运行结果

由图 4－14 可知，结果为 73.625。

［**例 4－33**］利用［例 4－13］中的数据，试求解下列问题：

(1) 均值、中位数、10% 截尾均值；

(2) 30% 分位数、下四分位数、上四分位数；

(3) 四分位差、极差、标准差、变异系数；

(4) 偏度系数、峰度系数；

(5) 该数据集中有多少个数据值大于 87？

解：求解本题的 R 程序及其运行结果如图 4－15 所示。

```
R Console (64-bit)
文件 编辑 其他 程序包 窗口 帮助
> data<-c( 77,62,77,71,70,68,74,59,89,85,79,79,72,90,78,72,93,77,74,77,71,
+          68,98,96,83,67,71,78,87,66,56,65,43,32,54,78)
> c(mean(data),median(data), mean(data,trim=0.1))
[1] 73.22222 74.00000 74.00000
> quantile(data,probs=c(0.3,0.25,0.75),type=2)
 30%  25%  75%
68.0 67.5 79.0
> c(IQR(data,type=2), max(data)-min(data), sd(data), sd(data)/mean(data))
[1] 11.5000000 66.0000000 13.6488851  0.1864036
> library(moments)
> c(skewness(data),kurtosis(data))
[1] -0.7538682  4.2533364
> sum(data>87)
[1] 5
```

图 4－15　R 程序及其运行结果

由图 4－15 可知，该数据集的均值、中位数、10% 截尾均值分别为 73.22、74、74；30% 分位数、下四分位数、上四分位数分别为 68、67.5、79；四分位差、极差、标准差、变异系数分别为 11.5、66、13.65、0.19；偏度、峰度系数分别为 －0.75、4.25；数据集内共有 5 个值大于 87。

需要指出的是，表 4－13 中的命令只适用于未分组数据，当然这也是最重要、最常见的情形。但若手头确实没有原始数据，只有分组数据，这时如何用 R 完成统计量的计算？参看下例。

［**例 4－34**］利用表 4－6 的分组数据，求均值、中位数、80% 分位数、标准差、偏度、峰度。

解：对于分组数据，无法直接使用表 4－13 中的命令。此时，可以根据分组数据之下的具体公式逐一编程求解。

不过，我们这里采用一个更迅捷的办法：先将分组数据转化为等效的未分组数据，然后再借助表 4－13 中的命令完成计算。相应的 R 程序及其运行结果如图 4－16 所示。（rep（m［i］，n［i］）的作用是将每个代表值 m_i 重写 n_i 次）

```
R Console (64-bit)
文件 编辑 其他 程序包 窗口 帮助
> m<-c(7.5,12.5,17.5,22.5,27.5,32.5,37.5,42.5);   #各组的代表值
> n<-c(18,72,106,182,121,66,22,13);                #各组的频数
> k<-length(n); sn<-sum(n);                        #组数与总频数
> data<-vector();                                  #先建立一个空向量
> for (i in 1:k)
+ data<-c(data,rep(m[i],n[i]));                    #将分组数据化作普通数据格式
> library(moments)
> c(mean(data),median(data), quantile(data,probs=0.8,type=2),sd(data),
+ skewness(data),kurtosis(data))
                                 80%
23.0583333 22.5000000 27.5000000  7.4770610  0.2285459  2.9086528
```

图 4－16　R 程序及其运行结果

根据图 4－16 可知，该分组数据的均值、中位数、80% 分位数、标准差、偏度系数、峰度系数分别为 23.06，22.5，27.5，7.48，0.23，2.9。

> 思　［例 4－34］所得偏度、峰度值与［例 4－24］、［例 4－26］的计算结果是否完全一致？为什么？

二、常见统计图的绘制

用 R 软件可以方便地绘制统计图，具体命令如表 4－14 所示。

表 4－14　R 软件中绘制常见统计图的命令

命令	功能
boxplot（data）	绘制数据 data 的箱线图
hist（data，breaks = k，option）	绘制数据 data 的直方图
plot（ecdf（data），option）	绘制数据 data 的经验分布函数图
qqnorm（data）；qqline（data）	绘制数据 data 的正态 QQ 图并附拟合直线

注：在 hist（）命令中，语句“breaks = k”中的 k 若为正整数，则将数据所在范围 k 等分后绘制直方图；若 k 为向量，以该向量的诸分量为分点，绘制直方图。

［例 4－35］ 利用［例 4－13］的数据，绘制频数直方图、频率密度直方图、箱线图、经验分布函数图、正态 QQ 图。

解：利用表 4－14 中的命令，编程如下：

```
x<-c(77, 62, 77, 71, 70, 68, 74, 59, 89, 85, 79, 79, 72, 90, 78, 72, 93, 77, 74, 77,
71, 68, 98, 96, 83, 67, 71, 78, 87, 66, 56, 65, 43, 32, 54, 78)
par(mfrow=c(2, 2))
hist(x, breaks=6, freq=TRUE, main='频数直方图')
hist(x, breaks=6, freq=FALSE, main='频率密度直方图')
plot(ecdf(x), verticals=TRUE, do.p=FALSE, main='经验分布函数图')
qqnorm(x, main='正态QQ图'); qqline(x)
dev.new()
boxplot(x, main='箱线图')
```

在此程序中，语句“par（mfrow=c（2，2））”的意思是将接下来的两幅图按 2×2 的布局绘制在一个输出窗口内；语句“dev. new（）”表示新建一个图形窗口；语句“breaks=6”表示将数据等距分为 6 组；语句“freq=TRUE”设定输出频数直方图，若 freq 取值为 FALSE，则输出频率密度直方图；语句“verticals=TRUE”表示在经验分布图上显示竖线，“do. p=FALSE”表示在经验分布图上不突出显示数据点。

运行程序，依次得到如图 4-17 所示的图形。

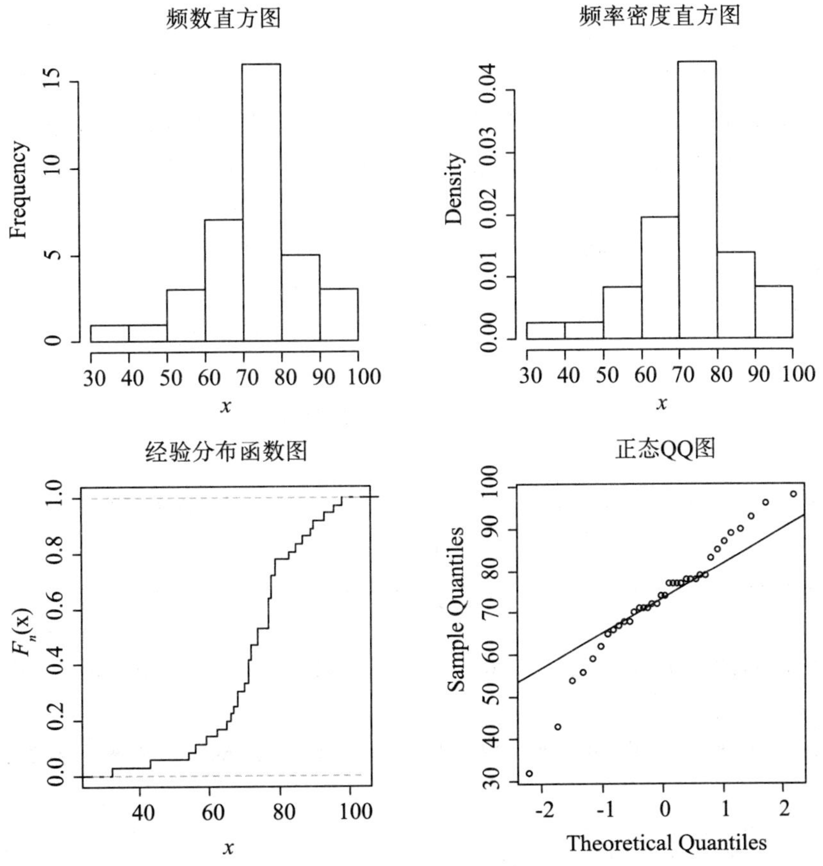

图 4-17　频数直方图、频率密度直方图、经验分布函数图、正态 QQ 图

至于箱线图，即如前文图 4－3 所示，在此从略。

需要指出的是，表 4－14 列举的绘图命令仅适用于未分组数据，不能直接用于分组数据。事实上，对定量分组数据而言，除了直方图之外，其他统计图都没有太大意义。下面结合例题，展示分组数据直方图的绘制过程。其中，关于 hist（）的使用方法，也适用于未分组数据。

思 为什么说对定量分组数据来说，直方图有意义？二者有何必然联系？

［例 4－36］ 将 100 个原始数据（具体数值略）分组整理，形成表 4－15 所示的数据，试据此绘制直方图。

表 4－15　　基于 100 个观测值的分组数据

区 间	频 数
0 ~ 10	10
10 ~ 20	32
20 ~ 30	40
30 ~ 40	15
40 ~ 50	3

解： 这是等距分组数据，仿照［例 4－34］的处理方法，将分组数据转换成等效的未分组数据，然后适当指定区间分界点，就可利用 hist（）命令绘图了。编制 R 程序如下：

```
m < -c (5, 15, 25, 35, 45);                    #各组的组中值
n < -c (10, 32, 40, 15, 3);                    #各组的频数
b < -c (0, 10, 20, 30, 40, 50);                #区间分界点
k < -length (n);                               #组数
sn < -sum (n);                                 #总频数
data < -vector ();                             #建立空向量
for (i in 1: k) data = c (data, rep (m [i], n [i])); #将分组数据化作未分组形式
par (mfrow = c (2, 2))
hist (data, breaks = b, freq = TRUE, main = '频数直方图 (等距) ', xlab = '(a)')
hist (data, breaks = b, freq = FALSE, main = '频率密度直方图(等距) ', xlab = '(b)')
hist (data, breaks = c (0, 10, 20, 30, 50), freq = TRUE, main = '频数直方图 (不等距) ', xlab =
'(c)')
hist (data, breaks = c (0, 10, 20, 30, 50), freq = FALSE, main = '频率密度直方图 (不等距) ',
xlab = '(d)')
```

运行程序，得到如图 4－18 所示的四个直方图。

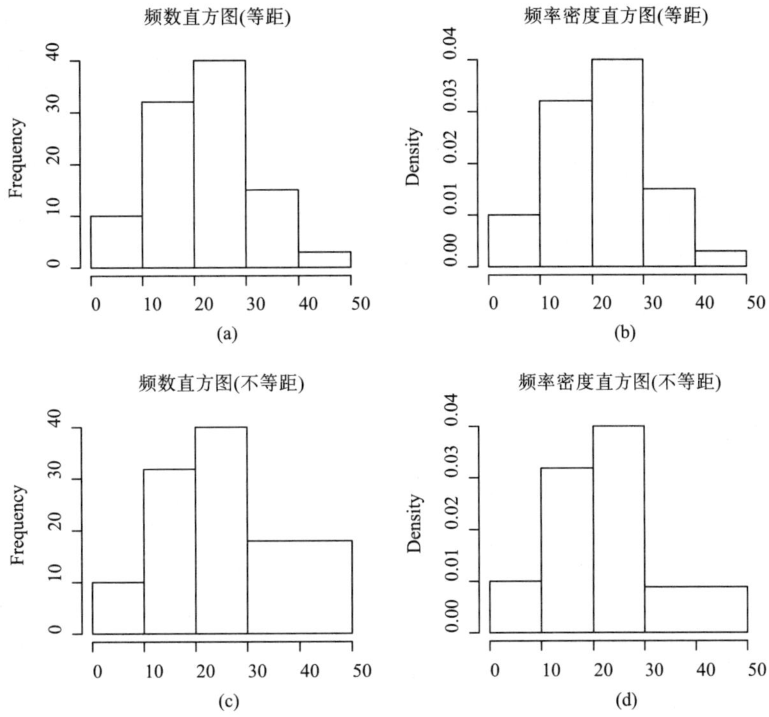

图 4－18　基于等距及不等距分组的直方图

图 4－18 中（a）与（b）是基于数据原有的等距分界点绘制的频数直方图、频率密度直方图，二者都是正确的图形，其外形完全一样，只是纵轴刻度意义不同；但是应注意到最后一个区间的频数过低（<5），我们希望将最后两个区间合并为一个大区间，这样一来就导致了不等距分组；图 4－18 中（c）、（d）就是基于不等距分组的频数直方图、频率密度直方图。

注意观察图 4－18（c）中的 4 个小矩形，最后一个矩形的体量大得出奇，给人的印象是最后这个大区间涵盖了最多的数据点。然而我们知道，这一区间的频数仅为 18，还不到其相邻区间频数 40 的一半。这一矛盾现象说明：类似于 4－18（c）这样基于不等距分组而绘制的频数直方图存在严重缺陷，是没有实际价值的图形。

实际上，在执行绘制图 4－18（c）程序之后，R 软件的主窗口自动给出了警告信息（如图 4－19 所示）：图形的面积不对，应将 frep 值设置为 FALSE。

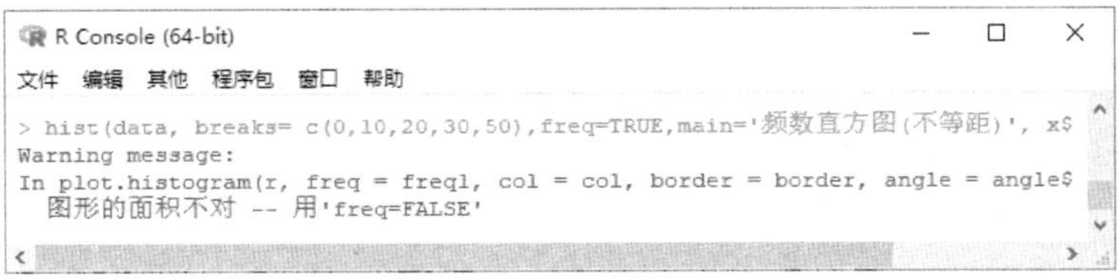

图 4－19　R 程序及其运行结果

对于基于不等距分组的频率密度直方图 4－18（d），每个矩形的面积正比于其频数，例如，最后一个矩形的面积大约是相邻矩形面积的一半，这符合我们关于 18 与 40 相对大小的印象。因此，在不等距分组情况下，频率密度直方图才是正确图形。

其实，在缺省 freq 设置时，用 hist（ ）命令绘制直方图的结果是：在等距分组情形，绘制频数直方图；在不等距情形，自动转为绘制频率密度直方图，不必担心出现混乱。

通过本章学习，你对数据描述性分析的原理、方法与实现工具有了进一步的了解，希望你能够领悟到如下的思维方式以及所蕴含的哲理：

悟 数据分析是一门艺术，描述性分析更是如此。面对一组数据，必须紧密结合数据的实际背景，综合运用各种描述性分析方法，进行多角度的信息挖掘和结果评判，兼顾宏观趋势和微观细节，才有可能得到比较可靠的结论。

习题

1. 某班学生的高等数学期末考试成绩如下：

87	71	71	75	78	72	91	76	92	63
87	77	61	70	75	72	81	71	80	83
86	73	81	81	53	75	76	67	93	66
82	62	50	46	76	38	81	66	86	75

基于此数据，试求下列统计量的值：

（1）均值、10%截尾均值、中位数、三均值；

（2）10%、25%、75%、90%分位数；

（3）四分位差、方差、标准差、变异系数；

（4）偏度系数、峰度系数；

（5）根据均值、中位数的大小关系，以及均值、截尾均值的大小关系，判断数据分布左偏还是右偏，结论与偏度系数所揭示的结果是否一致？

2. 基于第1题的数据及计算结果，求解下列问题：

（1）计算上、下截断点，并据此找出异常值；

（2）计算全部数据的标准化z值；

（3）利用标准化z值，将全班成绩划分为A～E五级，并指出异常值。

3. 基于第1题的数据，求解下列问题：

（1）绘制箱线图，并概述成绩分布的特征；

（2）绘制正态QQ图，判断数据的正态性，并与其直方图相对照；

（3）绘制经验分布函数图，并找出曲线上与上下四分位数、中位数对应的点；

（4）该数据集共分为4行，对应着4个学习小组，请绘制这4个小组成绩的复式箱线图，并据此对各组成绩进行分析比较。

4. 基于第1题的数据，求解下列问题：

（1）绘制频数直方图，在横轴上标记均值、中位数的对应点，评价数据分布的对称性，并与偏度值相对照；

（2）绘制频率密度直方图，并在横轴上标记中位数、上下四分位数的对应点，据此体会这几个分位数的直观意义；

（3）基于数据的标准化z值，绘制频率密度直方图，并配上标准正态密度曲线；

（4）指定分组边界点为30，40，50，60，70，80，90，100，绘制频数直方图；

(5) 指定分组边界点为：数据最小值、下四分位数、中位数、上四分位数、最大值，绘制频率密度直方图。此时可以绘制频数直方图吗？

(6) 对标准化数据指定分界点 −3，−2，−1，0，1，2，3，绘制频数直方图；

(7) 在原始数据中将低于 70 分的成绩剔除后，绘制直方图，并分析其特征。

5. 随机记录 200 名大学生的体重数据，整理得频数分布如表 4－16 所示。

表 4－16　200 名大学生体重数据的频数分布表

区间	频数	累积频数
45～50	15	15
50～55	20	35
55～60	38	73
60～65	63	136
65～70	42	178
70～75	19	197
75～80	3	200

根据此表数据，利用公式计算下列统计量的值：

(1) 众数、均值、四分位数、20% 分位数、80% 分位数；

(2) 平均差、方差、标准差；

(3) 偏度系数、峰度系数。

6. 利用表 4－16 的数据，仿照［例 4－34］的方法，重新计算第 5 题，并将前后两次的计算结果进行对比。

7. 根据表 4－16 的数据，完成下列绘图任务：

(1) 基于表中原有的分界点，绘制频数直方图、频率密度直方图；

(2) 将表中最后两组合为一组，其余分界点不变，绘制频率密度直方图。如果绘制频数直方图会出现什么问题？

8. 请将图 4－20 中属于同一数据集的直方图与箱线图进行正确配对。

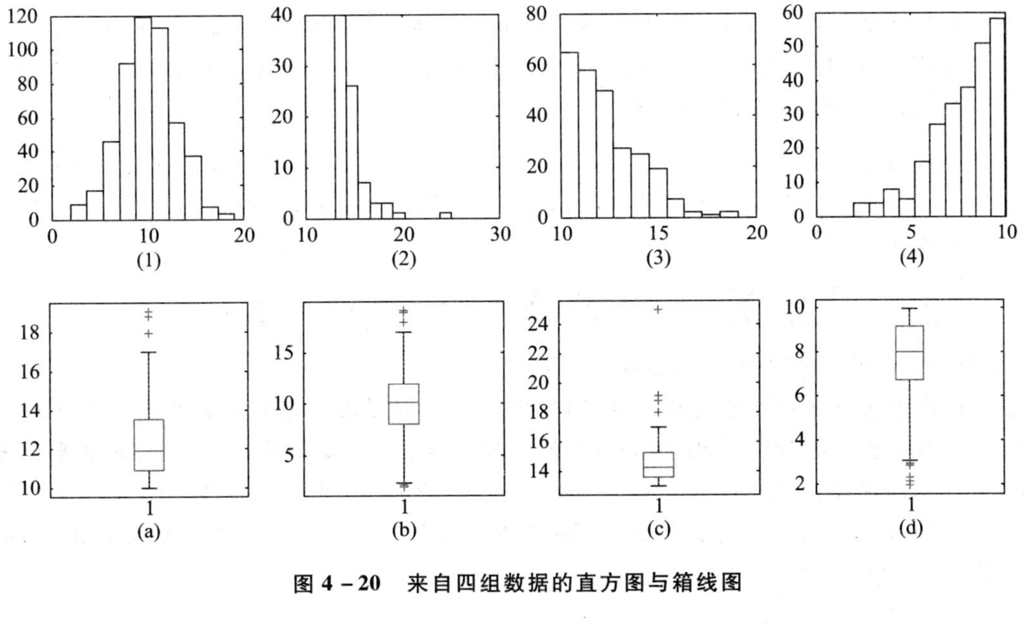

图 4－20　来自四组数据的直方图与箱线图

探究

高考成绩的描述性分析

2018 年，北京高考文史类考生共 15890 人，限于条件，我们无法获得第一手的成绩资料，仅从官方公布的信息获知各科的分数汇总情况如表 4 - 17 所示。

表 4 - 17 北京地区 2018 年高考各科成绩汇总表

科目	平均分	最高分
语文	98.78	140
数学	105.86	150
英语	101.22	147
文科综合	204.7	290

此外，还已知 470 分以上人数占 64.62%，570 分以上人数占 30.37%，670 分以上占 1.22%。我们希望根据以上信息，回答下列问题：

（1）估算各科成绩的标准差；

（2）估算高考总分的均值、标准差；

（3）估算高考总分的中位数；

（4）某考生的各科成绩分别为 122、138、106、260，如何评价他的成绩？

这是一个极具开放性的问题，限于信息匮乏，我们不能确定这些数据的准确分布，因此只能基于现有数据进行试探性的分析与计算，重点在于启发思路，而不纠结具体结果。

首先注意到，考试成绩一般都具有单峰、对称的特点，低分和高分较少，大部分成绩都集中在平均分附近，因此不妨认为各科成绩以及个人总分都近似服从正态分布。

（1）以语文成绩为例，平均分为 98.78，最高分为 140，二者之差为 41.22。根据数据汇总的经验法则，大部分数据都落在 $[\bar{x}-2s, \bar{x}+2s]$ 或 $[\bar{x}-3s, \bar{x}+3s]$ 之内，因此可认为 41.22 大约等于 2 至 3 倍的标准差。不妨认为 2 倍标准差区域 $[\bar{x}-2s, \bar{x}+2s]$ 足以覆盖全部实际成绩，即 $41.22=2s$，可得语文成绩的标准差约为 $s=20.61$。同理可估算其余三科的标准差分别为 22.07、22.89、42.65。

（2）设考生总人数为 n，记第 j 门课程的平均分为 $\bar{x}_j$，第 i 人第 j 门课的成绩为 x_{ij}，($j=1, 2, 3, 4$；$i=1, 2, 3\cdots, n$)。则第 i 人的总成绩为 $t_i=x_{i1}+x_{i2}+x_{i3}+x_{i4}$，于是全体考生总成绩的平均分为：

$$\bar{t}=\frac{1}{n}\sum_{i=1}^{n}t_i=\frac{1}{n}\sum_{i=1}^{n}\left(\sum_{j=1}^{4}x_{ij}\right)=\frac{1}{n}\sum_{j=1}^{4}\left(\sum_{i=1}^{n}x_{ij}\right)=\frac{1}{n}\sum_{j=1}^{4}n\bar{x}_i=\sum_{j=1}^{4}\bar{x}_i$$

$$=98.78+105.86+101.22+204.7=510.56$$

至于标准差的估计，可采用与问题（1）相同的求解思路。注意到高考总成绩平均分为 510.56，最高分至多是 $140+150+147+290=727$，二者相差 216.44 分。按经验法则，若认为 $216.44=2s$，可得 $s\approx108$；若认为 $216.44=2.5s$，可得 $s\approx87$；若认为 $216.44=3s$，可得 $s\approx72$，诸如此类。此外，还可以根据“670 分以上占 1.22%”这一信息，认为 $670-510.56=159.44=2s$，得 $s\approx80$。

若认为总分近似服从正态分布，可以验证，在总体均值为 510.56 的前提下，当总体标准差取 108 时，与信息“470 分以上人数占 64.62%，570 分以上人数占 30.37%，670 分以上占 1.22%”拟合较好。

（3）由于 470 分以上人数占 64.62%，570 分以上人数占 30.37%，可以推算：大约有 34.25% 考生的成绩处在区间［470，570］之内。再注意到成绩低于 470 分的考生约占 35.38%，成绩高于 570 分的考生约占 30.37%，这两个比例很接近，故可近似认为区间［470，570］涵盖了全体分数的中间 34.25% 的一段，而中位数必处于该区间之内。根据公式（4-21），可得中位数的近似值为：

$$M_e = 470 + \frac{50\% - 35.38\%}{34.25\%}(570 - 470) = 512.68$$

这个结果与总平均分 510.56 相当接近，这也从侧面说明了高考总分的分布是对称的。

（4）为评价该考生的各科成绩，可计算各科成绩的 z 值，以语文成绩为例：

$$z_{语文} = \frac{122 - 98.78}{20.61} = 1.127$$

类似算出其余三科的 z 值为：$z_{数学} = 1.46$，$z_{英语} = 0.21$，$z_{文综} = 1.3$。可见该考生这四门成绩由优到差的顺序为：数学、文综、语文、英语。

该考生总分是 $122 + 138 + 106 + 260 = 626$ 分，将总平均近似取 510，总标准差取 108，计算 z 值：

$$z = \frac{626 - 510}{108} = 1.074$$

若假设全体考生的总成绩 X 近似服从正态分布，则：

$$P(X < 626) = \Phi(z) = \Phi(1.074) = 0.8586$$

也就是说该考生的分数超过了大约 85.86% 的考生，其成绩在全部 15890 个考生中的排名位次大约为：

$$15890 \times (1 - 0.8586) \approx 2246$$

而且由于采用了较大的标准差 108，这里所得的排名位次是个相当保守的估计。

思　可以用问题（1）所得的各科方差之和来估算总分的方差，然再开方求出总分的标准差吗？

关于本探究所阐述的高考成绩的描述性分析，你还能提出哪些值得探讨的问题？并用数据分析工具给出合理的解答。

第 5 章 样本数据的推断性分析

想

古印度部落国王图潘纳（Rtuparna）为了炫耀自己的数学能力，告诉自己的马车夫纳拉（Nala，一个被放逐的国王），说他猜测出了一颗巨大果树两个枝干上的树叶与果实的数量，纳拉经过一夜的计算，吃惊地发现图潘纳的猜测非常接近真实数量。这个故事来源于印度史诗《摩诃婆罗多》（Mahabharata）。

一些现代学者们认为，图潘纳是通过计算某一个典型小枝上树叶与果实的数量后，将其乘以整个果树上小枝的个数来得到他的猜测的。那么，从现代统计学的角度来看，如何更加有效地估计树叶与果实的数量呢？第二年树上的树叶与果实的数量有没有变化呢？不同方位的小枝上的树叶与果实的数量是否有较大差异呢？

第 1 节 统计量与抽样分布

抽样分布是统计推断的基础，研究抽样分布的目的就是为了更好地进行统计推断，并能更好地理解统计推断的结论。我们先来介绍几个基础的概念。

一、总体和样本

我们把所研究对象的全体称为总体，其中每一个对象称为个体；从总体中按一定程序抽取出来的一组个体称为样本，样本中个体的数量称为样本容量。从总体中抽取样本的过称称为抽样。需要指出的是样本具有二重性：一方面，由于样本是从总体中随机抽取的，抽取前无法预知它们的数据，因此样本是随机变量，用大写字母 X_1，X_2，…，X_n 表示；另一方面，样本在抽取以后经观测可得到具体的观测值，因此样本又是一组数据，此时用小写字母 x_1，x_2，…，x_n 表示。

另外，如无特别声明，本章中的样本皆指简单随机样本，简称为样本，此时样本 X_i（$1 \leqslant i \leqslant n$）和总体 X 具有相同的分布。

二、常用统计量

参数是指总体某种特征的数值度量。一般情况下，总体参数是未知的，需要利用样本来推断。我们经常会根据问题的需要，构造有关样本的函数，以便利用这些函数对总体的参数做出推断。我们把不含任何未知总体参数的样本的函数称为统计量。设 X_1，X_2，…，X_n 是

取自总体 X 的样本。以下介绍推断性分析中常用的统计量：

（1）样本 k 阶原点矩，记作 A_k，其计算公式为：

$$A_k = \frac{1}{n}\sum_{i=1}^{n} X_i^k \quad (k = 1,2,\cdots)$$

特别地，样本一阶原点矩 A_1 称为样本均值，记为 $\overline{X}$。

（2）样本 k 阶中心矩，记作 B_k，其计算公式为：

$$B_k = \frac{1}{n}\sum_{i=1}^{n} (X_i - \overline{X})^k \quad (k = 1,2,\cdots)$$

特别地，修正后的样本二阶中心矩 $\frac{1}{n-1}\sum_{i=1}^{n} (X_i - \overline{X})^2$ 称为样本方差，记为 S^2，其算术平方根 S 称为样本标准差。

今后，在计算样本方差时经常会用到下面的离差平方和公式：

$$\sum_{i=1}^{n} (X_i - \overline{X})^2 = \sum_{i=1}^{n} X_i^2 - n\overline{X}^2$$

思　如何证明离差平方和公式？

三、四大分布

（一）正态分布

概率论中详细描述了正态分布，这里就不再赘述。

（二）χ^2 分布

χ^2 分布是 Hermert 和 Pearson 分别于 1875 年和 1900 年相继提出的，是抽样分布中的重要分布。

设 X_i（$i=1, 2, \cdots, n$）独立且都服从标准正态分布，称随机变量 $Y = \sum_{i=1}^{n} X_i^2$ 所服从的分布为自由度为 n 的 χ^2 分布，记作 $\chi^2(n)$。易证 χ^2 分布具有可加性：若 $X \sim \chi^2(m)$，$Y \sim \chi^2(n)$，且 X 与 Y 独立，则 $X+Y \sim \chi^2(m+n)$；且若 $Y \sim \chi^2(n)$，则其期望和方差分别为 $E(Y) = n, D(Y) = 2n$；图 5－1 描绘了 χ^2 分布的密度函数在不同参数下的图形。

思　χ^2 分布的密度函数曲线为什么只画了 x 正半轴的值？

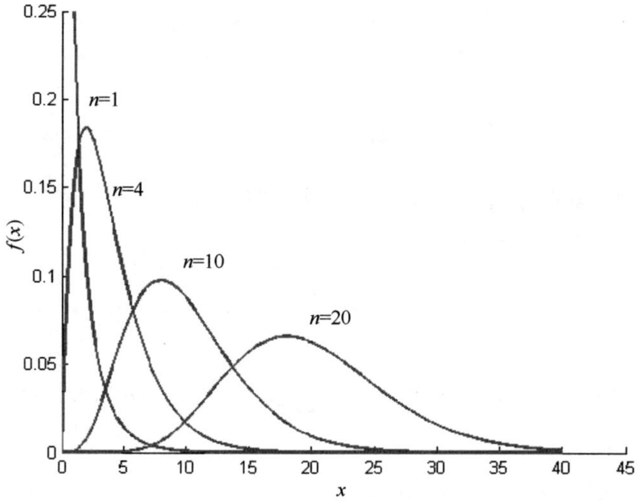

图 5-1 χ^2 (n) 分布的密度函数

（三）t 分布

设 $X \sim N(0,1)$，$Y \sim \chi^2(n)$，X，Y 相互独立，则称 $T=\dfrac{X}{\sqrt{Y/n}}$所服从的分布为自由度为 n 的 t 分布，记作 t（n）。

当 $n \to \infty$时，$t(n)$收敛于 $N(0,1)$。因而，在实际应用中，当 n 较大时，$t(n)$可用 $N(0,1)$替代。t 分布与标准正态分布的密度函数曲线相类似，呈对称形，且比标准正态分布平坦，其图形如图 5-2 所示。

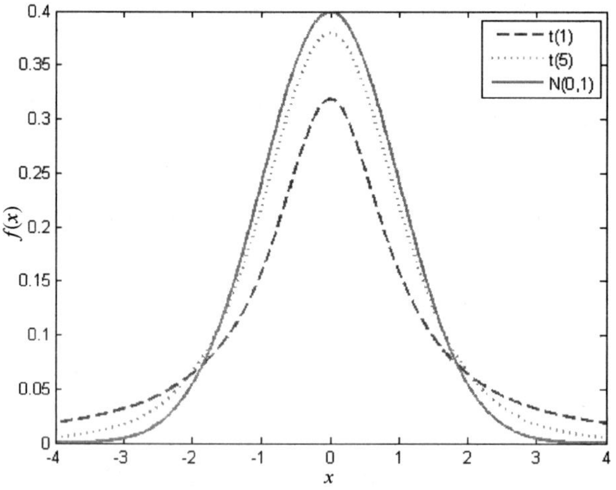

图 5-2 t (n) 分布的密度函数

（四）F 分布

设 $X \sim \chi^2(n)$，$Y \sim \chi^2(m)$，X，Y 相互独立，则称 $F=\dfrac{X/n}{Y/m}$ 所服从的分布为自由度为(n,m)

的 F 分布，简称 F 分布，记作 $F(n,m)$。易证，若 $Y \sim t(n)$，则 $Y^2 \sim F(1,n)$；若 $Y \sim F(n,m)$，则$\frac{1}{Y} \sim F(m,n)$。

F 分布的密度函数曲线与 χ^2 分布类似，其形状取决于自由度（n，m），其图形如图 5－3 所示。

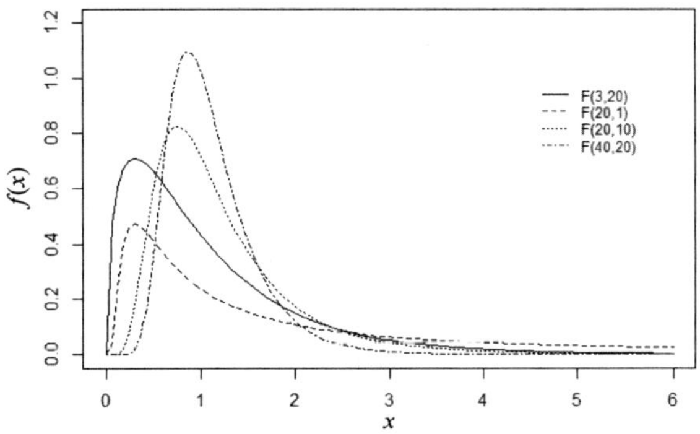

图 5－3　F（n，m）分布的密度函数

四、抽样分布

统计量是一个随机变量，其分布称为抽样分布。由样本的观测值，可以通过计算得到统计量的观测值。下文不加证明地给出正态总体假设下抽样分布的几个重要结论，它们是正态总体推断性分析的基石。

（一）单正态总体

定理 1（抽样分布基本定理）：设总体 $X \sim N(\mu,\sigma^2)$，$X_1,X_2,\cdots,X_n$ 为取自该总体的样本，有以下结论成立：

（1）$\overline{X} \sim N(\mu,\frac{\sigma^2}{n})$；

（2）$\frac{(n-1)S^2}{\sigma^2} \sim \chi^2(n-1)$；

（3）$\overline{X}$ 与 S^2 相互独立。

推论 1：设总体 $X \sim N(\mu,\sigma^2)$，$X_1,X_2,\cdots,X_n$ 为取自该总体的样本，则：

（1）$\frac{\overline{X}-\mu}{\sigma/\sqrt{n}} \sim N(0,1)$；

（2）$\frac{\overline{X}-\mu}{S/\sqrt{n}} \sim t(n-1)$；

（3）$\frac{\sum_{i=1}^{n}(X_i-\mu)^2}{\sigma^2} \sim \chi^2(n)$。

［例 5－1］某产品的质量 $X \sim N(50,10^2)$，单位：g。现从中随机抽取 81 个产品，求样本均值与总体均值差的绝对值大于 2g 的概率。

解：由推论 1，关于样本均值与总体均值的差，有$\dfrac{\overline{X}-\mu}{\sigma/\sqrt{n}} \sim N(0,1)$。于是有：

$$P(|\overline{X}-\mu|>2)=P\left(\left|\frac{\overline{X}-\mu}{\sigma/\sqrt{n}}\right|>\frac{2}{\sigma/\sqrt{n}}\right)$$
$$=2\left[1-\Phi\left(\frac{2}{\sigma/\sqrt{n}}\right)\right]=2[1-\Phi(1.8)]$$
$$\approx 0.072$$

其中，$\sigma=10$，$n=81$，Φ（·）是标准正态分布的分布函数。

（二）双正态总体

定理 2：设 X_1，X_2，…，X_{n_1}是取自总体 $X \sim N(\mu_1,\sigma_1^2)$的样本，$Y_1,Y_2,\cdots,Y_{n_2}$是取自总体 $Y \sim N(\mu_2,\sigma_2^2)$的样本，且两组样本相互独立，则：

（1）$\dfrac{\overline{X}-\overline{Y}-(\mu_1-\mu_2)}{\sqrt{\dfrac{\sigma_1^2}{n_1}+\dfrac{\sigma_2^2}{n_2}}} \sim N(0,1)$；

（2）$\dfrac{S_1^2/\sigma_1^2}{S_2^2/\sigma_2^2} \sim F(n_1-1,n_2-1)$；

（3）当 $\sigma_1^2=\sigma_2^2$ 时，有：

$$\frac{\overline{X}-\overline{Y}-(\mu_1-\mu_2)}{S_p\sqrt{\dfrac{1}{n_1}+\dfrac{1}{n_2}}} \sim t(n_1+n_2-2)$$

其中，$S_p^2=\dfrac{(n_1-1)S_1^2+(n_2-1)S_2^2}{n_1+n_2-2}$。

［例 5－2］两种产品的质量分别服从 $N(50,10^2)$和 $N(60,20^2)$，单位：g。现从中分别随机抽取两个容量为 81 和 100 的样本，求样本均值差与总体均值差的距离小于 2g 的概率。

解：由定理 2，关于样本均值差与总体均值差，有：

$$\frac{\overline{X}-\overline{Y}-(\mu_1-\mu_2)}{\sqrt{\dfrac{\sigma_1^2}{n_1}+\dfrac{\sigma_2^2}{n_2}}} \sim N(0,1)$$

故：

$$P\left(|\overline{X}-\overline{Y}-(\mu_1-\mu_2)|<2\right)=P\left(\left|\frac{\overline{X}-\overline{Y}-(\mu_1-\mu_2)}{\sqrt{\dfrac{\sigma_1^2}{n_1}+\dfrac{\sigma_2^2}{n_2}}}\right|<\frac{2}{\sqrt{\dfrac{\sigma_1^2}{n_1}+\dfrac{\sigma_2^2}{n_2}}}\right)$$

$$=2\Phi\left(\frac{2}{\sqrt{\frac{\sigma_1^2}{n_1}+\frac{\sigma_2^2}{n_2}}}\right)-1$$

$$\approx 0.618$$

其中，$\sigma_1=10$，$\sigma_2=20$，$n_1=81$，$n_2=100$。

第 2 节　总体参数的估计

总体是由其分布刻画的，在许多实际问题中，根据问题本身的专业知识、实践经验或者适当的统计方法可判断出总体的分布类型。但是，总体的参数往往是未知的，需要通过统计量来估计。

例如，经验表明，某地区居民的人均年收入服从正态分布 $N(\mu,\sigma^2)$，但是不知道参数 μ 和 σ^2 的确切值，需要通过样本来估计，例如，用样本均值 $\overline{X}$ 估计总体均值 μ，用样本方差 S^2 估计总体方差 σ^2。像这样用统计量来估计总体未知参数的过程称为参数估计。如果将总体的参数用 θ 来表示，这里 θ 可以是向量，而用于估计总体参数的统计量用 $\hat{\theta}$ 来表示，则称 $\hat{\theta}$ 为 θ 的估计。

参数估计的类型可分为两类：点估计和区间估计。点估计就是用样本统计量的某个值来估计未知参数。点估计的优点是简洁而直观，能够明确地说明“未知参数的值大概是多少”，缺点是不能反映出估计的可靠程度。区间估计克服了点估计的缺陷。区间估计是用两个统计量所构成的区间来估计未知参数，并同时指明估计区间的可靠程度。点估计与区间估计是互为补充的两种参数估计类型。

一、点估计的基本方法

点估计的常用方法有矩估计法、最大似然估计法、最小二乘法等。下面详细介绍最为常用的矩估计法和最大似然估计法。

（一）矩估计法

矩估计法是由英国统计学家 Pearson 在 20 世纪初提出来的。所谓矩估计法，就是将总体的各阶原点矩（用 μ_k 表示）用相应阶的样本原点矩（用 A_k 表示）替代（称为替换原则），布列方程或方程组所得到的解，作为总体未知参数的点估计。下面我们通过例子来加以说明。

[例 5-3] 设总体 $X\sim N(\mu,\sigma^2)$，X_1，X_2，…，X_n 是取自该总体的样本，求总体均值 μ 和方差 σ^2 的矩估计。

解：总体的一阶、二阶原点矩分别为：

$\mu_1=E(X)=\mu$，$\mu_2=E(X^2)=D(X)+E^2(X)=\sigma^2+\mu^2$

样本的一阶、二阶原点矩分别为：

$$A_1 = \frac{1}{n}\sum_{i=1}^{n} X_i = \overline{X}, A_2 = \frac{1}{n}\sum_{i=1}^{n} X_i^2$$

令总体与样本的相应原点矩相等，得到如下方程组：

$$\begin{cases} \mu = \overline{X} \\ \sigma^2 + \mu^2 = \frac{1}{n}\sum_{i=1}^{n} X_i^2 \end{cases}$$

解此方程组得到总体均值μ和方差σ^2的矩估计分别为：

$$\hat{\mu} = \overline{X}, \hat{\sigma}^2 = \frac{1}{n}\sum_{i=1}^{n} X_i^2 - \overline{X}^2 = \frac{1}{n}\sum_{i=1}^{n} (X_i - \overline{X})^2$$

注：正态总体方差的矩估计并不等于样本方差S^2。另外，以上解题过程中用到了本章第1节提到的离差平方和公式$\sum_{i=1}^{n} (X_i - \overline{X})^2 = \sum_{i=1}^{n} X_i^2 - n\overline{X}^2$。

思 通过以上例子可以看出矩估计法计算往往很简单，那它有何不足呢？

（二）最大似然估计法

最大似然估计法是由著名统计学家 Fisher 于 1912 年提出的一种应用非常广泛的参数估计方法。其思想始于 Gauss 的误差理论，它具有很多优良的性质。最大似然估计法充分利用了总体分布函数的信息，克服了矩估计法的某些不足。

下面通过一个例子来说明最大似然估计法的思想。假设在一个罐中放着许多白球和黑球，并假定已经知道两种球的数目之比是1:3，但不知道哪种颜色的球多。如果用放回抽样方法从罐中取5个球，观察结果为：黑、白、黑、黑、黑，估计黑球在所有球中所占的比例p。显然，p的可能取值为$\frac{1}{4}$或$\frac{3}{4}$。设X_1，X_2，X_3，X_4，X_5表示抽样的结果，并将取到黑球记为1，否则记为0。因此X_1，X_2，X_3，X_4，X_5独立同分布且都服从参数为p的两点分布，样本X_1，X_2，X_3，X_4，X_5的观测值分别为1，0，1，1，1。不难得到，样本发生的概率为$L(x,p) = P(X_1=1, X_2=1, X_3=0, X_4=1, X_5=1) = p^4(1-p)$。当$p=\frac{1}{4}$和$\frac{3}{4}$时，计算可得$L(x,p)$的值分别为$\frac{3}{1024}$和$\frac{81}{1024}$。既然“随机抽取5个球”这一随机事件的结果“黑、白、黑、黑、黑”已经发生，因此使得这一随机事件发生概率较大的那个p的值就是未知参数p的最有可能的取值，即p的最大似然估计就是$\frac{3}{4}$。

一般地，设总体X的密度函数为$f(x,\theta)$，X_1，X_2，…，X_n为取自该总体的样本。由概率论知识可知，随机向量（X_1，X_2，…，X_n）的联合密度函数为：

$$L = L(x_1, x_2, \cdots, x_n; \theta) = f(x_1,\theta)f(x_2,\theta)\cdots f(x_n,\theta) \tag{5-1}$$

当未知参数θ固定，而L看作是x_1，x_2，…，x_n的函数时，L是一个密度函数或概率函数，它可以这样理解：若$L(y_1, y_2, \cdots, y_n; \theta) > L(x_1, x_2, \cdots, x_n; \theta)$，则在对总体进行观测时，出现点（$y_1$，$y_2$，…，$y_n$）的可能性要比出现点（$x_1$，$x_2$，…，$x_n$）的可能性大；同理，当

x_1，x_2，…，x_n 已知时，若 $L(x_1,x_2,\cdots,x_n;\theta_1)>L(x_1,x_2,\cdots,x_n;\theta_2)$，则被估计的未知参数 θ 是 θ_1 的可能性要比是 θ_2 的可能性大。当 x_1，x_2，…，x_n 固定，而把 L 看作是 θ 的函数时，称 L 为似然函数，此函数对不同的 θ 的取值反映了在观测结果 x_1，x_2，…，x_n 已知的条件下 θ 的各种值的"似然程度"。这里参数 θ 并非事件或随机变量，无概率可言，于是就采用"似然"这个词。

从以上分析自然导出如下结论：应该用似然程度最大的那个 θ，即满足条件 $L(x_1,x_2,\cdots,x_n;\hat{\theta})=\max\limits_{\theta}L(x_1,x_2,\cdots,x_n;\theta)$ 的 $\hat{\theta}$ 作为 θ 的估计值。因为在已得到样本 x_1，x_2，…，x_n 的条件下，这个 $\hat{\theta}$"看起来最像"真实参数值。我们就把这个估计 $\hat{\theta}$ 就叫做 θ 的最大似然估计。

公式（5－1）是连乘积的形式，求极值可能会比较困难，最常用的办法是借助对数函数。由于函数 $\ln x$ 的单调增加性，所以 L 的最大值点等于 $\ln L$ 的最大值点，$\ln L$ 称为对数似然函数。

[例 5－4] 设总体 $X\sim B(n,p)$，X_1，X_2，…，X_n 为取自总体的样本，求 p 的最大似然估计。

解： 由题意可知，$X_i\sim B(n,p),i=1,2,\cdots,n$，则似然函数：

$$\begin{aligned}L&=L(x_1,x_2,\cdots,x_n;p)=f(x_1,p)f(x_2,p)\cdots f(x_n,p)\\&=C_n^{x_1}p^{x_1}(1-p)^{n-x_1}C_n^{x_2}p^{x_2}(1-p)^{n-x_2}\cdots C_n^{x_n}p^{x_n}(1-p)^{n-x_n}\end{aligned}$$

对数似然函数为：

$$\ln L=\ln(C_n^{x_1}C_n^{x_2}\cdots C_n^{x_n})-(\sum_{i=1}^{n}x_i)\ln p+\sum_{i=1}^{n}(n-x_i)\ln(1-p)$$

令：

$$\frac{d}{dp}\ln L=\frac{1}{p}(\sum_{i=1}^{n}x_i)-\frac{1}{1-p}\sum_{i=1}^{n}(n-x_i)=0$$

解得 $p=\frac{1}{n}\bar{x}$，故 $\hat{p}=\frac{1}{n}\bar{X}$ 为 p 的最大似然估计。

思　总结求最大似然估计的步骤。

需要指出的是，同一个总体未知参数的矩估计和最大似然估计可能是不相同的；对于正态分布 $N(\mu,\sigma^2)$，其参数的矩估计和最大似然估计都是 $\hat{\mu}=\bar{X},\hat{\sigma}^2=\frac{1}{n}\sum_{i=1}^{n}(X_i-\bar{X})^2$，注意 $\hat{\sigma}^2$ 不是样本方差。

二、区间估计的基本思想

如前所述，点估计是用一个点去估计未知参数，通俗地讲，就是找到了未知参数的一个近似值。而区间估计是用一个区间去估计未知参数，即在实际问题中，通常需要知道未知参数的一个近似范围，比如，估计一个人的身高在 170～173cm，估计上班等公交车的时间在 0～10 分钟，等等。并且区间估计给出估计区间的可靠性。

所谓区间估计，就是依据取自总体的样本 X_1，X_2，…，X_n，确定两个统计量 $\hat{\theta}_1$ 和 $\hat{\theta}_2$，

使得：

$$P(\hat{\theta}_1 < \theta < \hat{\theta}_2) = 1 - \alpha \qquad (0 < \alpha < 1) \tag{5-2}$$

区间（$\hat{\theta}_1$，$\hat{\theta}_2$）称为未知参数 θ 的置信水平为 $1-\alpha$ 的置信区间，$\hat{\theta}_1$ 称为置信下限，$\hat{\theta}_2$ 称为置信上限，$1-\alpha$ 称为置信度、置信水平或置信系数。

置信区间的置信上限和下限都是随机变量，因此它是一个随机区间。区间估计能够给出置信区间包含 θ 的真实值的可能性，即置信区间的可靠性。

如果用不同的方法推断出不同的置信区间，那么如何评价置信区间的好坏呢？由公式（5-2）的意义可知，对于相同长度的置信区间，谁的置信水平 $1-\alpha$ 越高，谁的方法越好；反过来说，在相同的置信水平 $1-\alpha$ 下，哪个置信区间的长度 $\hat{\theta}_2 - \hat{\theta}_1$ 越短，哪个置信区间就越好。但置信水平高和置信区间短这两个指标是相互矛盾的，在样本量一定的情况下，不可能同时都提高。那么，怎样找出更好的估计方法呢？美国统计学家 J. 奈曼在 20 世纪 30 年代提出的并为现代所广泛接受的原则是：在保证置信水平的基础上尽可能缩短置信区间。

三、单个正态总体参数的区间估计

设总体 $X \sim N(\mu, \sigma^2)$，X_1，X_2，…，X_n 为取自该总体的样本，$1-\alpha$ 为置信度，$\overline{X}$ 为样本均值，S^2 为样本方差。

（一）均值 μ 的区间估计

为了得到均值 μ 的区间估计，我们分总体方差 σ^2 已知和未知两种情况进行讨论。

1. σ^2 已知

由于要推断总体数学期望 μ，自然想到了它的点估计样本均值 $\overline{X}$，由抽样分布基本定理的推论（即推论 1），有：

$$Z = \frac{\overline{X} - \mu}{\sigma/\sqrt{n}} \sim N(0,1)$$

注意到 Z 有以下三个特点：一是样本的函数；二是含且仅含待估未知参数 μ，不含其他未知数；三是其分布已知。称具有这三个特点的变量为“枢轴变量”，它一般是从待估未知参数的一个良好的点估计出发来构造的。

对于给定的 α，即置信度 $1-\alpha$，因为 $P(|Z| < z_{\frac{\alpha}{2}}) = 1-\alpha$，其中 z_α 为标准正态分布的上侧 α 分位数。解不等式 $|Z| < z_{\frac{\alpha}{2}}$，即得 $\overline{X} - \frac{\sigma}{\sqrt{n}} z_{\frac{\alpha}{2}} < \mu < \overline{X} + \frac{\sigma}{\sqrt{n}} z_{\frac{\alpha}{2}}$，于是我们得到置信度 $1-\alpha$ 下均值 μ 的置信区间为：

$$\left(\overline{X} - \frac{\sigma}{\sqrt{n}} z_{\frac{\alpha}{2}}, \overline{X} + \frac{\sigma}{\sqrt{n}} z_{\frac{\alpha}{2}}\right) \tag{5-3}$$

2. σ^2 未知

由于 σ^2 未知，此时公式（5-3）不再适用，因其中含有未知数 σ。一个自然的想法是用 σ^2 的点估计样本方差 S^2 替代之，且有：

$$T = \frac{\overline{X} - \mu}{S/\sqrt{n}} \sim t(n-1)$$

这样得到的随机变量 T 也恰好具有与 Z 上述类似的三个特点，也是“枢轴变量”。于是对给定的 α，由于 $P(|T|<t_{\frac{\alpha}{2}}(n-1))=1-\alpha$，其中，$t_\alpha(n)$ 为 $t(n)$ 分布的上侧 α 分位数。解不等式 $|T|<t_{\frac{\alpha}{2}}(n-1)$，即得 $\overline{X}-\frac{S}{\sqrt{n}}t_{\frac{\alpha}{2}}(n-1)<\mu<\overline{X}+\frac{S}{\sqrt{n}}t_{\frac{\alpha}{2}}(n-1)$，于是，在总体方差 σ^2 未知的情况下，均值 μ 的置信度为 $1-\alpha$ 的置信区间为：

$$\left(\overline{X}-\frac{S}{\sqrt{n}}t_{\frac{\alpha}{2}}(n-1),\overline{X}+\frac{S}{\sqrt{n}}t_{\frac{\alpha}{2}}(n-1)\right)$$

思　总结用枢轴变量进行区间估计的步骤。

[**例 5－5**] 用天平称量一支签字笔的质量 9 次，得平均值为 15.4g，标准差为 0.2g，已知天平称量结果服从正态分布。分别在以下假设下求这支签字笔质量的置信度为 0.95 和 0.99 的置信区间。

（1）总体标准差为 0.1g。

（2）总体标准差未知。

解：（1）由题意可知，应选用公式为：

$$\left(\overline{X}-\frac{\sigma}{\sqrt{n}}z_{\frac{\alpha}{2}},\overline{X}+\frac{\sigma}{\sqrt{n}}z_{\frac{\alpha}{2}}\right)$$

又 $\sigma=0.1$，$n=9$，$\overline{X}=15.4$，

当 $\alpha=0.05$ 时，$z_{\frac{\alpha}{2}}=1.960$，$\frac{\sigma}{\sqrt{n}}z_{\frac{\alpha}{2}}=\frac{0.1}{3}\times1.960\approx0.0653$，$\overline{X}-0.0653=15.3347$，$\overline{X}+0.0653=15.4653$；

当 $\alpha=0.01$ 时，$z_{\frac{\alpha}{2}}=2.576$，$\frac{\sigma}{\sqrt{n}}z_{\frac{\alpha}{2}}=\frac{0.1}{3}\times2.576\approx0.0859$，$\overline{X}-0.0859=15.3141$，$\overline{X}+0.0859=15.4859$。

从而置信度为 0.95 和 0.99 的置信区间分别为（15.3347，15.4653）和（15.3141，15.4859）。

（2）因总体标准差未知，所以应采用公式：

$$\left(\overline{X}-\frac{S}{\sqrt{n}}t_{\frac{\alpha}{2}}(n-1),\overline{X}+\frac{S}{\sqrt{n}}t_{\frac{\alpha}{2}}(n-1)\right)$$

又 $S=0.2$，$n=9$，$\overline{X}=15.4$。因此：

当 $\alpha=0.05$ 时，$t_{\frac{\alpha}{2}}(8)=2.306$，$\frac{S}{\sqrt{n}}t_{\frac{\alpha}{2}}(n-1)=\frac{0.2}{3}\times2.306\approx0.1537$，$\overline{X}-0.1537=15.2463$，$\overline{X}+0.1537=15.5537$；

当 $\alpha=0.01$ 时，$t_{\frac{\alpha}{2}}(8)=3.355$，$\frac{S}{\sqrt{n}}t_{\frac{\alpha}{2}}(n-1)=\frac{0.2}{3}\times3.355\approx0.2237$，$\overline{X}-0.2237=15.1763$，$\overline{X}+0.2237=15.6237$。

从而置信度为 0.95 和 0.99 的置信区间分别为（15.2463，15.5537）和（15.1763，

15.6237)。

思 比较不同置信度下置信区间的长度，以及不同情况下置信区间的范围差别。

（二）方差 σ^2 的区间估计

与均值 μ 的区间估计类似，方差 σ^2 的区间估计也需分为两种情况。

1. μ 已知

这时考虑总体方差 σ^2 的点估计 $\hat{\sigma}^2=\frac{1}{n}\sum_{i=1}^{n}(X_i-\mu)^2$，且记 $Q=\frac{n\hat{\sigma}^2}{\sigma^2}\sim\chi^2(n)$，易见 Q 是“枢轴变量”。对给定的 α，由于 $P(\chi^2_{1-\frac{\alpha}{2}}(n)<Q<\chi^2_{\frac{\alpha}{2}}(n))=1-\alpha$，其中，$\chi^2_\alpha(n)$ 为 $\chi^2(n)$ 的上侧 α 分位数。所以，解不等式 $\chi^2_{1-\frac{\alpha}{2}}(n)<Q<\chi^2_{\frac{\alpha}{2}}(n)$，可得 σ^2 的置信度为 $1-\alpha$ 的置信区间为：

$$\left(\frac{\sum_{i=1}^{n}(X_i-\mu)^2}{\chi^2_{\frac{\alpha}{2}}(n)},\frac{\sum_{i=1}^{n}(X_i-\mu)^2}{\chi^2_{1-\frac{\alpha}{2}}(n)}\right)$$

2. μ 未知

这时考虑总体方差 σ^2 的点估计样本方差 S^2，且记 $Q=\frac{(n-1)S^2}{\sigma^2}\sim\chi^2(n-1)$，可得 σ^2 的置信度为 $1-\alpha$ 的置信区间为：

$$\left(\frac{(n-1)S^2}{\chi^2_{\frac{\alpha}{2}}(n-1)},\frac{(n-1)S^2}{\chi^2_{1-\frac{\alpha}{2}}(n-1)}\right)$$

或：
$$\left(\frac{\sum_{i=1}^{n}(X_i-\overline{X})^2}{\chi^2_{\frac{\alpha}{2}}(n-1)},\frac{\sum_{i=1}^{n}(X_i-\overline{X})^2}{\chi^2_{1-\frac{\alpha}{2}}(n-1)}\right)$$

[例 5-6] 现有一大批牛奶，从中随机抽取 10 盒，称得其重量（单位：g）如下：196，193，191，202，205，197，203，202，195，207。设牛奶的重量服从正态分布 $N(\mu,\sigma^2)$，分别在以下两种假设下求总体方差 σ^2 置信水平为 95% 的置信区间：

（1）总体均值为 $\mu=200$；

（2）总体均值未知。

解：（1）因总体均值已知，所以应采用公式：

$$\left(\frac{\sum_{i=1}^{n}(X_i-\mu)^2}{\chi^2_{\frac{\alpha}{2}}(n)},\frac{\sum_{i=1}^{n}(X_i-\mu)^2}{\chi^2_{1-\frac{\alpha}{2}}(n)}\right)$$

计算可得，$\sum_{i=1}^{10}(X_i-200)^2=271$，$\chi^2_{0.025}(10)=20.4832$，$\chi^2_{0.975}(10)=3.2470$，从而得到 σ^2 置信水平为 95% 的置信区间为(13.2304，83.4624)。

（2）因总体均值未知，所以应采用公式：

$$\left(\frac{(n-1)\ S^2}{\chi^2_{\frac{\alpha}{2}}\ (n-1)},\frac{(n-1)\ S^2}{\chi^2_{1-\frac{\alpha}{2}}\ (n-1)}\right)$$

计算可得，$S^2=29.2111$，又 $n=10$，$\chi^2_{0.025}(9)=19.0228$，$\chi^2_{0.975}(9)=2.7004$，从而得到 σ^2 置信水平为 95% 的置信区间为(13.8203, 97.3559)。

四、两个正态总体参数的区间估计

设样本 $X_1, X_2, \cdots, X_{n_1}$ 取自总体 $X\sim N(\mu_1, \sigma_1^2)$，样本 $Y_1, Y_2, \cdots, Y_{n_2}$ 取自总体 $Y\sim N(\mu_2, \sigma_2^2)$，且两组样本相互独立，$\overline{X}$，$S_1^2$，$\overline{Y}$，$S_2^2$ 分别表示两组样本的均值和方差。

（一）均值差 $\mu_1-\mu_2$ 的区间估计

下面我们来估计两个总体 X，Y 的均值差 $\mu_1-\mu_2$，分三种情况来讨论。

1. σ_1^2 和 σ_2^2 均已知

由于 $\overline{X}\sim N(\mu_1,\frac{\sigma_1^2}{n_1})$，$\overline{Y}\sim N(\mu_2,\frac{\sigma_2^2}{n_2})$，且 $\overline{X}$，$\overline{Y}$ 相互独立，所以 $\overline{X}-\overline{Y}\sim N(\mu_1-\mu_2,\frac{\sigma_1^2}{n_1}+\frac{\sigma_2^2}{n_2})$，于是有：

$$Z=\frac{\overline{X}-\overline{Y}-(\mu_1-\mu_2)}{\sqrt{\frac{\sigma_1^2}{n_1}+\frac{\sigma_2^2}{n_2}}}\sim N(0,1)$$

易见，此变量为“枢轴变量”，对给定的概率 α，有 $P(|Z|<z_{\frac{\alpha}{2}})=1-\alpha$，解不等式 $|Z|<z_{\frac{\alpha}{2}}$，可得 $\mu_1-\mu_2$ 的置信度为 $1-\alpha$ 的置信区间为：

$$\left(\overline{X}-\overline{Y}-z_{\frac{\alpha}{2}}\sqrt{\frac{\sigma_1^2}{n_1}+\frac{\sigma_2^2}{n_2}},\overline{X}-\overline{Y}+z_{\frac{\alpha}{2}}\sqrt{\frac{\sigma_1^2}{n_1}+\frac{\sigma_2^2}{n_2}}\right)\qquad(5-4)$$

2. σ_1^2 和 σ_2^2 均未知，但 $\sigma_1^2=\sigma_2^2=\sigma^2$

记 $S_p^2=\frac{(n_1-1)S_1^2+(n_2-1)S_2^2}{n_1+n_2-2}$，易证 S_p^2 为 σ^2 的一个点估计，且：

$$T=\frac{\overline{X}-\overline{Y}-(\mu_1-\mu_2)}{S_p\sqrt{\frac{1}{n_1}+\frac{1}{n_2}}}\sim t(n_1+n_2-2)$$

这个变量显然也是一个“枢轴变量”，利用它可得 $\mu_1-\mu_2$ 的置信度为 $1-\alpha$ 的置信区间为：

$$\left(\overline{X}-\overline{Y}-S_p\sqrt{\frac{1}{n_1}+\frac{1}{n_2}}t_{\frac{\alpha}{2}}(n_1+n_2-2),\overline{X}-\overline{Y}+S_p\sqrt{\frac{1}{n_1}+\frac{1}{n_2}}t_{\frac{\alpha}{2}}(n_1+n_2-2)\right)$$

3. σ_1^2 和 σ_2^2 均未知，且 $\sigma_1^2\neq\sigma_2^2$

在这种情况下，求 $\mu_1-\mu_2$ 的区间估计是推断性分析中的一个著名的问题，叫做贝伦斯—费希尔问题。这个问题经过许多著名的统计学家研究，未得出简单确切的解法，但提出了一些近似解法（所谓“近似解法”，就是所求出的区间估计的置信水平不一定严格地等于预定的$1-\alpha$，而只是近似地等于它）。下面我们仅介绍这些解法中的一个。

可以证明：

$$T=\frac{\overline{X}-\overline{Y}-(\mu_1-\mu_2)}{\sqrt{\frac{S_1^2}{n_1}+\frac{S_2^2}{n_2}}}\sim t(\hat{\nu})$$

其中，$\hat{\nu}=\left(\frac{S_1^2}{n_1}+\frac{S_2^2}{n_2}\right)^2\Big/\left(\frac{(S_1^2)^2}{n_1^2\ (n_1-1)}+\frac{(S_2^2)^2}{n_2^2\ (n_2-1)}\right)$，$\hat{\nu}$ 一般不为整数，可以取与它最接近的整数代替之。于是得到 $\mu_1-\mu_2$ 的置信水平为 $1-\alpha$ 的置信区间为：

$$\left(\overline{X}-\overline{Y}-t_{\frac{\alpha}{2}}(\hat{\nu})\sqrt{\frac{S_1^2}{n_1}+\frac{S_2^2}{n_2}},\overline{X}-\overline{Y}+t_{\frac{\alpha}{2}}(\hat{\nu})\sqrt{\frac{S_1^2}{n_1}+\frac{S_2^2}{n_2}}\right)$$

[例 5－7] 为比较 A、B 两种型号步枪子弹的枪口速度，分别随机选取两种型号子弹 10 发、12 发，得到枪口速度如下（单位：m/s）：

A 型：499 498 502 500 499 498 503 499 500 502

B 型：497 498 498 500 499 496 500 499 495 498 497 493

假设这两种型号子弹的枪口速度都服从正态分布，其总体均值分别为 μ_1，μ_2，标准差分别为 σ_1 和 σ_2，分别在以下条件下求总体均值差置信水平为 0.95 的置信区间。

（1）$\sigma_1^2=1.5^2$，$\sigma_2^2=2^2$；

（2）σ_1^2 和 σ_2^2 未知，且 $\sigma_1^2=\sigma_2^2$；

（3）σ_1^2 和 σ_2^2 均未知，且 $\sigma_1^2\neq\sigma_2^2$.

解：（1）由于 σ_1^2 和 σ_2^2 已知，所以需利用公式（5－4）求解，即：

$$\left(\overline{X}-\overline{Y}-z_{\frac{\alpha}{2}}\sqrt{\frac{\sigma_1^2}{n_1}+\frac{\sigma_2^2}{n_2}},\overline{X}-\overline{Y}+z_{\frac{\alpha}{2}}\sqrt{\frac{\sigma_1^2}{n_1}+\frac{\sigma_2^2}{n_2}}\right)$$

由样本数据，可以得到 $n_1=10$，$n_2=12$，$\overline{X}=500$，$\overline{Y}=497.5$，$\sigma_1^2=1.5^2$，$\sigma_2^2=2^2$，$z_{0.025}=1.960$，代入公式计算得，$\mu_1-\mu_2$ 的置信区间为（1.035481，3.964519）。

（2）由于 σ_1^2 和 σ_2^2 未知。且 $\sigma_1^2=\sigma_2^2$，因此需采用以下公式：

$$\left(\overline{X}-\overline{Y}-S_p\sqrt{\frac{1}{n_1}+\frac{1}{n_2}}t_{\frac{\alpha}{2}}(n_1+n_2-2),\overline{X}-\overline{Y}+S_p\sqrt{\frac{1}{n_1}+\frac{1}{n_2}}t_{\frac{\alpha}{2}}(n_1+n_2-2)\right)$$

因为 $n_1=10$，$n_2=12$，$\overline{X}=500$，$\overline{Y}=497.5$，$S_1^2=3.1111$，$S_2^2=4.2727$，$\alpha=0.05$，计算可得 $S_p^2=\frac{(n_1-1)S_1^2+(n_2-1)S_2^2}{n_1+n_2-2}=\frac{9\times3.1111+11\times4.2727}{20}=3.75$，$S_p=1.9365$，$t_{\frac{\alpha}{2}}(n_1+n_2-2)=t_{0.025}(20)=2.086$，所以计算得，总体均值差 $\mu_1-\mu_2$ 的区间估计为（0.7704，4.2296）。

（3）由题意可知，应采用以下公式：

$$\left(\overline{X}-\overline{Y}-t_{\frac{\alpha}{2}}(\hat{\nu})\sqrt{\frac{S_1^2}{n_1}+\frac{S_2^2}{n_2}},\overline{X}-\overline{Y}+t_{\frac{\alpha}{2}}(\hat{\nu})\sqrt{\frac{S_1^2}{n_1}+\frac{S_2^2}{n_2}}\right)$$

因为，$n_1=10$，$n_2=12$，$\overline{X}=500$，$\overline{Y}=497.5$，$S_1^2=3.1111$，$S_2^2=4.2727$，$\alpha=0.05$，可得：

$$\hat{\nu}=\left(\frac{3.1111}{10}+\frac{4.2727}{12}\right)^2\Big/\left(\frac{3.1111^2}{10^2\times(10-1)}+\frac{4.2727^2}{12^2\times(12-1)}\right)=19.9785$$

所以，总体均值差 $\mu_1-\mu_2$ 的区间估计为(0.7962,4.2038)。

（二）方差比 σ_1^2/σ_2^2 的区间估计

我们仅讨论总体均值 μ_1、μ_2 均未知的情况，由于 S_1^2，S_2^2 分别为 σ_1^2，σ_2^2 的点估计，又因为：

$$\frac{(n_1-1)S_1^2}{\sigma_1^2}\sim\chi^2(n_1-1),\ \frac{(n_2-1)S_2^2}{\sigma_2^2}\sim\chi^2(n_2-1)$$

且二者相互独立，所以：

$$F=\frac{S_1^2/\sigma_1^2}{S_2^2/\sigma_2^2}\sim F(n_1-1,n_2-1)$$

易见，此变量为“枢轴变量”。对给定的 α，因为：

$$P(F_{1-\frac{\alpha}{2}}(n_1-1,n_2-1)<F<F_{\frac{\alpha}{2}}(n_1-1,n_2-1))=1-\alpha$$

解不等式，可得总体方差比 σ_1^2/σ_2^2 的置信度为 $1-\alpha$ 的置信区间为：

$$\left(\frac{1}{F_{\frac{\alpha}{2}}(n_1-1,n_2-1)}\frac{S_1^2}{S_2^2},\ \frac{1}{F_{1-\frac{\alpha}{2}}(n_1-1,n_2-1)}\frac{S_1^2}{S_2^2}\right)$$

[例 5-8] 为了比较两台机器生产的钢管直径（单位：mm）。抽选了由机器 A 生产的 16 根钢管组成一个随机样本，其方差为 0.12；又抽选了由机器 B 生产的 21 个产品组成另一个随机样本，得出方差为 0.08。试以 95% 的可靠性估计两个总体方差之比的置信区间。

解： 设机器 A 生产的钢管的直径为 $X\sim N(\mu_1,\sigma_1^2)$，机器 B 生产的钢管的直径为 $Y\sim N(\mu_2,\sigma_2^2)$，现在要求 σ_1^2/σ_2^2 的置信度为 95% 的置信区间。

由题意我们利用以下公式来求解：

$$\left(\frac{1}{F_{\frac{\alpha}{2}}(n_1-1,n_2-1)}\frac{S_1^2}{S_2^2},\ \frac{1}{F_{1-\frac{\alpha}{2}}(n_1-1,n_2-1)}\frac{S_1^2}{S_2^2}\right)$$

因为，$n_1=16$，$n_2=21$，$S_1^2=0.12$，$S_2^2=0.08$，$\alpha=0.05$，又知，$F_{\frac{\alpha}{2}}(n_1-1,n_2-1)=F_{0.025}(15,20)=2.5731$，$F_{1-\frac{\alpha}{2}}(n_1-1,n_2-1)=F_{0.975}(15,20)=0.3629$。

代入公式得，两总体方差之比 σ_1^2/σ_2^2 置信度为 95% 的置信区间为（0.5830，4.1339）。

思

由上述方法求得的总体均值差或总体方差比的置信区间，我们在实际中应如何应用？

对于两个正态总体均值差或方差比的置信区间，实际应用中通常有以下结论：

①若 $\mu_1-\mu_2$ 的置信区间的下限大于零，则可认为 $\mu_1>\mu_2$；若 $\mu_1-\mu_2$ 的置信区间的上限小于零，则可认为 $\mu_1<\mu_2$；若 $\mu_1-\mu_2$ 的置信区间包含零，则可认为 $\mu_1=\mu_2$。

②若 σ_1^2/σ_2^2 的置信区间的下限大于 1，则可认为 $\sigma_1^2>\sigma_2^2$；若 σ_1^2/σ_2^2 的置信区间的上限小于 1，则可认为 $\sigma_1^2<\sigma_2^2$；若 σ_1^2/σ_2^2 的置信区间包含 1，则可认为 $\sigma_1^2=\sigma_2^2$。

第3节 总体参数的假设检验

上一节我们介绍了总体参数的估计方法，本节将介绍推断性分析的另一重要内容——假设检验。它与参数估计类似，但角度不同。参数估计是利用样本的信息推断总体的未知参数，而假设检验是先对总体的某种特征提出假设，然后利用样本信息判断这一假设是否成立。假设检验的应用范围很广，例如，一种新技术能否延长产品的使用寿命，工厂生产的某种产品是否符合要求等。

一、假设检验的基本原理

（一）假设检验的基本思想和基本概念

我们通过一个例子来说明假设检验的基本思想，并介绍假设检验的基本概念。

引例：一个经常打篮球的人对你说他的罚球命中率有80%。你对他说：投给我看看。他投了20个球，结果投中8球。请问他是否在吹牛？

以p表示罚球的命中率，在n次投球中，他的命中次数X显然服从$B(n,p)$。我们要判断他是否在吹牛，就是要判断p值的大小，如果$p \geqslant 0.8$，则认为他没有吹牛，如果$p < 0.8$，则认为他在吹牛。

为此，我们提出两个相互对立的假设：

$$H_0: p \geqslant 0.8 \qquad H_1: p < 0.8 \tag{5-5}$$

法官在判案时，总是假设被告无罪，然后再通过搜集证据来判断该假设是否正确。在进行数据分析时，我们将关于总体X的各种论断称为假设。为了验证假设的正确与否，需要从总体中抽取一定数量的样本，依据样本，用一定的方法论证这一“假设”是否正确，我们把这一过程称之为检验。

假设都是成对出现且相互对立的，如引例中，H_0和H_1相互对立。通常称H_0为原假设或零假设，而称H_1为备择假设或备选假设。所构造出来的这两个假设包含了试验或研究的所有可能结果。一般而言，原假设阐述的是“原”条件存在下的情形，也即没有新事物出现，原来的理论仍然正确，原来的标准仍然适用，原来的系统没有被打乱。备择假设则相反，它阐述的是新理论才是正确的，系统已经混乱以及（或）新事物出现了。法官在判案时，原假设是被告无罪，如果能找到充足证据则证明被告有罪。所以从这个角度说，研究者想收集证据予以支持的假设一般作为备择假设H_1。在引例中，他的命中率是40%，远小于80%，所以我们更希望能证明，他确实是在吹牛，故而我们做了（5-5）的假设。

现在我们阐述另外两种形式的假设。例如，对某产品的质检要求其次品率p不高于2%，那么假设为：

$$H_0: p \leqslant 0.02 \qquad H_1: p > 0.02 \tag{5-6}$$

再者，例如，某食品加工厂用自动包装机包装薯条，规定标准为每袋净重量0.5（单位：kg），设在正常情况下包装机生产出的薯条重量服从正态分布$N(0.5, 0.01^2)$，为检验某天包装机是否正常工作，这时该天生产的所有薯条的平均重量 μ 大于或小于 0.5 都说明包装机工作不正常，故建立假设为：

$$H_0: \mu = 0.5 \qquad H_1: \mu \neq 0.5 \tag{5-7}$$

下面介绍假设检验的基本思想。在引例中，要检验的假设是关于总体参数 p 的诊断，由 p 的统计意义，我们自然联想到借助样本频率 $\frac{X}{n}$ 这一统计量进行判断。

对于引例，由于 $X \sim B(n,p)$，当 $n=20$，$p=0.8$ 时，容易算出：

$$P(X \leqslant 8) = 0.000102 \tag{5-8}$$

显然，对于 $p>0.8$，这个概率值还要更小。

我们看到，当假设 $H_0(p \geqslant 0.8)$ 成立时，投 20 个球只命中 8 个或 8 个以下的概率非常小，这可以看作是一个"小概率"事件，而一次试验就发生了小概率事件是不大可能的。因此，事先做出的假设 $p \geqslant 0.8$ 是非常可疑的，在得出最终结论时，就应该否定这个假设，即认为他在吹牛。

回到公式（5-8）：①0.000102 是一个很小的数，那它到底多小，我们才能把样本看作小概率事件呢？我们通常会取一个数 α（$0<\alpha<1$），如果样本点发生的概率小于 α，则称为小概率事件，α 称为显著性水平，α 的通常取值为 0.1、0.05 和 0.01；②样本空间分为两部分，一部分称为拒绝域，当样本落入拒绝域时，便拒绝 H_0，另一部分可称为接受域，当样本落入接受域时不拒绝 H_0，公式（5-8）中的 $X \leqslant 8$ 包含在了拒绝域中。

对一般的假设检验问题，如果 T 为样本构成的统计量，W 为一个区域，对于给定的 $0<\alpha<1$，若 W 满足 $P(T \in W)=\alpha$，则称 W 为拒绝域，α 为显著性水平。

例如，对正态分布的均值做检验时，若 $H_0: \mu=\mu_0$，由于 $\frac{\overline{X}-\mu_0}{\sigma/\sqrt{n}} \sim N(0,1)$，有 $P\left(\left|\frac{\overline{X}-\mu_0}{\sigma/\sqrt{n}}\right| > z_{\frac{\alpha}{2}}\right)=\alpha$，则 $(-\infty, -z_{\frac{\alpha}{2}}) \cup (z_{\frac{\alpha}{2}}, +\infty)$ 为拒绝域，$z_{\frac{\alpha}{2}}$ 为拒绝域的临界值。即，若 $\left|\frac{\overline{X}-\mu_0}{\sigma/\sqrt{n}}\right| > z_{\frac{\alpha}{2}}$ 成立，则拒绝 H_0；否则，不拒绝 H_0。由于：

$$\frac{|\overline{X}-\mu_0|}{\sigma/\sqrt{n}} > z_{\frac{\alpha}{2}} \Leftrightarrow p = 2P\left(N(0,1) > \frac{|\overline{X}-\mu_0|}{\sigma/\sqrt{n}}\right) < \alpha$$

此处 N（0，1）既表示分布，又表示服从该分布的随机变量。因此，我们可将以上的判断条件改为考查概率：

$$p = 2P\left(N(0,1) > \frac{|\overline{X}-\mu_0|}{\sigma/\sqrt{n}}\right)$$

若 $p<\alpha$，则拒绝 H_0；若 $p \geqslant \alpha$，则不拒绝 H_0。我们把前一种判断方法叫作临界值法，把后一种判断方法叫作概值法（也叫 p 值法），二者是等价的。在传统的计算中，常采用查表的方法确定临界值，而在采用数据分析软件进行计算时，常采用 p 值法。

公式（5-7）中的备择假设 H_1 表示 μ 可能大于 $\mu_0=0.5$，也可能小于 $\mu_0=0.5$。将此种类型的假设检验称为双边假设检验。公式（5-6）的假设是检验次品率是否高于 0.02，此种类型的检验称为右边检验。类似地，把检验类型为（5-5）的检验称为左边检验。右边检验和左边检验统称为单边检验。

（二）假设检验的实施程序

根据以上分析，我们可以总结出假设检验的实施程序为：

第一步，根据所讨论问题，明确总体，合理地建立基本假设 H_0 和备择假设 H_1。

第二步，选择适当的检验统计量，要求在 H_0 成立时，统计量的分布是确定和已知的。

第三步，由样本值计算出检验统计量的值。

第四步，规定检验水平 α，并根据统计量的分布确定一个合理的拒绝 H_0 的条件。

第五步，做出决策：若统计量的值满足拒绝条件，则拒绝 H_0，否则不拒绝 H_0。

需要强调的是：假设检验用的统计量与参数区间估计用的枢轴量在形式上是一致的，每一个区间估计法都对应一个假设检验法。习惯上，根据检验统计量所服从的分布给检验起名字，如服从标准正态分布，叫 Z 检验；服从 t 分布叫 t 检验；服从 χ^2 分布叫 χ^2 检验；服从 F 分布就叫 F 检验。

（三）假设检验中的两类错误

在进行假设检验时，研究者总是希望做出正确的判断。但由于判断是建立在样本信息基础上的，而样本具有随机性，再加上我们认为"小概率事件在一次实验中基本上不会发生"，这样做出的判断就可能犯错误。假设检验会犯以下两类错误：

第一类错误：弃真，即 H_0 成立但拒绝了 H_0。当研究人员拒绝了一个正确的假设时，就犯了第一类错误。易见，弃真错误出现的概率为显著性水平 α。

第二类错误：取伪，即 H_0 不成立却没有拒绝 H_0。当研究人员没有拒绝一个错误的原假设时，他就犯了第二类错误。犯第二类错误的概率通常记为 β。

在假设检验中，只要做出拒绝原假设的决策，就有可能犯第一类错误；只要做出不拒绝原假设的决策，就有可能犯第二类错误。所以在同一次的假设检验中，研究人员不可能同时犯第一类错误和第二类错误。表 5－1 给出了假设检验中错误与正确之间的关系。

表 5－1　　假设检验中错误与正确之间的关系

	H_0 成立	H_0 不成立
拒绝 H_0	第一类错误	正确
不拒绝 H_0	正确	第二类错误

我们自然希望犯这两类错误的概率越小越好，但可以证明，样本容量 n 确定之后，犯这两类错误的概率不可能同时被控制，减小其中一个，另一个往往会增大，两类错误的关系就像是一个跷跷板，此消彼长。一种能同时减小两种错误的方法是增大样本容量，但有时是不可行的。

二、单个正态总体参数的假设检验

设总体 $X \sim N(\mu, \sigma^2)$，$X_1, X_2, \cdots, X_n$ 为取自该总体的样本。

（一）均值的检验

为了对总体均值 μ 进行检验，我们分方差 σ^2 已知和未知两种情况进行讨论。

1. 总体方差 σ^2 已知

（1）双边检验，即 H_0：$\mu=\mu_0$，H_1：$\mu\neq\mu_0$。在 H_0：$\mu=\mu_0$ 成立的条件下，$Z=\dfrac{\overline{X}-\mu_0}{\sigma/\sqrt{n}}\sim N(0,1)$，故对给定的检验水平 α，由 $P(|Z|>z_{\frac{\alpha}{2}})=\alpha$ 可求得 H_0：$\mu=\mu_0$ 的拒绝条件为 $|Z|>z_{\frac{\alpha}{2}}$，通常称此检验为 Z 检验。或者当 $p=2P\left(N(0,1)>\dfrac{|\overline{X}-\mu_0|}{\sigma/\sqrt{n}}\right)<\alpha$ 时，拒绝 H_0。

（2）右边检验，即 H_0：$\mu\leqslant\mu_0$，H_1：$\mu>\mu_0$。由于在 H_0：$\mu\leqslant\mu_0$ 成立的条件下有 $\dfrac{\overline{X}-\mu_0}{\sigma/\sqrt{n}}\leqslant\dfrac{\overline{X}-\mu}{\sigma/\sqrt{n}}$，所以对给定的 α 就有 $\left\{\dfrac{\overline{X}-\mu_0}{\sigma/\sqrt{n}}>z_\alpha\right\}\subseteq\left\{\dfrac{\overline{X}-\mu}{\sigma/\sqrt{n}}>z_\alpha\right\}$，于是 $P\left(\dfrac{\overline{X}-\mu_0}{\sigma/\sqrt{n}}>z_\alpha\right)\leqslant P\left(\dfrac{\overline{X}-\mu}{\sigma/\sqrt{n}}>z_\alpha\right)=\alpha$，故 H_0：$\mu\leqslant\mu_0$ 的拒绝条件为 $Z>z_\alpha$。或者当 $p=P\left(N(0,1)>\dfrac{\overline{X}-\mu_0}{\sigma/\sqrt{n}}\right)<\alpha$ 时，拒绝 H_0。

（3）左边检验，即 H_0：$\mu\geqslant\mu_0$，H_1：$\mu<\mu_0$。类似于上面的（2），可得 H_0：$\mu\geqslant\mu_0$ 的拒绝条件为 $Z<-z_\alpha$，或者当 $p=P\left(N(0,1)<\dfrac{\overline{X}-\mu_0}{\sigma/\sqrt{n}}\right)<\alpha$ 时，拒绝 H_0。

2. 总体方差 σ^2 未知

同第 2 节中参数区间估计一样，只需将检验统计量 Z 中的未知参数总体标准差 σ 替换成样本标准差 S，便可得以下三种情形各自对应的基本假设的拒绝条件。如表 5－2 和表 5－3所示。

表 5－2　单正态总体均值的检验（临界值法）

H_0	H_1	总体方差 σ^2 已知 检验统计量 $Z=\dfrac{\overline{X}-\mu_0}{\sigma/\sqrt{n}}$ （Z 检验）	总体方差 σ^2 未知 检验统计量 $T=\dfrac{\overline{X}-\mu_0}{\frac{S}{\sqrt{n}}}$ （T 检验）
		在显著性水平 α 下的 H_0 的拒绝条件	
$\mu=\mu_0$	$\mu\neq\mu_0$	$\|Z\|>z_{\frac{\alpha}{2}}$	$\|T\|>t_{\frac{\alpha}{2}}(n-1)$
$\mu\leqslant\mu_0$	$\mu>\mu_0$	$Z>z_\alpha$	$T>t_\alpha(n-1)$
$\mu\geqslant\mu_0$	$\mu<\mu_0$	$Z<-z_\alpha$	$T<-t_\alpha(n-1)$

表 5-3 单正态总体均值的检验（概值法）

H_0	H_1	总体方差 σ^2 已知 检验统计量 $Z=\dfrac{\overline{X}-\mu_0}{\sigma/\sqrt{n}}$ （Z 检验）	总体方差 σ^2 未知 检验统计量 $T=\dfrac{\overline{X}-\mu_0}{S/\sqrt{n}}$ （T 检验）
		在显著性水平 α 下的 H_0 的拒绝条件	
$\mu=\mu_0$	$\mu\neq\mu_0$	$p=2P(N(0,1)>\|Z\|)<\alpha$	$p=2P(t(n-1)>\|T\|)<\alpha$
$\mu\leqslant\mu_0$	$\mu>\mu_0$	$p=P(N(0,1)>Z)<\alpha$	$p=P(t(n-1)>T)<\alpha$
$\mu\geqslant\mu_0$	$\mu<\mu_0$	$p=P(N(0,1)<Z)<\alpha$	$p=P(t(n-1)<T)<\alpha$

[例 5-9] 一家食品加工公司声称，其加工的某种包装食品的净重服从正态分布，标准重量为 20（单位：kg）。从某一批次的食品中随机抽取了 50 包，其重量为：

19.5	19.0	20.1	21.0	18.9	20.3	18.5	18.8	19.6	19.8
19.8	17.6	19.6	18.9	17.8	18.0	20.0	20.3	21.0	21.2
18.5	19.9	20.6	20.1	21.1	20.0	20.8	20.4	20.4	20.3
19.5	19.5	20.0	21.0	18.9	19.6	19.8	20.0	21.0	20.1
20.0	18.8	18.9	20.0	21.0	19.6	19.8	19.6	20.0	19.9

以 0.05 为显著性水平，请问：

（1）站在质检部门的角度，有无充分证据说明该批次食品的平均重量减少了？

（2）站在厂家的角度，有无充分证据说明该批次食品的平均重量增加了？

（3）生产食品的机器是否正常工作？

解：依题意，总体为：包装食品每袋净重量 $X\sim N(20,\sigma^2)$，由于总体方差未知，所以选取统计量：

$$T=\frac{\overline{X}-\mu_0}{S/\sqrt{n}}$$

由于 $n=50$，$\mu_0=20$，经计算得：

$$\overline{X}=19.776$$

$$S=0.8608396$$

$$T=\frac{\overline{X}-\mu_0}{\dfrac{S}{\sqrt{n}}}=\frac{19.776-20}{\dfrac{0.8608396}{\sqrt{50}}}=-1.83997$$

（1）如果把平均重量保持不变或增加作为原假设的内容，那么只要能拒绝原假设，就能说明样本数据提供了充分证据说明平均重量减少了，这个理由暗示了应建立如下的假设（左边检验）：

$$H_0: \mu\geqslant 20 \quad H_1: \mu<20$$

由于：

$$T=-1.83997<-1.676551=-t_{0.05}(49)$$

拒绝域为 $T<-t_\alpha(n-1)$，故拒绝原假设，即认为这批包装食品的平均重量减少了。

(2) 现在把平均重量保持不变或减少作为原假设的内容，那么建立如下假设（右边检验）：

$$H_0: \mu \leqslant 20 \quad H_1: \mu > 20$$

由于：

$$T = -1.83997 < 1.676551 = t_{0.05}(49)$$

拒绝域为 $T > t_\alpha(n-1)$，不拒绝原假设，即没有充分证据说明这些包装食品的平均重量增加了。

(3) 现在把平均重量保持不变作为原假设的内容，那么建立如下假设（双边检验）：

$$H_0: \mu = 20 \quad H_1: \mu \neq 20$$

由于：

$$|T| = 1.83997 < 2.0095751 = t_{0.025}(49)$$

拒绝域为 $|T| > t_{\frac{\alpha}{2}}(n-1)$，不拒绝原假设，即认为机器正常工作。

最后需要指出的是，在实际应用中，对于大样本，T 检验可以用 Z 检验近似代替。

(二) 方差的检验

与单正态总体均值的检验相比，方差的检验在应用上较少一些，但也有一定的应用。比如，一种仪器或一种测定方法的精度（指其内在误差，不是指由于没有调准而产生的偏离）是否达到某种界限，当一种产品的质量问题主要在于波动太大时，可能需要检验方差。

现假定总体 $X \sim N(\mu, \sigma^2)$，$X_1, X_2, \cdots, X_n$ 为取自该总体的样本，σ^2 未知，μ 可以未知或已知，下面分别进行介绍。

1. μ 未知

建立假设：

$$H_0: \sigma^2 = \sigma_0^2 \quad H_1: \sigma^2 \neq \sigma_0^2 \qquad (\sigma_0^2 \text{ 为已知常数})$$

考虑统计量 $\chi^2 = \frac{(n-1)S^2}{\sigma_0^2}$，其中，$S^2$ 为样本方差，它是 σ^2 的点估计量。当 $H_0: \sigma^2 = \sigma_0^2$ 成立时，$\chi^2 = \frac{(n-1)S^2}{\sigma_0^2} \sim \chi^2(n-1)$。于是对给定的显著性水平 α，由 $P\left(\chi^2_{1-\frac{\alpha}{2}}(n-1) \leqslant \chi^2 = \frac{(n-1)S^2}{\sigma_0^2} \leqslant \chi^2_{\frac{\alpha}{2}}(n-1)\right) = 1-\alpha$ 可知，H_0：$\sigma^2 = \sigma_0^2$ 的拒绝条件为 $\chi^2 < \chi^2_{1-\frac{\alpha}{2}}(n-1)$ 或 $\chi^2 > \chi^2_{\frac{\alpha}{2}}(n-1)$。

或者，可采用 p 值法，当检验统计量的值不小于中位数时，令 $p = 2P\left(\chi^2(n-1) > \frac{(n-1)S^2}{\sigma_0^2}\right)$；当检验统计量的值小于中位数时，令 $p = 2P\left(\chi^2(n-1) < \frac{(n-1)S^2}{\sigma_0^2}\right)$。如果 $p < \alpha$，则拒绝原假设。

对于右边假设：

$$H_0: \sigma^2 \leqslant \sigma_0^2 \quad H_1: \sigma^2 > \sigma_0^2$$

仍选用检验统计量 $\chi^2 = \frac{(n-1)S^2}{\sigma_0^2}$，此时原假设 $H_0: \sigma^2 \leqslant \sigma_0^2$ 的拒绝条件为 $\chi^2 > \chi^2_\alpha(n-1)$。

或者，当 $p = P\left(\chi^2(n-1) > \frac{(n-1)S^2}{\sigma_0^2}\right) < \alpha$ 时，拒绝原假设。

类似地，对左边假设：

$$H_0:\sigma^2 \geqslant \sigma_0^2 \quad H_1:\sigma^2 < \sigma_0^2$$

拒绝 H_0：$\sigma^2 \geqslant \sigma_0^2$ 的条件为 $\chi^2 < \chi^2_{1-\alpha}(n-1)$。或者，采用 p 值法，当 $p = P\left(\chi^2(n-1) < \frac{(n-1)S^2}{\sigma_0^2}\right) < \alpha$ 时，拒绝原假设。

上述检验使用了服从 χ^2 分布的检验统计量，称为 χ^2 检验。

2. μ 已知

对于 μ 已知的情形，选用检验统计量：

$$\chi^2 = \frac{\sum_{i=1}^{n}(X_i - \mu)^2}{\sigma_0^2}$$

当 H_0：$\sigma^2 = \sigma_0^2$ 成立时，$\chi^2 = \frac{\sum_{i=1}^{n}(X_i - \mu)^2}{\sigma_0^2} \sim \chi^2(n)$。类似于上面的分析可分别写出三种检验的拒绝条件，如表 5－4 和表 5－5 所示。

表 5－4　单正态总体方差检验表（界值法）

H_0	H_1	μ 未知时 检验统计量 $\chi^2 = \frac{(n-1)S^2}{\sigma_0^2}$ （χ^2 检验）	μ 已知时 检验统计量 $\chi^2 = \frac{\sum_{i=1}^{n}(X_i-\mu)^2}{\sigma_0^2}$ （χ^2 检验）
		在显著性水平 α 下拒绝 H_0 的条件	
$\sigma^2 = \sigma_0^2$	$\sigma^2 \neq \sigma_0^2$	$\chi^2 < \chi^2_{1-\frac{\alpha}{2}}(n-1)$ 或 $\chi^2 > \chi^2_{\frac{\alpha}{2}}(n-1)$	$\chi^2 < \chi^2_{1-\frac{\alpha}{2}}(n)$ 或 $\chi^2 > \chi^2_{\frac{\alpha}{2}}(n)$
$\sigma^2 \leqslant \sigma_0^2$	$\sigma^2 > \sigma_0^2$	$\chi^2 > \chi^2_{\alpha}(n-1)$	$\chi^2 > \chi^2_{\alpha}(n)$
$\sigma^2 \geqslant \sigma_0^2$	$\sigma^2 < \sigma_0^2$	$\chi^2 < \chi^2_{1-\alpha}(n-1)$	$\chi^2 < \chi^2_{1-\alpha}(n)$

表 5－5　单正态总体方差检验表（概值法）

H_0	H_1	μ 未知时 检验统计量 $\chi^2 = \frac{(n-1)\ S^2}{\sigma_0^2}$ （χ^2 检验）	μ 已知时 检验统计量 $\chi^2 = \frac{\sum_{i=1}^{n}(X_i-\mu)^2}{\sigma_0^2}$ （χ^2 检验）
		在显著性水平 α 下拒绝 H_0 的条件	
$\sigma^2 = \sigma_0^2$	$\sigma^2 \neq \sigma_0^2$	当 χ^2 大于等于 $\chi^2(n-1)$ 的中位数时 $p = 2P(\chi^2(n-1) > \chi^2) < \alpha$ 当 χ^2 小于 $\chi^2(n-1)$ 的中位数时 $p = 2P(\chi^2(n-1) < \chi^2) < \alpha$	当 χ^2 大于等于 $\chi^2(n)$ 的中位数时 $p = 2P(\chi^2(n) > \chi^2) < \alpha$ 当 χ^2 小于 $\chi^2(n)$ 的中位数时 $p = 2P(\chi^2(n) < \chi^2) < \alpha$
$\sigma^2 \leqslant \sigma_0^2$	$\sigma^2 > \sigma_0^2$	$p = P(\chi^2(n-1) > \chi^2) < \alpha$	$p = P(\chi^2(n) > \chi^2) < \alpha$
$\sigma^2 \geqslant \sigma_0^2$	$\sigma^2 < \sigma_0^2$	$p = P(\chi^2(n-1) < \chi^2) < \alpha$	$p = P(\chi^2(n) < \chi^2) < \alpha$

[**例 5-10**] 某厂生产某种型号的电池，其寿命（以 h 计）长期以来服从方差 $\sigma_0^2=5000$ 的正态分布。现有一批这种电池，从它的生产情况来看，寿命的波动性有所改变，现随机抽取 26 只电池，测出其寿命的样本方差 $S^2=9200$，在显著性水平为 0.05 的情况下，根据这一数据，问：

（1）能否推断这批电池的寿命的波动性较以往有显著的变化？

（2）是否有理由认为这批电池寿命的标准差变大了？

解：这是单正态总体在总体均值 μ 未知的情况下，方差 σ^2 的统计检验问题。

选取统计量：

$$\chi^2=\frac{(n-1)S^2}{\sigma_0^2}$$

计算得：

$$\chi^2=\frac{(n-1)S^2}{\sigma_0^2}=\frac{(26-1)\times 9200}{5000}=46$$

（1）建立假设：

$$H_0:\sigma^2=\sigma_0^2=5000\quad H_1:\sigma^2\neq\sigma_0^2$$

$H_0:\sigma^2=\sigma_0^2$ 的拒绝条件为 $\chi^2<\chi^2_{1-\frac{\alpha}{2}}(n-1)$ 或 $\chi^2>\chi^2_{\frac{\alpha}{2}}(n-1)$，$\chi^2_{\frac{\alpha}{2}}(n-1)=\chi^2_{0.025}(25)=40.64647$，$\chi^2_{1-\frac{\alpha}{2}}(n-1)=\chi^2_{0.975}(25)=13.11972$，由于 $\chi^2>\chi^2_{0.025}(25)$，所以拒绝原假设，即认为这批电池的寿命的波动性较以往有显著的变化。

（2）建立假设：

$$H_0:\sigma^2\leqslant\sigma_0^2=5000\quad H_1:\sigma^2>\sigma_0^2=5000$$

H_0：$\sigma^2>\sigma_0^2$ 的拒绝条件为 $\chi^2>\chi^2_{\alpha}(n-1)$，$\chi^2_{\alpha}(n-1)=\chi^2_{0.05}(25)=37.65248$，由于 $\chi^2>\chi^2_{0.05}(25)$，所以拒绝原假设，即认为这批电池寿命的标准差变大了。

三、两个正态总体参数的假设检验

（一）均值之差的检验

设总体 $X\sim N(\mu_1,\sigma_1^2)$，总体 $Y\sim N(\mu_2,\sigma_2^2)$，从总体 X 中抽取样本 $X_1, X_2, \cdots, X_{n_1}$，从总体 Y 中抽取样本 $Y_1, Y_2, \cdots, Y_{n_2}$，且假定两组样本间相互独立。

给定常数 μ_0，我们要考虑的假设有：

双边检验：H_0：$\mu_1-\mu_2=\mu_0$　H_1：$\mu_1-\mu_2\neq\mu_0$

右边检验：H_0：$\mu_1-\mu_2\leqslant\mu_0$　H_1：$\mu_1-\mu_2>\mu_0$

左边检验：H_0：$\mu_1-\mu_2\geqslant\mu_0$　H_1：$\mu_1-\mu_2<\mu_0$

应用上常见的情况是 $\mu_0=0$，此时便成为对两个总体均值大小的比较。

下面分三种情况进行讨论。

1. σ_1^2，σ_2^2 均已知

选取检验统计量：

$$Z=\frac{\overline{X}-\overline{Y}-\mu_0}{\sqrt{\dfrac{\sigma_1^2}{n_1}+\dfrac{\sigma_2^2}{n_2}}}$$

当 H_0 成立时，$Z \sim N\ (0,\ 1)$，对给定的显著性水平 α，三类检验的拒绝域分别为：

双边检验：$|Z| > z_{\frac{\alpha}{2}}$ 或者 $p = 2P(N(0,1) > |Z|) < \alpha$

右边检验：$Z > z_\alpha$ 或者 $p = P(N(0,1) > Z) < \alpha$

左边检验：$Z < -z_\alpha$ 或者 $p = P(N(0,1) < Z) < \alpha$

2. σ_1^2，σ_2^2 均未知，但 $\sigma_1^2 = \sigma_2^2 = \sigma^2$

选取检验统计量：

$$T = \frac{\overline{X} - \overline{Y} - \mu_0}{S_p \sqrt{\dfrac{1}{n_1} + \dfrac{1}{n_2}}}$$

其中，$S_p^2 = \dfrac{(n_1 - 1)S_1^2 + (n_2 - 1)S_2^2}{n_1 + n_2 - 2}$，$S_1^2, S_2^2$ 分别为两样本的样本方差。当 H_0 成立时，$T \sim t(n_1 + n_2 - 2)$，对给定的显著性水平 α，三种类型检验的拒绝域分别为：

双边检验：$|T| > t_{\frac{\alpha}{2}}(n_1 + n_2 - 2)$ 或者 $p = 2P(t(n_1 + n_2 - 2) > |T|) < \alpha$

右边检验：$T > t_\alpha(n_1 + n_2 - 2)$ 或者 $p = P(t(n_1 + n_2 - 2) > T) < \alpha$

左边检验：$T < -t_\alpha(n_1 + n_2 - 2)$ 或者 $p = P(t(n_1 + n_2 - 2) < T) < \alpha$

3. σ_1^2，σ_2^2 均未知，但 $\sigma_1^2 \neq \sigma_2^2$

选取检验统计量：

$$T = \frac{\overline{X} - \overline{Y} - \mu_0}{\sqrt{\dfrac{S_1^2}{n_1} + \dfrac{S_2^2}{n_2}}}$$

当 H_0：$\mu_1 - \mu_2 = \mu_0$ 成立时，T 近似服从 $t\ (\hat{\nu})$，其中：

$$\hat{\nu} = \frac{\left(\dfrac{S_1^2}{n_1} + \dfrac{S_2^2}{n_2}\right)^2}{\dfrac{S_1^4}{n_1^2(n_1 - 1)} + \dfrac{S_2^4}{n_2^2(n_2 - 1)}}$$

于是对给定的显著性水平 α，不难写出各基本假设的拒绝条件：

双边检验：$|T| > t_{\frac{\alpha}{2}}(\hat{\nu})$ 或者 $p = 2P(t(\hat{\nu}) > |T|) < \alpha$

右边检验：$T > t_\alpha(\hat{\nu})$ 或者 $p = P(t(\hat{\nu}) > T) < \alpha$

左边检验：$T < -t_\alpha(\hat{\nu})$ 或者 $p = P(t(\hat{\nu}) < T) < \alpha$

[例 5-11] 学校 A 和学校 B 为了比较学生学习高等数学成绩的差异，在期末考试时采用统一试卷考试，并从两个学校各抽取了 100 名学生，学校 A、B 的这 100 名学生的平均成绩分别为 89.2 和 91.3，学校 A、B 的全体学生的方差分别为 90 和 106，在显著性水平 0.05 下，可否认为这两所学校的高等数学成绩有差异？

解：设学校 A 学生的高等数学成绩 $X \sim N(\mu_1, 90)$，学校 B 学生的高等数学成绩 $Y \sim N(\mu_2, 106)$，建立假设：

$$H_0: \mu_1 - \mu_2 = 0 \qquad H_1: \mu_1 - \mu_2 \neq 0$$

已知，$n_1 = n_2 = n = 100$，$\mu_0 = 0$，$\alpha = 0.05$，$\overline{X} = 89.2$，$\overline{Y} = 91.3$，$\sigma_1^2 = 90$，$\sigma_2^2 = 106$。

检验统计量：

$$Z=\frac{\overline{X}-\overline{Y}-\mu_0}{\sqrt{\frac{\sigma_1^2}{n_1}+\frac{\sigma_2^2}{n_2}}}=\frac{89.2-91.3-0}{\sqrt{\frac{90}{100}+\frac{106}{100}}}=-1.5$$

$$z_{\frac{\alpha}{2}}=z_{0.025}=1.96$$

因为 $|-1.5|<1.96$，故不拒绝 $H_0:\mu_1-\mu_2=0$，因而无充分证据显示两所学校的高等数学成绩有差异。

［例 5-12］ 某人提出一种新的炼钢操作方法，为了确定新的方法是否能增加钢的得率，现在炼钢炉上进行一项实验，试验是在同一个炼钢炉上进行的，每炼一炉钢时，除操作方法外，其他条件都尽可能做到相同。用原方法和新方法分别练了 10 炉和 12 炉，其得率分别为：

原方法：78.1，72.4，76.2，74.3，77.4，78.4，76.0，75.5，76.7，77.3

新方法：79.1，81.0，77.3，79.1，80.0，79.1，79.1，77.3，80.2，82.1，79.9，78.9

设这两个样本相互独立，且分别来自正态总体 $X\sim N(\mu_1,\sigma_1^2)$ 和 $Y\sim N(\mu_2,\sigma_2^2)$，其中，$\mu_1$，$\mu_2$，$\sigma_1^2$，$\sigma_2^2$ 均未知，在 $\sigma_1^2=\sigma_2^2$ 和 $\sigma_1^2\neq\sigma_2^2$ 两种情景下分别分析新方法能否提高得率？$(\sigma=0.05)$

解： 已知，$n_1=10$，$n_2=12$，$\mu_0=0$，计算可得 $\overline{X}=76.23$，$\overline{Y}=79.425$，$S_1^2=3.324556$，$S_2^2=1.865682$。

建立假设：

$$H_0：\mu_1-\mu_2\geqslant 0\quad H_1：\mu_1-\mu_2<0。$$

（1）当 $\sigma_1^2=\sigma_2^2$ 时，选取检验统计量：

$$T=\frac{\overline{X}-\overline{Y}-\mu_0}{S_p\sqrt{\frac{1}{n_1}+\frac{1}{n_2}}}$$

又有：

$t_a(n_1+n_2-2)=t_{0.05}(20)=1.724718$，于是有：

$$S_p^2=\frac{(n_1-1)S_1^2+(n_2-1)S_2^2}{n_1+n_2-2}$$

$$=\frac{(10-1)\times 3.324556+(12-1)\times 1.865682}{10+12-2}=2.522175$$

$$T=\frac{\overline{X}-\overline{Y}-\mu_0}{S_p\sqrt{\frac{1}{n_1}+\frac{1}{n_2}}}=\frac{76.23-79.425-0}{\sqrt{2.522175\times\left(\frac{1}{10}+\frac{1}{12}\right)}}=-4.698536<-t_{0.05}(20)=-1.724718$$

所以拒绝原假设，认为新方法能够提高得率。

（2）当 $\sigma_1^2\neq\sigma_2^2$ 时，选取检验统计量：

$$T=\frac{\overline{X}-\overline{Y}-\mu_0}{\sqrt{\frac{S_1^2}{n_1}+\frac{S_2^2}{n_2}}}$$

有：

$$\hat{\nu}=\frac{\left(\frac{S_1^2}{n_1}+\frac{S_2^2}{n_2}\right)^2}{\frac{S_1^4}{n_1^2(n_1-1)}+\frac{S_2^4}{n_2^2(n_2-1)}}=\frac{\left(\frac{3.324556}{10}+\frac{1.865682}{12}\right)^2}{\frac{3.324556^2}{10^2\times(10-1)}+\frac{1.865682^2}{12^2\times(12-1)}}=16.44367$$

$$T=\frac{\overline{X}-\overline{Y}-\mu_0}{\sqrt{\frac{S_1^2}{n_1}+\frac{S_2^2}{n_2}}}=\frac{76.23-79.425-0}{\sqrt{\frac{3.324556}{10}+\frac{1.865682}{12}}}=-4.573962$$

$t_\alpha(\hat{\nu})=t_{0.05}(16.44367)=1.742999$

由于：

$T=-4.573962<-t_{0.05}(16.44367)=-1.742999$

所以仍然拒绝原假设，认为新方法能够提高得率。

（二）基于配对样本的比较检验法

有时为了比较两种产品、两种仪器或两种方法等的差异，我们常在相同的条件下做对比实验，得到一批成对的观察值，根据观察值对差异性做出判断。

例如，用两种方法测定9份血清样本中 Mg^{2+} 含量（mmol/L）的结果如表5－6所示。试问这两种方法测定的结果有无差异？（取 $\alpha=0.05$）

表5－6　两种方法测定血清样本中 Mg^{2+} 含量（mmol/L）的结果

方法一	0.94	1.02	1.14	1.23	1.31	1.41	1.53	1.61	1.72
方法二	0.92	1.01	1.11	1.22	1.32	1.42	1.51	1.61	1.72

表5－6中的数据有以下特点：一是数据成对出现且不独立，即对于每一份样本，用两种方法测出一对数据 $(X_i,Y_i)(i=1,2,\cdots,9)$，由于一对数据的两个分量是对同一个体的测定结果，因而二者之间不独立；二是由于每份血清样本各不相同，因此 $X_i(i=1,2,\cdots,9)$ 不能看作同一总体的观察值，$Y_i(i=1,2,\cdots,9)$ 亦然。因此，成对数据不符合前述方法中关于独立和同分布的假设，不能用前面的方法进行假设检验。

为此，我们提出如下模型：一般地，设有 n 对相互独立的观察结果 $(X_i,Y_i)(i=1,2,\cdots,n)$，设 $Z_i=X_i-Y_i(i=1,2,\cdots,n)$，则 $Z_i(i=1,2,\cdots,n)$ 相互独立。又因为 $Z_i(i=1,2,\cdots,n)$ 是由同一因素引起的，于是可认为它们服从相同的分布。进一步，我们假设 $Z_i\sim N(\mu,\sigma^2)$，这就是说，$Z_i(i=1,2,\cdots,n)$ 是正态总体的一个样本。

为了对两组数据的差异进行假设检验，我们只需对 Z_i 所对应的总体参数进行检验即可。为了检验两种方法的测定结果是否有显著差异，只需检验 Z_i 所对应的总体均值是否为0即可。为此，与前面内容类似，我们可提出以下几类假设：

双边检验：H_0：$\mu=0$　H_1：$\mu\neq0$

右边检验：H_0：$\mu\leqslant0$　H_1：$\mu>0$

左边检验：H_0：$\mu\geqslant0$　H_1：$\mu<0$

该检验就是总体方差未知情况下总体均值的检验。构造检验统计量：

$$T=\frac{\overline{Z}}{S/\sqrt{n}}$$

其中，$S^2 = \frac{1}{n-1}\sum_{i=1}^{n}(Z_i - \overline{Z})^2$，当 H_0：$\mu = 0$ 成立时，$T \sim t(n-1)$，对给定的显著性水平 α，各类型检验的拒绝条件为：

双边检验：$|T| > t_{\frac{\alpha}{2}}(n-1)$

右边检验：$T > t_{\alpha}(n-1)$

左边检验：$T < -t_{\alpha}(n-1)$

思　这里给出的是界值法，你能写出概值法对应的拒绝条件吗？写写看，重点是搞清楚概值的计算。

[例 5-13] 对表 5-6 中的数据做成对 t 检验。

解： 设 $Z_i = X_i - Y_i (i = 1, 2, \cdots, 10)$，且 $Z \sim N(\mu, \sigma^2)$，则 Z 的样本值为：

0.02　0.01　0.03　0.01　-0.01　-0.01　0.02　0　0

根据题意，提出假设：

H_0：$\mu_1 - \mu_2 = 0$　H_1：$\mu_1 - \mu_2 \neq 0$

选取检验统计量：

$$T = \frac{\overline{Z}}{S/\sqrt{n}}$$

已知，$n = 9$，$t_{0.025}(8) = 2.306004$，计算可得 $\overline{Z} = 0.00778$，$S^2 = 0.0001944$，于是：

$$T = \frac{\overline{Z}}{S/\sqrt{n}} = \frac{0.00778}{\sqrt{0.0001944/9}} = 1.67332 < 2.306004 = t_{0.025}(8)$$

故不拒绝原假设，即认为两种方法测定结果无明显差异。

（三）方差齐性检验

设总体 $X \sim N(\mu_1, \sigma_1^2)$，总体 $Y \sim N(\mu_2, \sigma_2^2)$，从总体 X 中抽取样本 $X_1, X_2, \cdots, X_{n_1}$，从总体 Y 中抽取样本 $Y_1, Y_2, \cdots, Y_{n_2}$，且假定两个样本间相互独立。

由前文我们已经知道：

$$F = \frac{\frac{1}{\sigma_1^2}S_1^2}{\frac{1}{\sigma_2^2}S_2^2} \sim F(n_1 - 1, n_2 - 1), F = \frac{\frac{1}{n_1\sigma_1^2}\sum_{i=1}^{n_1}(X_i - \mu_1)^2}{\frac{1}{n_2\sigma_2^2}\sum_{i=1}^{n_2}(Y_i - \mu_2)^2} \sim F(n_1, n_2)$$

利用此结论，下面进一步讨论两个正态总体方差的齐性检验。首先，提出三种类型的假设：

双边检验：H_0：$\sigma_1^2 = \sigma_2^2$　H_1：$\sigma_1^2 \neq \sigma_2^2$

右边检验：H_0：$\sigma_1^2 \leqslant \sigma_2^2$　H_1：$\sigma_1^2 > \sigma_2^2$

左边检验：H_0：$\sigma_1^2 \geqslant \sigma_2^2$　H_1：$\sigma_1^2 < \sigma_2^2$

1. μ_1，μ_2 均未知

当 $H_0: \sigma_1^2 = \sigma_2^2$ 成立时，检验统计量 $F = \frac{S_1^2}{S_2^2} \sim F(n_1 - 1, n_2 - 1)$，对给定的显著性水平 α，

由于$P(F_{1-\frac{\alpha}{2}}(n_1-1,n_2-1)\leqslant F\leqslant F_{\frac{\alpha}{2}}(n_1-1,n_2-1))=1-\alpha$，所以$H_0:\sigma_1^2=\sigma_2^2$的拒绝条件为$F<F_{1-\frac{\alpha}{2}}(n_1-1,n_2-1)$或$F>F_{\frac{\alpha}{2}}(n_1-1,n_2-1)$。或者，若$F$的值大于$F(n_1-1,n_2-1)$分布的中位数，当$p=2P(F(n_1-1,n_2-1)>F)<\alpha$时，拒绝原假设；若$F$的值小于$F(n_1-1,n_2-1)$分布的中位数，当$p=2P(F(n_1-1,n_2-1)<F)<\alpha$时，拒绝原假设。

类似地可得：

$H_0:\sigma_1^2\leqslant\sigma_2^2$的拒绝条件为：

$$F>F_{\alpha}(n_1-1,n_2-1)\text{或}p=P(F(n_1-1,n_2-1)>F)<\alpha$$

$H_0:\sigma_1^2\geqslant\sigma_2^2$的拒绝条件为：

$$F<F_{1-\alpha}(n_1-1,n_2-1)\text{或}p=P(F(n_1-1,n_2-1)<F)<\alpha$$

2. μ_1，μ_2均已知

当$H_0:\sigma_1^2=\sigma_2^2$成立时，检验统计量：

$$F=\frac{\frac{1}{n_1}\sum_{i=1}^{n_1}(X_i-\mu_1)^2}{\frac{1}{n_2}\sum_{i=1}^{n_2}(Y_i-\mu_2)^2}\sim F(n_1,n_2)$$

完全类似于上面，对于给定的显著性水平α，易得出：

$H_0:\sigma_1^2=\sigma_2^2$的拒绝条件为$F<F_{1-\frac{\alpha}{2}}(n_1,n_2)$或$F>F_{\frac{\alpha}{2}}(n_1,n_2)$。或者，若$F$的值大于$F(n_1,n_2)$分布的中位数，则当$p=2P(F(n_1,n_2)>F)<\alpha$时，拒绝原假设；若$F$的值小于$F(n_1,n_2)$分布的中位数，则当$p=2P(F(n_1,n_2)<F)<\alpha$时，拒绝原假设。

$H_0:\sigma_1^2\leqslant\sigma_2^2$的拒绝条件为：

$$F>F_{\alpha}(n_1,n_2)\text{ 或 }p=P(F(n_1,n_2)>F)<\alpha$$

$H_0:\sigma_1^2\geqslant\sigma_2^2$的拒绝条件为：

$$F<F_{1-\alpha}(n_1,n_2)\text{ 或 }p=P(F(n_1,n_2)<F)<\alpha$$

[例5-14] 试在0.05的显著性水平下检验［例5-12］中两种方法炼钢得率的方差有无明显差异。

解：由题意，此为两个总体均值未知情况下方差的齐性检验问题，提出假设：

$$H_0:\sigma_1^2=\sigma_2^2\quad H_1:\sigma_1^2\neq\sigma_2^2$$

选取检验统计量$F=\frac{S_1^2}{S_2^2}$，由题意，$n_1=10,n_2=12$，计算可得，$S_1^2=3.324556$，$S_2^2=1.865682$，$F_{0.025}(9,11)=3.587899$，$F_{0.975}(9,11)=0.2556189$，且：

$$F_{0.975}(9,9)<F=\frac{S_1^2}{S_2^2}=\frac{3.324556}{1.865682}=1.781952<F_{0.025}(9,11)$$

因此，不拒绝原假设，即两种方法炼钢的方差无明显差异。

第 4 节　方差分析

前文讨论了一个或者两个正态总体的分析问题，而在实际问题中还会遇到多个正态总体的均值比较问题，处理这类问题通常要用方差分析的方法。方差分析是英国统计与遗传学家费歇尔在 20 世纪 20 年代提出的一种统计分析方法，是推断性分析的重要内容之一。

一、基本概念

引例：布的缩水率与染整工艺有关吗?

某作坊为考察染整工艺是否对布的缩水率有显著影响进行了试验。试验中采用三种染整工艺，分别对五种布样进行了处理，测得缩水率的百分比如表 5－7 所示。

表 5－7　不同染整工艺下五种布样的缩水率记录表

布样号 / 染整工艺	1	2	3	4	5
A 工艺	4.3	7.8	3.3	6.5	7.1
B 工艺	6.5	8.3	7.6	8.2	8.7
C 工艺	9.5	8.8	11.9	7.8	11.8

如何利用表 5－7 中的试验数据分析问题?

为了便于分析，定义三种工艺下布的缩水率为三个总体，每个总体布的平均缩水率记为 $\mu_i(i=1,2,3)$。

虽然不知道 μ_i 的真实值，但只要比较每个 μ_i 的大小就可以了。如果采用前文介绍的方法需要做 3 次检验，而当总体个数较大时，就比较麻烦。

方差分析时假设：

$$H_0:\mu_1=\mu_2=\mu_3$$

如果 H_0 成立，则说明三种染整工艺对布的缩水率没有显著影响，否则即是有显著影响。

方差分析中，因素是指试验中受控制的条件，因素变量也称为控制变量，通常是一个分类变量，它所处的状态称为水平，也称为处理。观测值是指在因素的不同水平下得到的关于试验指标的试验结果，又称为样本数据。例如，在引例中，染整工艺就是受控制的条件，为我们研究的因素，其水平有 3 个，即 A 工艺、B 工艺和 C 工艺，布样的缩水率为观测值。

在引例中，试验是在只有染整工艺取不同水平的情况下进行的。像这样，在试验中只有一个因素可以取不同的水平，而其他因素保持不变的试验叫作单因素试验，相应的方差分析称为单因素方差分析。

当然还有多因素试验，所谓多因素试验是指在试验中由一个以上的因素取不同水平而进行的试验，相应的方差分析称为多因素方差分析。例如，商家考虑广告策略和包装设计这两个因素对商品销量的影响等。

在进行方差分析时，通常要求在因素变量的不同水平下，其试验指标的各样本均满足随机独立抽取、服从正态分布、方差齐性这三个条件。

> 思 在实际应用中，如何理解样本数据是否满足基本假设？

二、单因素方差分析

（一）单因素方差分析的步骤

设 A 表示单因素试验中的因素变量，共有 r 个水平，用 $A_i(i=1,2,3,\cdots,n_i)$ 表示第 i 个水平，并分别在 $A_i(i=1,2,3,\cdots,n_i)$ 水平下进行 n_i 次独立试验，得到如表 5-8 所示的试验结果。

表 5-8 单因素方差分析的实验结果

试验 水平	1	2	……	n_i
A_1	X_{11}	X_{12}	……	X_{1n_1}
A_2	X_{21}	X_{22}	……	X_{2n_2}
……	……	……	……	……
A_r	X_{r1}	X_{r2}	……	X_{rn_r}

注：对每一个水平进行的试验次数可以相等，也可以不相等。

我们假设因素变量在每一个水平下的试验是独立进行的，且试验指标 X 在因素 $A_i(i=1,2,\cdots,r)$ 水平下的第 j 次 $(j=1,2,\cdots,n_i)$ 试验结果 $X_{ij}(j=1,2,3,\cdots,n_i)$ 是取自正态总体 $N(\mu_i,\sigma^2)$ 的简单随机样本（方差 σ^2 和均值 μ_i 未知），即每一个水平对应一个正态总体，r 个水平就对应 r 个方差相同而均值不同的正态总体。显然，如果因素变量在不同水平下进行试验得到 r 个总体的均值相等，那么就可认为分类变量对试验指标没有显著影响。怎样才能说明这 r 个总体的均值相等呢?

事实上，这正是方差分析要解决的核心问题，下面我们就来介绍利用单因素方差分析对此问题进行检验的具体步骤。

1. 提出假设

$H_0:\mu_1=\mu_2=\cdots=\mu_r, H_1:\mu_i(i=1,2,\cdots,r)$ 不全相等

其中，μ_i 是第 i 个水平下试验数据的总体均值。

2. 列出方差分析表

为了检验假设 H_0，将 $\mu_i(i=1,2,\cdots,r)$ 的加权平均值记作 μ，即：

$$\mu = \frac{1}{n}\sum_{i=1}^{r} n_i\mu_i$$

其中，$n = \sum\limits_{i=1}^{r} n_i$，并称 μ 为总平均。

下面从平方和分解的角度，构造检验统计量。

记组平均值 $\overline{X}_i = \frac{1}{n_i}\sum_{j=1}^{n_i} X_{ij}$，总平均值 $\overline{X} = \frac{1}{n}\sum_{i=1}^{r}\sum_{j=1}^{n_i} X_{ij} = \frac{1}{n}\sum_{i=1}^{r} n_i\overline{X}_i$，则可得平方和分解式为：

$$Q = \sum_{i=1}^{r}\sum_{j=1}^{n_i}(X_{ij} - \overline{X})^2 = \sum_{i=1}^{r}\sum_{j=1}^{n_i}(X_{ij} - \overline{X}_i)^2 + \sum_{i=1}^{r} n_i(\overline{X}_i - \overline{X})^2 = Q_1 + Q_2$$

称 Q 为总离差平方和，简称为总平方和，它反映的是全部数据之间的差异；称 Q_1 为误差平方和或组内平方和，它反映的是随机误差的影响；称 Q_2 为因素 A 的平方和或组间平方和，它反映的是因素变量在各水平下样本均值之间的差异，在一定程度上也体现了 μ_i 间的差异程度，因而通过比较 Q_2 与 Q_1 的相对大小可以检验原假设 H_0 是否成立。

如果 Q_2 显著地大于 Q_1，说明 $\overline{X}_i$ 间的差异显著地大于随机误差，那么原假设 H_0 可能不成立。这种通过比较方差大小来判断原假设是否成立的方法，正是方差分析名称的由来。

比值 Q_2/Q_1 大到什么程度就可以否定原假设呢？从数理统计理论可知，当 H_0 成立时：

$$F = \frac{Q_2/(r-1)}{Q_1/(n-r)} \sim F(r-1, n-r)$$

所以我们可以选择 F 作为检验统计量，并根据 F 分布的分位数进行检验。

为了使计算过程更加清晰，通常在进行方差分析时要列出方差分析表，如表 5－9 所示。

表 5－9　　方差分析表

方差来源	平方和	自由度	均方	F 值	显著性
组间（因素影响）	Q_2	$r-1$	$S_2^2 = \frac{Q_2}{r-1}$	$\frac{S_2^2}{S_1^2}$	$P = P(F(r-1,n-r) > F)$
组内（误差影响）	Q_1	$n-r$	$S_1^2 = \frac{Q_1}{n-r}$		
总和	Q	$n-1$			

3. 做出决策

对于给定的显著性水平 α，查 F 分布表得分位数 $F_\alpha(r-1,n-r)$，当 $F > F_\alpha(r-1,n-r)$ 时，拒绝原假设 H_0，这时可以认为因素的 r 个水平的均值 μ_i 之间存在显著差异，即分类因素对试验指标有显著影响；当 $F \leqslant F_\alpha(r-1,n-r)$ 时，接受原假设 H_0，这时可以认为分类因素对试验指标没有显著影响。

当然，如果利用数据分析软件进行方差分析，可以直接将软件分析结果中的检验 p 值与显著性水平 α 比较，如果检验 p 值小于 α，则拒绝原假设 H_0，否则接受原假设 H_0。

思

①要检验多个总体均值是否相等，为什么不做两两比较，而要用方差分析？

②当方差分析的结果是拒绝原假设，这时是否意味着所有水平下的均值两两均不相等？

（二）多重比较

在采用方差分析进行决策的过程中，如果拒绝原假设，则表明因素 A 的 r 个水平间存在显著差异；但这里的“显著差异”是对所有水平而言的，我们并不能由此断言各个水平两两之间存在显著差异，因此还需进一步分析差异的具体情况，即进行多重比较。

多重比较的方法很多，这里只介绍常用的最小显著差数法。这种方法本质上是利用 t 检验法检验两个水平间的均值是否存在显著差异，只是在估计方差时使用的是全部数据。具体步骤如下：

1. 提出假设

$$H_0:\mu_i=\mu_j \quad (i,j=1,2,\cdots,r;i\neq j)$$

2. 构造检验统计量

$$T=\frac{\overline{X}_i-\overline{X}_j}{S_1\sqrt{\frac{1}{n_i}+\frac{1}{n_j}}}$$

由数理统计理论可知，当 H_0 成立时，$T\sim t(n-r)$。

3. 做出决策

对于给定的显著性水平 α，查 t 分布的分位数表得 $t_{\frac{\alpha}{2}}(n-r)$，使得：

$$P\left(\frac{|\overline{X}_i-\overline{X}_j|}{S_1\sqrt{\frac{1}{n_i}+\frac{1}{n_j}}}>t_{\frac{\alpha}{2}}(n-r)\right)=\alpha$$

即：

$$P\left(|\overline{X}_i-\overline{X}_j|>t_{\frac{\alpha}{2}}(n-r)\cdot S_1\cdot\sqrt{\frac{1}{n_i}+\frac{1}{n_j}}\right)=\alpha$$

并称 $LSD=t_{\frac{\alpha}{2}(n-r)}\cdot S_1\cdot\sqrt{\frac{1}{n_i}+\frac{1}{n_j}}$ 为显著性水平 α 下因素的第 i 个水平和第 j 个水平之间的最小显著差数。

当 $|\overline{X}_i-\overline{X}_j|>LSD$ 时，拒绝原假设 H_0，这时可认为差异显著，否则可认为差异不显著。

最小显著差数法虽然使用方便，但是会增大犯第一类错误的概率，使得“有显著差异”的结论不可靠，为了降低犯第一类错误的概率，通常可以减小显著性水平，如可将其设为 $\frac{\alpha}{n}$。

（三）实例

方差分析多应用在工农业生产以及科学实验等领域。

[例 5-15] 根据表 5-7 的数据，分析不同的染整工艺是否会对布的缩水率产生影响（$\alpha=0.05$）。

解：（1）提出假设。

原假设：$H_0:\mu_1=\mu_2=\mu_3$

备择假设：$H_1:\mu_1$，μ_2，μ_3 不全相等

（2）计算方差分析表中的数据，结果如表 5－10 所示。

表 5－10　方差分析表

方差来源	平方和	自由度	均方	F 值	显著性
组间（因素影响）	43.27	2	21.63	8.38	0.0053
组内（误差影响）	30.98	12	2.58		
总和	74.25	14			

（3）检验原假设。对于给定的显著性水平 $\alpha=0.05$，查 F 分布表可得 $F_{0.05}(2,12)=3.89$，由于 $F=8.38>F_{0.05}(2,12)=3.89$，所以在显著性水平 $\alpha=0.05$ 下拒绝原假设，可认为染整工艺对布的缩水率是有显著影响的。

（4）多重比较。计算各水平间均值的差数，结果如表 5－11 所示。

表 5－11　不同水平的均值之差

	$\lvert\overline{X}_i-\overline{X}_3\rvert$	$\lvert\overline{X}_i-\overline{X}_2\rvert$
$\overline{X}_1=5.80$	4.16	2.06
$\overline{X}_2=7.86$	2.10	
$\overline{X}_3=9.96$		

对于给定显著性水平 $\alpha=0.05$，查自由度为 12 的 t 分布的分位数表可得 $t_{0.025}(12)=2.1788$，又因 $n_1=n_2=n_3=5$，故各水平间的最小显著差数均为：

$$LSD=t_{\frac{\alpha}{2}(n-r)}\cdot S_1\cdot\sqrt{\frac{1}{n_i}+\frac{1}{n_j}}=2.1788\times\sqrt{2.58}\times\sqrt{\frac{1}{5}+\frac{1}{5}}=2.213$$

将表 5－11 中结果与最小显著差数进行比较可知，μ_1 与 μ_3 有显著差异，μ_1 与 μ_2 无显著差异，μ_2 与 μ_3 无显著差异，即 A 工艺与 C 工艺使得布的缩水率有显著差异，B 工艺与其他两种工艺的差异不明显。

三、双因素方差分析

前文我们介绍了单因素方差分析。然而，在实际应用中，需要考虑的因素往往不止一个，为此，接下来将介绍具有两个因素变量的方差分析，即双因素方差分析。

在双因素方差分析中，如果两个因素对试验指标的影响是相互独立的，即两个因素各种水平组合对试验指标均无影响，这样的双因素方差分析称为无交互作用的双因素方差分析；如果两个因素对试验指标的影响不是相互独立的，即两个因素除了分别对试验指标有影响外，它们的组合对试验指标也会有影响，这种影响称为交互作用，这样的双因素方差分析则称为有交互作用的双因素方差分析。

（一）无交互作用的双因素方差分析

设 A 和 B 分别表示双因素试验中的两个因素变量，分别有 r 和 s 个水平，用 $A_i(i=1,2,$

$\cdots,r)$表示因素 A 的第 i 个水平，用 $B_j(j=1,2,\cdots,s)$表示因素 B 的第 j 个水平。

如果因素 A 和因素 B 无交互作用，那么在不同组合水平下各做一次试验就可以进行方差分析，其试验结果如表 5－12 所示。

表 5－12　无交互作用的双因素方差分析的试验结果

		列因素（j）				行平均值
		B_1	B_2	…	B_s	$\overline{X}_{i\cdot}$
行因素（i）	A_1	X_{11}	X_{12}	…	X_{1s}	$\overline{X}_{1\cdot}$
	A_2	X_{21}	X_{22}	…	X_{2s}	$\overline{X}_{2\cdot}$
	⋮	…	…	…	…	
	A_r	X_{r1}	X_{r2}	…	X_{rs}	$\overline{X}_{r\cdot}$
列平均值	$\overline{X}_{\cdot j}$	$\overline{X}_{\cdot 1}$	$\overline{X}_{\cdot 2}$	…	$\overline{X}_{\cdot s}$	

类似于单因素方差分析，可进行双因素方差分析，其步骤如下：

1. 提出假设

对行因素提出的假设如下：

$H_{0A}:\mu_1=\mu_2=\cdots=\mu_r$（行因素对试验指标没有显著影响）

$H_{1A}:\mu_i(i=1,2,\cdots,r)$不全相等（行因素对试验指标有显著影响）

其中，μ_i 是行因素 A 的第 i 个水平下的总体均值。

对列因素提出的假设如下：

$H_{0B}:\eta_1=\eta_2=\cdots=\eta_s$（列因素对试验指标没有显著影响）

$H_{1B}:\eta_j(j=1,2,\cdots,s)$不全相等（列因素对试验指标有显著影响）

其中，η_j 是列因素 B 的第 j 个水平下的总体均值。

2. 列出方差分析表

要检验原假设，需分别构造检验行因素和列因素的检验统计量。为此，类似于单因素方差分析检验统计量的构造方法，我们仍然从平方和分解的角度来加以分析。

可以证明，总离差平方和 Q 可分解为：

$$Q=\sum_{i=1}^{r}\sum_{j=1}^{s}(X_{ij}-\overline{X})^2=Q_1+Q_2+Q_3$$

其中，$Q_1=s\sum_{i=1}^{r}(\overline{X}_{i.}-\overline{X})^2,Q_2=r\sum_{j=1}^{s}(\overline{X}_{.j}-\overline{X})^2,Q_3=\sum_{i=1}^{r}\sum_{j=1}^{s}(\overline{X}_{ij}-\overline{X}_{i.}-\overline{X}_{.j}+\overline{X})^2$，

$\overline{X}_{i.}=\frac{1}{s}\sum_{j=1}^{s}X_{ij},\overline{X}_{.j}=\frac{1}{r}\sum_{i=1}^{r}X_{ij},\overline{X}=\frac{1}{rs}\sum_{i=1}^{r}\sum_{j=1}^{s}X_{ij}$。

构造检验统计量：

$$F_A=\frac{S_1^2}{S_3^2}=\frac{Q_1/(r-1)}{Q_3/(r-1)(s-1)},F_B=\frac{Q_2/(s-1)}{Q_3/(r-1)(s-1)}$$

分别对两个原假设进行检验。

由数理统计相关理论可知：

当 H_{0A}成立时，有：

$$F_A\sim F(r-1,(r-1)(s-1))$$

当 H_{0B} 成立时，有：

$$F_B \sim F(s-1,(r-1)(s-1))$$

表 5 - 13 列出了无交互作用的双因素方差表。

表 5 - 13　无交互作用的双因素方差分析表

方差来源	平方和	自由度	均方	F 值	显著性
A	Q_1	$r-1$	S_1^2	$\frac{S_1^2}{S_3^2}$	$P_A = P(F(r-1),(r-1)(s-1)) > F_A)$
B	Q_2	$s-1$	S_2^2	$\frac{S_2^2}{S_3^2}$	$P_B = P(F(s-1),(r-1)(s-1)) > F_B)$
误差	Q_3	$(r-1)(s-1)$	S_3^2		
总和	Q	$rs-1$			

3. 做出决策

对于给定的显著性水平 α，查 F 分布分位数表可得 $F_\alpha(r-1,(r-1)(s-1))$ 和 $F_\alpha(s-1,(r-1)(s-1))$，当 $F_A > F_\alpha(r-1,(r-1)(s-1))$ 时，拒绝原假设 H_{0A}，可以认为分类因素 A 对试验指标有显著影响，否则认为它对试验指标没有显著影响；当 $F_B > F_\alpha(s-1,(r-1)(s-1))$ 时，拒绝原假设 H_{0B}，可以认为分类因素 B 对试验指标有显著影响，否则认为它对试验指标没有显著影响。

[例 5 - 16] 为提高某种产品的合格率，考察原料用量和来源地对其是否有显著影响。原料来源于甲、乙、丙三个地方，原料用量设定为现用量、增加 5%、增加 8% 三种情况。在不同水平组合下分别做一次（100 个产品）试验，得到的数据如表 5 - 14 所示。

表 5 - 14　产品合格率（%）

	现用量（1）	增加 5%（2）	增加 8%（3）
甲地（1）	59	70	66
乙地（2）	63	74	70
丙地（3）	61	66	71

试分析原料用量及来源地对产品合格率是否有显著影响（$\alpha = 0.05$）。

解： 设原料来源地为因素 A，三个地区为因素 A 的三个水平；原料用量为因素 B，三种用料量为因素 B 的三个水平。

（1）提出假设。

$$H_{0A}:\mu_1 = \mu_2 = \mu_3 \quad H_{0B}:\eta_1 = \eta_2 = \eta_3$$

（2）计算方差分析表中的数据，结果如表 5 - 15 所示。

表 5 - 15　双因素方差分析表

方差来源	平方和	自由度	均方	F 值	显著性
A	26	2	13	1.857143	0.2689
B	146	2	73	10.42857	0.0259

续表

方差来源	平方和	自由度	均方	F 值	显著性
误差	28	4	7		
总和	200	8			

(3) 做出决策。对于给定的显著性水平 $\alpha=0.05$，查 F 分布的分位数表可得 $F_{0.05}(2,4)=6.94$，由于 $F_A=1.857143<F_{0.05}(2,4)=6.94$，$F_B=10.42857>F_{0.05}(2,4)=6.94$，所以在显著性水平 $\alpha=0.05$ 下不能拒绝原假设 H_{0A}，但能拒绝原假设 H_{0B}，即可认为原料来源地对产品合格率没有显著影响，但原料用量对产品的合格率有显著影响。

由于原料用量对产品合格率影响显著，且计算得列均值为 $\overline{X}_{.1}=61,\overline{X}_{.2}=70,\overline{X}_{.3}=69$。由此可知 B_2 水平为最优水平。又由于原料来源地对产品合格率影响不显著，故可考虑以方便且运费低为准则选择水平。比如，乙地最方便且运输距离短，那么最优条件为 A_2B_2，即采用乙地原料并在原有用料量上增加5%这一方案为最佳。

(二) 有交互作用的双因素方差分析

当因素 A 和 B 有交互作用时，必须在各个组合水平下做重复试验方可进行方差分析。

仍设行因素 A 和列因素 B 分别有 r 个水平和 s 个水平，则行列共有 rs 个水平，每个水平下 m 次重复试验的 m 个数据的相应的数据结构如表 5－16 所示。

表 5－16 有交互作用的双因素方差分析的数据结构

		列因素 (j)												
		B_1				B_2				…	B_s			
行因素 (i)	A_1	X_{111}	X_{112}	…	X_{11m}	X_{121}	X_{122}	…	X_{12m}	…	X_{1s1}	X_{1s2}	…	X_{1sm}
	A_2	X_{211}	X_{212}	…	X_{21m}	X_{221}	X_{222}	…	X_{22m}	…	X_{2s1}	X_{2s2}	…	X_{2sm}
	⋮		⋮				⋮			…		⋮		
	A_r	X_{r11}	X_{r12}	…	X_{r1m}	X_{r21}	X_{r22}	…	X_{r2m}	…	X_{rs1}	X_{rs2}	…	X_{rsm}

类似于无交互作用的双因素方差分析的方法，可进行有交互作用的双因素方差分析，其具体步骤如下：

1. 提出假设

当存在交互作用时，需提出三个原假设，即：

对行因素的假设为：

$H_{0A}:\mu_1=\mu_2=\cdots=\mu_r$（行因素对试验指标没有显著影响）

$H_{1A}:\mu_i(i=1,2,\cdots,r)$ 不全相等（行因素对试验指标有显著影响）

其中，μ_i 是行因素 A 的第 i 个水平下的总体均值。

对列因素的假设为：

$H_{0B}:\eta_1=\eta_2=\cdots=\eta_s$（列因素对试验指标没有显著影响）

$H_{1B}:\eta_j(j=1,2,\cdots,s)$ 不全相等（列因素对试验指标有显著影响）

其中，η_j 是列因素 B 的第 j 个水平下的总体均值。

对交互因素的假设为：

$H_{0AB}:\tau_{11}=\tau_{12}=\cdots=\tau_{rs}$（行列交互因素对试验指标没有显著影响）

$H_{1AB}:\tau_{ij}(i=1,2,\cdots,r,j=1,2,\cdots,s)$不全相等（行列交互因素对试验指标有显著影响）

其中，τ_{ij}是在行因素第 i 个水平与列因素第 j 个水平交互所形成的水平下的总体均值。

2. 列出方差分析表

类似于无交互作用的双因素方差分析统计量的构造方法，我们仍然从平方和分解的角度分别构造检验行因素、列因素和交互因素的检验统计量，具体如下：

可以证明，总离差平方和 Q 可分解为：

$$Q=\sum_{i=1}^{r}\sum_{j=1}^{s}\sum_{k=1}^{m}(X_{ijk}-\overline{X})^2=Q_1+Q_2+Q_3+Q_4$$

其中，$Q_1=sm\sum_{i=1}^{r}(\overline{X}_{i..}-\overline{X})^2,Q_2=rm\sum_{j=1}^{s}(\overline{X}_{.j.}-\overline{X})^2,Q_3=m\sum_{i=1}^{r}\sum_{j=1}^{s}(\overline{X}_{ij.}-\overline{X}_{i..}-\overline{X}_{.j.}-\overline{X})^2$，$Q_4=\sum_{i=1}^{r}\sum_{j=1}^{s}\sum_{k=1}^{m}(X_{ijk}-\overline{X}_{ij.})^2$，符号 $X_{.j.}$ 表示列因素 B 限制在第 j 个水平下，第一和第三个下标的“.”表示没有限制，对于所有的 i、k 进行求和，即：

$$\overline{X}_{i..}=\frac{1}{sm}\sum_{j=1}^{s}\sum_{k=1}^{m}X_{ijk},\overline{X}_{.j.}=\frac{1}{rm}\sum_{i=1}^{r}\sum_{k=1}^{m}X_{ijk},$$

$$\overline{X}_{ij.}=\frac{1}{m}\sum_{k=1}^{m}X_{ijk},\overline{X}=\frac{1}{rsm}\sum_{i=1}^{r}\sum_{j=1}^{s}\sum_{k=1}^{m}X_{ijk}$$

构造检验统计量：

$$F_A=\frac{S_1^2}{S_4^2}=\frac{\dfrac{Q_1}{r-1}}{\dfrac{Q_4}{rs(m-1)}}$$

$$F_B=\frac{S_2^2}{S_4^2}=\frac{\dfrac{Q_2}{s-1}}{\dfrac{Q_4}{rs(m-1)}}$$

$$F_{AB}=\frac{S_3^2}{S_4^2}=\frac{\dfrac{Q_3}{(r-1)(s-1)}}{\dfrac{Q_4}{rs(m-1)}}$$

分别对三个原假设进行检验。

由数理统计相关理论可知：

当 H_{0A}成立时，有：

$$F_A\sim F(r-1,rs(m-1))$$

当 H_{0B}成立时，有：

$$F_B\sim F(s-1,rs(m-1))$$

当 H_{0AB}成立时，有：

$$F_{AB}\sim F((r-1)(s-1),rs(m-1))$$

进一步计算，可列出有交互作用的双因素方差分析表，如表 5－17 所示。

表 5-17 有交互作用的双因素方差分析表

方差来源	平方和	自由度	均方	F 值	显著性
A	Q_1	$r-1$	S_1^2	$\frac{S_1^2}{S_4^2}$	$P_A=P\ (F\ (r-1,\ rs\ (m-1))\ >F_A)$
B	Q_2	$s-1$	S_2^2	$\frac{S_2^2}{S_4^2}$	$P_B=P\ (F\ (s-1,\ rs\ (m-1))\ >F_B)$
AB	Q_3	$(r-1)\ (s-1)$	S_3^2	$\frac{S_3^2}{S_4^2}$	$P_{AB}=P\ (F\ (r-1)\ (s-1),\ rs\ (m-1))\ >F_{AB})$
误差	Q_4	$rs\ (m-1)$	S_4^2		
总和	Q	$rsm-1$			

3. 做出决策

对于给定的显著性水平 α，查 F 分布的分位数表可得 $F_\alpha(r-1,rs(m-1))$、$F_\alpha(s-1,rs(m-1))$和 $F_\alpha((r-1)(s-1),rs(m-1))$，于是当 $F_A>F_\alpha(r-1,rs(m-1))$时，拒绝原假设 H_{0A}，可以认为分类因素 A 对试验指标有显著影响，否则认为它对试验指标没有显著影响；当 $F_B>F_\alpha(s-1,rs(m-1))$时，拒绝原假设 H_{0B}，可以认为分类因素 B 对试验指标有显著影响，否则认为它对试验指标没有显著影响；当 $F_{AB}>F_\alpha((r-1)(s-1),rs(m-1))$时，拒绝原假设 H_{0AB}，可以认为分类因素 A 和 B 的交互作用对试验指标有显著影响，否则认为它们对试验指标没有显著影响。

[例 5-17] 抗牵拉强度是硬橡胶的一项重要的性能指标，现通过试验考察下列两个因素对该指标的影响：

A（硫化时间）：A_1(40 秒),A_2(60 秒)

B（催化剂种类）：B_1(甲种),B_2(乙种),B_3(丙种)

六种组合水平下，各重复做了两次试验，测得数据（单位：kg/cm²）如表 5-18 所示，试问因素 A、因素 B 对该指标的影响是否显著（$\alpha=0.1$）？

表 5-18 六种组合水平下的抗牵拉强度

	B_1	B_2	B_3
A_1	390，380	440，420	370，350
A_2	390，410	450，430	370，380

解：（1）提出假设。

对行因素的假设为：$H_{0A}:\mu_1=\mu_2$

对列因素的假设为：$H_{0B}:\eta_1=\eta_2=\eta_3$

对交互因素的假设为：$H_{0AB}:\tau_{11}=\tau_{12}=\tau_{13}=\tau_{21}=\tau_{22}=\tau_{23}$

（2）列出方差分析表，如表 5-19 所示。

表 5-19 有交互作用的双因素方差分析表

方差来源	平方和	自由度	均方	F 值	显著性
A	533.3333	1	533.3333	3.555556	0.108308
B	9316.67	2	4658.33	31.05556	0.000684

续表

方差来源	平方和	自由度	均方	F 值	显著性
AB	16.6667	2	8.33333	0.055556	0.946440
误差	900	6	150		
总和	10766.7	11			

（3）做出决策。对于给定的显著性水平 $\alpha=0.1$，查 F 分布的分位数表可得 $F_{0.1}(1,6)=3.78$，$F_{0.1}(2,6)=3.46$。

因为 $F_A=3.555556<F_{0.1}(1,6)=3.78$，$F_B=31.05556>F_{0.1}(2,6)=3.46$，$F_{AB}=0.055556<F_{0.1}(2,6)=3.46$。所以可以认为列因素 B 对橡胶的抗牵拉强度有显著影响，而行因素 A 及 A 与 B 交互作用对橡胶的抗牵拉强度都没有显著影响。

由方差分析结果及试验数据可知，使用乙种催化剂并将硫化时间控制在 60 秒，可使橡胶的抗牵拉强度达到最大；如果考虑成本因素的话，也可选硫化时间为 40 秒。

需要说明的是，在利用方差分析研究实际问题的过程中，无论是单因素方差分析，还是双因素方差分析，都应重视对方差分析基本假设的检验，即检验各因素在不同水平下的样本数据是否满足独立性、正态性以及方差齐性这三个基本条件（可以利用非参数检验方法进行检验）。如果不满足这些假设条件而盲目地进行方差分析，那么由此得出的结论其正确性值得怀疑，同时将失去其应用的价值。

第 5 节　推断性分析的 R 软件实现

本节将介绍利用 R 软件进行推断性分析的实现方法。

一、常用统计量的相关函数

mean (x)、var (x) 和 sd (x) 分别是 R 中计算样本 x 的均值、方差和标准差的函数；而样本原点矩和中心矩则需要读者自己编写简单的函数。

二、四大分布的相关函数

在 R 中，分别用 norm、chisq、t 和 f 表示正态分布、χ^2 分布、t 分布和 F 分布，加上不同的前缀表示不同的函数，具体如下：

dnorm(x, mean = μ、, sd = σ)、dchisq(x, df = n)、dt(x, df = n) 和 df(x, df1 = n_1, df2 = n_2) 分别返回 $N(\mu,\sigma^2)$、$\chi^2(n)$、$t(n)$ 和 $F(n_1,n_2)$ 分布的密度函数 $f(x)$ 在 x 点的值。

pnorm(x, mean = μ, sd = σ)、pchisq(x, df = n)、pt(x, df = n) 和 pf(x, df1 = n_1, df2 = n_2) 分别返回 $N(\mu,\sigma^2)$、$\chi^2(n)$、$t(n)$ 和 $F(n_1,n_2)$ 分布的分布函数 $F(x)$ 在 x 点的值。

qnorm(p, mean = μ, sd = σ)、qchisq(p, df = n)、qt(p, df = n) 和 qf(p, df1 = n_1, df2 = n_2) 分别返回给定下侧概率 p 后，$N(\mu,\sigma^2)$、$\chi^2(n)$、$t(n)$ 和 $F(n_1,n_2)$ 分布的下侧分位数。

rnorm(m, mean = μ, sd = σ)、rchisq(m, df = n)、rt(m, df = n) 和 rf(m, df1 = n_1, df2 = n_2) 分别返回产生的 m 个服从 $N(\mu,\sigma^2)$、$\chi^2(n)$、$t(n)$ 和 $F(n_1,n_2)$ 分布的随机数。

[**例 5－18**] 利用 R 软件编程对 [例 5－1] 进行求解分析。

解：利用 R 软件编写程序及运行结果如图 5－4 所示。

```
R Console (64-bit)
文件 编辑 其他 程序包 窗口 帮助
> P<-2*(1-pnorm(2/10*sqrt(81)));
> P
[1] 0.07186064
```

图 5－4　R 程序及其运行结果

由图 5－4 可知，所求概率为 0.072。

三、参数估计与假设检验

（一）optimize（）和 nlm（）函数

最大似然估计中的求最大似然函数的最大值点可用函数 optimize（）或 nlm（）来计算。

[**例 5－19**] 设 0.16，0.56，1.59，0.84，－1.73，0.65，2.96，1.04，2.41，0.94，192.4，－2.89 来自柯西分布总体的样本，其柯西分布的概率密度函数为 $f(x;\theta)=\frac{1}{\pi[1+(x-\theta)^2]}$，利用 R 软件编程求 θ 的最大似然估计。

解：由总体的分布密度函数得到似然函数：

$$L=L(x_1,x_2,\cdots,x_n;\theta)=f(x_1,\theta)f(x_2,\theta)\cdots f(x_n,\theta)$$

$$=\frac{1}{\pi^n}\prod_{i=1}^{n}\frac{1}{1+(x_i-\theta)^2}$$

相应的对数似然函数为：$\ln L(x_1,x_2,\cdots,x_n;\theta)=-n\ln(\pi)-\sum_{i=1}^{n}\ln(1+(x_i-\theta)^2)$

手动计算这个函数的最值比较复杂，而对于一元函数求最值的问题，可用 R 软件中的 optimize（）函数计算，其程序及运行结果如图 5－5 所示。

```
R Console (64-bit)
文件 编辑 其他 程序包 窗口 帮助
> x=c(0.16, 0.56, 1.59, 0.84, -1.73, 0.65, 2.96, 1.04, 2.41, 0.94, 192.4, -2.89)
> f=function(sita)-sum(log(1+(x-sita)^2))
> optimize(f,interval=c(0,2),maximum=TRUE)
$maximum
[1] 0.8660923

$objective
[1] -19.17123
```

图 5－5　R 程序及其运行结果

其中，optimize 的参数 interval 表示包含最值点的初始区间，maximum = TRUE 表示求最大值；返回结果中 $maximum 表示函数 f 的最大值点，$objective 表示函数 f 的最大值。

根据图 5－5 可知，参数 θ 的最大似然估计约为 0.866。

如遇到多元函数求最小值的问题，可用 nlm（）函数，其使用格式为：

```
nlm (f, p, …, hessian = FALSE, typsize = rep (1, length (p)),
    fscale = 1, print. level = 0, ndigit = 12, gradtol = 1e - 6,
    stepmax = max (1000 * sqrt (sum ( (p/typsize) ^2)), 1000),
    steptol = 1e - 6, iterlim = 100, check. analyticals = TRUE)
```

其中，f 为目标函数，p 为初始区间。

（二）t. test（）和 binom. test（）函数

在 R 中，t. test（）可以完成在方差（比）未知情况下单正态或双正态总体均值（差）的区间估计和假设检验工作，其使用格式为：

```
t. test (x, y = NULL,
        alternative = c ("two. sided", "less", "greater"),
        mu = 0, paired = FALSE, var. equal = FALSE,
        conf. level = 0. 95, ... )
```

其中，x、y 表示来自总体的样本，如果是单正态总体，则只输入 x 即可；alternative 表示备择假设，取“two. sided”（默认）表示双侧检验，取“less”表示左边检验，取“greater”表示右边检验；mu 为数值，表示对均值（差）的原假设 H_0，默认值为 0；conf. level 表示置信水平，默认值为 0. 95；paired 表示是否完成配对数据的检验；var. equal 表示两样本的总体的方差是否相同。

［例 5 - 20］利用 R 软件编程对［例 5 - 12］进行求解分析。

解：调用 t. test（），注意是左边检验，故参数 alternative 应取“less”，其 R 程序及其运行结果如图 5 - 6 所示。

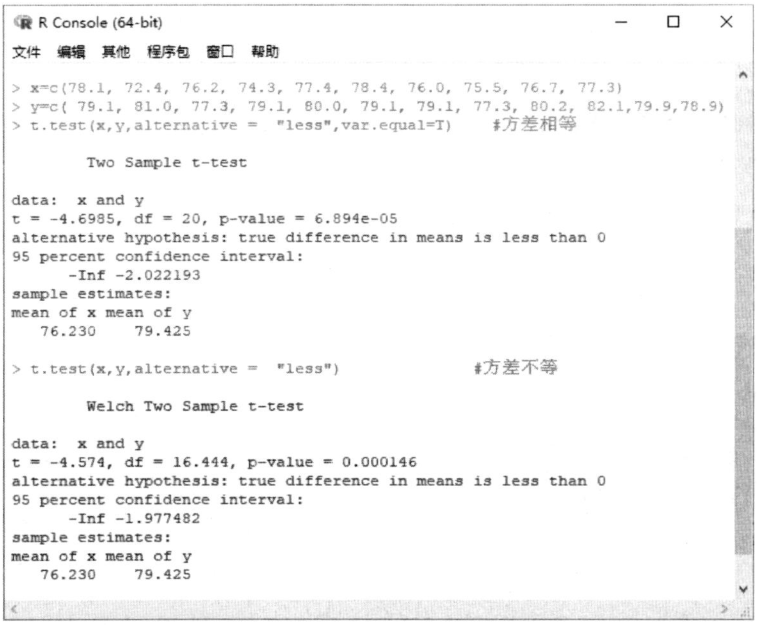

图 5 - 6　R 程序及其运行结果

在返回的结果中，t 为检验统计量 T，df 为自由度 n_1+n_2-2，p - value 为 p 值。alternative hypothesis 为备择假设 $\mu_1-\mu_2<0$，以及均值差 $\mu_1-\mu_2$ 的 95% 置信区间和 μ_1、μ_2 的估计值。

由于 p 值小于 0.05，故拒绝原假设，认为新方法能够提高得率。同样可得到当方差不等时，新方法同样能够提高得率。

在 R 中，binom. test（）函数用于二项分布的检验，其使用格式为：

```
binom.test (x, n, p = 0.5,
            alternative = c ("two.sided", "less", "greater"),
            conf.level = 0.95)
```

其中，x 是正整数或二维向量，表示试验成功的次数，或成功与失败的次数；n 是正整数，表示试验次数，当 x 为向量时，此值无效；p 表示假设中试验成功的概率，默认为 0.5。

四、方差分析

［例 5 - 21］ 利用 R 软件编程对［例 5 - 15］进行求解分析。

解： 函数 aov（）可以判别因素对指标是否有显著影响，其 R 程序及其运行结果如图 5 - 7 所示。

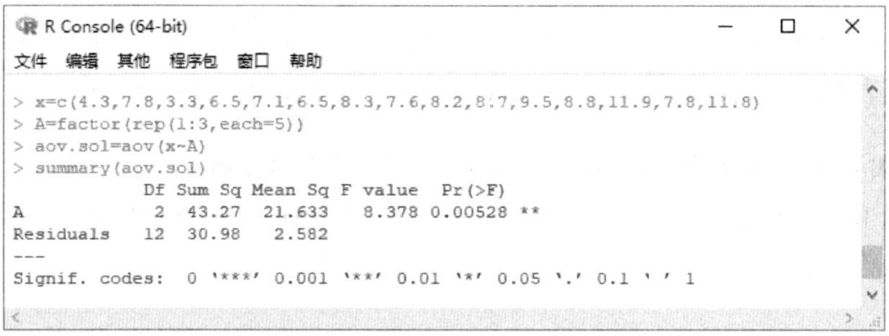

```
> x=c(4.3,7.8,3.3,6.5,7.1,6.5,8.3,7.6,8.2,8.7,9.5,8.8,11.9,7.8,11.8)
> A=factor(rep(1:3,each=5))
> aov.sol=aov(x~A)
> summary(aov.sol)
            Df Sum Sq Mean Sq F value  Pr(>F)
A            2  43.27  21.633   8.378 0.00528 **
Residuals   12  30.98   2.582
---
Signif. codes:  0 '***' 0.001 '**' 0.01 '*' 0.05 '.' 0.1 ' ' 1
```

图 5 - 7　R 程序及其运行结果

由于检验 p 值为 0.00528，小于给定的显著性水平 $\alpha=0.5$，故可以认为：染整工艺对布的缩水率是有显著影响的。

函数 pairwise. t. test（）可以求出多重比较的检验 p 值，其 R 程序及其运行结果如图 5 - 8 所示。

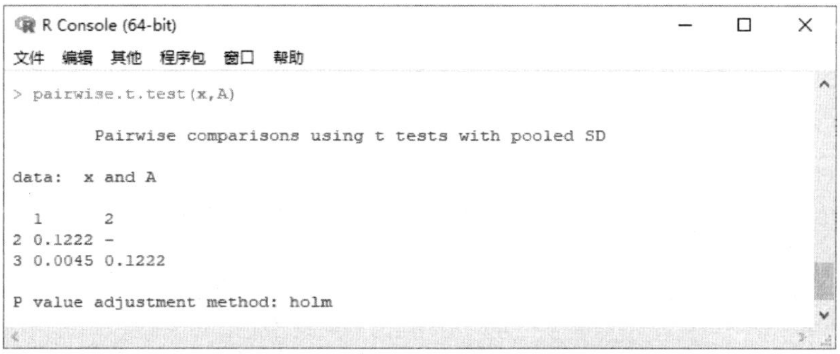

```
> pairwise.t.test(x,A)

        Pairwise comparisons using t tests with pooled SD

data:  x and A

  1      2
2 0.1222 -
3 0.0045 0.1222

P value adjustment method: holm
```

图 5 - 8　R 程序及其运行结果

根据图 5－8 可知，只有因子水平 1 与 3 的检验 p 值为 0.0045，小于 $\alpha=0.05$，因此 A 工艺与 C 工艺使得布的缩水率有显著差异，B 工艺与其他两种工艺的差异不明显。但是，这样增大了犯第一类错误的概率，使得“有显著差异”结论的可靠性降低。为此，可以将显著性水平调整为 $\frac{\alpha}{n}$ 时，其 R 程序及其运行结果如图 5－9 所示。

```
R Console (64-bit)
文件 编辑 其他 程序包 窗口 帮助
> pairwise.t.test(x,A,p.adjust.method="bonferroni")

        Pairwise comparisons using t tests with pooled SD

data:  x and A

  1      2
2 0.1964 -
3 0.0045 0.1832

P value adjustment method: bonferroni
```

图 5－9　R 程序及其运行结果

由图 5－9 可知，显著性水平 α 调整后对缩水率重新进行多重比较，发现有些 p 值都有所增加，在一定程度上减少了犯第一类错误的可能性。

[例 5－22] 利用 R 软件编程对 [例 5－16] 进行求解分析。

解： R 软件程序及其运行结果如图 5－10 所示。

```
R Console (64-bit)
文件 编辑 其他 程序包 窗口 帮助
> X=c(59,70,66,63,74,70,61,66,71)
> A=factor(c(rep("甲",3),rep("乙",3),rep("丙",3)))
> B=factor(rep(1:3,3))
> summary(aov(X~A+B,data=data.frame(X,A,B)))
            Df Sum Sq Mean Sq F value Pr(>F)
A            2     26      13   1.857 0.2689
B            2    146      73  10.429 0.0259 *
Residuals    4     28       7
---
Signif. codes:  0 '***' 0.001 '**' 0.01 '*' 0.05 '.' 0.1 ' ' 1
```

图 5－10　R 程序及其运行结果

根据结果可知，由于因素 A 的检验 p 值为 0.2689，大于 $\alpha=0.05$，而因素 B 的检验 p 值为 0.0259，小于 $\alpha=0.05$，所以可以认为原料来源地对产品合格率没有显著影响，原料用量对产品的合格率有显著影响。

[例 5－23] 利用 R 软件编程对 [例 5－17] 进行求解分析。

解： R 软件程序及其运行结果如图 5－11 所示。

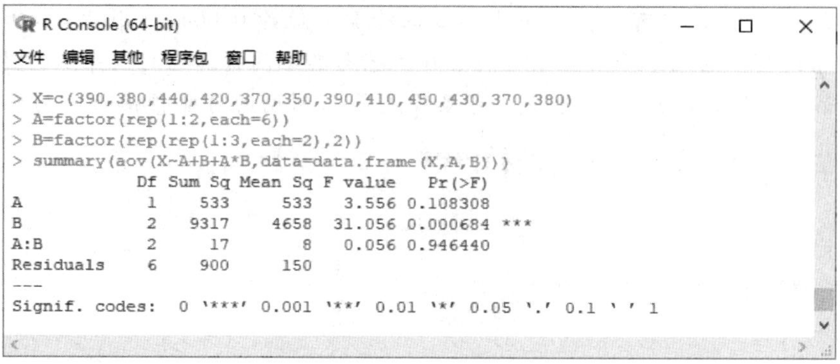


```
> X=c(390,380,440,420,370,350,390,410,450,430,370,380)
> A=factor(rep(1:2,each=6))
> B=factor(rep(rep(1:3,each=2),2))
> summary(aov(X~A+B+A*B,data=data.frame(X,A,B)))
            Df Sum Sq Mean Sq F value   Pr(>F)
A            1    533     533   3.556 0.108308
B            2   9317    4658  31.056 0.000684 ***
A:B          2     17       8   0.056 0.946440
Residuals    6    900     150
---
Signif. codes:  0 '***' 0.001 '**' 0.01 '*' 0.05 '.' 0.1 ' ' 1
```

图 5－11　R 程序及其运行结果

根据图 5－11 结果可知，由于因素 A 的检验 p 值为 0.108308，因素 A 与 B 的交互作用的检验 p 值为 0.946440，二者均大于 $\alpha=0.1$，而因素 B 的检验 p 值为 0.000684，小于 $\alpha=0.1$，所以可以认为因素 A 及 A 与 B 的交互作用对橡胶的抗牵拉强度都没有显著影响，而只有因素 B 对橡胶的抗牵拉强度有显著影响。

通过本章学习，你对样本数据的推断性分析原理、方法与实现工具有了进一步的了解，希望你能够领悟到如下的思维方式以及所蕴含的哲理：

悟 用已知的有限信息归纳无限世界的特性，透过具有偶然性的样本数据了解总体的必然性规律，这就是推断性分析的核心思想。我们要领悟推断思想，理解推断原理，掌握推断方法，让它成为我们预测未来、科学决策、指导实践的强大思想武器。

习题

1. 某校为了了解甲、乙两个班级学生的投篮水平，各随机抽取 5 名编号为 1、2、3、4、5 的学生进行投篮测试，每人投 10 次，投中的次数如表 5－20 所示。

表 5－20　甲、乙两班学生投篮投中的次数

学生	1号	2号	3号	4号	5号
甲班	6	7	7	8	7
乙班	6	7	6	7	9

请问：

（1）什么是总体？

（2）什么是样本？

（3）样本容量是多少？

（4）以上两组数据的方差中较小的一个 s^2 是多少？

2. 设总体 $X\sim N(\mu,\sigma^2)$，假如要以 0.9606 的概率保证偏差 $|\overline{X}-\mu|<0.1$。请问：当 $\sigma^2=0.25$ 时，样本容量应取多大？

3. 设总体 $X \sim N(0,4)$，而 $X_1, X_2, \cdots, X_{15}$ 为取自该总体的样本，则随机变量 $Y = \dfrac{X_1^2 + X_2^2 + \cdots + X_{10}^2}{2(X_{11}^2 + X_{12}^2 + \cdots + X_{15}^2)}$ 服从什么分布？其参数为是多少？

4. 某厂生产的电子元件使用寿命 $X \sim N(2250, 250^2)$，现进行质量检查，方法如下：随机抽取若干个电子元件，如果这些电子元件的平均使用寿命超过 2200h，就认为该厂生产的电子元件质量合格，若要使检查能通过的概率不低于 0.997，问至少应抽查多少个电子元件？若要求检查能通过的概率不低于 0.998，问至少应抽查多少个电子元件？如果这些电子元件的平均使用寿命超过 2210h，才认为该厂生产的电子元件质量合格，而使检查能通过的概率不低于 0.997，问至少应抽查多少个电子元件？后两个问题的结论说明了什么？

5. 从一批电子元件中抽取 8 个进行寿命测试，得到如下数据（单位：小时）：

1050　1100　1130　1040　1250　1300　1200　1080

试对这批元件的平均寿命以及寿命分布的标准差进行点估计。

6. 设一批零件的长度服从正态分布 $N(\mu, \sigma^2)$，其中，μ, σ^2 均未知。现从中随机抽取 16 个零件，测得样本均值 $\bar{x} = 20(cm)$，样本标准差 $s = 1(cm)$，则 μ 的置信度为 0.90 的置信区间是（　　）。

A. $\left(20 - \frac{1}{4}t_{0.05}(16), 20 + \frac{1}{4}t_{0.05}(16)\right)$

B. $\left(20 - \frac{1}{4}t_{0.1}(16), 20 + \frac{1}{4}t_{0.1}(16)\right)$

C. $\left(20 - \frac{1}{4}t_{0.05}(15), 20 + \frac{1}{4}t_{0.05}(15)\right)$

D. $\left(20 - \frac{1}{4}t_{0.1}(15), 20 + \frac{1}{4}t_{0.1}(15)\right)$

7. 已知某种材料的抗压强度 $X \sim N(\mu, \sigma^2)$，现随机地抽取 10 个试件进行抗压试验，测得数据如下：

482　493　457　471　510　446　435　418　394　469

试求：

（1）平均抗压强度 μ 的点估计值；

（2）平均抗压强度 μ 的 95% 的置信区间；

（3）平均抗压强度 μ 的 95% 的置信区间（$\sigma = 30$）；

（4）σ^2 的点估计值；

（5）σ^2 的 95% 的置信区间；

（6）σ 的点估计值；

（7）σ 的 95% 的置信区间。

8. 假设人体身高服从正态分布，抽测甲、乙两地区 18～25 岁女青年身高数据如下：甲地区抽取 10 名，样本均值 1.64 米，样本标准差 0.2 米；乙地区抽取 10 名，样本均值 1.62 米，样本标准差 0.4 米。求：

（1）双正态总体方差比的 99% 的置信区间；

（2）双正态总体均值差的 99% 的置信区间。

9. 一位地质学家为研究某湖滩地区的岩石成分，随机在该地区抽取 100 个样品，每个样品有 10 块石子，记录了每个样品中属石灰石的石子数。该地质学家所得的数据如表 5－21 所示。假设这 100 次观测相互独立，求该地区石子中石灰石的比例 p 的最大似然估计。

表 5－21　样品中石灰石的石子数

样品中的石灰石个数	0	1	2	3	4	5	6	7	8	9	10
样品个数	0	1	6	7	23	26	21	12	3	1	0

10. 在假设检验问题中，若检验结果是不拒绝原假设，则检验可能犯哪一类错误？若检验结果是拒绝原假设，则又有可能犯哪一类错误？

11. 食品厂用自动装罐机装罐头食品，每罐标准重量为500g，每隔一定时间需要检验机器的工作情况，现抽取 10 罐，测得其重量如下（单位：g）：

495　510　505　498　503　492　502　512　497　506

假设重量 X 服从正态分布 $N(\mu,\sigma^2)$，试问机器工作是否正常（$\alpha=0.02$）？

12. 用过去的铸造方法，零件强度服从正态分布，其标准差为 1.6（kg/(mm)^2）。为了降低成本，改变了铸造方法，测得用新方法铸出零件强度如下：

51.9　53.0　52.7　54.1　53.2　52.3　52.5　51.1　54.7

则改变方法后零件强度的方差是否发生了显著变化（取显著性水平 $\alpha=0.05$）？

13. 用两种方法研究冰的潜热，样本都取自 −0.72℃ 的冰。方法 A，取样本容量 $n_1=13$，方法 B，取样本容量 $n_2=8$，测得每克冰从 −0.72℃ 变成 0℃ 的水，其中热量的变化数据如下：

方法 A：79.98　80.04　80.02　80.04　80.03　80.04　80.03　79.97，80.05　80.03
80.02　80.00　80.02

方法 B：80.02　79.94　79.97　79.98　79.97　80.03　79.95　79.97.

假设两种方法测得数据总体都服从正态分布，试问：

（1）两种方法测量总体的方差是否相等（$\alpha=0.05$）？

（2）两种方法测量总体的均值是否相等（$\alpha=0.05$）？

14. 设 $X_1,X_2,\cdots,X_{10}$ 为取自总体 $B(1,p)$ 的样本，考虑如下假设检验问题：

$$H_0:p=0.2 \quad H_1:p=0.4$$

取拒绝 H_0 的条件为 $\bar{x}\geqslant 0.5$，求该检验犯两类错误的概率；如果将拒绝 H_0 的条件改为 $\bar{x}\geqslant 0.6$，犯两类错误的概率分别发生了什么变化？这一现象说明了什么？

思　在样本容量 n 固定下，减小 α 必导致增大 β，减小 β 也必导致增大 α。

15. 根据已知的数据信息，请补全表 5－22 中方差分析表的未知数据。

表 5－22　方差分析表

方差来源	平方和	自由度	均方	F 值
组间	1701			
组内		61		
总计	13429	64		

16. 质量控制员希望根据四台机器在三个不同班次所生产出的阀门直径了解班次或机器对阀门平均直径的影响程度，并对不同机器和班次生产的阀门进行了随机抽样检测，测得其直径如表 5－23 所示。

表 5－23　　不同机器与班次生产阀门直径的抽样检测数据

		阀门直径（cm）		
		班次		
		1	2	3
机器	1	6.56	6.38	6.29
		6.40	6.19	6.23
	2	6.54	6.26	6.19
		6.34	6.23	6.33
	3	6.58	6.22	6.26
		6.44	6.27	6.31
	4	6.36	6.29	6.21
		6.50	6.19	6.58

根据表 5－23 数据，利用 R 软件进行有交互作用的双因素方差分析。

17. 某学校大数据专业系 2019 级共有三个班，他们进行了一次英语课程考试，现从各班中随机抽取了部分学生，其成绩如下：

甲班：73　89　82　43　80　73　66　60　45　93　36　77

乙班：88　78　48　91　51　85　74　56　77　31　78　62　76　96　80

丙班：68　79　56　91　71　71　87　41　59　68　53　79　15

假设各班学生英语课程的成绩服从正态分布，且方差相等，试在显著性水平 $\alpha = 0.05$ 下，讨论班级对成绩的影响是否显著。

探究

大数据背景下还需要推断性分析吗

20 世纪 20 年代左右，以贝特森为首的遗传实验学派（起源于孟德尔的遗传法则研究）同以卡尔·皮尔逊为代表的生物统计学派进行了激烈的论战，其结果导致了推断性分析思想的产生，尤其是戈塞特提出的小样本理论更成为推断性分析的一块基石，再加上 Fisher 一生孜孜不倦于田间实验，对抽样分布、方差分析、实验设计等方面都有卓越建树，他成为推断性分析的真正创立者。

现实生活中，在大多数情况下，从人力、物力、财力和效率角度考虑，要获得数据总体（全部数据）是不太可能实现的愿望。因此，通过样本数据特征来推断总体数据特征就是一条近路。如果将数据总体看作整体的话，那么样本数据就是它的“内核”。

推断性分析就是利用已知的有限信息归纳无限世界的特性，透过具有偶然性的样本数据了解总体的必然性规律。推断性分析极力反对那种泛泛地、全面地去搜罗大量的、庞杂的原始数据，认为与其这样，还不如将注意力集中在精确设计和控制之下的实验中，这样得到的资料才真正称得上翔实可靠，由此也才能更加准确地反映现象变化的规律性。推断统计的规律则是透过样本信息（局部数据）“间接”显现出来的，是被推断（估计或检验）出来的。即使在如今的大数据时代，推断性分析仍然不会过时，依然是大数据分析常用的思维方式，具有很大的应用价值。

请你在查阅相关资料的基础上，就自己感兴趣的某一实际问题，通过收集样本数据，并利用推断性分析方法进行分析。

第6章　相关分析与回归分析

想

在西方国家，餐饮等服务行业有一条不成文的规定，当顾客在进行餐饮等服务项目的消费时，必须给服务员一定数额的小费，据说有人还对小费的数额大小的规律进行过专门研究，结论是顾客支付的小费大约占其消费总额的16%。事实是否真的如此呢？

在数据分析中，以上问题属于对变量之间关系的研究，即对消费金额和支付小费两个变量之间关系的研究。那么，两个变量之间的关系分为哪些类型？如何度量两个变量之间的相关关系？怎样研究两个变量或多个变量之间的因果关系？

在客观世界中，描述事物或现象的变量之间普遍存在着相互依赖或制约的关系，探索和分析两个变量之间的相互关系是数据分析的主要任务之一，也是本章的主要内容。

变量之间的相互关系大体可分为两类，即函数关系和统计关系。函数关系是指变量之间的关系可以通过确定的数学表达式来表示，也称确定性关系。例如，正方形的面积 S 与边长 l 之间具有函数关系 $S=l^2$；某种商品的销售额 R 与其售价 p 以及该商品的销售量 Q 具有函数关系 $R=pQ$；等等。统计关系是指变量之间虽然具有密切的关系，但是不能用确定的函数来表示，也称非确定性关系。例如，家庭收入与储蓄之间虽然有着密切的相依关系，通常收入高的家庭其储蓄也会多些，但同样收入的家庭其储蓄却并不一定相同，因此二者的关系不能表示为函数关系，是统计关系；人的身高与体重之间也有密切的相依关系，一般来说个子高的人其体重也会重一些，但身高相同的人体重往往并不相同，因而身高和体重之间不存在函数关系，也是统计关系；等等。

[例6-1] 为考察某种蔬菜的价格与其销售量之间的关系，观察10天得到的样本数据如表6-1所示。从表中可以看出，价格相同时，其销售量未必相同，如在观察时间 t_3 和 t_6；同时，销售量相同时，其价格也未必相同，如在观察时间 t_2 和 t_9。因此，本例中的两个变量间的关系不是函数关系，二者之间的关系是统计关系。

表6-1　　蔬菜的价格与销售量样本数据

观察时间	价格（x）（单位：元）	销售量（y）（单位：公斤）
t_1	3	84
t_2	2	86
t_3	4	83
t_4	1.5	89

续表

观察时间	价格（x）（单位：元）	销售量（y）（单位：公斤）
t_5	5	78
t_6	4	81
t_7	2	90
t_8	1	92
t_9	3	86
t_{10}	4.5	80

本章主要研究两个变量间的统计关系。相关分析与回归分析是研究统计关系最为重要的两种方法。相关分析主要研究变量之间的相关形式（即线性相关关系和非线性关系）以及相关程度的大小；而回归分析则重点研究一个变量对其他变量（一个或多个）的单向依赖关系，即研究变量间的因果关系。

相关分析是通过计算两个变量的样本相关系数来描述它们之间的相关关系，并以此来度量其总体线性相关的程度大小。相关分析往往是线性回归分析的基础与前提，线性回归分析是相关分析的深入和继续，只有通过相关分析后认定变量之间确实存在数量上的依存关系，再运用回归分析建立的模型才更具有实际意义。下面详细介绍这两种数据分析方法。

第 1 节 相关分析

本节将学习两个变量之间的相关分析，即研究两个变量间相关关系的方向和强度。

一、散点图

描述相关关系的常用工具是散点图。设 $(x_i, y_i)(i = 1, 2, \cdots, n)$ 是从两个变量 x 和 y 抽取的样本点，散点图是将 n 个样本点 (x_i, y_i) 在二维坐标系中画出，并通过对样本点的分布、形状、远近等特征进行观察，从而对两个变量间的相关关系进行判断的一种方法。图 6－1 展示了两个变量间的不同类型的相关关系。在图中，左上角图形展示了两个变量之间的正线性相关关系，即随着 x 的增大，y 以线性的趋势增大；右上角图形则展示了两个变量之间的负线性相关关系，即随着 x 的增大，y 以线性趋势减小；左下角图形展示了两个变量之间的非线性关系；右下角图形则展示了两个变量不存在相关关系的情形。

由于两个变量之间非线性相关关系的分析较为复杂，超出了本书的范围，因而，我们将重点讨论变量间线性相关关系的分析。

思 采用表 6－1 中的数据绘制散点图，并据此判断蔬菜的价格和销售量两个变量的相关关系属于哪种类型？

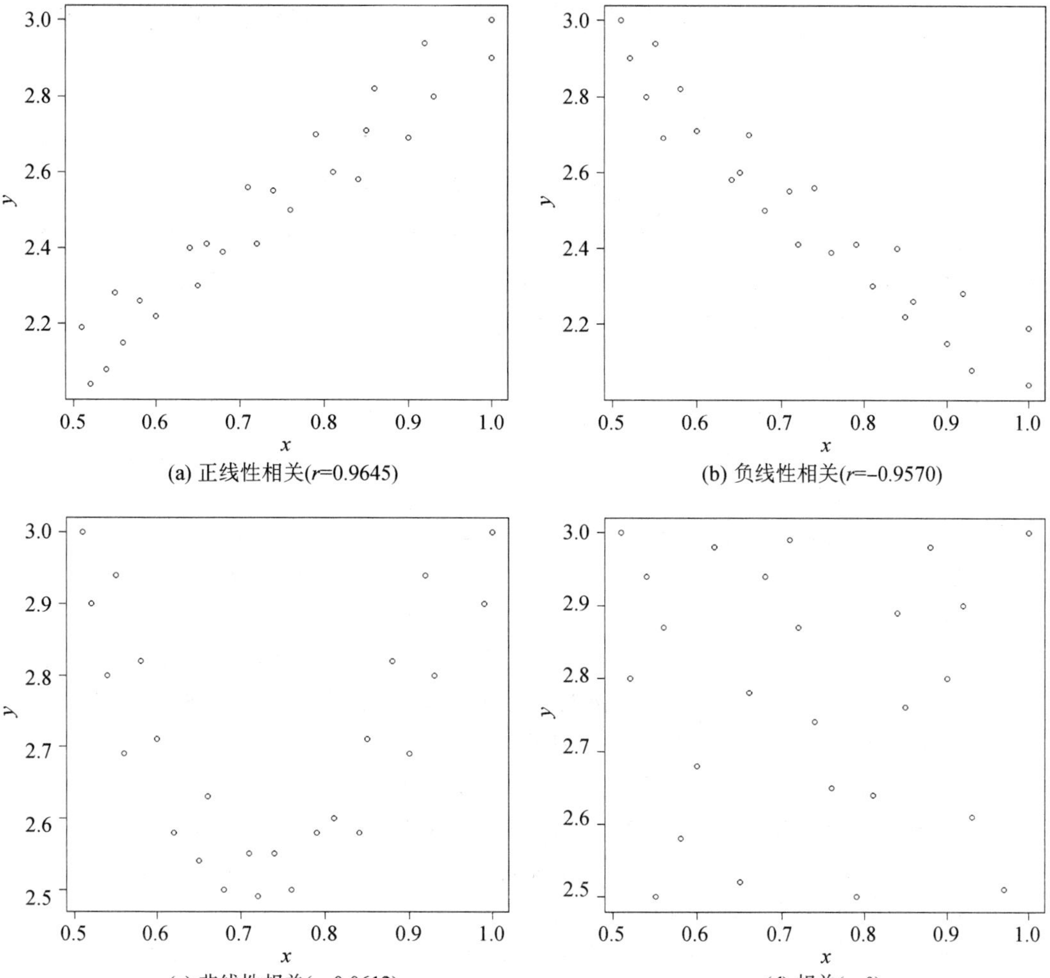

(a) 正线性相关(r=0.9645)　(b) 负线性相关(r=−0.9570)

(c) 非线性相关(r=0.0612)　(d) 相关(r=0)

图 6－1　不同形式的相关关系

二、相关系数

（一）相关系数的计算

我们已经知道，作为总体的两个随机变量 X 与 Y，它们之间相关系数的计算公式为：

$$\rho = \frac{Cov(X,Y)}{\sqrt{Var(X)}\sqrt{Var(Y)}}$$

但在实际应用中，ρ 的值往往是未知的，需要用样本相关系数对其进行估计，即：

$$r = \frac{\sum_{i=1}^{n}(x_i - \bar{x})(y_i - \bar{y})}{\sqrt{\sum_{i=1}^{n}(x_i - \bar{x})^2}\sqrt{\sum_{i=1}^{n}(Y_i - \bar{y})^2}} \tag{6-1}$$

用公式（6－1）作为 ρ 的估计，其中 $x_1, x_2, \cdots, x_n$ 与 $y_1, y_2, \cdots, y_n$ 分别为取自 X 与 Y 的样

本，$\bar{x}=\frac{1}{n}\sum_{i=1}^{n}x_i$，$\bar{y}=\frac{1}{n}\sum_{i=1}^{n}y_i$。常采用以下等价形式计算两个变量间的样本相关系数：

$$r=\frac{\sum_{i=1}^{n}x_iy_i-n\bar{x}\bar{y}}{\sqrt{\sum_{i=1}^{n}x_i^2-n\bar{x}^2}\sqrt{\sum_{i=1}^{n}y_i^2-n\bar{y}^2}} \tag{6-2}$$

由公式（6－1）定义的相关系数是英国统计学家皮尔逊（Pearson）在1890年提出的，称其为皮尔逊相关系数（Pearson correlation coefficient）。皮尔逊相关系数既反映了两个变量间线性相关关系的方向，也给出了变量间相关关系的强度。

思　为什么说公式（6－2）与公式（6－1）是等价的，试证明。

皮尔逊相关系数具有如下性质：

（1）相关系数的绝对值不超过1，即 $-1\leqslant r\leqslant 1$。如果$|r|$越接近于1，则表明这两个随机变量之间的线性关系越密切；如果$|r|$越接近0，则表明这两个随机变量之间的线性关系越疏远。当$r>0$时，表明这两个随机变量之间存在正的线性相关关系，特别是当$r=1$时，两个变量之间具有完全正线性相关关系；当$r<0$时，表明这两个随机变量之间存在负的线性相关关系，特别是当$r=-1$时，两个变量之间具有完全负线性相关关系；当$r=0$时，表明这两个随机变量之间不存在线性相关关系。

（2）相关系数具有对称性，即相关分析中X与Y的地位是相同的。

（3）相关系数用来描述X与Y之间线性关系的强弱，不能描述非线性关系。因而，相关系数$r=0$只表示两个变量之间不存在线性相关关系，但并不表明两个变量之间没有任何关系，它们之间也可能存在某种非线性关系。

［**例6－2**］采用表6－1中的数据绘制散点图，并计算蔬菜价格和销售量之间的相关系数。

解：根据表6－1中的数据绘制的散点图如图6－2所示。由散点图可以看出，蔬菜的价格和销售量之间呈负线性相关关系。

由表6－1中的数据，可得表6－2中的计算结果。由此结果，可得：

$$r=\frac{\sum_{i=1}^{n}x_iy_i-n\bar{x}\bar{y}}{\sqrt{\sum_{i=1}^{n}x_i^2-n\bar{x}^2}\sqrt{\sum_{i=1}^{n}y_i^2-n\bar{y}^2}}$$

$$=\frac{2493.5-10\times3\times84.9}{\sqrt{106.5-10\times3^2}\sqrt{72267-10\times84.9^2}}$$

$$=-0.9634$$

即价格和销售量之间的相关系数为-0.9634。因此，蔬菜的价格和销售量之间存在很强的负相关关系。

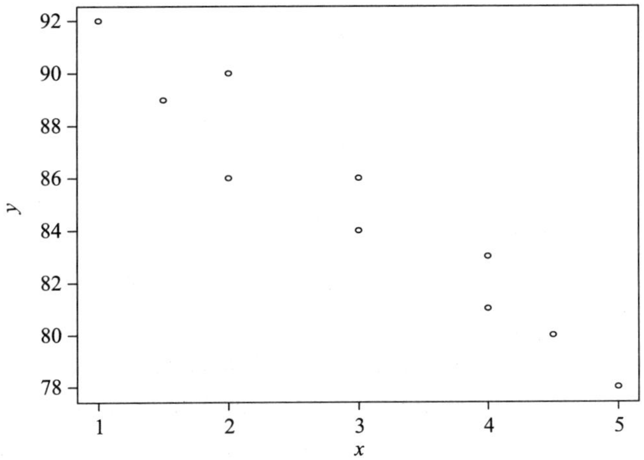

图 6－2　蔬菜价格和销售量散点图

表 6－2　相关分析计算结果

样本	价格（x）	销售量（y）	xy	x^2	y^2
A	3	84	252	9	7056
B	2	86	172	4	7396
C	4	83	332	16	6889
D	1.5	89	133.5	2.25	7921
E	5	78	390	25	6084
F	4	81	324	16	6561
G	2	90	180	4	8100
H	1	92	92	1	8464
I	3	86	258	9	7396
J	4.5	80	360	20.25	6400
	$\sum x_i = 30$	$\sum y_i = 849$	$\sum x_i y_i = 2493.5$	$\sum x_i^2 = 106.5$	$\sum y_i^2 = 72267$

（二）相关系数的显著性检验

一般情况下，总体的相关系数 ρ 总是未知的，常常采用样本相关系数 r 作为其近似估计。但由于 r 是根据样本观察值计算出来的，会受到样本随机性的影响，也即，抽取的样本不同，得到的 r 值也不同。因而，采用样本相关系数对总体的相关性进行估计时，需考察样本相关系数的可靠性，这就需要我们构造假设检验，根据样本相关系数判断总体 X 与 Y 之间是否具有显著的线性关系。

若 X 与 Y 均服从正态分布，则检验的具体步骤如下：

1. 提出假设

$H_0:\rho=0 \qquad H_1:\rho\neq 0$

2. 构造检验统计量

我们可构造以下统计量对上述假设进行检验：

$$t = \frac{r}{\sqrt{\frac{1-r^2}{n-2}}} \tag{6-3}$$

可以证明，当原假设成立时，$t \sim t(n-2)$。

3. 做出决策

对给定的显著性水平 α，查 t 分布的分位数表可得 $t_{\frac{\alpha}{2}}(n-2)$。因此，如果 $|t| > t_{\frac{\alpha}{2}}(n-2)$，则拒绝原假设 H_0，即认为 X 与 Y 之间的线性关系显著；否则接受 H_0，认为 X 与 Y 之间的线性关系不显著。

上述检验是双边检验，我们也可以在以上检验的基础上，建立单边检验判断总体 X 与 Y 之间是否具有显著的正相关关系（或负相关关系），即检验相关系数 ρ 是否显著大于（或小于）0。例如，为判断两个总体间是否存在显著的负相关关系，可构造假设：

$H_0:\rho \geqslant 0 \qquad H_1:\rho < 0$

此假设下的拒绝域为 $t < -t_{\alpha}(n-2)$。

思 如何对总体 X 与 Y 之间是否具有显著的正相关关系进行假设检验，其包括哪些步骤？

[例 6-3] 由 [例 6-1] 中的样本数据，试在显著性水平 $\alpha = 0.05$ 下检验：

(1) 蔬菜的价格和销售量之间是否存在显著的线性关系？

(2) 蔬菜的价格和销售量之间是否存在显著的负相关关系？

解： 由 [例 6-2] 知，$r = -0.9634$，$n = 10$，从而：

$$t = \frac{r}{\sqrt{\frac{1-r^2}{n-2}}} = \frac{-0.9634}{\sqrt{\frac{1-(-0.9634)^2}{8}}} = -10.1652$$

(1) 原假设和备择假设分别为 $H_0:\rho = 0, H_1:\rho \neq 0$。在显著性水平 $\alpha = 0.05$ 下，查 t 分布表可得 $t_{\frac{\alpha}{2}}(n-2) = t_{0.025}(8) = 2.3060$。由于 $|t| = 10.1652 > t_{0.025}(8)$，因此拒绝原假设，从而可得，蔬菜的价格和销售量存在显著的线性关系。

(2) 原假设和备择假设分别为 $H_0:\rho \geqslant 0, H_1:\rho < 0$。在显著性水平 $\alpha = 0.05$ 下，查 t 分布表可得 $t_{\alpha}(n-2) = t_{0.5}(8) = 1.8595$。由于 $t < -t_{0.05}(8)$，因此拒绝原假设，即认为蔬菜的价格和销售量存在显著的负相关关系。

由此可知，蔬菜的价格和销售量之间存在很强的负相关关系。因此，我们可以根据蔬菜的价格来预测其销售量。同时，二者之间的关系越强，我们的预测就越准确。在下一节，我们将学习如何做出这样的预测。

第 2 节 一元线性回归分析

通过相关分析，可以度量两个变量之间的线性关系的方向和强度。但在实际应用中，还需要进一步研究两个变量之间的因果关系，并由一个变量的变化推测另一个变量的变化，这是回归分析研究的主要内容。回归分析是通过构造适当的模型，描述自变量对因变量的影响，并对因变量的值进行预测的统计分析方法。

一、一元线性回归模型

由［例 6－2］和［例 6－3］可知，蔬菜的价格和销售量之间存在很强的负相关关系。同时，由经济学知识可知，价格是影响销售量的主要因素。我们可建立回归模型对蔬菜价格与其销售量之间的关系进行分析，并对销售量进行预测。

进行回归分析时，首先需要确定研究问题中的自变量和因变量。我们将被预测或被解释的变量称为因变量，也称为被解释变量或反应变量；将用于预测或解释因变量的变量称为自变量，也称为解释变量。如在［例 6－2］中，蔬菜价格为自变量，而其销售量为因变量。

设变量 Y 与变量 X 之间存在统计相关关系，且 Y 主要受 X 的影响。在回归分析中，变量 X 常常是可以控制或精确观察的变量，如温度、压力、时间、价格等变量。因此在以下分析中，我们将 X 视为非随机变量，并将其记为 x 。同时，为了统一，将变量 Y 记为 y 。

设变量 y 与 x 之间存在以下近似线性关系：

$$y = \beta_0 + \beta_1 x + \varepsilon \tag{6-4}$$

我们称此模型为一元线性回归模型；β_0 和 β_1 称为模型的参数，其中，β_0 称为回归常数；β_1 称为回归系数；ε 称为随机扰动，是随机变量；x 为自变量（或解释变量），是非随机变量；y 为因变量（或被解释变量），是随机变量。

在回归分析中，随机扰动 ε 是随机变量，之所以引入随机扰动项 ε ，主要是由于影响被解释变量的因素通常有很多，而这众多的因素中，有些是我们已知的，有些却是未知的。对于未知的因素我们无法将其作为解释变量列入模型；而对于那些已知的因素，有时也会因为无法得到定量数据而不得不从模型中剔除；即便对那些可获得定量数据的因素，有些还会因为其对被解释变量的影响很小，在实际建立模型时往往不予考虑。因此在建立模型时，必然会将一些对被解释变量有影响的因素排除在外，它们对被解释变量的影响只能用随机扰动项来表示。

公式（6－4）表明，因变量 y 由两部分构成，一部分是关于自变量 x 的线性函数 $ax + b$ ，其反映了由于 x 的变化而引起的 y 的线性变化；一部分是随机扰动项 ε ，它反映的是除 x 以外的随机因素对 y 的影响，是人们不可控制的影响因素。

在回归模型（6－4）中，我们总是假设 $\varepsilon \sim N(0,\sigma^2)$ ，因此有：

$$E(y) = \beta_0 + \beta_1 x \tag{6-5}$$

我们称此方程为 y 关于 x 的总体回归方程（简称回归方程）。相应地，将公式（6－4）所表达的模型称为总体回归模型（简称回归模型）。这样，β_0 表示当 $x = 0$ 时 y 的平均值；β_1 表示当解释变量 x 改变 1 个单位时被解释变量 y 的平均值的变化量。

需要强调的是，回归分析不是研究变量之间是否存在因果关系，而是在假定因果关系存在的前提下，确定变量之间的因果关系的具体形式。回归分析的主要任务之一就是根据样本信息来估计总体回归模型中的参数。

若我们对总体进行了 n 次独立观测，得到样本为 $(x_1,y_1),(x_2,y_2),\cdots,(x_n,y_n)$ ，则根据模型（6－4）可得：

$$y_i = \beta_0 + \beta_1 x_i + \varepsilon_i (i = 1,2,\cdots,n) \tag{6-6}$$

此样本可由方程（6－6）来进行描述，其中，ε_i 为第 i 次观测时的随机扰动。

在一元线性回归分析中，对随机扰动项 ε_i 一般做如下的基本假设：

（1）零均值。随机扰动 ε_i 具有零均值，即 $E(\varepsilon_i) = 0$，$i = 1,2,\cdots,n$。

（2）方差齐性。随机扰动 ε_i 具有同方差性，即 $\mathrm{Var}(\varepsilon_i) = s^2$，$i = 1,2,\cdots,n$。

（3）不相关。随机扰动之间不存在相关关系，即 $Cov(\varepsilon_i,\varepsilon_j) = 0$，$i \neq j;i,j = 1,2,\cdots,n$。

（4）正态性。随机扰动 ε_i 服从正态分布，即 $\varepsilon_i \sim N(0,\sigma^2)$，$i = 1,2,\cdots,n$。

在回归模型中，参数 β_0 和 β_1 是未知的，需要用样本数据 $(x_1,y_1),(x_2,y_2),\cdots,(x_n,y_n)$ 进行估计。若采用样本统计量 $\hat{\beta}_0$ 和 $\hat{\beta}_1$ 对模型中的参数 β_0 和 β_1 进行估计，则对自变量 x，可用以下方程对因变量进行预测：

$$\hat{y} = \hat{\beta}_0 + \hat{\beta}_1 x \tag{6-7}$$

我们称此方程为样本回归方程（或经验回归方程），简称回归方程，其图形称为样本回归直线（或经验回归直线），简称回归直线。

将 x_i 代入样本回归方程（6－7），就可以得到 y_i 的预测值 $\hat{y}_i$，即：

$$\hat{y}_i = \hat{\beta}_0 + \hat{\beta}_1 x_i$$

$\hat{y}_i$ 通常不会完全等于真实值 y_i，令 $e_i = y_i - \hat{y}_i$，有：

$$y_i = \hat{\beta}_0 + \hat{\beta}_1 x_i + e_i \tag{6-8}$$

我们称此方程为样本回归模型，e_i 称为残差（Residual）。

综上，样本回归方程是样本回归模型中的忽略回归残差的部分，其几何图形是一条直线。由下文可知，我们可以选取适合的估计 $\hat{\beta}_0$ 和 $\hat{\beta}_1$，使得回归残差尽量地小。因而，样本回归方程反映了两个变量样本数据间去掉随机干扰后的线性关系。在实际应用中，我们就可以用样本回归方程近似代替总体回归方程，用样本回归模型近似代替总体回归模型，从而对两个变量间的因果关系进行描述，并据此对因变量的取值进行预测。

二、参数估计

（一）参数 β_0 和 β_1 的估计

对于一组样本数据，选取 β_0 和 β_1 的不同估计 $\hat{\beta}_0$ 和 $\hat{\beta}_1$，可以得到不同的样本回归方程（直线）。那么，究竟选取哪条直线来表示两个变量之间的关系呢？我们自然想到最佳选择是离样本点“最近”的直线，或者说，残差最小的直线。残差越小，那么确定的方程就越能准确地反映两个变量之间的线性关系，就越接近于总体回归方程。由于样本点有多个，因此我们需要选择使得残差“总量”最小的直线，一个自然的选择是使残差的和 $\sum_{i=1}^{n} e_i$ 最小。然而，由于残差有正有负，直接求和会抵消符号相反的残差值。因此不能直接用残差的和 $\sum_{i=1}^{n} e_i$ 来衡量残差总量的大小，也不易用 $\sum_{i=1}^{n} |e_i|$ 作为残差总量来进行分析（因为绝对值函数不可导，不便于求函数的极值），而是以残差平方和 $\sum_{i=1}^{n} e_i^2$ 最小为准则来确定回归参数 β_0

和 β_1 的估计量。我们称这种估计参数的方法为“最小二乘法”，它是以因变量的观察值 y_i 与估计值 $\hat{y}_i$ 之间的离差平方和最小作为准则来估计参数 β_0 和 β_1 的方法。该方法是德国数学家高斯提出的，在数理统计中具有广泛的应用。令 $Q(\beta_0,\beta_1)=\sum_{i=1}^{n}e_i^2=\sum_{i=1}^{n}(y_i-\beta_0-\beta_1x_i)^2$，则 $Q(\beta_0,\beta_1)$ 是关于 β_0 与 β_1 的二次非负函数，因而一定有最小值。利用多元函数的极值理论可知未知参数 β_0 和 β_1 满足下列方程组：

$$\begin{cases}\dfrac{\partial Q}{\partial\beta_0}=-2\sum_{i=1}^{n}(y_i-\beta_0-\beta_1x_i)=0\\[2ex]\dfrac{\partial Q}{\partial\beta_1}=-2\sum_{i=1}^{n}x_i(y_i-\beta_0-\beta_1x_i)=0\end{cases}$$

解此方程组得：

$$\begin{cases}\hat{\beta}_1=\dfrac{\sum_{i=1}^{n}(x_i-\bar{x})(y_i-\bar{y})}{\sum_{i=1}^{n}(x_i-\bar{x})^2}=\dfrac{\sum_{i=1}^{n}x_iy_i-n\bar{x}\bar{y}}{\sum_{i=1}^{n}x_i^2-n\bar{x}^2}\\[2ex]\hat{\beta}_0=\bar{y}-\hat{\beta}_1\bar{x}\end{cases}\tag{6-9}$$

其中，$\bar{x}=\dfrac{1}{n}\sum_{i=1}^{n}x_i,\bar{y}=\dfrac{1}{n}\sum_{i=1}^{n}y_i$。

由公式（6－9）确定的 $\hat{\beta}_0$ 和 $\hat{\beta}_1$ 为参数 β_0 和 β_1 的最小二乘估计（Least square estimation）。

将 $\hat{\beta}_0=\bar{y}-\hat{\beta}_1\bar{x}$ 代入公式（6－7），可得 $\hat{y}=\bar{y}+\hat{\beta}_1(x-\bar{x})$。因此，最小二乘法估计对应的样本回归直线经过点 $(\bar{x},\bar{y})$。

思

以下公式是回归分析中经常用到的简化算法，请证明它们的正确性。

(1) $\sum_{i=1}^{n}(x_i-\bar{x})(y_i-\bar{y})=\sum_{i=1}^{n}x_iy_i-n\bar{x}\bar{y}$。

(2) $\sum_{i=1}^{n}(x_i-\bar{x})^2=\sum_{i=1}^{n}x_i^2-n\bar{x}^2$。

(3) $\sum_{i=1}^{n}(y_i-\bar{y})^2=\sum_{i=1}^{n}y_i^2-n\bar{y}^2$。

[例 6－4] 设蔬菜价格和销售量之间的统计关系可用一元线性回归模型 $y=\beta_0+\beta_1x+\varepsilon$ 来表示。由［例 6－1］中的样本数据，求蔬菜价格和销售量的经验回归方程。

解： 由表 6－2 可知，$\bar{x}=3$，$\bar{y}=84.9$，$\sum_{i=1}^{10}x_iy_i=2493.5$，$\sum_{i=1}^{10}x_i^2=106.5$，将以上数据代入（6－9），可得：

$$\begin{cases}\hat{\beta}_0=94.627\\\hat{\beta}_1=-3.242\end{cases}$$

于是，蔬菜价格和销售量的经验回归方程为 $\hat{y} = 94.627 - 3.242 \times x$ 。

数据的散点图及样本回归直线如图 6－3 所示。

（二）参数 σ^2 的估计

由前面内容可知，在回归模型（6－4）中，一般假设 $\varepsilon \sim N(0,\sigma^2)$ 。但一般情况下，参数 σ^2 是未知的，需对其进行估计。由于 $\mathrm{Var}(\varepsilon_i) = \sigma^2$ ，$\varepsilon_i = y_i - (b_0 + b_1 x_i)$ ，且 ε_i 未知，所以通常用 e_i 作为 ε_i 的估计，并采用下式对 σ^2 进行估计：

$$\hat{\sigma}^2 = \frac{1}{n-2}\sum_{i=1}^{n} e_i^2 = \frac{1}{n-2}\sum_{i=1}^{n} (y_i - (\hat{b}_0 + \hat{b}_1 x_i))^2 \qquad (6-10)$$

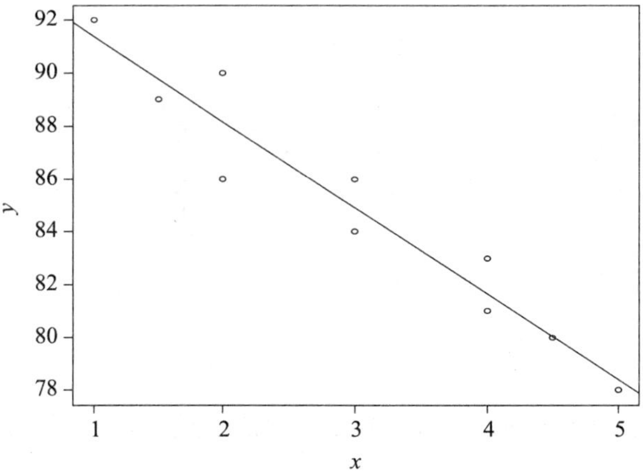

图 6－3　蔬菜价格和销售量的经验回归直线

可以证明，该估计为 σ^2 的无偏估计。公式（6－10）可以进一步变形为：

$$\begin{aligned}\hat{s}^2 &= \frac{1}{n-2}\Big(\sum_{i=1}^{n}(y_i - \bar{y})^2 - \hat{b}_1\sum_{i=1}^{n}(x - \bar{x})(y_i - \bar{y})\Big)\\ &= \frac{1}{n-2}\Big(\sum_{i=1}^{n} y_i^2 - n\bar{y}^2 - \hat{b}_1\Big(\sum_{i=1}^{n} x_i y_i - n\bar{x}\,\bar{y}\Big)\Big)\end{aligned} \qquad (6-11)$$

［例 6－5］ 求［例 6－4］所建立的线性回归模型中参数 σ^2 的无偏估计。

解： 由表 6－1 及［例 6－4］，可得 σ^2 的无偏估计为：

$$\begin{aligned}\hat{s}^2 &= \frac{1}{n-2}\Big(\sum_{i=1}^{n} y_i^2 - n\bar{y}^2 - \hat{b}_1\Big(\sum_{i=1}^{n} x_i y_i - n\bar{x}\,\bar{y}\Big)\Big)\\ &= (72267 - 10 \times 84.9^2 + 3.2424 \times (2493.5 - 10 \times 3 \times 84.9))/8\\ &= 1.679\end{aligned}$$

（三）参数估计量的统计性质

由公式（6－9）和公式（6－10）得到的参数 β_0 、β_1 和 σ^2 的估计 $\hat{\beta}_0$ 、$\hat{\beta}_1$ 和 $\hat{\sigma}^2$ ，具有良好的性质。

性质 1：线性性。$\hat{\beta}_0$ 和 $\hat{\beta}_1$ 为 β_0 和 β_1 的线性估计量，即 $\hat{\beta}_0$ 和 $\hat{\beta}_1$ 都是 Y_i（$i = 1,2,\cdots,n$）

的线性函数。

性质 2：无偏性。$\hat{\beta}_0$、$\hat{\beta}_1$ 和 $\hat{\sigma}^2$ 分别为 β_0、β_1 和 σ^2 的无偏估计量，即 $E(\hat{\beta}_0)=\beta_0$，$E(\hat{\beta}_1)=\beta_1$，$E(\hat{\sigma}^2)=\sigma^2$。

性质 3：有效性。$\hat{\beta}_0$ 和 $\hat{\beta}_1$ 为 β_0 和 β_1 的有效估计量，即在 β_0 和 β 的所有线性无偏估计量中，最小二乘估计量 $\hat{\beta}_0$ 和 $\hat{\beta}_1$ 的方差最小。

如果一个估计量是线性无偏有效估计量，则称此估计量为最佳线性无偏估计量。由上述性质知，$\hat{\beta}_0$ 与 $\hat{\beta}_1$ 是 β_0 和 β_1 的最佳线性无偏估计量。

（四）参数 β_0 和 β_1 的区间估计

对于 $\hat{\beta}_0$ 和 $\hat{\beta}_1$ 是 β_0 和 β_1 的最小二乘估计以及 σ^2 的无偏估计 $\hat{\sigma}^2$，进一步有以下结论：

(1) $\hat{\beta}_0 \sim N\left(\beta_0,\left[\frac{1}{n}+\frac{\bar{x}^2}{\sum_{i=1}^{n}(x_i-\bar{x})^2}\right]\sigma^2\right)$。

(2) $\hat{\beta}_1 \sim N\left(\beta_1,\frac{\sigma^2}{\sum_{i=1}^{n}(x_i-\bar{x})^2}\right)$。

(3) $\frac{(n-2)\hat{\sigma}^2}{\sigma^2}\sim\chi^2(n-2)$，$\hat{\beta}_0$、$\hat{\beta}_1$ 与 $\hat{\sigma}^2$ 相互独立。

于是有：

$$T=\frac{\hat{\beta}_0-\beta_0}{\hat{\sigma}_{\hat{\beta}_0}}\sim t(n-2)$$

$$T=\frac{\hat{\beta}_1-\beta_1}{\hat{\sigma}_{\hat{\beta}_1}}\sim t(n-2)$$

其中，$\hat{\sigma}_{\hat{\beta}_0}=\hat{\sigma}\sqrt{\frac{1}{n}+\frac{\bar{x}^2}{\sum_{i=1}^{n}(x_i-\bar{x})^2}}$，$\hat{\sigma}_{\hat{\beta}_1}=\frac{\hat{\sigma}}{\sqrt{\sum_{i=1}^{n}(x_i-\bar{x})^2}}$ 分别称为参数 β_0 和 β_1 的估计标准误差。

由此可得 β_0 和 β_1 的置信水平为 $1-\alpha$ 的置信区间分别为：$(\hat{\beta}_0-t_{\frac{\alpha}{2}}(n-2)\hat{\sigma}_{\hat{\beta}_0},\hat{\beta}_0+t_{\frac{\alpha}{2}}(n-2)\hat{\sigma}_{\hat{\beta}_0})$ 和 $(\hat{\beta}_1-t_{\frac{\alpha}{2}}(n-2)\hat{\sigma}_{\hat{\beta}_1},\hat{\beta}_1+t_{\frac{\alpha}{2}}(n-2)\hat{\sigma}_{\hat{\beta}_1})$。

[例 6-6] 根据［例 6-1］的数据及［例 6-4］求出的样本回归方程，求 β_0 和 β_1 的置信水平为 95% 的置信区间。

解：利用［例 6-1］的数据及［例 6-4］的结果，可得：

$\hat{\beta}_0=94.6272$，$\hat{\beta}_1=-3.2424$，$\hat{\sigma}_{\hat{\beta}_0}=1.0410$，$\hat{\sigma}_{\hat{\beta}_1}=0.3190$

查 t 分布的分位数表可得 $t_{\frac{\alpha}{2}}(n-2)=t_{0.025}(8)=2.3060$，由此可以求得参数 β_0 与 β_1 的置信水平为 95% 的置信区间分别为（92.2268，97.0277）和（−3.9780，−2.5069）。

三、离差的分解

在回归分析中，因变量 y 的值偏离其均值的差称为离差。离差的产生来源于两个方面：一是由于 x 的变化而引起的；二是由于 x 之外的其他因素的变化而引起的。对于一个样本 (x_i,y_i)，离差可以通过 y_i 与其样本均值 $\bar{y}$ 的差 $y_i-\bar{y}$ 来表示。n 个样本的总离差可通过这些离差的平方和来反映，称之为总平方和，简记为 TSS，即有 $TSS=\sum_{i=1}^{n}(y_i-\bar{y})^2$。

总离差可以分解为：

$$\sum_{i=1}^{n}(y_i-\bar{y})^2=\sum_{i=1}^{n}[(y_i-\hat{y}_i)+(\hat{y}_i-\bar{y})]^2$$

$$=\sum_{i=1}^{n}(y_i-\hat{y}_i)^2+\sum_{i=1}^{n}(\hat{y}_i-\bar{y})^2+2\sum_{i=1}^{n}(y_i-\hat{y}_i)(\hat{y}_i-\bar{y}) \qquad (6-12)$$

可以证明：

$$\sum_{i=1}^{n}(y_i-\hat{y}_i)(\hat{y}_i-\bar{y})=0 \qquad (6-13)$$

从而有：

$$\sum_{i=1}^{n}(y_i-\bar{y})^2=\sum_{i=1}^{n}(y_i-\hat{y}_i)^2+\sum_{i=1}^{n}(\hat{y}_i-\bar{y})^2$$

记 $ESS=\sum_{i=1}^{n}(y_i-\hat{y}_i)^2$，$RSS=\sum_{i=1}^{n}(\hat{y}_i-\bar{y})^2$，则公式（6－12）可写成：

$$TSS=RSS+ESS \qquad (6-14)$$

我们称 RSS 为回归平方和，它是总离差平方和中由回归方程解释的部分；称 ESS 为残差平方和，它是总离差平方和中不能被回归方程解释的部分。

思　公式（6－13）为什么成立，试证明。

[例6－7] 求［例6－4］回归分析中的总平方和（TSS）、回归平方和（RSS）与残差平方和（ESS），并验证公式（6－14）。

解： 计算过程如表6－3所示。

表6－3　总平方和分解计算结果

样本	y_i	$\hat{y}_i$	$(y_i-\hat{y}_i)^2$	$(\hat{y}_i-\bar{y})^2$	$(y_i-\bar{y})^2$
A	84	84.9000	0.8100	0.0000	0.81
B	86	88.1424	4.5899	10.5133	1.21
C	83	81.6575	1.8021	10.5133	3.61
D	89	89.7636	0.5831	23.6549	16.81
E	78	78.4151	0.1723	42.0532	47.61
F	81	81.6575	0.4324	10.5133	15.21
G	90	88.1424	3.4505	10.5133	26.01

续表

样本	y_i	$\hat{y}_i$	$(y_i-\hat{y}_i)^2$	$(\hat{y}_i-\bar{y})^2$	$(y_i-\bar{y})^2$
H	92	91.3848	0.3784	42.0532	50.41
I	86	84.9000	1.2100	0.0000	1.21
J	80	80.0363	0.0013	23.6549	24.01
	$\bar{y}=84.9$		$\sum_{i=1}^{10}(y_i-\hat{y}_i)^2=13.4303$	$\sum_{i=1}^{n}(\hat{y}_i-\bar{y})^2=173.4697$	$\sum_{i=1}^{10}(y_i-\bar{y})^2=186.9$

从而有 $ESS=\sum_{i=1}^{n}(y_i-\hat{y}_i)^2=13.43$，$RSS=\sum_{i=1}^{n}(\hat{y}_i-\bar{y})^2=173.47$，$TSS=\sum_{i=1}^{n}(y_i-\bar{y})^2=186.9$，显然有 $TSS=RSS+ESS$。

四、回归方程（直线）的拟合优度

由最小二乘法原理可知，寻找 β_0 和 β_1 的最优估计的准则是使经验回归直线离样本点“最近”，也即寻找残差最小的直线。将回归直线与样本点的接近程度称为回归直线对样本点的拟合优度。在回归分析中，常采用两类指标对回归方程的拟合优度进行度量和比较。

（一）估计标准误差

显然，残差平方和（ESS）可作为衡量回归直线拟合优度的一个指标。残差平方和越小，说明回归直线的拟合优度越好。在回归分析中，常采用以下指标对拟合优度进行度量：

$$s_e=\sqrt{\frac{ESS}{n-2}}=\sqrt{\frac{\sum_{i=1}^{n}e_i^2}{n-2}}=\sqrt{\frac{\sum_{i=1}^{n}(y_i-\hat{y}_i)^2}{n-2}} \tag{6-15}$$

我们称之为估计标准误差。事实上，估计标准误差 s_e 是公式（6－10）中 $\hat{s}^2$ 的平方根。由［例 6－5］中的计算结果可以求得［例 6－4］中得到的经验回归方程的估计标准误差为 1.2957。

（二）判定系数

由总离差平方和的分解式（6－14）可以看出，残差平方和在总离差平方和中的比例越小，或者说，回归平方和在总离差平方和中所占的比例越大，回归方程对样本数据拟合的就越好。因此，我们可以用 $\frac{RSS}{TSS}$ 来衡量回归方程对样本观测值的拟合程度。记：

$$R^2=\frac{RSS}{TSS}$$

我们称 R^2 为判定系数，也可称为可决系数或拟合优度系数。显然 $0\leqslant R^2\leqslant 1$，且 R^2 越接近于 1，回归直线的拟合程度越好；反之，R^2 越接近于 0，回归直线的拟合程度越差。

由［例 6－7］中的计算结果可以求得［例 6－4］中得到的经验回归方程的判定系数为 0.9281，接近于 1，说明得到的回归方程的拟合优度很好。

五、显著性检验

前面我们利用最小二乘法求出的样本回归方程（6－7）是在假设变量 y 与 x 之间存在线性相关关系的条件下建立的。但这种假设是否成立还需要进一步验证。对以上假设进行验证常采用假设检验的方法进行，称为显著性检验。显著性检验包括两方面的内容：一是对 y 与 x 是否确实存在线性关系进行检验，称为回归方程的显著性检验；二是对 x 对 y 是否确实存在显著影响的检验，称为回归系数的显著性检验。

（一）回归方程的显著性检验

回归方程显著性检验的目的是检验解释变量 x 从总体上对被解释变量 y 是否有显著的线性影响，即检验参数 β_1 是否显著不为零。按照假设检验的原理与步骤，可提出原假设和备择假设为 $H_0: \beta_1 = 0$；$H_1: \beta_1 \neq 0$。

回归方程的显著性检验通常是在方差分析的基础上利用 F 检验来实现的。F 检验中检验统计量的构造是以总离差的分解为基础构造的。在回归分析中，将回归平方和 RSS 除以其自由度（RSS 的自由度是回归模型中自变量的个数 k，一元线性回归中其自由度为1）称为回归均方（记为 RMS）；将残差平方和 ESS 除以其自由度（ESS 的自由度为 $n-k-1$，一元线性回归中为 $n-2$）称为残差均方（记为 EMS）。比值 $\frac{RMS}{EMS}$ 的大小反映了回归方程解释程度的高低，比值越大，则解释程度就越高，认为总体存在线性关系的理由就越充分；反之，比值越小，则解释程度就越低，总体存在线性关系的可能性也就越小。

可以证明，当原假设 H_0 成立时，统计量：

$$F = \frac{RSS/1}{ESS/(n-2)} = \frac{RMS}{EMS} \sim F(1,n-2) \tag{6-16}$$

对于给定的显著性水平 α，查 F 分布的分位数表可得 $F_\alpha(1,n-2)$；再根据样本观测结果计算出统计量 F 的值；若 $F > F_\alpha(1,n-2)$，则拒绝原假设 H_0，即认为解释变量对被解释变量 y 有显著的线性影响；否则，若 $F \leqslant F_\alpha(1,n-2)$，接受原假设 H_0，即认为解释变量 x 对被解释变量 y 没有显著的线性影响。

对于［例6－4］中的回归模型，由［例6－7］的计算结果可得 $F = \frac{RMS}{EMS} = 103.3303$，查表得 $F_{0.05}(1,8) = 5.32$。显然，$F > F_{0.05}(1,8)$，因此拒绝原假设 H_0，即显著性水平 $\alpha = 0.05$ 下，认为蔬菜的价格 x 对其销售量 y 有显著的线性影响。

（二）回归系数的显著性检验

对回归系数的显著性检验通常是利用 t 检验来实现的。按照假设检验的原理和步骤，可提出原假设和备择假设分别为：$H_0: \beta_1 = 0$；$H_1: \beta_1 \neq 0$。

可以证明，当 H_0 成立时，统计量：

$$t = \frac{\hat{\beta}_1}{\hat{\sigma}_{\hat{\beta}_1}} \sim t(n-2) \tag{6-17}$$

对于给定的显著性水平 α，查 t 分布的分位数表可得 $t_{\frac{\alpha}{2}}(n-2)$，再根据样本计算出统

计量 t 的值，若 $|t| > t_{\frac{\alpha}{2}}(n-2)$，则拒绝原假设 H_0；否则接受原假设 H_0。

对于［例 6-4］中的回归模型，由［例 6-6］的结果可得：

$$t = \frac{\hat{\beta}_1}{\hat{\sigma}_{\hat{\beta}1}} = \frac{-3.2424}{0.3190} = -10.16$$

对给定的显著性水平 $\alpha = 0.05$，查 t 分布的分位数表可得 $t_{0.025}(8) = 2.306$，因为 $|t| > t_{\frac{\alpha}{2}}(n-2)$，所以拒绝原假设 H_0，认为蔬菜的价格对其销售量具有显著的影响。

六、预测

回归分析的主要目的是根据所建立的回归方程，用给定自变量的值对因变量的取值进行预测。如果回归方程已通过显著性检验，则可用此方程进行预测，主要包括点预测和区间预测。

（一）点预测

由于 $y_0 = \beta_0 + \beta_1 x_0 + \varepsilon_0$ 是一个散布在总体回归直线周围对应于点 x_0 的随机变量，因此对因变量 y_0 进行点预测，就是将 $x = x_0$ 代入样本回归方程求得的 $\hat{y}_0 = \hat{\beta}_0 + \hat{\beta}_1 x_0$ 的值。

例如，对于［例 6-4］中的问题，若想预测价格 $x = 6$ 时的销售量，只需将 $x = 6$ 代入经验回归方程 $\hat{y} = 94.6272 - 3.2424 \times x$ 中，得到 $\hat{y}_0 = 94.6272 - 3.2424 \times 6 = 75.1727$，即预测的销售量为 75.2717 千克。

可以证明：

$$E(\hat{y}_0 - y_0) = 0$$

$$\mathrm{Var}(\hat{y}_0 - y_0) = \sigma^2\left[1 + \frac{1}{n} + \frac{(x_0 - \bar{x})^2}{\sum_{i=1}^{n}(x_i - \bar{x})^2}\right]$$

由此可以看出：

（1）样本容量 n 越大，预测精度越高。

（2）样本中解释变量取值越分散性（即 $\sum_{i=1}^{n}(x_i - \bar{x})^2$ 越大），预测精度越高。

（3）x_0 越靠近均值 $\bar{x}$，预测精度越高。

如果要提高预测精度，则可采取如下措施：

（1）增大样本容量。

（2）增大样本中解释变量取值的分散程度。

（3）在 $\bar{x}$ 附近进行预测。

（二）区间预测

由于点预测不能给出预测的精度，因此在实际应用中，我们还要进行区间预测，即给出一个预测值范围，并考虑其预测精度。

可以证明：

$$T = \frac{Y_0 - \hat{Y}_0}{S_F} \sim t(n-2)$$

其中，$S_F = \hat{\sigma}\sqrt{1 + \frac{1}{n} + \frac{(x_0 - \bar{x})^2}{\sum_{i=1}^{n}(x_i - \bar{x})^2}}$。

对于给定的置信水平 $1 - \alpha$，由：

$$P(|\frac{y_0 - \hat{y}_0}{S_F}| \leqslant t_{\frac{\alpha}{2}}(n-2)) = 1 - \alpha$$

可求出 y_0 的预测区间为：

$$(\hat{y}_0 - t_{\frac{\alpha}{2}}(n-2) \cdot S_F, \hat{y}_0 + t_{\frac{\alpha}{2}}(n-2) \cdot S_F) \tag{6-18}$$

[例 6-8] 在 95% 的置信水平下，求［例 6-4］中蔬菜价格为 6 元时销售量的预测区间。

解：由上面的讨论可知，蔬菜价格为 6 元时销售量的点预测为 $\hat{y}_0 = 75.1727$。由［例 6-5］知，$\hat{\sigma}^2 = 1.6788$，即 $\hat{\sigma} = 1.2957$。

由表 6-2 的结果可得，$\sum_{i=1}^{n}(x_i - \bar{x})^2 = \sum_{i=1}^{n} x_i^2 - n\bar{x}^2 = 106.5 - 10 \times 3^2 = 16.5$。从而有：

$$S_F = \hat{\sigma}\sqrt{1 + \frac{1}{n} + \frac{(x_0 - \bar{x})^2}{\sum_{i=1}^{n}(x_i - \bar{x})^2}} = 1.2957\sqrt{1 + \frac{1}{10} + \frac{(6-3)^2}{16.5}} = 1.4148$$

查表可得 $t_{0.025}(8) = 2.306$，代入公式（6-18）可得 y_0 的预测区间为（71.340，79.005）。

第 3 节 多元线性回归分析

一元线性回归分析描述的只是因变量与一个自变量之间的线性依存关系，然而在实际应用中，影响因变量的因素往往不止一个，需要建立模型以描述因变量与多个自变量之间的线性关系。

一、多元线性回归模型

设因变量为 y，p 个自变量分别为 $x_1, x_2, \cdots, x_p$，我们将建立以下模型来描述因变量与 p 个自变量间的线性依存关系：

$$y = \beta_0 + \beta_1 x_1 + \beta_2 x_2 + \cdots + \beta_p x_p + \varepsilon \tag{6-19}$$

我们称此模型为多元线性回归模型，其中，$\beta_0, \beta_1, \beta_2, \cdots, \beta_p$ 为偏回归参数；β_j $(j = 1, 2, \cdots, p)$ 表示在其他解释变量保持不变的情况下，x_j 变动一个单位所引起被解释变量 y 的平均变动数量；ε 为随机扰动项，反映了除 $x_1, x_2, \cdots, x_p$ 之外的其他因素对因变量 y 的影响。

设 y_i 表示被解释变量 y 的第 i 次观测，x_{ij} 表示第 j 个解释变量的第 i 次观测，则此样本可以由方程 $y_i = \beta_0 + \beta_1 x_{i1} + \beta_2 x_{i2} + \cdots + \beta_p x_{ip} + \varepsilon_i$ 来进行描述，其中，ε_i 为第 i 次观测时的随机扰动。

在多元线性回归分析中，对随机扰动项 ε_i 一般做如下基本假设：

(1) 零均值。随机扰动 e_i 具有零均值，即，$E(\varepsilon_i) = 0$，$i = 1,2,\cdots,n$。

(2) 方差齐性。随机扰动 e_i 具有同方差性，即，$\mathrm{Var}(\varepsilon_i) = s^2$，$i = 1,2,\cdots,n$。

(3) 不相关。随机扰动之间不存在相关关系，即，$Cov(\varepsilon_i,\varepsilon_j) = 0$，$i \neq j;i,j = 1,2,\cdots,n$。

(4) 正态性。随机扰动 ε_i 服从正态分布，即，$\varepsilon_i \sim N(0,\sigma^2),i = 1,2,\cdots,n$。

由以上假设可得：

$$E(y) = \beta_0 + \beta_1 x_{i1} + \beta_2 x_{i2} + \cdots + \beta_p x_{ip} \tag{6-20}$$

我们称此方程为 y 关于 x 的总体回归方程（简称回归方程）。

在多元回归模型中，若采用统计量 $\hat{\beta}_j\ (j = 1,2,\cdots,p)$ 对参数 $\beta_j\ (j = 1,2,\cdots,p)$ 进行估计，则对自变量 $(x_1,x_2,\cdots,x_p)$ 可采用以下方程对因变量进行预测：

$$\hat{y} = \hat{\beta}_0 + \hat{\beta}_1 x_1 + \hat{\beta}_2 x_2 + \cdots + \hat{\beta}_p x_p \tag{6-21}$$

我们称此方程为样本回归方程（或经验回归方程），并将 $e_i = y_i - \hat{y}_i$ 称为残差。

二、参数估计

多元线性回归模型中参数的估计仍然可以采用最小二乘法，设：

$$Q(\beta_0,\beta_1,\cdots,\beta_p) = \sum_{i=1}^{n} e_i^2 = \sum_{i=1}^{n} (y_i - \beta_0 - \beta_1 x_{i1} - \cdots - \beta_p x_{ip})^2$$

由前面所述的最小二乘原理，按残差平方和达到最小的原则求解回归系数 $\beta_0,\beta_1,\cdots,\beta_p$ 的估计量 $\hat{\beta}_0,\hat{\beta}_1,\cdots,\hat{\beta}_p$。根据微积分求极值的方法，可知 $\beta_0,\beta_1,\cdots,\beta_k$ 应满足：

$$\begin{cases} \dfrac{\partial Q}{\partial \beta_0} = -2\sum_{i=1}^{n}(y_i - \beta_0 - \beta_1 x_{i1} - \cdots - \beta_p x_{ip}) = 0 \\ \dfrac{\partial Q}{\partial \beta_1} = -2\sum_{i=1}^{n}x_{i1}(y_i - \beta_0 - \beta_1 x_{i1} - \cdots - \beta_p x_{ip}) = 0 \\ \quad\vdots \\ \dfrac{\partial Q}{\partial \beta_p} = -2\sum_{i=1}^{n}x_{ip}(y_i - \beta_0 - \beta_1 x_{i1} - \cdots - \beta_p x_{ip}) = 0 \end{cases}$$

即，

$$\begin{cases} n\beta_0 + \beta_1\sum_{i=1}^{n}x_{i1} + \cdots + \beta_p\sum_{i=1}^{n}x_{ip} = \sum_{i=1}^{n}y_i \\ \beta_0\sum_{i=1}^{n}x_{i1} + \beta_1\sum_{i=1}^{n}x_{i1}^2 + \cdots + \beta_p\sum_{i=1}^{n}x_{i1}x_{ip} = \sum_{i=1}^{n}x_{i1}y_i \\ \quad\vdots \\ \beta_0\sum_{i=1}^{n}x_{ip} + \beta_1\sum_{i=1}^{n}x_{ip}x_{i1} + \cdots + \beta_p\sum_{i=1}^{n}x_{ip}^2 = \sum_{i=1}^{n}x_{ip}y_i \end{cases} \tag{6-22}$$

公式（6－22）称为正规方程组。为更加方便地求解以上方程组，将（6－22）整理后可写成如下矩阵形式：

$$\mathbf{x}^T\mathbf{x}\beta = \mathbf{x}^T y \tag{6-23}$$

其中，$\mathbf{x}=\begin{pmatrix}1 & x_{11} & \cdots & x_{1p}\\ 1 & x_{21} & \cdots & x_{2p}\\ \vdots & \vdots & & \vdots\\ 1 & x_{n1} & \cdots & x_{np}\end{pmatrix}$，$y=\begin{pmatrix}y_1\\ y_2\\ \vdots\\ y_n\end{pmatrix}$，$\beta=\begin{pmatrix}\beta_0\\ \beta_1\\ \vdots\\ \beta_p\end{pmatrix}$，$\mathbf{x}$ 称为设计矩阵，$\mathbf{x}^T$ 是 $\mathbf{x}$ 转置矩阵。若 $\mathbf{x}^T\mathbf{x}$ 的逆存在，可在公式（6－22）两边左乘 $(\mathbf{x}^T\mathbf{x})^{-1}$，解得 β 的最小二乘估计量为：

$$\hat{\beta}=(\mathbf{x}^T\mathbf{x})^{-1}\mathbf{x}^Ty \tag{6－24}$$

[例 6－9] 25 名糖尿病人的空腹血糖（y）、血清总胆固醇（x_1）、甘油三酯（x_2）、空腹胰岛素（x_3）、糖化血红蛋白（x_4）的测量值如表 6－4 所示，试建立空腹血糖（y）与其他 4 个变量之间的多元线性回归模型，并求出经验回归方程。

表 6－4　糖尿病人检测指标样本数据

样本序号	y	x_1	x_2	x_3	x_4
1	12.3	4.59	1.97	3.61	8.7
2	11.3	6.02	3.56	6.95	10.8
3	11.2	5.68	1.90	4.53	8.2
4	11.6	4.85	1.07	5.88	8.3
5	9.8	3.79	1.64	7.32	6.9
6	11.1	4.90	8.50	12.60	8.5
7	14.3	6.05	0.64	1.42	13.6
8	9.6	3.85	2.11	16.28	7.9
9	12.1	7.08	3.00	6.75	11.5
10	11.1	5.71	1.78	8.53	8.0
11	10.6	4.29	1.97	6.61	7.8
12	11.4	4.65	0.63	6.59	7.1
13	11.6	6.19	1.18	1.42	6.9
14	13.0	6.50	6.21	3.47	12.3
15	12.9	5.43	1.13	4.31	11.3
16	11.3	5.84	0.92	8.61	6.4
17	11.9	6.13	2.06	10.35	10.5
18	12.8	6.40	2.40	4.53	10.3
19	12.2	6.13	1.71	5.28	9.9
20	9.6	5.78	3.36	2.96	8.0
21	12.8	5.09	1.03	2.53	8.9
22	10.4	3.84	1.20	6.45	9.6
23	13.2	7.98	7.92	3.37	9.8
24	12.4	7.97	1.93	7.57	9.9
25	12.7	6.06	3.67	12.79	7.1

解： 设空腹血糖 y 与 4 个解释变量 x_1, x_2, x_3, x_4 具有线性依存关系：

$y = b_0 + b_1x_1 + b_2x_2 + b_3x_3 + b_4x_4 + \varepsilon$

则由公式（6－24）可得 β 的最小二乘估计为：

$$\hat{\beta} = (\mathbf{x}^T\mathbf{x})^{-1}\mathbf{x}^T y = \begin{pmatrix} 7.4242 \\ 0.4156 \\ -0.0404 \\ -0.0553 \\ 0.2663 \end{pmatrix}$$

因此所得的经验回归方程为：

$y = 7.4242 + 0.4156x_1 - 0.0404x_2 - 0.0553x_3 + 0.2663x_4$

需要强调的是，在［例 6－9］中，涉及矩阵的求逆运算和乘法运算，计算量大，计算复杂度高，因此需利用统计软件进行计算，下文将对采用 R 软件进行多元线性回归分析进行详细的介绍。

三、回归方程的拟合优度

类似于一元线性回归模型，多元线性回归模型的总平方和 $TSS = \sum_{i=1}^{n}(y_i - \bar{y})^2$ 同样可以分解为回归平方和 $RSS = \sum_{i=1}^{n}(\hat{y}_i - \bar{y})^2$ 和残差平方和 $ESS = \sum_{i=1}^{n}(y_i - \hat{y}_i)^2$ 的和，即：

$$TSS = RSS + ESS$$

在多元回归分析中，可采用估计标准误差和多重判定系数对回归方程的拟合优度进行度量和比较。

（一）估计标准误差

与一元线性回归模型类似，多元线性回归模型中估计标准误差的计算公式如下：

$$s_e = \sqrt{\frac{ESS}{n-p-1}} = \sqrt{\frac{\sum_{i=1}^{n} e_i^2}{n-p-1}} = \sqrt{\frac{\sum_{i=1}^{n}(y_i - \hat{y}_i)^2}{n-p-1}}$$

s_e 反映了采用回归方程进行预测时残差的大小，因而可作为度量回归方程拟合优度的一个指标。s_e 越小，说明回归直线的拟合优度越好。可以证明，估计标准误差的平方 s_e^2 是随机扰动项 ε 的方差 σ^2 的一个无偏估计，即 $E(s_e^2) = \sigma^2$。

在［例 6－9］中，进一步计算可得：

总平方和：$TSS = \sum_{i=1}^{n}(y_i - \bar{y})^2 = 33.5704$

回归平方和：$RSS = \sum_{i=1}^{n}(\hat{y}_i - \bar{y})^2 = 19.0639$

残差平方和：$ESS = \sum_{i=1}^{25}(y_i - \hat{y}_i)^2 = 14.5065$

于是可求得估计标准误差为：

$$s_e = \sqrt{\frac{ESS}{n-p-1}} = \sqrt{\frac{14.5065}{25-4-1}} = 0.8517$$

（二）多重判定系数

多重判定系数是指回归平方和占总平方和的比例，记作 R^2，即有：

$$R^2 = \frac{RSS}{TSS}$$

显然有 $0 \leqslant R^2 \leqslant 1$。多重判定系数表示总变差中被多个自变量所共同解释的部分，可作为回归方程拟合优度的度量。显然，R^2 越接近于1，回归直线的拟合程度越好。

在多元线性回归分析中，随着自变量个数的增加，会使残差变小，从而使 R^2 变大。若增加自变量的个数，即使这个自变量对因变量并无显著的影响，也会使 R^2 变大，这是多重判定系数的一大缺陷。为了克服增加自变量所导致的 R^2 被高估的缺陷，常采用调整判定系数（记作 $\overline{R}^2$）对拟合优度进行评价，其计算公式为：

$$\overline{R}^2 = 1 - \frac{ESS/(n-k-1)}{TSS/(n-1)} = 1 - (1-R^2)\frac{n-1}{n-k-1}$$

$\overline{R}^2$ 同时考虑了样本容量和自变量个数对判定系数的影响，克服了 R^2 的缺陷。

在［例6-9］中，可计算得到判定系数为 $R^2 = \frac{RSS}{TSS} = \frac{19.0639}{33.5704} = 0.5679$，调整判定系数为 $\overline{R}^2 = 1 - (1-R^2)\frac{n-1}{n-k-1} = 1 - (1-0.5679)\frac{25-1}{25-4-1} = 0.4815$。

四、显著性检验

类似于一元线性回归分析，多元线性回归方程的显著性检验也包括两个方面的检验，即回归方程的显著性检验和回归系数的显著性检验，其检验步骤与一元线性回归分析相同。

（一）回归方程的显著性检验

回归方程显著性检验的目的是检验自变量对因变量是否有显著的线性影响，即检验各回归系数 $\beta_i(i=1,\cdots,p)$ 是否显著不为0，其原假设和备择假设为：$H_0: \beta_1 = \beta_2 = \cdots = \beta_p = 0$　$H_1: \beta_1, \beta_2, \cdots, \beta_p$，至少有一个不等于0。

类似于一元线性回归分析，可构造检验统计量：

$$F = \frac{RSS/p}{ESS/(n-p-1)} = \frac{RMS}{EMS}$$

可以证明，当原假设 H_0 成立时，统计量 $F \sim F(p, n-p-1)$。

在［例6-9］中，计算可得 $F = \frac{RSS/p}{ESS/(n-p-1)} = \frac{19.0639/4}{14.5065/20} = 6.571$。由于 $F = 6.571 > F_{0.95}(4,20) = 2.866$，因而拒绝原假设，回归方程显著。

（二）回归系数的显著性检验

多元线性回归分析中，需要分别对 $\beta_i(i=1,\cdots,p)$ 的显著性进行检验，也是利用 t 检验来实现的，对 β_i 进行检验的原假设和备择假设分别为：

$H_0: \beta_i = 0 \quad H_1: \beta_i \neq 0$

可以证明，当 H_0 成立时，统计量：

$$t = \frac{\hat{\beta}_i}{\hat{\sigma}_{\hat{\beta}_i}} \sim t(n-p-1)$$

其中，$\hat{\sigma}_{\hat{\beta}_i}$ 为参数 β_i 的估计标准误差，且 $\hat{\sigma}_{\hat{\beta}_i} = s_e\sqrt{c_{i+1,i+1}}$，其中，$c_{i+1,i+1}$ 是 $C = (\mathbf{x}^T\mathbf{x})^{-1}$ 对角线上的第 $i+1$ 个元素。

在［例 6－9］中，计算可得 $\hat{\sigma}_{\hat{\beta}_1} = s_e\sqrt{c_{22}} = 0.1832$，$\hat{\sigma}_{\hat{\beta}_2} = s_e\sqrt{c_{33}} = 0.0927$，$\hat{\sigma}_{\hat{\beta}_3} = s_e\sqrt{c_{44}} = 0.0537$，$\hat{\sigma}_{\hat{\beta}_4} = s_e\sqrt{c_{55}} = 0.1081$。

对于 β_1，由于 t 检验统计量 $|t| = \left|\frac{\hat{\beta}_1}{\hat{\sigma}_{\hat{\beta}_1}}\right| = \frac{0.4156}{0.1832} = 2.269 > t_{0.025}(20) = 2.086$，拒绝原假设，因此在显著性水平 0.05 下，$\beta_1$ 显著。

对于 β_2，由于 t 检验统计量 $|t| = \left|\frac{\hat{\beta}_2}{\hat{\sigma}_{\hat{\beta}_2}}\right| = \frac{0.0404}{0.0927} = 0.436 < t_{0.025}(20) = 2.086$，不拒绝原假设，因此在显著性水平 0.05 下，$\beta_2$ 不显著。

对于 β_3，由于 t 检验统计量 $|t| = \left|\frac{\hat{\beta}_3}{\hat{\sigma}_{\hat{\beta}_3}}\right| = \frac{0.0553}{0.0537} = 1.030 < t_{0.025}(20) = 2.086$，拒绝原假设，因此在显著性水平 0.05 下，$\beta_3$ 不显著。

对于 β_4，由于 t 检验统计量 $|t| = \left|\frac{\hat{\beta}_4}{\hat{\sigma}_{\hat{\beta}_4}}\right| = \frac{0.2663}{0.1081} = 2.464 > t_{0.025}(20) = 2.086$，拒绝原假设，因此在显著性水平 0.05 下，$\beta_4$ 显著。

五、变量选择与逐步回归

在实际问题中，影响因变量的因素有很多。在多元回归分析中，如果忽略了对因变量有显著影响的解释变量，就会使所建立的模型与实际不符；反之，如果引入的变量过多，会造成由于各变量之间信息重叠，从而影响回归方程预测的精度。因而，选择自变量应坚持少而精的基本原则，建立“最优”的回归方程。

选择适合的自变量从而建立“最优”回归方程有许多不同的准则，常用的有调整判定系数最大化准则、AIC 最小化准则以及 C_p 统计量最小化准则。下面简要介绍采用 AIC 最小化准则进行自变量选择的方法和过程。

当可供选择的自变量的个数 p 较小时，我们可选取所有自变量组成集合的子集建立所有可能的回归模型，然后采用所选取准则对各个模型进行比较而得到最优模型。

> 思　自变量的总个数为 p 时，选取其子集共可建立多少个不同的回归模型？

但是当可供选择自变量的个数 p 较大时，建立所有可能的回归模型并进行比较是非常困难的。为此，人们提出了一些简单而快速的方法进行自变量的选择，常用的方法有前进法和后退法。下面简述两种方法的基本思想。

1. 前进法

前进法的基本思想是每次增加一个自变量，由少到多，直到没有可以引入的自变量为止。具体做法是：

（1）将 p 个自变量分别与因变量 y 建立一元线性回归方程，并比较 p 个一元线性回归方程的 AIC 值，将 AIC 值最小回归方程的自变量引入回归模型，不失一般性，设引入的自变量是 x_1 。

（2）将因变量 y 分别与 $(x_1,x_2),(x_1,x_3),\cdots,(x_1,x_p)$ 建立 $p-1$ 个二元线性回归模型，并选出各回归模型 AIC 的最小值，若该最小值大于（i）中各模型 AIC 的最小值，则停止迭代；否则，将 AIC 最小的模型中相应的自变量引入模型。

以此类推，直到 AIC 的值不能变小为止，从而得到最终的回归方程。

2. 后退法

后退法与前进法相反，该法首先将 p 个自变量引入回归模型，然后通过比较去掉其中一个最不重要的自变量，即去掉使 AIC 下降最大的自变量。依此类推，直到去掉自变量后不能使 AIC 下降为止，此时得到最终的回归模型。

对于［例 6－9］，由上面的分析可知，在所建立的回归模型中，自变量 x_2 与 x_3 没有通过检验，这就说明，选择全部变量进入模型效果并不好。这就涉及变量选择的问题，以建立"最优"的回归方程。以下选用后退法，并采用 AIC 最小化准则对自变量进行选择。具体的计算过程已超出本书的范围，下面仅阐述分析过程，具体的计算需借助统计软件实现，软件的实现过程参见本章第 5 节。

用全部自变量进行回归分析时，AIC 的值为 -3.61。若将 x_1 与 x_4 分别从模型中去掉时，AIC 的值均上升；若将 x_2 与 x_3 分别从模型中去掉时，AIC 的值分别下降至 -5.37 和 -4.31，显然，x_2 使 AIC 的值下降最大，因此去掉 x_2 ，建立含有 x_1 ，x_3 与 x_4 的回归模型，新模型的 AIC 值为 -5.37，并进入下一轮计算。在新的回归模型中，若去掉 x_1 与 x_4 ，AIC 的值均上升；若去掉 x_3 ，AIC 的值将降至 -5.59，于是从模型中去掉 x_3 ，得到含有 x_1 与 x_4 的回归模型，并进入下一轮计算。在下一轮中，无论去掉哪一个变量 AIC 统计量的值均会升高，因此终止计算，得到"最优"回归方程为：

$$y = 6.6802 + 0.4188x_1 + 0.2946x_4 \tag{6-25}$$

六、预测

若多元回归方程已通过显著性检验，可用此方程进行预测。对于给定的自变量 $x_0 = (x_{01},x_{02},\cdots,x_{0p})$ ，将其代入经验回归方程（6－21），得到因变量 y_0 的点预测为：

$$\hat{y}_0 = \hat{\beta}_0 + \hat{\beta}_1 x_{01} + \hat{\beta}_2 x_{02} + \cdots + \hat{\beta}_p x_{0p}$$

另外，对于 $x_0 = (x_{01},x_{02},\cdots,x_{0p})$ ，相应的因变量 y_0 的 $1-\alpha$ 的置信区间为 $(y_0 - l, y_0 + l)$ ，其中，$l = t_{\alpha/2}(n-p-1)s_e\sqrt{1 + x_0^T(\mathbf{x}^T\mathbf{x})^{-1}x_0}$ 。

对于［例 6－9］，若某患者的血清总胆固醇和糖化血红蛋白的指标值分别为 $x_{01} = 6.2$ ，$x_{04} = 9.6$ ，拟采用经验回归方程（6－25）对该患者的空腹血糖 y_0 进行预测。首先，将自变量的值代入方程（6－25）得到该患者空腹血糖的点预测值为 $y_0 = 6.6802 + 0.4188 \times 6.2 + 0.2946 \times 9.6 = 12.1049$ 。由于 $l = t_{\alpha/2}(n-p-1)s_e\sqrt{1 + x_0^T(\mathbf{x}^T\mathbf{x})^{-1}x_0} = 1.7970$ ，可得 y_0

的 95% 的置信区间为（10.3079，13.9019）。

七、回归诊断

在以上介绍的一元或多元线性回归分析中，我们对回归模型做了某些基本假设，如随机扰动项 ε_i 具有同方差性，即对于所有的样本点 $\mathrm{Var}(\varepsilon_i) = \sigma^2 (i = 1, 2, \cdots, n)$；随机扰动项之间不存在相关关系，即 $Cov(\varepsilon_i, \varepsilon_j) = 0 (i \neq j; i, j = 1, 2, \cdots, n)$，等等。但对实际问题回归分析时，常常存在与基本假设不符的情况。关于回归诊断的详细讨论已超出本书的范围，下面仅对该方面的基本内容进行简要介绍。

（一）多重共线性

前文中，在对多元线性回归模型的参数进行估计时，要求 $\mathbf{x}^T\mathbf{x}$ 的逆存在，这就要求设计矩阵 $\mathbf{x}$ 必须是满秩的，即要求 $\mathbf{x}$ 中的列向量之间线性无关。否则，如果存在 $p + 1$ 个数 c_0，$c_1, \cdots, c_p$，使得：

$$c_0 + c_1 x_1 + \cdots + c_p x_p = 0 \tag{6-26}$$

其中，$x_j = (x_{1j}, x_{2j}, \cdots, x_{nj})^T (j = 1, 2, \cdots, p)$，则称自变量 $x_1, x_2, \cdots, x_p$ 是完全线性相关的。

在实际问题中，完全的多重共线性并不多见，常见的是公式（6-26）近似成立，即：

$$c_0 + c_1 x_1 + \cdots + c_p x_p \approx 0 \tag{6-27}$$

当自变量之间存在以上近似关系时，称自变量 $x_1, x_2, \cdots, x_p$ 之间存在多重共线性。

当自变量存在多重共线性时，有 $|\mathbf{x}^T\mathbf{x}| \approx 0$，因而 $C = (\mathbf{x}^T\mathbf{x})^{-1}$ 的对角线上的元素 c_{ii} 会很大，导致 β_i 的估计标准误差 $\hat{\sigma}_{\hat{\beta}_i} = s_e\sqrt{c_{ii}}$ 就会很大，因此采用最小二乘法得到的 β_i 的估计的稳定性较差，精度较低，从而影响回归分析的效果。

对多重共线性进行诊断常用的方法有方差扩大因子法和特征根判定法。消除多重共线性常用的传统方法是剔除某些解释性不强的自变量，常常可以通过前面介绍的逐步回归法实现。另外也可以通过增加样本量的方法实现。近年来，学者致力于将传统的最小二乘法进行改进，提出用有偏估计来提高估计量稳定性的各种方法，如岭回归、LASSO 回归、主成分法、偏最小二乘法，等等。

（二）异方差性

异方差性是指随机扰动项 ε_i 不满足同方差性的基本假设时的情形，即不满足基本假设：对于所有的样本点 $\mathrm{Var}(\varepsilon_i) = \sigma^2 (i = 1, 2, \cdots, n)$。引起异方差性的原因有很多，如利用平均数据作为样本数据，或样本数据为截面数据时容易出现异方差性。当一个回归问题存在异方差性时，若采用最小二乘法对参数进行估计，所得的最小二乘估计量虽然仍是无偏估计量，但其有效性遭到破坏；进一步，会导致参数显著性检验的失效，从而使得回归方程的应用效果变差。

关于异方差性的检验，统计学者提出了许多方法，如残差图分析法、等级相关系数法等，但至今没有一个公认最优的方法。当一个回归分析问题中存在异方差性时，消除异方差性的基本思想是对原来的模型进行变换，使得变换后的模型满足同方差性的基本假设。常用的方法有加权最小二乘法、BOX - COX 变换法、方差稳定性变换法等。

（三）自相关性

在一元或多元线性回归模型中，假设随机扰动项之间不存在相关关系，即 $Cov(\varepsilon_i,\varepsilon_j) = 0(i \neq j;i,j = 1,2,\cdots,n)$ 。若以上条件不能满足，则称随机扰动项之间存在自相关性。

需要强调的是，这里的自相关性是指一个变量前后期数值之间的相关关系。而不是两个或两个以上变量之间的相关关系。在实际问题中，常常会遇到随机扰动序列存在序列相关的情形。产生自相关性的原因有许多，如遗漏关键的解释变量，或采用了错误的回归函数形式，等等。当回归分析问题中存在自相关性时，若仍采用最小二乘法对参数进行估计，也会产生参数的估计量不再是最小方差线性无偏估计量，回归系数的显著性失效等问题，从而会导致模型的解释错误，影响预测的准确性等后果。

自相关性的诊断通常采用残差图分析法、自相关系数法、DW 检验法等。当一个回归模型存在自相关性时，常采用迭代法和差分法消除自相关性。

（四）异常点和强影响点

在回归分析中，常常遇到数据中包含一些异常点的情况，这些异常点会引起较大的残差，从而影响回归的拟合效果。异常点可分为两种情况，一种是关于因变量的异常点；另一种是关于自变量的异常点。

关于因变量的异常点一般通过残差分析的方法进行检测。常采用删除学生化残差进行检测，一般将删除学生化残差大于 3 的样本点判定为异常点。

在回归分析中，将杠杆值大的点称为强影响点。强影响点自变量的值与自变量的平均值的距离较远，能够将回归方程拉向自身，因而可对回归效果产生较强的影响。但强影响点不一定是关于因变量的异常点，因此并不是总会对回归方程造成不良影响。常常采用 Cook 距离对强影响点是否为关于因变量异常点进行判断。

第 4 节　可化为线性回归的非线性回归分析方法

在实际应用中，变量之间直接表现为线性关系的情况并不多见，不过许多非线性关系可以通过变换化为线性关系，从而利用线性回归模型的相关理论进行分析。下面介绍几种常见的可转化为线性回归问题的非线性回归模型。

（一）多项式回归模型

多项式回归模型是一种最常见的非线性回归模型，可分为一元多项式回归模型和多元多项式回归模型。

一元多项式回归模型的一般形式为：

$$y = \beta_0 + \beta_1 x + \beta_2 x^2 + \cdots + \beta_p x^p + \varepsilon \tag{6-28}$$

在公式（6－28）中，只有一个自变量，最高次数为 p ，因而称为一元 p 阶（次）多项式回归。在公式（6－28）中，令 $x_1 = x,x_2 = x^2,\cdots,x_p = x^p$ ，则可转化为线性回归模型：

$$y = \beta_0 + \beta_1 x_1 + \beta_2 x_2 + \cdots + \beta_p x_p + e$$

从而可采用上文中介绍的多元线性回归模型的相关理论和方法对此非线性回归模型进行分析和讨论。

若回归模型中含有两个或两个以上自变量，称之为多元多项式回归模型。例如，回归模型 $y = \beta_0 + \beta_1 x_1 + \beta_2 x_2 + \beta_{11} x_1^2 + \beta_{22} x_2^2 + \beta_{12} x_1 x_2 + \varepsilon$ 被称为二元二阶多项式回归模型。

思　二元三阶多项式回归的一般形式是什么？三元二阶多项式回归的一般形式是什么？

（二）指数曲线回归模型

指数曲线回归模型的一般形式为 $y = b_0 \exp(b_1 x + e)$，两边取对数得：

$$\ln(y) = \ln(b_0) + b_1 x + \varepsilon$$

若令 $y' = \ln(y), \beta_0 = \ln(b_0), \beta_1 = \ln(b_1)$，则可将指数曲线回归模型转化为线性回归模型：

$$y' = \beta_0 + \beta_1 x + \varepsilon$$

（三）复合函数回归模型

复合函数回归模型的一般形式为 $y = b_0 b_1^x \varepsilon$，两边取对数得：

$$\ln(y) = \ln(b_0) + \ln(b_1) x + \ln(\varepsilon) \tag{6-29}$$

若令 $y' = \ln(y), \beta_0 = \ln(b_0), \beta_1 = \ln(b_1), \varepsilon' = \ln(\varepsilon)$，则可将此曲线回归模型转化为线性回归模型：

$$y' = \beta_0 + \beta_1 x + \varepsilon'$$

（四）增长曲线回归模型

复合函数回归模型的一般形式为 $y = \exp(b_0 + b_1 x + \varepsilon)$，两边取对数，并设 $y' = \ln(y)$，$\beta_0 = b_0$，$\beta_1 = b_1$，则可将增长曲线模型转化为线性回归模型：

$$y' = \beta_0 + \beta_1 x + \varepsilon'$$

容易看出，指数曲线、复合函数曲线和增长曲线三种模型是等价的。

（五）S 曲线回归模型

S 曲线回归模型的一般形式为 $y = \exp(b_0 + b_1/x + e)$，两边取对数，并设 $y' = \ln(y)$，$\beta_0 = b_0$，$\beta_1 = b_1$，$x' = \frac{1}{x}$，则可将 S 曲线回归模型转化为线性回归模型：

$$y' = \beta_0 + \beta_1 x' + \varepsilon$$

思　描述投入产出关系的 Cobb – Dauglas 生产函数为 $Q = AK^{\alpha} L^{\beta} e^{\varepsilon}$。其中，$Q$ 为产出量；K 为投入的资本；L 为投入的劳动。此模型为幂函数，是非线性回归模型，如何将其转化为线性回归模型？

下面通过一个例子来说明可化为线性回归的非线性回归模型在实践中的应用。

[例 6-10] 表 6-5 是我国 1978~2018 年 GDP 总量数据，试建立回归模型分析历年随时间变化的规律。

表 6-5　　我国 1978~2018 年 GDP 数据

年份	t	y	年份	t	y
1978	1	364522	1999	22	8967705
1979	2	406258	2000	23	9921455
1980	3	454562	2001	24	10965517
1981	4	489156	2002	25	12033269
1982	5	532335	2003	26	13582276
1983	6	596265	2004	27	15987834
1984	7	720805	2005	28	18493737
1985	8	901604	2006	29	21631443
1986	9	1027518	2007	30	26581031
1987	10	1205862	2008	31	31404543
1988	11	1504282	2009	32	34090281
1989	12	1699232	2010	33	39798315
1990	13	1866782	2011	34	47156370
1991	14	2178150	2012	35	51932200
1992	15	2692348	2013	36	56884500
1993	16	3533392	2014	37	63646300
1994	17	4819786	2015	38	67670800
1995	18	6079373	2016	39	74412700
1996	19	7117659	2017	40	82712200
1997	20	7897304	2018	41	90030900
1998	21	8440228			

解： 图 6-4 是 GDP 对时间变量 t 的散点图。从散点图可以看出，GDP 随时间变量 t 的变化大体为指数函数的形式。因而可建立指数曲线回归模型进行拟合。由前文可知，指数曲线、复合函数曲线和增长曲线三种模型是等价的，由于复合函数曲线的经济意义更为明显，为了增加模型的可解释性，采用复合函数曲线回归模型 $y = b_0 b_1^t \varepsilon$ 进行拟合。

由于复合函数回归模型 $y = b_0 b_1^t \varepsilon$ 可变转化为线性回归模型 $y' = b_0 + b_1 t + \varepsilon'$。其中，$y' = \ln(y)$，$\beta_0 = \ln(b_0)$，$\beta_1 = \ln(b_1)$，$\varepsilon' = \ln(\varepsilon)$。计算出 y' 的值，并用 y' 对 t 进行一元线性回归分析，得到经验回归方程为 $y' = 12.643 + 0.1458t$，即 $\beta_0 = 12.643$，$\beta_1 = 0.1458$，从而可得 $b_0 = \exp(\beta_0) = 309595$，$b_1 = \exp(\beta_1) = 1.1569$，于是有 y 对 t 的经验回归方程是 $y = 309595 \times 1.1570^t$。

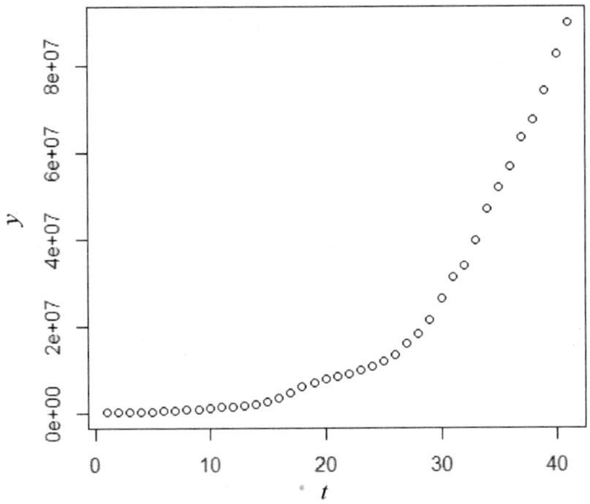

图 6－4　1978～2018 年 GDP 对时间变量 t 的散点图

第 5 节　相关分析与回归分析的 R 软件实现

本节将介绍利用 R 软件进行回归分析与相关分析的实现方法。

一、散点图的绘制

散点图是进行相关分析和回归分析的重要工具，可以帮助我们直观地判断两个变量之间的相关关系。如果散点图中的点分布在一条直线附近，则表明变量之间存在近似的线性关系。利用 R 软件绘制散点图的函数是 plot（ ），具体命令的格式如下：

```
x < -c (   )                          # 输入变量 x 的样本观测值
y < -c (   )                          # 输入变量 y 的样本观测值
plot (x, y)                           # 绘制 (x, y) 的散点图
```

[例 6－11] 利用 R 软件绘制表 6－1 中蔬菜价格与销售量的散点图。

解：程序如下：

```
x < -c (3, 2, 4, 1.5, 5, 4, 2, 1, 3, 4.5)
y < -c (84, 86, 83, 89, 78, 81, 90, 92, 86, 80)
plot (x, y)
```

运行以上程序后，可得变量之间散点图如前文图 6－2 所示。

二、相关分析

在进行相关分析时，既需要通过计算相关系数了解变量之间的线性相关程度，也需要对相关系数进行检验，进一步分析变量之间线性关系的显著性。R 软件中的函数 cor（ ）可用

于计算 pearson 相关系数；函数 cor. test（ ）则可对变量间相关性的显著性进行检验，具体命令的格式如下：

```
x < -c (   )                         # 输入变量 x 的样本观测值
y < -c (   )                         # 输入变量 y 的样本观测值
cor (x, y)                           # 求 x 与 y 的 pearson 相关系数
cor. test (x, y, alternative = c("two. sided", "less", "greater"), conf. level = 1 - α)
                                     # 在显著性水平 α 下进行 x 与 y 的 pearson 相关
                                       性的显著性检验
```

函数 cor. test（ ）中的 alternative 用来选择单边检验和双边检验的参数，默认值为双边检验，选项“less”和“greater”分别表示左侧检验和右侧检验，conf. level 是置信水平，默认值为 0.95。

[例 6-12] 采用表 6-1 中的数据，计算蔬菜价格和销售量之间的相关系数，并解决 [例 6-5] 中的问题。

解： R 程序及其运行结果如图 6-5 所示。

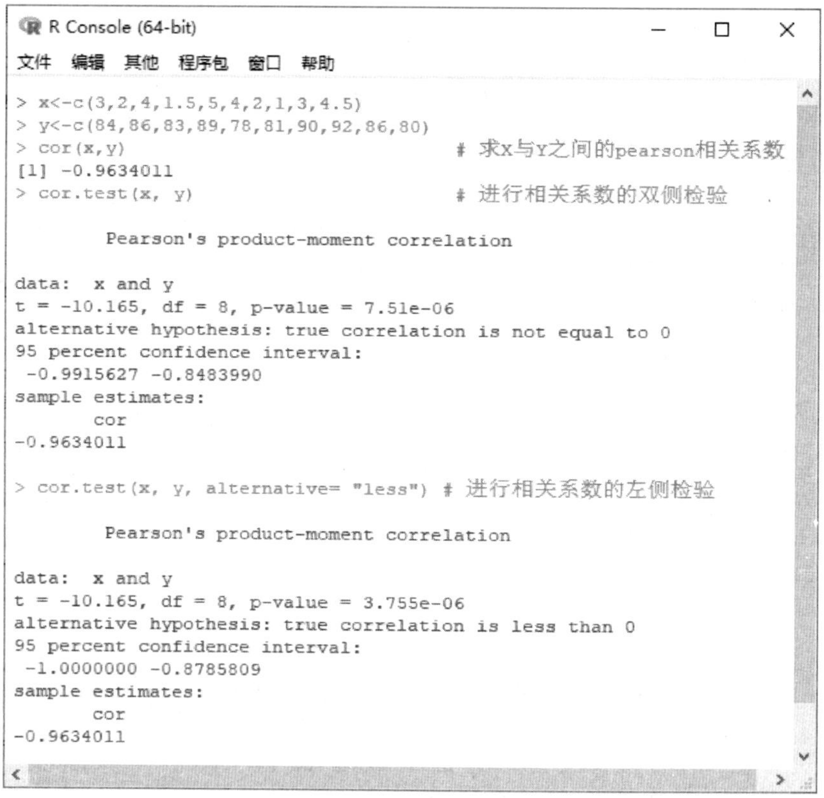
R Console (64-bit)
文件 编辑 其他 程序包 窗口 帮助

```
> x<-c(3,2,4,1.5,5,4,2,1,3,4.5)
> y<-c(84,86,83,89,78,81,90,92,86,80)
> cor(x,y)                                  # 求x与y之间的pearson相关系数
[1] -0.9634011
> cor.test(x, y)                            # 进行相关系数的双侧检验

        Pearson's product-moment correlation

data:  x and y
t = -10.165, df = 8, p-value = 7.51e-06
alternative hypothesis: true correlation is not equal to 0
95 percent confidence interval:
 -0.9915627 -0.8483990
sample estimates:
       cor
-0.9634011

> cor.test(x, y, alternative= "less") # 进行相关系数的左侧检验

        Pearson's product-moment correlation

data:  x and y
t = -10.165, df = 8, p-value = 3.755e-06
alternative hypothesis: true correlation is less than 0
95 percent confidence interval:
 -1.0000000 -0.8785809
sample estimates:
       cor
-0.9634011
```

图 6-5 相关系数的 R 程序及其运行结果

由图 6-5 可知，蔬菜价格和销售量之间的相关系数为 $r = -0.9634$，显著性检验的统计量 $t = -10.165$。由于双侧检验和单侧检验的 p 值小于 0.05，所以拒绝原假设，即认为蔬菜的价格和销售量之间存在显著的线性关系，且二者存在显著的负相关关系。

三、一元线性回归分析

在利用 R 软件进行回归分析时，通过 lm（ ）可以很方便地求出回归方程，再借助于函数 summary（ ）及 predict（ ）可以得到参数估计、检验及预测的所有信息；如果要在散点图上添加回归直线，可运用函数 abline（ ）来实现。这些命令的具体格式如下：

```
x < -c (  )                                  # 输入变量 x 的样本观测值
y < -c (  )                                  # 输入变量 y 的样本观测值
lm. reg < -lm (formula)                      # 将一元线性回归分析的结果赋给变量 lm. reg
summary (lm. reg)                            # 显示一元线性回归的详细分析结果
confint (lm. reg, level = 1 - α)             # 求回归参数的置信水平为 1 - α 的置信区间
anova (lm. reg)                              # 显示方差分析表
predict (lm. reg, data. frame (x = x0), interval = "prediction", level = 1 - α)
                                             # 求 x = x0 的点预测及区间预测（置信水平为
                                               1 - α）
abline (lm. reg)                             # 在散点图上添加回归直线
```

[例 6－13] 求解［例 6－4］至［例 6－8］中一元线性回归分析的相关问题。

解： 求解本例主要包括三个部分：回归参数的估计与检验、方差分析与预测、样本回归直线的绘制。回归参数估计与检验的 R 程序及其运行结果如图 6－6 所示。

```
R Console (64-bit)
文件  编辑  其他  程序包  窗口  帮助
> x<-c(3,2,4,1.5,5,4,2,1,3,4.5)
> y<-c(84,86,83,89,78,81,90,92,86,80)
> lm.reg<-lm(formula=y~1+x)
> summary(lm.reg)

Call:
lm(formula = y ~ 1 + x)

Residuals:
    Min      1Q  Median      3Q     Max 
-2.1424 -0.7371 -0.2258  0.9788  1.8576 

Coefficients:
            Estimate Std. Error t value Pr(>|t|)    
(Intercept)   94.627      1.041   90.91 2.39e-13 ***
x             -3.242      0.319  -10.16 7.51e-06 ***
---
Signif. codes:  0 '***' 0.001 '**' 0.01 '*' 0.05 '.' 0.1 ' ' 1

Residual standard error: 1.296 on 8 degrees of freedom
Multiple R-squared:  0.9281,    Adjusted R-squared:  0.9192 
F-statistic: 103.3 on 1 and 8 DF,  p-value: 7.51e-06

> confint(lm.reg, level=0.95)
                2.5 %    97.5 %
(Intercept) 92.226833 97.027713
x           -3.977981 -2.506868
```

图 6－6　回归参数估计与检验的 R 程序与运行结果

由图 6－6 可知，回归参数的最小二乘估计为 $\hat{\beta}_0=94.627$，$\hat{\beta}_1=-3.242$。因此，蔬菜价格和销售量的经验回归方程为 $\hat{y}=94.627-3.242\times x$。估计标准误差 $s_e=1.296$；参数 σ^2 的估计为 $\hat{\sigma}^2=1.296^2=1.679$；判定系数 $R^2=0.9281$；回归系数 β_1 显著性检验的 t 值为 $t=-10.16$。由于检验的 p 值小于 0.05，所以拒绝原假设 H_0，认为蔬菜的价格对其销售量具有显著的影响；参数 β_0 与 β_1 的置信水平为 95% 的置信区间分别为（92.2268，97.0277）和（－3.9780，－2.5069）。

方差分析与预测的 R 程序及其运行结果如图 6－7 所示。

```
R Console (64-bit)
文件 编辑 其他 程序包 窗口 帮助
> anova(lm.reg)
Analysis of Variance Table

Response: y
          Df Sum Sq Mean Sq F value    Pr(>F)
x          1 173.47 173.470  103.33 7.51e-06 ***
Residuals  8  13.43   1.679
---
Signif. codes:  0 '***' 0.001 '**' 0.01 '*' 0.05 '.' 0.1 ' ' 1
> x0=6
> predict(lm.reg,data.frame(x=x0),interval="prediction",level=0.95)
       fit      lwr      upr
1 75.17273 71.34006 79.00539
```

图 6－7　方差分析与预测的 R 程序与运行结果

由图 6－7 可知，残差平方和 $ESS=3.43$，回归平方和 $RSS=173.47$，于是可得总平方和 $TSS=186.9$。回归方程显著性检验的检验统计量 $F=103.33$，由于检验的 p 值小于 0.05，所以拒绝原假设，即认为蔬菜价格和销售量具有显著的线性关系。当 $x_0=6$ 时，销售量的点预测为 $\hat{y}_0=75.1727$，且 y_0 的预测区间为（71.340，79.005）。

数据的散点图以及绘制样本回归直线的 R 程序如下：

```
x < -c（3，2.8，2.6，2.4，2.4，2.4，2.4，2.3，2.2，2.2，2.1，2）
y < -c（55，70，90，100，90，105，80，110，125，115，130，130）
plot（x，y）
abline（lm.reg）
```

其运行结果如前文图 6－3 所示。

四、多元线性回归分析

在 R 软件中，仍然可以利用函数 lm（ ）进行多元线性回归分析，估计回归参数，实现回归方程与参数的显著性检验；所不同的是其中参数 formula 的表达式设置为多项式 $y=1+x_1+\cdots+x_p$ 形式。同时，采用函数 summary（ ）及 predict（ ）可以得到参数估计、检验及预测的所有信息；另外，可采用 step（ ）函数进行逐步回归。具体的命令格式如下：

```
lm. reg < - lm (formula)                  # 将多元线性回归分析的结果赋给变量 lm. reg
summary (lm. reg)                         # 显示多元线性回归的详细分析结果
anova (lm. reg)                           # 显示方差分析表
predict (lm. reg, data. frame (x = x0), interval = "prediction", level = 1 - α)
                                          # 求 x = x0 的点预测及区间预测（置信水平为
                                            1 - α）
step (lm. reg)                            # 对回归模型 lm. reg 进行逐步回归分析
```

[例 6 - 14] 求解［例 6 - 9］中多元线性回归模型及其相关问题。

解：求解该问题的 R 程序及其运行结果如图 6 - 8、图 6 - 9、图 6 - 10 所示。

```
R Console (64-bit)
文件 编辑 其他 程序包 窗口 帮助
> y<-c(12.3,11.3,11.2,11.6,9.8,11.1,14.3,9.6,12.1,11.1,10.6,11.4,11$
> x1<-c(4.59,6.02,5.68,4.85,3.79,4.90,6.05,3.85,7.08,5.71,4.29,4.65$
> x2<-c(1.97,3.56,1.90,1.07,1.64,8.50,0.64,2.11,3.00,1.78,1.97,0.63$
> x3<-c(3.61,6.95,4.53,5.88,7.32,12.60,1.42,16.28,6.75,8.53,6.61,6.$
> x4<-c(8.7,10.8,8.2,8.3,6.9,8.5,13.6,7.9,11.5,8.0,7.8,7.1,6.9,12.3$
> lm.reg<-lm(y~1+x1+x2+x3+x4)
> summary(lm.reg)

Call:
lm(formula = y ~ 1 + x1 + x2 + x3 + x4)

Residuals:
     Min       1Q   Median       3Q      Max
-2.04763 -0.46684 -0.03754  0.42528  1.73141

Coefficients:
            Estimate Std. Error t value Pr(>|t|)
(Intercept)  7.41415    1.30121   5.698 1.41e-05 ***
x1           0.41561    0.18316   2.269   0.0345 *
x2          -0.04039    0.09271  -0.436   0.6677
x3          -0.05526    0.05367  -1.030   0.3155
x4           0.26632    0.10807   2.464   0.0229 *
---
Signif. codes:  0 '***' 0.001 '**' 0.01 '*' 0.05 '.' 0.1 ' ' 1

Residual standard error: 0.8517 on 20 degrees of freedom
Multiple R-squared:  0.5679,    Adjusted R-squared:  0.4815
F-statistic: 6.571 on 4 and 20 DF,  p-value: 0.001516
```

图 6 - 8　回归参数估计与检验的 R 程序与运行结果

由图 6 - 8 可知，β 的最小二乘估计为 $\hat{\beta}=(7.4242, 0.4156, -0.0404, -0.0553, 0.2663)$，故所得的经验回归方程为：

$$y=7.4242+0.4156x_1-0.0404x_2-0.0553x_3+0.2663x_4$$

进一步，由图 6 - 8 可知，模型的估计标准误差为 $s_e=0.8517$，判定系数为 $R^2=0.5679$，调整判定系数为 $\overline{R}^2=0.4815$。回归方程显著性检验的统计量 $F=6.571$，相应的 p 值为 0.0015，显然小于显著性水平 0.05，因而回归方程显著。另外，对 $\beta_i(i=1,\cdots,4)$ 进行显著

性检验的 t 统计量的值分别为 2.269，-0.436，-1.030，2.464。从相应的 p 值可以看出，在显著性水平 0.05 下，β_1 和 β_4 通过检验，而 β_2 和 β_3 未通过检验。由此可以看出，将所有自变量引入回归模型的拟合效果较差。

```
R Console (64-bit)
文件 编辑 其他 程序包 窗口 帮助
> lm.step<-step(lm.reg)
Start:  AIC=-3.61
y ~ 1 + x1 + x2 + x3 + x4

       Df Sum of Sq    RSS     AIC
- x2    1    0.1377 14.644 -5.3708
- x3    1    0.7689 15.275 -4.3157
<none>              14.507 -3.6070
- x1    1    3.7345 18.241  0.1199
- x4    1    4.4048 18.911  1.0221

Step:  AIC=-5.37
y ~ x1 + x3 + x4

       Df Sum of Sq    RSS     AIC
- x3    1    1.0795 15.724 -5.5927
<none>              14.644 -5.3708
- x1    1    3.7069 18.351 -1.7296
- x4    1    4.2948 18.939 -0.9413

Step:  AIC=-5.59
y ~ x1 + x4

       Df Sum of Sq    RSS     AIC
<none>              15.724 -5.5927
- x1    1    4.4302 20.154 -1.3869
- x4    1    5.8071 21.531  0.2652
> lm.reg1<-lm(y~x1+x4)
> summary(lm.reg1)

Call:
lm(formula = y ~ x1 + x4)

Residuals:
     Min       1Q   Median       3Q      Max
-1.85767 -0.50020 -0.02599  0.44343  1.39020

Coefficients:
            Estimate Std. Error t value Pr(>|t|)
(Intercept)   6.6802     1.0253   6.516 1.49e-06 ***
x1            0.4188     0.1682   2.490   0.0208 *
x4            0.2946     0.1034   2.850   0.0093 **
---
Signif. codes:  0 '***' 0.001 '**' 0.01 '*' 0.05 '.' 0.1 ' ' 1

Residual standard error: 0.8454 on 22 degrees of freedom
Multiple R-squared:  0.5316,	Adjusted R-squared:  0.489
F-statistic: 12.49 on 2 and 22 DF,  p-value: 0.000238
```

图 6-9　变量选择的 R 程序与运行结果

由图 6-9 可知，采用 step（ ）函数并选用后退法，采用 AIC 最小化准则对自变量进行选择。经过两轮筛选后，最终 x_2 与 x_3 从模型中去掉，得到含有 x_1 与 x_4 的最优回归模型，其经验回归方程为 $y=6.6802+0.4188x_1+0.2946x_4$。从回归分析的结果可以看出，该模型的回归方程和回归系数检验均以通过，因而其拟合效果较初始模型有了很大的提高。

```
R Console (64-bit)
文件 编辑 其他 程序包 窗口 帮助
> predict(lm.reg1,data.frame(x1=6.2,x4=9.6),interval="prediction",
+                                         level=0.95)
       fit      lwr      upr
1 12.10493 10.30792 13.90194
```

图 6－10　回归预测的 R 程序与运行结果

由图 6－10 可知，若某患者的血清总胆固醇和糖化血红蛋白的指标值分别为 $x_{01}=6.2$，$x_{04}=9.6$，其空腹血糖的点预测值为 $y_0=12.1049$，95% 的置信区间为（10.3079，13.9019）。

五、可化为线性回归的非线性回归

如前文所述，对于可化为线性回归模型的非线性回归模型，可通过某种变换将其转化为线性回归模型，从而利用线性回归模型的 R 软件实现方法进行参数估计和模型检验。因此，对于该类问题的软件实现，除了对变量或回归系数进行代数变换外，不需要除线性回归外更多的操作方法。

［例 6－15］ 应用 R 软件求解［例 6－10］中的问题。

解： 求解该问题的 R 程序及其运行结果如图 6－11 所示。

```
R Console (64-bit)
文件 编辑 其他 程序包 窗口 帮助
> y<-c(364522,406258,454562,489156,532335,596265,720805,901604,1027$
> t<-1:41
> plot(t,y)
> lm.reg<-lm(formula=log(y)~1+t);summary(lm.reg)

Call:
lm(formula = log(y) ~ 1 + t)

Residuals:
     Min       1Q   Median       3Q      Max
-0.30586 -0.09849 -0.00999  0.06818  0.36454

Coefficients:
             Estimate Std. Error t value Pr(>|t|)
(Intercept) 12.643020   0.050461  250.55   <2e-16 ***
t            0.145817   0.002093   69.65   <2e-16 ***
---
Signif. codes:  0 '***' 0.001 '**' 0.01 '*' 0.05 '.' 0.1 ' ' 1

Residual standard error: 0.1586 on 39 degrees of freedom
Multiple R-squared:  0.992,	Adjusted R-squared:  0.9918
F-statistic:  4852 on 1 and 39 DF,  p-value: < 2.2e-16

> c(b0<-exp(coef(lm.reg)[1]),b1<-exp(coef(lm.reg)[2]))
 (Intercept)            t
3.095950e+05 1.156985e+00
```

图 6－11　R 程序及其运行结果

由图 6－11 可知，$\beta_0 = 12.643$，$\beta_1 = 0.1458$，进而得到 $b_0 = 309595$，$b_1 = 1.1569$，于是 y 对 t 的经验回归方程是 $y = 309595 \times 1.1570^t$；GDP 对时间变量 t 的散点图如图 6－4 所示。

通过本章的学习，你对相关分析与回归分析的原理方法与应用应有进一步的了解，希望你能领悟到如下的思维方式以及所蕴含的哲理：

悟

相关是指自然与社会现象等客观现象数量关系的一种表现。相关关系是指现象之间确实存在一定的联系，但其数量关系表现为不严格的相互依存关系，相关分析的目的是提示现象之间是否存在相关关系，明确变量间相关关系的表现形式，并确定相关关系的密切程度和方向。回归分析是对具有相关关系的两个或两个以上的变量之间的数量变化的一般关系进行测定，通过数学表达式描述变量间数量变动的相互关系，以便由一个已知量来推测另一个未知量，为预测提供一种重要的方法。相关分析与回归分析都是研究变量相互关系的分析方法，相关分析是回归分析的基础，回归分析则是认识变量之间相关程度的一种具体形式。

习题

1. 表 6－6 是 15 个化妆品生产企业的销售额 Y（万元）、广告费 X（万元）和销售人员 Z（个）的数据，试分别绘制 Y 与 X，Y 与 Z 的散点图，并分析三个变量之间的相关关系。

表 6－6　　销售额、广告费与销售人员相关数据

销售额 Y（万元）	广告费 X（万元）	销售人员 Z（个）
7800	21	19
8400	19	20
6100	18	20
5200	15	15
9700	21	21
8900	20	19
10000	22	22
9300	24	24
6500	15	15
7300	19	18
4800	13	12
4500	11	12
6700	18	18
7500	20	19
9500	15	25

2. 为了研究我国城镇居民家庭人均可支配收入 x 与人均生活消费 y 之间的关系，收集了 1991～2018 年城镇居民家庭人均可支配收入与人均生活消费金额的样本数据，如表 6－7 所示。试根据表中所给数据，讨论下列问题：

(1) 画出 y 与 x 的散点图，并根据散点图判断 y 与 x 是否存在线性关系；
(2) 采用最小二乘法估计回归系数，并写出经验回归方程；
(3) 求残差平方和 ESS、回归平方和 RSS 以及总平方和 TSS；
(4) 求 σ^2 的估计值以及估计标准误差 s_e；
(5) 计算模型的判定系数；
(6) 对回归方程进行显著性检验；
(7) 对回归系数进行显著性检验；
(8) 求出 β_0，β_1 的 95% 的区间估计；
(9) 计算城镇居民家庭人均可支配收入为 20000 元时，人均生活消费金额大约是多少？
(10) 在城镇居民家庭人均可支配收入为 20000 元时，人均生活消费金额置信水平为 95% 的预测区间。

表 6－7　　1990～2018 年城镇居民家庭人均可支配收入与人均生活消费金额

年份	城镇居民家庭人均可支配收入（元）	城镇居民家庭人均生活消费金额（元）	年份	城镇居民家庭人均可支配收入（元）	城镇居民家庭人均生活消费金额（元）
1991	1701	1454	2005	10493	7943
1992	2027	1672	2006	11759	8697
1993	2577	2111	2007	13786	9997
1994	3496	2851	2008	15781	11243
1995	4283	3538	2009	17175	11265
1996	4839	3919	2010	19109	13471
1997	5160	4186	2011	21810	15161
1998	5425	4332	2012	24565	16674
1999	5854	4616	2013	26955	18487
2000	6280	4998	2014	28844	19968
2001	6860	5309	2015	31195	21392
2002	7703	6030	2016	33616	23079
2003	8472	6511	2017	36396	24445
2004	9422	7182	2018	39251	26112

3. 表 6－8 是 15 个地区某种食物年需求量（y）（单位：吨）与地区人口增长量（x）（单位：千人）的数据。试建立线性回归方程，分析人口增长数量 x 对食物年需求量 y 的影响。

表 6－8　　15 个地区某种食物年需求量与地区人口增长量数据

地区	1	2	3	4	5	6	7	8	9	10	11	12	13	14	15
x	274	180	375	205	86	265	98	330	195	53	430	372	236	157	370
y	162	120	223	131	67	169	81	192	116	55	252	234	144	103	212

4. 某种水泥在凝固时单位质量所释放的热量 y（卡/克）与水泥中下列四种化学成分有关：

x_1 $-3CaO \cdot Al_2O_3$的成分（%）；x_2 $-3CaO \cdot SiO_2$的成分（%）；x_3 $-4CaO \cdot Al_2O_3 \cdot Fe_2O_3$的成分（%）；$x_4$ $-2CaO \cdot SiO_2$的成分（%）。

为研究该问题，共收集了13组数据，如表6－9所示，试讨论以下问题：

(1) 采用最小二乘法估计回归系数，并写出经验回归方程；

(2) 求残差平方和 *ESS*、回归平方和 *RSS* 以及总平方和 *TSS*；

(3) 求 σ^2 的估计值以及估计标准误差 s_e；

(4) 求回归模型的多重判定系数和调整判定系数；

(5) 对回归方程进行显著性检验；

(6) 对回归系数进行显著性检验；

(7) 采用逐步回归法对自变量进行选择；

(8) 计算当 $x_1=5$，$x_2=54$，$x_3=12$，$x_4=36$ 时，y 的点预测值及置信水平为95%的预测区间。

表6－9　　13栋住宅楼的房地产评估数据

序号	y	x_1	x_2	x_3	x_4
1	78.5	7	26	6	60
2	74.3	1	29	15	52
3	104.3	11	56	8	20
4	87.6	11	31	8	47
5	95.9	7	52	6	33
6	109.2	11	55	9	22
7	102.7	3	71	17	6
8	72.5	1	31	22	44
9	93.1	2	54	18	22
10	115.9	21	47	4	18
11	83.8	1	40	23	34
12	113.3	11	66	9	12
13	109.4	10	68	8	12

5. 一家房地产评估公司欲分析地产的评估价格 x_1（万元）、房产的评估价格 x_2（万元）和使用面积 x_3（平方米）对房地产销售价格 y（元/平方米）的影响，以便对销售价格做出合理预测，收集了如表6－10所示的20栋住宅楼的房地产评估数据。试建立多元线性回归方程，分析房地产销售价格 y 的影响因素。

表6－10　　20栋住宅楼的房地产评估数据

序号	房地产销售价格	地产的评估价格	房产的评估价格	使用面积
1	6890	596	4497	18730
2	4850	900	2780	9280
3	5550	950	3144	11260
4	6200	1000	3959	12650

续表

序号	房地产销售价格	地产的评估价格	房产的评估价格	使用面积
5	11650	1800	7283	22140
6	4500	850	2732	9120
7	3800	800	2986	8990
8	8300	2300	4775	18030
9	5900	810	3912	12040
10	4750	900	2935	17250
11	4050	730	4012	10800
12	4000	800	3168	15290
13	9700	2000	5851	24550
14	4550	800	2345	11510
15	4090	800	2089	11730
16	8000	1050	5625	19600
17	5600	400	2086	13440
18	3700	450	2261	9880
19	5000	340	3596	10760
20	2240	150	578	9620

探究

如何正确运用线性回归模型

对于一元线性回归方程的检验，本书主要介绍了检验。一般情况下，当 H_0：$\beta_1=0$ 被接受时，表明 y 的取值不随 x 的变化而变化。导致这种结果的原因可能是变量 y 与 x 之间的相关关系不显著，也可能是虽然 y 与 x 之间的相关关系显著，但这种关系不是线性的而是非线性的。

当 H_0:$\beta_1=0$ 被拒绝时，我们虽然可以确定 y 与 x 之间存在一定程度上的线性相关关系，但不能肯定线性关系就是 y 与 x 之间关系的最恰当的描述。为了说明此问题，1973 年 Anscombe 构造给出了四组数据，如表 6－11 所示。

表 6－11　　Anscombe 给出的四组数据

序号	第 1 组		第 2 组		第 3 组		第 4 组	
	x	y	x	y	x	y	x	y
1	4	4.26	4	3.10	4	5.39	8	6.58
2	5	5.68	5	4.74	5	5.73	8	5.76
3	6	7.24	6	6.13	6	6.08	8	7.71
4	7	4.82	7	7.26	7	6.44	8	8.84
5	8	6.95	8	8.14	8	6.77	8	8.47
6	9	8.81	9	8.77	9	7.11	8	7.04

续表

序号	第 1 组		第 2 组		第 3 组		第 4 组	
	x	y	x	y	x	y	x	y
7	10	8.04	10	9.14	10	7.46	8	5.25
8	11	8.33	11	9.26	11	7.81	19	12.50
9	12	10.84	12	9.13	12	8.15	8	5.56
10	13	7.58	13	8.74	13	12.74	8	7.91
11	14	9.96	14	8.10	14	8.84	8	6.89

对这四组数据分别进行回归分析，得到相同的经验回归方程 $y=3.0+0.5x$，判定系数 $R^2=0.667$，误差方差 σ^2 的估计都为 $\hat{\sigma}^2=13.75$。而且四个经验回归方程的 F 统计量也相同，且均通过显著性检验，说明这四组数据的 y 与 x 之间都存在显著的线性相关关系。因为这些统计量都有相同的值，人们自然会得出结论，一元线性回归模型对这四组数据的适合程度是一样的。然而，从散点图 6－13 中我们可以看到，这个结论是不成立的。

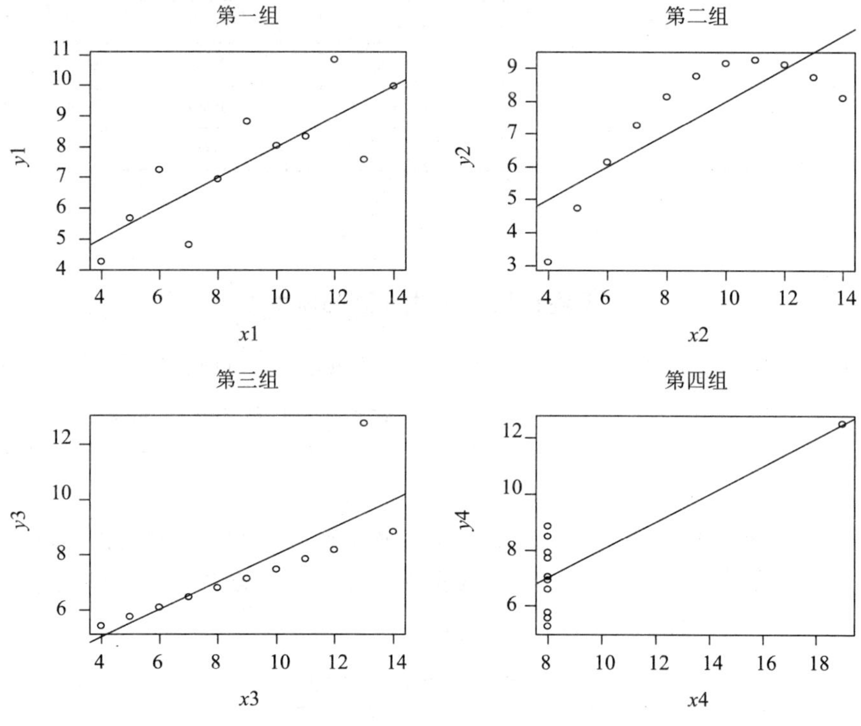

图 6－13　四个回归模型的散点图

请你结合本章所学内容，利用一元线性回归模型拟合对表 6－11 中的四组数据的适合程度进行分析，并在此基础上就线性回归模型在实际中的应用提出相应的建议。

第7章　时间序列数据分析

7000年前古埃及人把尼罗河涨落的情况逐天记录下来，从而构成一系列数字，对数字的长期观察使他们发现尼罗河的涨落非常有规律，由于掌握了涨落的规律，古埃及的农业迅速发展。这些所记录的内容就是最早的时间序列。

想

在时间序列分析方法的发展历程中，经济、金融、工程等领域的应用始终起着重要的推动作用，时间序列分析的每一步发展都与应用密不可分。那么，时间序列有哪些分类？分析时间序列有哪些方法？

第1节　时间序列数据概述

在日常生活中，人们会产生各种数据，这些数据随着时间的推移不断变化，例如，国内生产总值、银行利率、原油价格等数据随着时间的变化而不断变动。为了记录和分析这些事物的变化趋势，我们需要对不同时间数据进行观测、记录、整理，形成各个指标数据的时间序列。那么时间序列的具体含义是什么？时间序列有哪些发展过程？如何去采集时间序列的数据？时间序列的构成要素是什么？时间序列的因素和模型分类有哪些？时间序列分析有哪些意义？本节就来探讨这些具体问题。

一、时间序列的含义

时间序列是指将同一统计指标的数值按其发生的时间先后顺序排列而成的数列。形式上由反映客观现象的观测值和这些数值所属的时间两个基本要素构成。观测值可以是年度数值、季度数值、月度数值或其他时间形式的数值。时间序列的一般形式如表7－1所示。

表7－1　时间序列的一般形式

时间顺序	t_0	t_1	t_2	…	t_{n-1}	t_n
指标数值	a_0	a_1	a_2	…	a_{n-1}	a_n

表7－2所示为1996～2007年的国内生产总值、人口自然增长率、居民价格消费指数等数据构成了时间序列，从表7－2中我们可以看出，10年间我国经济和人口总体的发展变化状况、过程和规律，利用这些资料我们可以计算一系列动态分析指标，揭示这些变化的趋势。

表 7－2 国内生产总值、人口自然增长率、居民价格消费指数时间序列

年份	国内生产总值（亿元）	人口自然增长率（%）	居民消费价格指数
1998	84402.3	9.1	99.2
1999	89677.1	8.2	98.6
2000	99214.6	7.6	100.4
2001	109655.2	7.0	100.7
2002	120332.7	6.5	99.2
2003	135822.8	6.0	101.2
2004	159878.3	5.9	103.9
2005	183217.4	5.9	101.8
2006	211923.5	5.3	101.5
2007	249529.9	5.2	104.8

思

①还有哪些类型的资料也是时间序列，试举出几个具体的例子。

②如何给时间序列下一个比较确切的定义？

二、时间序列的数据采集

事物的运动发展过程常常是连续的，然而在进行数据统计的时候往往只能通过观察采集离散数据，显然采样的时间间隔越短，获取的观测数据越详细。同时在采样时，一般采用等时间间隔的方式，这样获得的数据有利于分析事物的特征。根据不同的指标性质，时间序列的数据采集分为三大类。

（1）瞬间采样。若采样的统计指标是事物的存量指标，则可以观测登记一次其在当时的现存数量，称为瞬间采样。例如，某企业员工的数量，一般每年末对该企业员工的数量进行统计登记一次得到员工数序列；对一个家庭月收入的统计可在每月月末盘点登记一次得到该家庭月收入序列；对某人的储蓄存款余额每月月末登记一次得到月末储蓄存款余额序列等。

（2）累积采样。若采样的统计指标是事物的流量指标，则可以计算登记一次其在以前某段时间内的累积发生数量，称为累积采样。例如，对某地生产总值的采样可在每月月末计算登记该月各天的产值之和作为该月的总产值，从而得到月产值序列；对图书馆借书数量进行采样统计可在每月月末计算登记该月每天的借书数量之和作为该月的总借书数量，从而得到该月借书数量序列；对某汽车违章次数的采样可在每年末计算登记该车每月的违章次数，从而得到该车年违章次数序列等。

（3）特征采样。对考察的事物每隔一定的时间计算登记其在以前某段时间内的特征值，称为特征采样。例如，可以通过在每年末登记记录某企业的总工资和职工总人数来计算出该企业职工年平均收入序列；对于一所大学图书馆，可以通过在学期末记录该图书馆书籍总借阅量和在校大学生的总数计算出该大学人均学期图书借阅量序列；对于股票市场，可以通过在每个交易日结束时记录某只股票每天的开盘价和收盘价计算出该股票的隔夜收益率序列。

思

①时间序列在采集的时候每隔多长时间记录一次为宜？

②你能举出三种采样的时间序列例子吗？

三、时间序列的因素分类

一个时间序列中包含以下四个组成部分：长期趋势（Secular trend，T）、季节变动（Seasonal Variation，S）、循环波动（Cyclical Variation，C）、不规则波动（Irregular Variation，I）。

（1）长期趋势。其是指现象在较长时期内持续发展变化的一种趋向或状态。分析长期趋势，可以掌握事物发展变化的基本特点。其可以分为线性趋势和非线性趋势。例如，近几十年我国国民的平均身高随着合理化膳食稳步提高，属于线性趋势；又如，虽然我国居民消费价格指数每月都有波动，但从长期来看该指数还是长期增长的，属于非线性趋势。如图 7－1 所示。

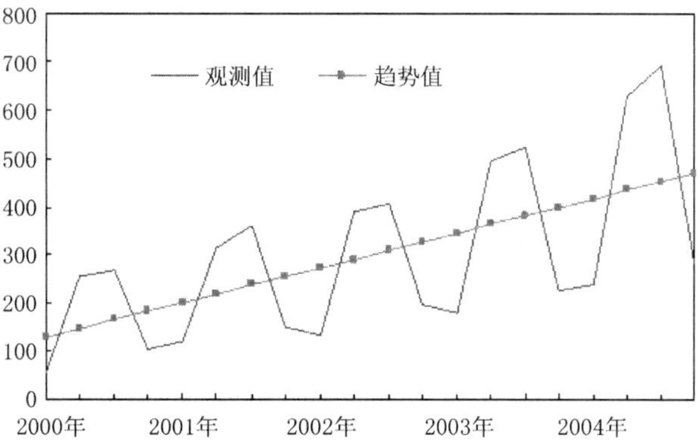

图 7－1　长期趋势图

（2）季节变动。其是指由于季节的变化引起的现象发展水平的规则变动。季节变动产生的原因主要分为自然因素和人为因素，一般以一年为周期，也有以月、周、日为周期的。认识和掌握季节变动对于近期行动决策有重要作用。例如，在一年中北半球每天白昼的时长在 6 月份达到最长而在 12 月份达到最短，这种白昼时长的变化就是一种季节变动，它是自然因素引起的；又如，城市交通中的从早到晚的交通流量变化是一种季节变化，它是人为因素引起的。如图 7－2 所示。

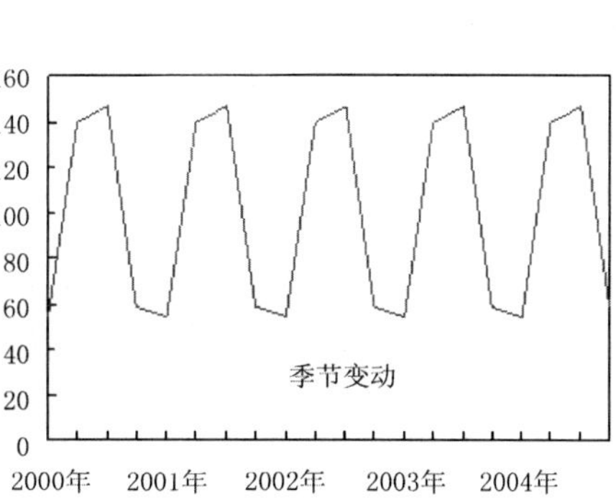

图 7－2　季节变动图

(3) 循环波动。其是指以若干年为周期、不具严格规则的周期性连续变动。与长期趋势不同，它不是朝着单一方向的持续运动，而是涨落相间的波浪式起伏变化；与季节变动也不同，它的波动时间较长，变动的周期长短不一，变动的规则性和稳定性较差。循环波动是指现象发生周期较长（一年以上）的涨落起伏的变动。例如，股票指数在较长的时期内出现牛市和熊市交替的现象就是一种循环波动；又如，银行利率在几年之间会在最高点和最低点之间变动，这也是一种循环波动。如图 7－3 所示。

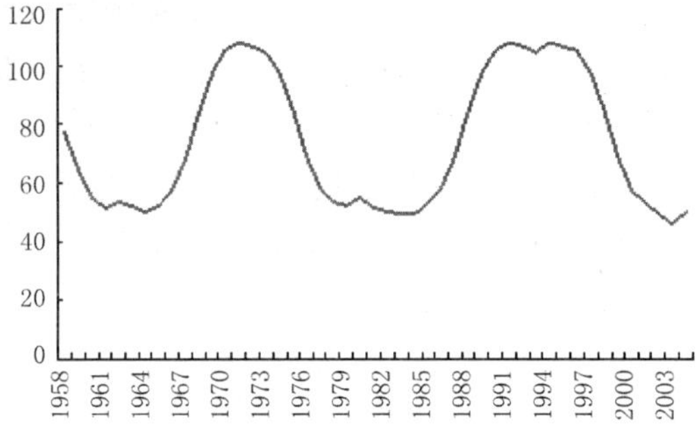

图 7－3 循环变动图

(4) 不规则波动。其是指由于意外的自然或社会的偶然因素引起的无周期的波动。它除了受以上各种变动的影响以外，还受临时的、偶然的或不明原因而引起的非周期性、非趋势性随机变动。不规则变动是无法预知的。例如，股票市场股票价格由于受到各种突发偶然因素的影响而产生的变动就是一种不规则变动；又如，某医院外科每天就诊的病人人数受偶然因素影响也是一种不规则变动。如图 7－4 所示。

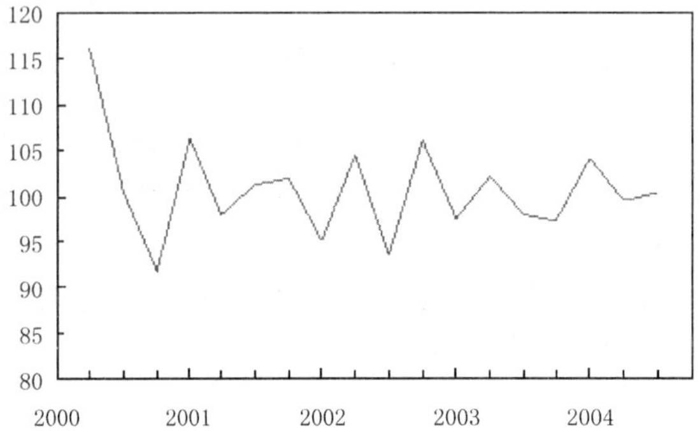

图 7－4 不规则变动图

四、时间序列的分解模型

将构成时间序列的因素与时间序列的关系按照一定的假设，用一定的数学关系式表示，就形成了时间序列的分解模型。其主要有两种假设，即有两种最基本的分解模型：加法模型和乘法模型。

设时间序列为 Y，长期趋势为 T，季节变动为 S，循环波动为 C，不规则变动为 I，则两种模型可表述如下：

(1) 加法模型。假设四个因素是相互独立的，则时间序列各期水平的数值可视为四个因素相加的总和，其分解模型为：

$$Y(t)=T(t)+S(t)+C(t)+I(t)$$

根据上述关系式，为测定某种因素的影响，只需从时间序列数值中减去其余因素即可。

（2）乘法模型。假设四个因素变动之间存在某些相互影响的关系，则时间序列各期水平的数值就是四种因素相乘的乘积，其分解模型为：

$$Y(t)=T(t)\cdot S(t)\cdot C(t)\cdot I(t)$$

根据上述关系式，为测定某种因素的影响，用其余因素的乘积去除时间序列数值即可。

实际工作中应采用哪一种模型进行分析为宜，要视研究对象的性质、研究目的及所掌握资料的情况而确定。但要注意不同公式中各项的单位。在现阶段，较为成熟的趋势分析的数学方法主要是对长期趋势和季节变动的测定。

五、时间序列的模型分类

一般时间序列分为绝对数时间序列、相对数时间序列和平均数时间序列三种。

（1）绝对数时间序列简称绝对序列，是指把同一总量指标在不同时间上的数值按时间先后顺序排列而形成的时间序列。绝对序列反映现象在不同时间上所达到的总量及其增减变化的过程。绝对序列分为时期序列和时点序列两种。

时期序列是指由某段时期绝对数数据所构成的时间序列，其中的每个数值反映现象在一段时间内发展过程的总量。时期序列中的各个数值可以相加，各个数值的和表示在所对应的时期之内事物及其现象的发展总量，时期序列中各项数值的大小与所包括的时期长短有直接关系。例如，表 7－2 所示的国内生产总值序列就是由各年的生产值相加得到的时期序列。

时点序列是指由时点绝对数数据所构成的时间序列，其中的每个数值反映现象在某一时点上所达到的水平。时点序列中各个数值相加通常没有明确的意义，并且时点序列中各个数值与其时点间隔长短没有直接关系。例如，表 7－3 就是 1980～2003 年末人口数的时点序列。

表 7－3　　1980～2003 年末人口数时间序列

年份	年末人口数（万人）	年份	年末人口数（万人）	年份	年末人口数（万人）	年份	年末人口数（万人）
1980	98705	1986	107507	1992	117171	1998	124761
1981	100072	1987	109300	1993	118517	1999	125786
1982	101654	1988	111026	1994	119850	2000	126743
1983	103008	1989	112704	1995	121121	2001	127627
1984	104357	1990	114333	1996	122389	2002	128453
1985	105851	1991	115823	1997	123626	2003	129227

时期序列与时点序列的区别比较如表 7－4 所示。

（2）相对数时间序列是指把一系列同种相对数指标按时间先后顺序排列而成的时间序列，它反映事物之间对比关系的变化情况。

（3）平均数时间序列是指把一系列同类的统计平均数按照时间先后顺序排列起来而形成的时间序列，表现事物一般水平的变化过程的发展趋势。

表 7－4　时期序列与时点序列比较

项目	时期序列	时点序列
定义	统计数据是时期数	统计数据是时点数
各项数据相加是否有实际意义	有	无
统计数据的大小与时期长短有无关系	有	无
数据的取得方式	连续登记	间断登记

六、时间序列的意义

时间序列是通过对事物的连续或定期观测而得到的一种重要的统计数据，由于事物的发展变化是一个随着时间的推移而演化的过程，所以其前期的状态必然会影响后期的状态，现在的状态是由过去的状态演变而来的，并且也决定着或者至少也影响着未来的状态。因此，一般来说，不论是哪一种类型的时间序列，其前后期数据之间往往都存在着一定的联系，这是所有的时间序列的一个共同特点，也是时间序列数据不同于截面数据的最重要的特点。对时间序列数据进行分析，显然应该特别关注这一重要特点。实际上，对时间序列中前后期数据之间关系的研究是时间序列分析的基础和主要出发点。

由于时间序列前后时期的数据往往具有共同的数据特点，因此研究时间序列数据可以揭示一些事物的发展趋势，对了解和认识事物的发展规律具有实际意义。

（1）对时间序列进行分析可以了解事物发展变化的过程，揭示事物发展变化过程中的各种特征和特点，使人们更清楚地认识事物的运动方式，把握事物的发展方向，掌握其发展变化的趋势和规律。例如，股票经纪人要对股票的相关数据（时间序列）进行分析，对市场的未来走势做出及时的预测并相应做出买入或卖出的决策。

（2）在对事物发展变化的时间序列进行分析的基础上，运用已经掌握的事物发展变化的特点和规律，就可以对事物未来的发展变化进行有效的推断和预测，以便人们及早地采取相应的应对措施，以趋利避害。例如，地质灾害防御部门需要根据地区地质变化数据（时间序列）分析和预测地区发生地质灾害的可能性，以便帮助周边居民防御灾害。

（3）通过对多种不同指标的时间序列的共同分析，可以揭示各种指标变动之间的相互关系，从而有助于人们了解各种事物之间的相互联系，掌握相互之间的作用方式，以便人们能够利用这些已经掌握的事物之间的作用方式，对某些事物的发展变化实施有效的控制。例如，国家需要根据各国经济的历史数据（时间序列）分析本国所处的经济时期，以便做出经济调控政策。

第 2 节　时间序列数据的长期趋势分析

在时间序列中，各期发展水平是由众多复杂因素共同作用的结果。不同因素的作用不同，使各期发展水平的结果也相应不同。前文介绍了构成时间序列的四种因素，包括长期趋势、季节变动、循环波动和不规则波动。上述四种因素引起时间序列的数据变动，有的具有规律性，如长期趋势变动、季节性变动和循环波动；有的就不具有规律性，如不规则波动。具有规律性的影响因素可采用科学的方法加以测定。其中长期趋势分析主要是指长期趋势的测定，采用一定的方法对时间序列进行修匀，使修匀后的数列排除季节变动、循环变动和无规则波动因素的影响，显示出现象变动的基本趋势，并作为预测的依据。测定长期趋势的方法比较多，常用的有移动平均法、指数平滑法、回归模型法等。

一、移动平均法

根据研究现象的时间序列逐项移动平均，以此计算包含一定项数的序时平均数，这些平均数形成的新的时间序列对原时间序列的波动起到一定的修匀作用，削弱了原序列中短期偶然因素的影响，从而呈现出现象发展的变动趋势。因此，利用移动平均法能测定某一现象在短期内发展的基本趋势。

移动平均是选择一定的平均项数，采用逐项递移的方法对原时间序列计算一系列序时平均值；这些移动平均值消除或削弱了原数列中的不规则变动和其他变动，揭示出现象在较长时间内的基本发展趋势。假设按 m 项移动平均，则移动平均序列为$S_t = \frac{a_t + a_{t-1} + \cdots + a_{t-m+1}}{m}$。

例如，设时间序列的水平顺次为a_1，a_2，$a_3 \cdots a_n$，若取三项平均移动平均形成的新数列为：$\overline{a_2} = \frac{a_1 + a_2 + a_3}{3}$，$\overline{a_3} = \frac{a_2 + a_3 + a_4}{3} \cdots \overline{a_{n-1}} = \frac{a_{n-2} + a_{n-1} + a_n}{3}$。

使用移动平均法分析时间序列的变动趋势，关键在于移动项数的选择。移动项数为奇数时，移动平均数就是平均期中间一期的“修匀”值；移动项数为偶数时，需要对移动平均的结果再次进行两项移动平均才能与原序列对齐。因此在选择移动项数时尽量选择奇数，这样便于运算，而项数要适中，项数过多会损失大量信息，项数太少则不容易消除偶然因素干扰。同时当时间序列呈现周期性变动，移动项数应与周期相同，这样可以消除因素变动影响，当时间序列是时点序列，则移动平均数应按时点序列计算序时平均数的方法计算。

[例 7－1] 某产品 2000～2017 年销售额的统计资料如表 7－5 所示。

表 7－5　　移动平均法案例　　（单位：万元）

年份（年）	销售额	三年移动平均（X）	五年移动平均（Y）	四年移动平均（Z）
2000	11	—	—	—
2001	14	13	—	—
2002	14	17.33	17.6	17.5
2003	24	21	19.2	19.875
2004	25	22.67	18	19.75
2005	19	17.33	18.6	18.125
2006	8	14.67	16.8	16
2007	17	13.33	20.6	17.875
2008	15	25.33	24.8	25
2009	44	33	28.2	30
2010	40	26.33	26.6	30.250

续表

年份（年）	销售额	三年移动平均（X）	五年移动平均（Y）	四年移动平均（Z）
2011	25	24.67	30.6	28.375
2012	9	23	28.8	26.625
2013	35	26.33	31.8	29.75
2014	35	41.67	31.2	35.125
2015	55	37.33	39	38.375
2016	22	41.97	—	—
2017	48	—	—	—

计算 3 年的销售额平均数如 2000 ~ 2002 年销售额的平均值为：$\overline{X_1}=\frac{11+14+14}{3}=13$，依次类推：求出$\overline{X_2}$，$\overline{X_3}$，$\overline{X_4}$…，计算 5 年的销售额平均数如 2000 ~ 2004 年销售额的平均值为：

$$\overline{Y_1}=\frac{11+14+14+24+25}{5}=17.6$$

依次类推：求出$\overline{Y_2}$，$\overline{Y_3}$，$\overline{Y_4}$，…；计算 4 年的移动平均首先要计算前 4 年销售额平均数如 2000 ~ 2003 年销售额的平均值为：

$$\overline{M_1}=\frac{11+14+14+24}{4}=15.75$$

再计算 2002 ~ 2005 年销售额的平均值：

$$\overline{M_2}=\frac{14+14+24+25}{4}=19.25$$

最后计算M_1、M_2均值：

$$\overline{Z_1}=\frac{15.75+19.25}{2}=17.5$$

二、指数平滑法

指数平滑法是移动平均法的一种，其特点在于给过去的观测值不一样的权重，即较近期观测值的权重比远期观测值的权重大。在移动平均法中假定每期观测值的权重相等，并且不考虑较远期的数据。但是实际情况往往是近期的观测值比早期的观测值包含更多有利于对事物现象认知的信息，指数平滑法恰恰能较好地体现这一原则。

根据平滑次数不同，指数平滑法分为一次指数平滑法、二次指数平滑法和三次指数平滑法等。但它们的基本思想都是：预测值是以前观测值的加权和，且对不同的数据给予不同的权数，新数据给予较大的权数，旧数据给予较小的权数，本书只介绍一次指数平滑法。

指数平滑法的基本公式是：

$$S_t=\alpha \cdot y_t+(1-\alpha)\cdot S_{t-1}$$

其中，S_t为时间 t 的平滑预测值；y_t为时间 t 的实际观测值；S_{t-1}为时间 $t-1$ 的平滑预测值；α 为平滑系数，其取值范围为［0，1］。

由该公式可知：

（1）S_t是y_t和S_{t-1}的加权算数平均数，α 取值的大小变化决定y_t和S_{t-1}对S_t的影响程度，

当 α 取 1 时，$S_t = y_t$；当取 0 时，$S_t = S_{t-1}$。

（2）S_t具有逐期追溯性质，可探源至 $t+1$ 时间为止，包括全部数据。其过程中，平滑常数以指数形式递减，故称之为指数平滑法。指数平滑常数取值至关重要。平滑常数决定了平滑水平以及对预测值与实际结果之间差异的响应速度。

（3）尽管S_t包含有全期数据的影响，但实际计算时，仅需要两个数值，即y_t和S_{t-1}，再加上一个常数，这就使指数滑动平均具有逐期递推性质，从而给预测带来了极大的方便。

（4）根据公式，若用指数平滑法时才开始收集数据，则不存在y_0，则无法产生S_0，进而无法根据指数平滑公式求出S_1，因此定义S_1为初始值。初始值的确定也是指数平滑过程的一个重要条件。如果仅有从y_1开始的数据，那么确定初始值的方法有两种：一种是直接取S_1等于y_1，另一种是积累若干数据后，取S_1等于前面若干数据的简单算术平均数，如$\overline{S_1} = \dfrac{y_1 + y_2 + y_3}{3}$。

指数平滑法的计算关键是 α 的取值大小，但 α 的取值又容易受主观影响，因此合理确定 α 的取值方法十分重要，一般来说，如果数据波动较大，α 值应取大一些，可以增加近期数据对预测结果的影响。如果数据波动平稳，α 值应取小一些。理论界一般认为有以下方法可供选择：

（1）经验判断法。这种方法主要依赖于时间序列的发展趋势和预测者的经验做出判断。当时间序列呈现较稳定的水平趋势时，应选较小的值，一般可在 0.05 ~ 0.20 之间取值；当时间序列有波动，但长期趋势变化不大时，可选稍大的值，常在 0.1 ~ 0.4 之间取值；当时间序列波动很大，长期趋势变化幅度较大，呈现明显且迅速的上升或下降趋势时，宜选择较大的值，如可在 0.6 ~ 0.8 之间取值，以使预测模型灵敏度高些，能迅速跟上数据的变化；当时间序列数据是上升（或下降）的发展趋势类型，应选较大的值，常在 0.6 ~ 1 之间取值。

（2）试算法。根据具体时间序列情况，参照经验判断法来大致确定取值范围，然后取几个值进行试算，比较不同值下的预测标准误差，选取预测标准误差最小的。

下面用指数平滑法分析某公司的销售额。

[例 7-2] 已知某种产品最近 10 个月的销售量如表 7-6 所示。

表 7-6　　销售量时间序列　　（单位：万元）

时间（t）	1	2	3	4	5	6	7	8	9	10
销售量（y_t）	10	15	8	20	10	16	18	20	22	24

为了分析加权系数 α 的不同取值的特点，分别取 $\alpha = 0.1$，$\alpha = 0.3$，$\alpha = 0.5$，计算一次指数平滑值，并设初始值为最早的三个数据的平均值，以 $\alpha = 0.5$ 的一次指数平滑值计算为例，有：

$$S_0 = \frac{y_1 + y_2 + y_3}{3} = 11.0$$

$$S_1 = \alpha y_1 + (1-\alpha) S_0 = 0.5 \times 10 + 0.5 \times 11 = 10.5$$

$$S_2 = \alpha y_2 + (1-\alpha) S_1 = 0.5 \times 15 + 0.5 \times 10.5 = 12.8$$

依次计算至S_{10}，以此类推得到分别取 $\alpha=0.1$，$\alpha=0.3$ 时一次指数平滑值数列，如表 7－7 所示。

表 7－7 一次指数平滑值数列 （单位：万元）

时间（t）	1	2	3	4	5	6	7	8	9	10
销售量（y_t）	10	15	8	20	10	16	18	20	22	24
S_t（$\alpha=0.1$）	10.9	11.3	11.0	11.9	11.7	12.1	12.7	13.4	14.3	15.3
S_t（$\alpha=0.3$）	10.7	12.0	10.8	13.6	12.5	13.6	14.3	16.0	17.8	19.7
S_t（$\alpha=0.5$）	10.5	12.8	10.4	15.2	12.6	14.3	16.2	18.1	20.1	22

可以看出，指数平滑法对时间序列具有平滑作用，平滑系数 α 越小，平滑作用越强，但对实际数据的变动反应较迟缓，在时间序列的线性变动部分，指数平滑值序列出现一定的滞后偏差的程度随着平滑系数 α 的增大而减少。

三、回归模型法

趋势变动是时间序列中始终持续增长或持续减少的有规律的变动。所以可以用某种数学模型对其进行描述，并可根据时间序列中的各项数值用某种方法将模型中的参数估计出来，从而求出描述长期趋势的数学方程，推算出各时间的趋势值。时间序列中长期趋势的表现形式是多种多样的，当长期趋势呈现近似直线或某种曲线变化规律时，适合运用模型方法对其趋势进行分析和预测。

对于给定的时间序列，究竟选择哪个趋势模型应该根据该时间序列本身的变动特点和其图形形状来定，首先要对现象发展变化的内在因素进行定性分析和先决判断；接下来将观测值进行可视化处理绘制成折线图，并判断其符合哪种趋势形式；最后对多种模型进行考察，选取误差最小的模型。需要注意的是，如果所分析的时间序列变化较为复杂，则可以考虑分段选取不同模型。例如，对于年度资料时间序列，若其逐年增长量大致相等，则应采用直线趋势模型；若其逐年发展速度大致相等，则应采用指数曲线趋势模型。本书只讨论直线趋势模型。

当时间序列的长期趋势呈现出直线趋势时，可使用最小二乘法对线性回归模型的趋势进行分析，直线模型如下：

$$\hat{y}=\hat{\beta}_0+\hat{\beta}_1 t$$

其中，$\hat{y}$ 为趋势值（也可称为预测值）；$\hat{\beta}_0$、$\hat{\beta}_1$ 为模型参数。

使用最小二乘法对参数进行估计，其估计参数结果为：

$$\hat{\beta}_1=\frac{n\sum ty-\sum t\sum y}{n\sum t^2-(\sum t)^2}$$

$$\hat{\beta}_2=\bar{y}-\hat{\beta}_1\bar{t}$$

［例 7－3］ 某企业 2016～2018 年间各年钢铁产量（万吨）资料如表 7－8 的前两栏所示，现据此时间序列数据估计该地区 2019 年钢铁产量的直线趋势方程。

表 7-8　　　　某企业 2016～2018 年钢铁产量　　　　（单位：万吨）

年份	钢铁产量 y	t	t^2	ty
2016 年第一季度	325	1	1	325
2016 年第二季度	355	2	4	710
2016 年第三季度	387	3	9	1161
2016 年第四季度	407	4	16	1628
2017 年第一季度	379	5	25	1895
2017 年第二季度	392	6	36	2352
2017 年第三季度	403	7	49	2821
2017 年第四季度	394	8	64	3152
2018 年第一季度	408	9	81	3672
2018 年第二季度	446	10	100	4460
2018 年第三季度	467	11	121	5137
2018 年第四季度	450	12	144	5400
合计	4813	78	650	32713

时间 t 的取值为 1 到 12，按上面公式计算t^2和 ty，结果如表 7-8 后两列所示，使用最小二乘法可得直线趋势模型 $\hat{y}=\hat{\beta}_0+\hat{\beta}_1 t$ 中参数 $\hat{\beta}_0$、$\hat{\beta}_1$ 估计值为：

$$\beta_0=\frac{n\sum ty-\sum t\sum y}{n\sum t^2-(\sum t)^2}=\frac{12\times 32713-78\times 4813}{12\times 650-(78)^2}=10$$

$$\hat{\beta}_1=\bar{y}-\beta_0\bar{t}=\frac{4813}{12}-10\times\frac{78}{12}=336$$

由此得该地区钢铁产量的直线趋势方程为：

$$\hat{y}=336+10t$$

由此公式可以预测 2019 年第一季度该企业钢铁产量为 $336+10\times 13=466$。

思

①时间序列长期趋势的不同测定方法中，移动平均法、指数平均法和回归模型法各自有哪些优势与不足？

②回归模型中还有哪些种曲线模型？

第 3 节　时间序列数据的季节性分析

在许多实际的经济问题研究中往往出现很多具有周期性规律的时间序列，例如，在研究某生产冰激凌企业的月销售额时，在冬季的月份销售额降低而夏季月份的销售额达到高峰；再如，在研究北方城市 pm2.5 日浓度时，供暖季的 pm2.5 的数值明显增高，而当供暖期结束 pm2.5 的浓度却在下降。这些时间序列呈现出季节性变化，即相较于同一年，变量与它上一年同一时期值的关系更密切。

时间序列的季节性分析往往需要三个以上的季节周期数据，按照是否消除长期趋势的影响，季节变动分析方法一般分为同期简单平均法和趋势剔除法。

一、同期简单平均法

同期简单平均法是对各个同期水平分别计算平均数，再与全部时期数据的总平均相比，计算出季节指数。例如，根据每年的季度数据分析季节变动，则每年有 4 个季节指数，若按月度数据分析则每年有 12 个季度指数等。

[例 7-4] 某空调品牌 2016～2018 年空调销售量如表 7-9 所示，现利用同期简单平均法分析该时间序列的季节变动。

表 7-9　某空调品牌 2016～2018 年销售量时间序列　（单位：万台）

季度 / 年份	一季度	二季度	三季度	四季度	合计	全年平均
2016	5.7	22.6	28.0	6.2	62.5	15.6
2017	6.0	22.8	30.2	5.9	64.9	16.2
2018	6.1	23.1	30.8	6.2	66.2	16.6
历年同季平均	5.9	22.8	29.6	6.1	-	16.1
季节指数%	36.6	141.6	183.9	37.9	-	-

步骤如下：

（1）将表 7-9 中的销售量序列绘制成折线图如图 7-5 所示，从图 7-5 可发现销售量有明显的季节周期规律。

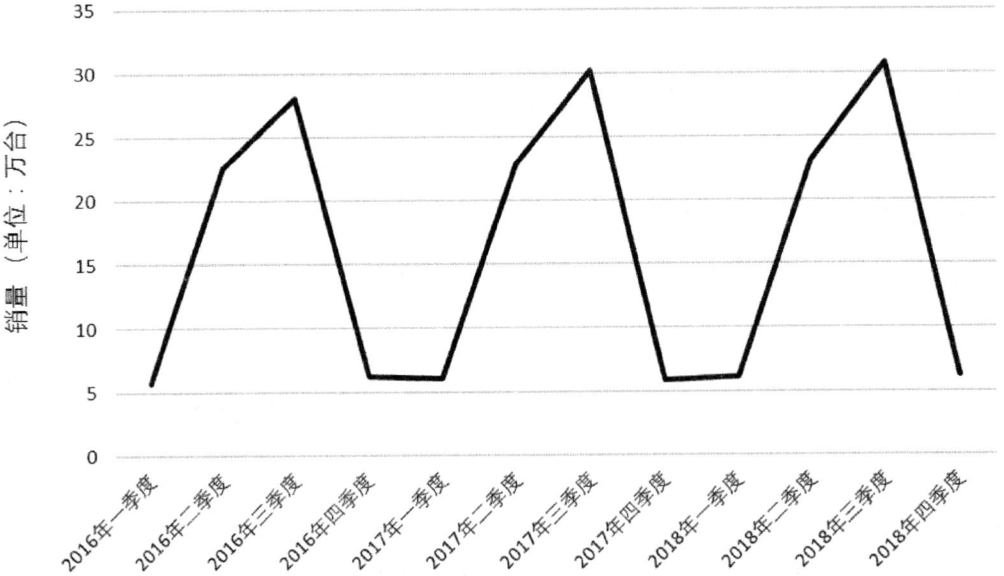

图 7-5　2016～2018 年某超市销售量时间序列折线图

（2）计算历年同季的销售平均数。

$$A_1=\frac{5.7+6.0+6.1}{3}=5.9$$

$$A_2=\frac{22.6+22.8+23.1}{3}=22.8$$

$$A_3=\frac{28.0+30.2+30.8}{3}=29.6$$

$$A_4=\frac{6.2+5.9+6.2}{3}=6.1$$

（3）计算历年季度总平均数。

$$B=\frac{62.5+64.9+66.2}{12}=16.1$$

（4）计算各个时期季节指数。

$$C_1=\frac{A_1}{B}=\frac{5.9}{16.1}=36.6\%$$

$$C_2=\frac{A_2}{B}=\frac{22.8}{16.1}=141.6\%$$

$$C_3=\frac{A_3}{B}=\frac{29.6}{16.1}=183.9\%$$

$$C_4=\frac{A_4}{B}=\frac{6.1}{16.1}=37.9\%$$

二、趋势剔除法

简单同期平均适用于长期趋势不明确的时间序列，如果时间序列具有明显的上升或下降的长期趋势，则需要剔除长期趋势对季节指数的影响，具体步骤是：首先对原序列按季节周期进行移动平均，得到的移动平均序列消除了季节因素和不规则因素的影响，只包含长期趋势和循环变动因素，然后用原序列除以移动平均序列得到一个新序列，此序列只包含季节变动和不规则变动，最后对包含季节变动和不规则变动的序列采用简单同期平均法可计算出季节指数。

［**例7－5**］某超市各季节产品的销售情况如表7－10所示，使用趋势剔除法分别求各季的季节指数。

表7－10　　2013～2017年某超市销售额时间序列　　（单位：万元）

年度	一季度	二季度	三季度	四季度
2013	130	280	240	100
2014	150	310	290	110
2015	160	360	330	130
2016	180	370	360	130
2017	190	400	360	150

步骤如下：

(1) 计算各季度的四季度移动平均，由于移动平均周期为偶数，需要进行两次移动平均。

$$M_1 = \frac{130 + 280 + 240 + 100}{4} = 187.5$$

$$M_2 = \frac{280 + 240 + 100 + 150}{4} = 192.5$$

$$Z = \frac{187.5 + 192.5}{2} = 190$$

以此类推，计算结果如表 7－11 所示。

表 7－11　　移动平均值　　（单位：万元）

年度	一季度	二季度	三季度	四季度
2013	–	–	190.00	196.25
2014	206.25	213.75	216.25	223.75
2015	235.00	242.50	247.50	251.25
2016	256.25	260.00	261.25	266.25
2017	270.00	272.50	–	–

(2) 用原数据除以趋势值，得到各季的季节比率。

$$R_1 = \frac{240}{190} = 126.32\%$$

$$R_2 = \frac{100}{196.25} = 50.96\%$$

以此类推，计算得出剔除长期趋势季节比率序列如表 7－12 所示。

表 7－12　　季节比率　　（单位：百分比）

年度	一季度	二季度	三季度	四季度
2013	–	–	126.32	50.96
2014	72.73	145.03	134.10	49.16
2015	68.09	148.45	133.33	51.74
2016	70.24	142.31	137.80	48.83
2017	70.37	146.79	–	–

(3) 利用简单同期平均法计算剔除长期趋势后的季节指数。

①求各季节比率平均值。

$$S_1 = \frac{72.73 + 68.09 + 70.24 + 70.37}{4} = 70.35$$

$$S_2 = \frac{145.03 + 148.45 + 142.31 + 146.79}{4} = 145.65$$

以此类推，计算得到各季平均值如表 7－13 所示。

表 7－13 各季比率平均值 （单位：百分比）

季节	一季度	二季度	三季度	四季度
平均值	70.35	145.65	132.89	50.17

②求各个季节比率总平均值。

$$\frac{70.35+145.65+132.89+50.17}{4}=99.77$$

③计算修正后季节指数。

$$K_1=\frac{70.35}{99.77}=70.51$$

$$K_2=145.65\times 1.0024=145.99$$

以此类推，计算得出修正后的季节指数如表 7－14 所示。

表 7－14 各季剔除长期趋势后季节指数 （单位：百分比）

季节	一季度	二季度	三季度	四季度
修正值	70.51	145.99	133.21	50.29

思

①在什么情况下需要用到趋势剔除法，你能否举出一个适用于趋势剔除法的生活中的时间序列例子？

②时间序列除了包括长期趋势因素还有哪些因素？

第 4 节 时间序列数据的循环分析

时间序列的循环变动是一种从低到高再从高到低的周而复始的规律变动，循环变动在不同时期的振幅有明显的差异，其产生的机制在经济过程的内部，如生物医学信号处理中的心电图、脑电图、医院月度门诊量等都具有一定的循环变动。由于循环变动通常隐匿在一个较长的变动过程中，成因较为复杂，准确地把握时间序列的周期特征对于揭示动态数据蕴含的客观信息具有重要意义。一方面通过检测序列所具有的真实周期，用于序列的信息特征分析；另一方面，一些研究不局限于发现序列的周期成分，而是进一步利用具有周期特性的时间序列作为前提进行预测与预报、检测不规则波动、发现序列异同、判断移动假日效应等。但是由于实践中往往是多种循环变动交织在一起，所以一般测定出的循环变动也往往是多种循环变动的综合。循环变动的测定方法常用的有直接测定法和剩余测定法两种。

一、直接测定法

直接测定法适用于长期趋势为等比增长的时间序列，其方法简单易行，有利于大体观察循环变动的态势。其计算步骤如下：

（1）计算各期的年距环比发展速度。将各期实际数值与上年同期数值相除，就可得到各期的年距环比发展速度。由于各年同期的季节变动相同，长期趋势成比例，即可剔除长期趋势和季节变动，得到的年距环比发展速度序列仅包含循环变动和随机变动，即：

$$C(t)\cdot I(t)=\frac{y_t}{y_{t-s}}$$

（2）计算各期的循环指数。对年距环比发展速度序列进行移动平均，使随机变动大致正负相抵，即可得出各期的循环指数：

$$C(t)\approx\frac{1}{2k+1}\sum_{j=-k}^{k}C(t+j)\cdot I(t+j)$$

［例 7-6］某车站 2013～2016 年接待旅客的时间序列如表 7-15 所示。

表 7-15　　某车站 2013～2016 年接待旅客时间序列　　（单位：万人）

年份	季度	销售量 $Y(t)$	年距环比发展速度 $C(t)\cdot I(t)$	循环指数 $C(t)$
2013	1	11	—	—
	2	18	—	—
	3	10	—	—
	4	20	—	—
2014	1	16	1.64	—
	2	24	1.33	—
	3	14	1.40	1.37
	4	28	1.40	1.27
2015	1	17	1.06	1.15
	2	26	1.08	1.13
	3	16	1.14	1.12
	4	31	1.11	1.15
2016	1	21	1.24	1.16
	2	29	1.12	1.17
	3	19	1.19	—
	4	36	1.16	—

（1）利用各期实际数值与上年同期数值相除，得出年距环比发展速度 $C(t)\cdot I(t)$，即表 7-15 中第 4 列。

（2）计算年距环比发展速度移动平均值，得出循环指数 $C(t)$，即表 7-15 中第 5 列。

二、剩余测定法

剩余测定法又称分解法，其基本思想是从时间序列中分别分解出长期趋势 $T(t)$ 和季节变动 $S(t)$ 因素，并且消除不规则变动成分，剩余的变动则揭示出序列的循环变动特征。此方法适用于任何时间序列，其计算步骤为：

（1）计算测定出序列的长期趋势（T）。

（2）对原时间序列运用移动平均得出包含长期趋势和循环变动的序列（M = TC）。

（3）用序列 M 值除以长期趋势值（T），得到循环指数（C）。

［例 7-7］对于表 7-8 所示某企业 2016～2018 年间各年钢铁产量时间序列，算出趋势

曲线：

$$T(t) = 336 + 10t$$

将各时期的 t 值代入趋势方程，可求得各期的长期趋势值，如表 7－16 中第 4 列所示。然后为了消除季节变动和不规则因素，对原序列进行移动平均，所得结果见表 7－16 中第 5 列。最后用移动平均值 m 除以长期趋势值 $T(t)$ 得出循环指数值 $C(t)$，所得结果见表 7－16 中第 6 列。

表 7－16　某商品销售量的循环变动测定

年份	季度	销售量 $Y(t)$	长期趋势 $T(t)$	移动平均 m	循环指数 $C(t)$
2016	1	325	346	—	—
	2	355	356	—	—
	3	387	366	370.6	101.26
	4	407	376	384	102.13
2017	1	379	386	393.6	101.97
	2	392	396	395	99.75
	3	403	406	395.2	97.34
	4	394	416	408.6	98.22
2018	1	408	426	423.6	99.44
	2	446	436	433	99.31
	3	467	446	—	—
	4	450	456	—	—

思

①时间序列的循环变动与季节变动有什么差异？

②请举出一个生活中具有循环变动的时间序列的例子。

第 5 节　时间序列的预测

时间序列的预测是根据时间序列随时间变化的趋势外推预测目标的未来值。应用时间序列趋势进行预测应假设：

（1）事物发展总存在一个过程；

（2）事物只发生量变而不发生质变；

（3）时间是影响预测目标的唯一变量。

鉴于上述假设时间序列的预测只适用于短期市场不适用于长期市场。

一、时间序列预测方法的特点

（一）根据市场过去的变化趋势预测未来的发展

事物的现实是历史发展的结果，而事物的未来又是现实的外推，事物的过去和未来是有联系的。市场预测中的时间序列分析法正是根据客观事物发展的这种连续规律性，运用过去的历史数据，通过统计分析，进一步推测市场未来的发展趋势。市场预测中，事物的过去会同样延续到未来，其意思是说，市场未来不会发生突然跳跃式变化，而是渐进变化的。

（二）时间越长预测的精确度将会逐渐降低

时间序列分析法是根据市场过去的变化趋势预测未来的发展，它的前提是假定事物的过去会同样延续到未来。但市场的未来发展变化趋势肯定要受多种因素的影响，而各种影响因素又在不断发展变化，因此市场的未来发展也不可能是过去历史的简单重复，特别是某些事物，由于某些因素的影响或其发展过程中止，或其发展过程出现质的转折，事物的未来与原先就不再遵循同一发展规律。对这种事物发展过程规律性出现质的变化，显然用时间序列分析法进行预测就失去了效果。随着时间的推移，环境变化是客观存在的，而且时间推移越长，环境变化会越大。因此，时间序列分析预测法用于短期预测的精确度最高，中期预测其次，长期预测最低。

（三）定量与定性结合预测

运用时间序列预测未来，实际上是将所有因素归结到时间这一因素上，它虽然承认事物受多种因素影响，但在实际具体分析中，着重对长期趋势和季节变动的定量分析，没有分析探讨预测对象和影响因素之间的因果关系，定性分析不够，撇开了市场发展的因果关系来分析市场的过去和未来的联系。因此，为了提高预测的精确度和时效性，就要定量分析与定性分析相结合。

二、时间序列的预测误差

时间序列预测的误差值是衡量预测方法优劣的有效参数，而预测误差往往受不规则变动因素的影响，它等于实际观测值与预测值的差。常用的预测误差测量指标有：

绝对平均误差：$MAD = \frac{\sum |e_i|}{n} = \frac{\sum |y_i - Y'_i|}{n}$

均方误差：$MSE = \sqrt{\frac{\sum e_i^2}{n}} = \sqrt{\frac{\sum (y_i - Y'_i)^2}{n}}$

平均绝对误差百分比：$MAPE = \frac{\sum |(y_i - Y'_i)/y_i|}{n} \times 100\%$

其中，e 表示预测误差；y_i 为第 i 期的实际观测值；Y'_i 为第 i 期的预测值；n 为预测次数。

绝对平均误差和均方误差一般用于比较同一序列不同预测方法的预测效果，而平均绝对误差百分比常常用于比较不同时间序列的预测效果。

三、时间序列的预测方法

时间序列的预测方法有很多种，在前文中介绍的移动平均法、指数平滑法、回归模型法等都是针对包含长期趋势和不规则因素的时间序列预测方法，在此部分本书介绍复合型时间序列的预测方法，包括基于要素组合模型的分解预测方法。

基于要素组合模型的分解预测方法适用于包含长期趋势、季节变动、循环变动、不规则变动等要素的复合型时间序列。该方法的特点是以历史数据所包含的规律对未来进行预测，各个历史数据等同对待，不考虑时间序列未来规律可能出现的变化，该方法一般对规律性较强并且规律变化不明显的时间序列能够进行有效的预测。其基本原理是根据历史数据分离出长期趋势、季节变动、循环变动等因素，并利用所构建出的组合模型对时间序列进行预测。预测模型为：

$$Y_t' = T_t \times S_t \times C_t$$

需要注意的是，在这里我们忽略了不规则变动的影响因素，若时间序列不存在季节变动因素和循环变动因素，则预测值等于长期趋势值，若时间序列不存在季节变动，则预测值等于长期趋势值和循环指数值的乘积，以此类推。

［例 7－8］ 某煤炭厂 2010～2017 年煤炭销售量（万吨）如表 7－17 所示，假设煤炭销售量未来趋势不发生变化，试对 2018 年四个季度的销售量进行预测。

表 7－17　　2010～2017 年煤炭销售量（万吨）

年份/季度	销售量（y）	年份/季度	销售量（y）	年份/季度	销售量（y）	年份/季度	销售量（y）
2010/01	125	2012/01	155	2014/01	154	2016/01	180
2010/02	92	2012/02	119	2014/02	123	2016/02	136
2010/03	104	2012/03	133	2014/03	129	2016/03	150
2010/04	135	2012/04	169	2014/04	166	2016/04	194
2011/01	138	2013/01	156	2015/01	158	2017/01	171
2011/02	103	2013/02	122	2015/02	121	2017/02	132
2011/03	124	2013/03	134	2015/03	145	2017/03	141
2011/04	153	2013/04	169	2015/04	178	2017/04	188

（1）首先考虑该时间序列的长期趋势，利用最小二乘法对直线模型参数进行估计，得到表 7－18 所示的数据。

表 7－18　　最小二乘法数据

年份/季度	销售量（y）	时间（t）	t^2	ty	年份/季度	销售量（y）	时间（t）	t^2	ty
2010/01	125	1	1	125	2014/01	154	17	289	2618
2010/02	92	2	4	184	2014/02	123	18	324	2214
2010/03	104	3	9	312	2014/03	129	19	361	2451
2010/04	135	4	16	540	2014/04	166	20	400	3320
2011/01	138	5	25	690	2015/01	158	21	441	3318
2011/02	103	6	36	618	2015/02	121	22	484	2662
2011/03	124	7	49	868	2015/03	145	23	529	3335
2011/04	153	8	64	1224	2015/04	178	24	576	4272
2012/01	155	9	81	1395	2016/01	180	25	625	4500
2012/02	119	10	100	1190	2016/02	136	26	676	3536
2012/03	133	11	121	1463	2016/03	150	27	729	4050
2012/04	169	12	144	2028	2016/04	194	28	784	5432
2013/01	156	13	169	2028	2017/01	171	29	841	4959
2013/02	122	14	196	1708	2017/02	132	30	900	3960
2013/03	134	15	225	2010	2017/03	141	31	961	4371
2013/04	169	16	256	2704	2017/04	188	32	1024	6016
合计						4597	528	11440	80101

$$\beta_0 = \frac{n\sum ty - \sum t \sum y}{n\sum t^2 - (\sum t)^2} = \frac{32 \times 80101 - 528 \times 4597}{32 \times 11440 - (528)^2} = 1.558$$

$$\hat{\beta}_1 = \bar{y} - \beta_0 \bar{t} = \frac{4597}{32} - 1.558 \times \frac{528}{32} = 117.95$$

由此得该煤炭厂煤炭销售量的直线趋势方程为：

$$\hat{y} = 117.95 + 1.558t$$

式中不同的 t 值代表不同的时期，从表中可以看出 $t=1$、2、3、4 分别代表 2010 年四个季度，以此类推 $t=29$、30、31、32 分别代表 2017 年四个季度，2018 年四个季度的时间取值分别为 $t=33$、34、35、36，带入直线方程得到 2018 年四个季度的长期趋势值，分别为 169.36、170.92、172.48、174.04。

（2）考虑季节指数。由于本例中销售量（y）存在明显的长期趋势，故用趋势剔除法计算季节指数。如表 7－19 所示。

表 7－19　　　移动平均与趋势剔除序列

年份/季度	销售量（y）	移动平均（m）	f	年份/季度	销售量（y）	移动平均（m）	f
2010/01	125	—	—	2014/01	154	141.8	1.09
2010/02	92	—	—	2014/02	123	148.2	0.83
2010/03	104	118.8	0.87	2014/03	129	146	0.88
2010/04	135	114.4	1.18	2014/04	166	139.4	1.19
2011/01	138	120.8	1.14	2015/01	158	143.8	1.10
2011/02	103	130.6	0.79	2015/02	121	153.6	0.79
2011/03	124	134.6	0.92	2015/03	145	156.4	0.93
2011/04	153	130.8	1.17	2015/04	178	152	1.17
2012/01	155	136.8	1.13	2016/01	180	157.8	1.14
2012/02	119	145.8	0.82	2016/02	136	167.6	0.81
2012/03	133	146.4	0.91	2016/03	150	166.2	0.90
2012/04	169	139.8	1.21	2016/04	194	156.6	1.24
2013/01	156	142.8	1.09	2017/01	171	157.6	1.09
2013/02	122	150	0.81	2017/02	132	165.2	0.80
2013/03	134	147	0.91	2017/03	141	—	—
2013/04	169	140.4	1.20	2017/04	188	—	—

表中 m 是对销售量作 5 项移动平均值，f 为剔除长期趋势后的时间序列，将此时间序列转入表 7－20，计算季节指数。

表 7－20　　　季节指数序列

年份＼季度	一	二	三	四	合计
2010	—	—	0.87	1.18	2.05
2011	1.14	0.79	0.92	1.17	4.02

续表

年份＼季度	一	二	三	四	合计
2012	1.13	0.82	0.91	1.21	4.07
2013	1.09	0.81	0.91	1.20	4.01
2014	1.09	0.83	0.88	1.19	3.99
2015	1.10	0.79	0.93	1.17	3.99
2016	1.14	0.81	0.90	1.24	4.09
2017	1.09	0.80	—	—	1.89
合计	7.78	5.65	6.33	8.36	28.12
同期平均	1.11	0.81	0.90	1.19	1.00
季节指数（%）	111	81	89	119	400

通过同期简单平均法，得出四个季节的季节指数依次为111%、81%、89%、119%。

（3）计算循环指数。将时间 t 在各个时期的值代入直线趋势方程，分别得出各个时期的长期趋势值（T），用移动平均值（m）除以长期趋势值（T）得到循环指数（C），具体过程如表 7－21 所示。

表 7－21　　循环指数序列

年份/季度	长期趋势（T）	时间（t）	移动平均（m）	循环指数（C）	年份/季度	长期趋势（T）	时间（t）	移动平均（m）	循环指数（C）
2010/01	119.51	1	—	—	2014/01	144.44	17	141.8	0.98
2010/02	121.07	2	—	—	2014/02	145.99	18	148.2	1.02
2010/03	122.62	3	118.8	0.97	2014/03	147.55	19	146	0.99
2010/04	124.18	4	114.4	0.92	2014/04	149.11	20	139.4	0.93
2011/01	125.74	5	120.8	0.96	2015/01	150.67	21	143.8	0.95
2011/02	127.30	6	130.6	1.03	2015/02	152.23	22	153.6	1.01
2011/03	128.86	7	134.6	1.04	2015/03	153.78	23	156.4	1.02
2011/04	130.41	8	130.8	1.00	2015/04	155.34	24	152	0.98
2012/01	131.97	9	136.8	1.04	2016/01	156.90	25	157.8	1.01
2012/02	133.53	10	145.8	1.09	2016/02	158.46	26	167.6	1.06
2012/03	135.09	11	146.4	1.08	2016/03	160.02	27	166.2	1.04
2012/04	136.65	12	139.8	1.02	2016/04	161.57	28	156.6	0.97
2013/01	138.20	13	142.8	1.03	2017/01	163.13	29	157.6	0.97
2013/02	139.76	14	150	1.07	2017/02	164.69	30	165.2	1.00
2013/03	141.32	15	147	1.04	2017/03	166.25	31	—	—
2013/04	142.88	16	140.4	0.98	2017/04	167.81	32	—	—

（4）将得到的 28 个时期的循环指数绘制成折线图，如图 7－6 所示。

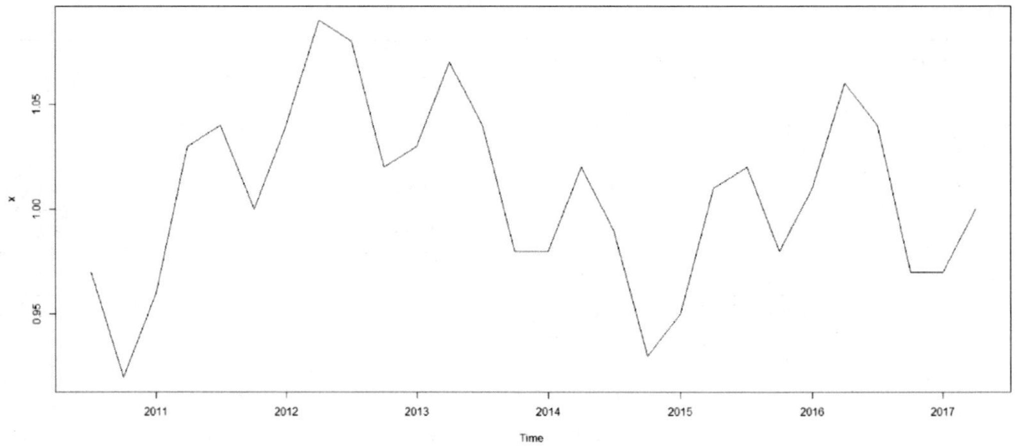

图 7－6 循环指数折线图

观察发现，两次波峰之间为一个循环周期，两次波峰出现时间为 2012 年第二季度和 2016 年第二季度，以 2012 年第二季度为循环指数C_1，2016 年第一季度为C_{16}，得到循环周期内各个时期的循环指数如表 7－22 所示。

表 7－22 循环周期内各期循环指数

符号	C_1	C_2	C_3	C_4	C_5	C_6	C_7	C_8
循环指数	1.09	1.08	1.02	1.03	1.07	0.98	0.98	1.02
符号	C_9	C_{10}	C_{11}	C_{12}	C_{13}	C_{14}	C_{15}	C_{16}
循环指数	0.99	0.93	0.95	1.01	1.02	0.98	1.01	1.06

思

①在时间序列的预测中，乘积模型和加法模型有何区别？

②请举出一个时间序列的案例，根据本节介绍的知识进行预测。

由于周期是 16 个季度，推断 2018 年四个季度分别对应的循环指数是C_7、C_8、C_9、C_{10}。

（5）将上述长期趋势值、季节指数、循环指数代入公式$Y'_t = T_t \times S_t \times C_t$，计算出 2018 年四个季度的预测值，如表 7－23 所示。

表 7－23 时间序列组合预测

时间	t	长期趋势 T	季节指数（S）	循环指数（C）	预测值Y'
2018/01	33	169.36	111%	0.98	184.23
2018/02	34	170.92	81%	1.02	141.21
2018/03	35	172.48	89%	0.99	151.97
2018/04	36	174.04	119%	0.93	192.61

预测结果表明，2018 年一到四季度该煤炭场煤炭销售量预测值分别为 184.23 万吨，141.21 万吨，151.97 万吨以及 192.61 万吨。

第 6 节　时间序列分析的 R 软件实现

在本节，我们用 R 软件对［例 7－8］进行分析，具体步骤如下：

第一步，对表 7－17 中数据，考察该时间序列的长期趋势。为此，我们用线性模型进行拟合，模型为 $y(t)=a+bt$，其程序代码及其运行结果如 7－7 图所示。

```
R Console (64-bit)
文件 编辑 其他 程序包 窗口 帮助
> x<-c(125,92,104,135,138,103,124,153,155,119,133,169,156,122,134,169,
+ 154,123,129,166,158,121,145,178,180,136,150,194,171,132,141,188)
> t<-c(1:32)                                              # 构造时间自变量
> x.fit<-lm(x~t)                                          #拟合回归模型
> summary(x.fit)

Call:
lm(formula = x ~ t)

Residuals:
    Min      1Q  Median      3Q     Max
-32.691 -18.569   1.704  18.396  32.426

Coefficients:
            Estimate Std. Error t value Pr(>|t|)
(Intercept) 117.9476     7.5382  15.647 5.68e-16 ***
t             1.5581     0.3987   3.908 0.000491 ***
---
Signif. codes:  0 '***' 0.001 '**' 0.01 '*' 0.05 '.' 0.1 ' ' 1

Residual standard error: 20.82 on 30 degrees of freedom
Multiple R-squared:  0.3374,	Adjusted R-squared:  0.3153
F-statistic: 15.27 on 1 and 30 DF,  p-value: 0.0004913
```

图 7－7　利用 R 程序进行数据拟合结果

根据 R 软件输出结果，可知该煤炭厂 2010～2017 年煤炭销售趋势方程为：

$y(t)=117.9476+1.5581t$

第二步，对表 7－17 数据进行五期移动平均拟合，相应的 R 程序如下：

```
library (TTR)
x < -c (125, 92, 104, 135, 138, 103, 124, 153, 155, 119, 133, 169, 156, 122, 134, 169,
        154, 123, 129, 166, 158, 121, 145, 178, 180, 136, 150, 194, 171, 132, 141, 188)
x. ma < -SMA (x, n =5)
plot(x, type = "o")
lines(x. ma, col =2, lwd =2)
```

程序的运行结果如图 7－8 所示。

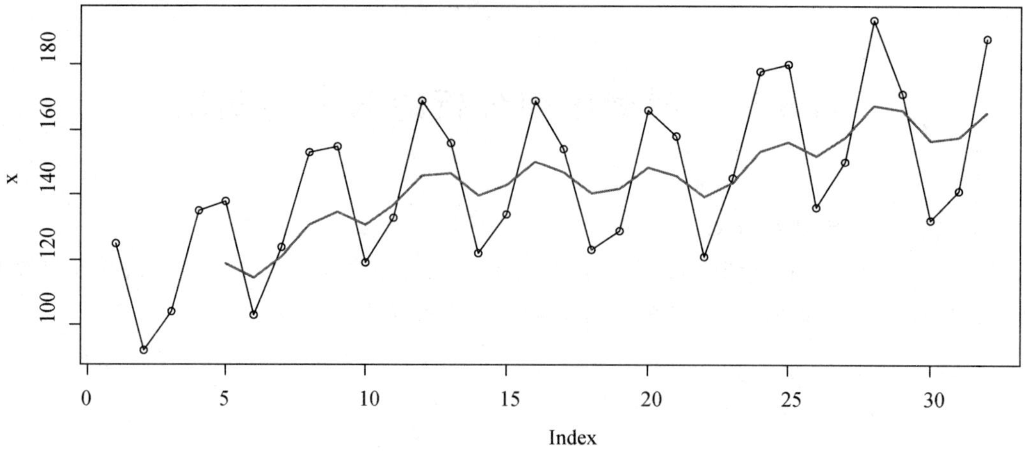

图 7-8　五期移动平均拟合效果图

第三步，对表 7-20 中的数据进行运算，首先读入数据并绘图，其中，frequency 是采样频率，对于年度数据 frequency=1，对于月度数据 frequency=12，对于季度数据 frequency=4。在这里，由于数据是季度数据，因此 frequency 的值取 4，其 R 程序如下：

```
a < -read. table ("D: /file1. csv", header = T)          #读取时间序列，并绘制时序图
x < -ts(a, start = c(2010, 3), end = c(2017, 2), frequency = 4)
plot (x)
```

运行结果如图 7-9 所示。

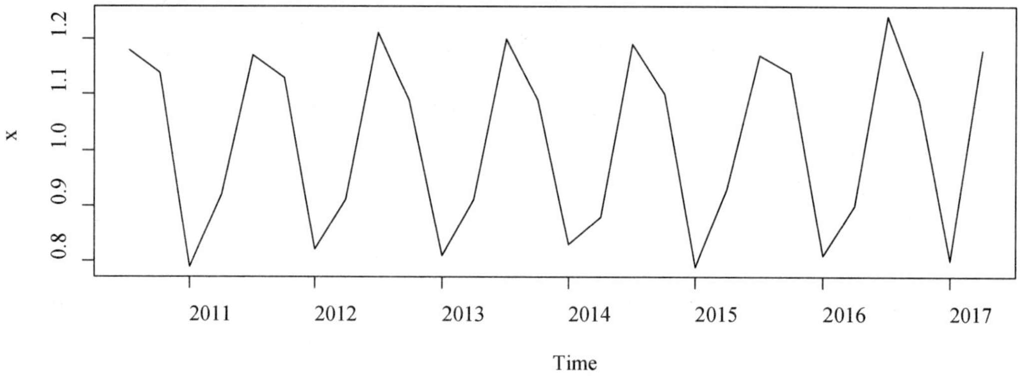

图 7-9　剔除长期趋势时间序列

需要注意的是，由于表 7-20 中的数据已经剔除了长期趋势，因此对图 7-7 与图 7-8 进行对比，发现该时间序列的长期趋势已被消除。

第四步，用 decompose 函数直接对时间序列的趋势进行分解，读入表 7-17 中的原始数据，对时间序列数据进行因素分解，再分别查看季节指数、趋势拟合值、随机波动值，并绘制相应图形，相应的 R 程序如下：

```
a < - read. table ("D: /file2. csv", header = T)
x < - ts (a, start = c (2010, 3), end = c (2017, 2), frequency = 4)
x. fit < - decompose (x, type = "mult")                 #因素分解
x. fit $ figure                                         #查看季节指数，并绘制季节指数图
plot (x. fit $ figure, type = "o")
x. fit $ trend                                          #查看趋势拟合值，并绘制趋势拟合图
plot (x. fit $ trend)
x. fit $ random                                         #查看随机波动值，并绘制残差图
plot (x. fit $ random)
x. fit
plot (x. fit)
```

运行以上程序可得季节指数如图 7 - 10 所示，绘制的季节指数图如图 7 - 11 所示。

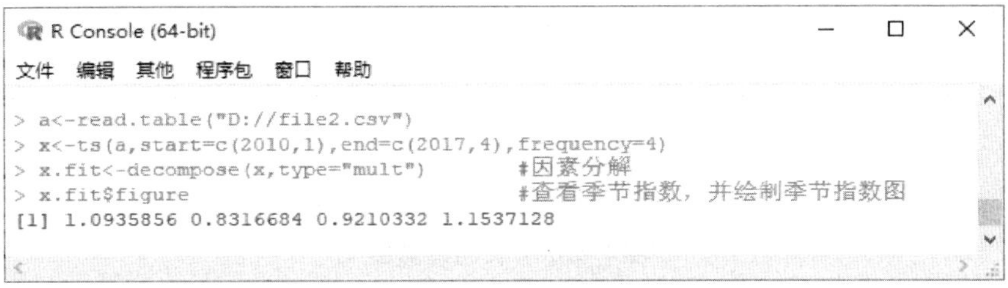

图 7 - 10　季节指数

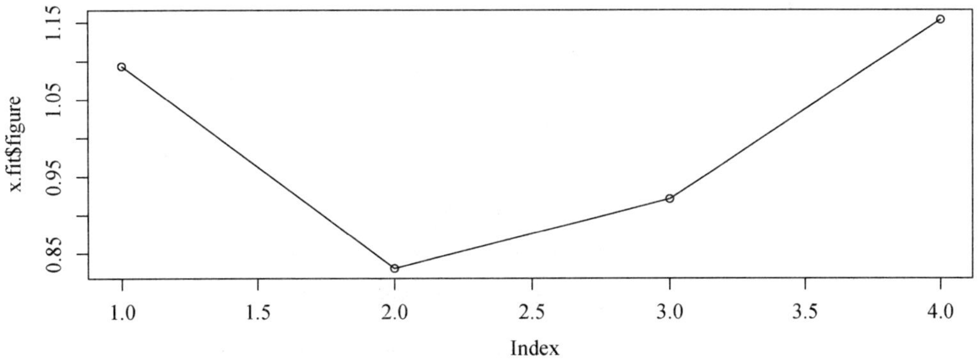

图 7 - 11　季节指数图

运行以上程序可得趋势拟合值如图 7 - 12 所示，绘制的长期趋势图如图 7 - 13 所示。

运行以上程序可得随机波动值如图 7 - 14 所示，绘制的残差图如图 7 - 15 所示。

```
R Console (64-bit)
文件 编辑 其他 程序包 窗口 帮助

> x.fit$trend                                   #查看趋势拟合值，并绘制趋势拟合图
        Qtr1    Qtr2    Qtr3    Qtr4
2010      NA      NA 115.625 118.625
2011 122.500 127.250 131.625 135.750
2012 138.875 142.000 144.125 144.625
2013 145.125 145.250 145.000 144.875
2014 144.375 143.375 143.500 143.750
2015 145.500 149.000 153.250 157.875
2016 160.375 163.000 163.875 162.250
2017 160.625 158.750      NA      NA
```

图 7－12 趋势拟合值

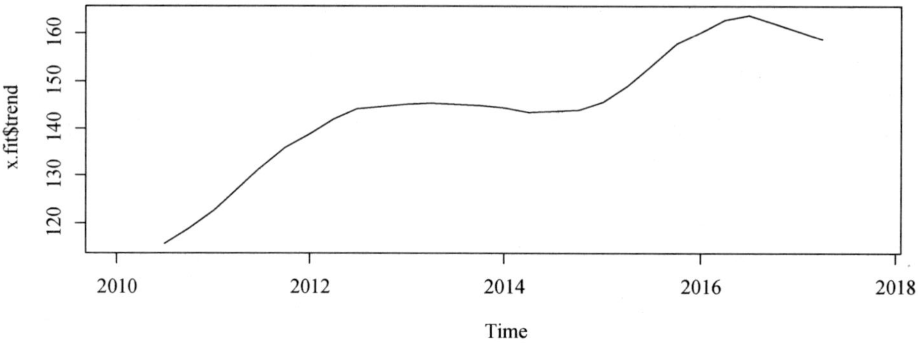

图 7－13 长期趋势图

```
R Console (64-bit)
文件 编辑 其他 程序包 窗口 帮助

> x.fit$random                                  #查看随机波动值，并绘制残差图
          Qtr1      Qtr2      Qtr3      Qtr4
2010        NA        NA 0.9765766 0.9864154
2011 1.0301256 0.9732608 1.0228407 0.9769085
2012 1.0205983 1.0076470 1.0019292 1.0128512
2013 0.9829458 1.0099352 1.0033709 1.0111034
2014 0.9753847 1.0315291 0.9760286 1.0009273
2015 0.9929818 0.9764475 1.0272880 0.9772573
2016 1.0263206 1.0032314 0.9938098 1.0363807
2017 0.9734870 0.9997928        NA        NA
```

图 7－14 随机波动值

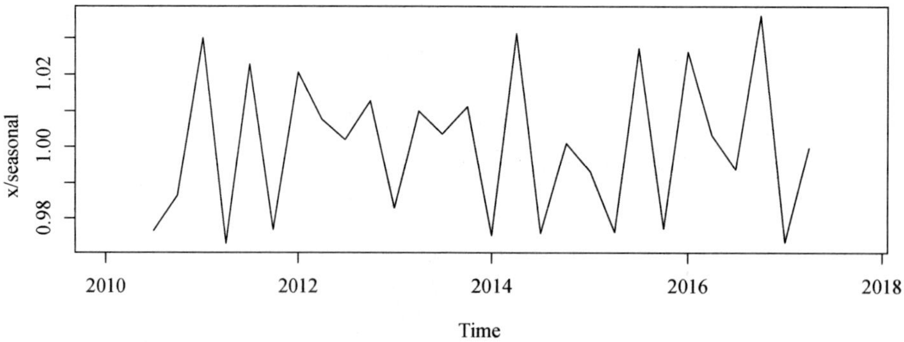

图 7－15 残差图

如果不需要对某个因素进行单独分析，可以直接对时间序列数据进行分解，运行结果如图 7－16 所示。

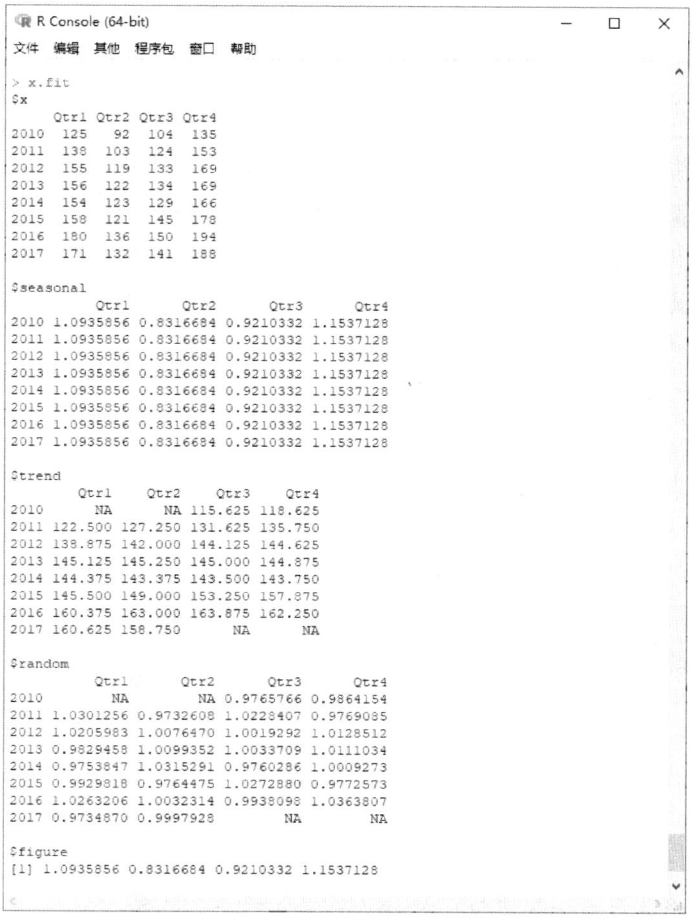

```
R Console (64-bit)
文件 编辑 其他 程序包 窗口 帮助

> x.fit
$x
     Qtr1 Qtr2 Qtr3 Qtr4
2010  125   92  104  135
2011  138  103  124  153
2012  155  119  133  169
2013  156  122  134  169
2014  154  123  129  166
2015  158  121  145  178
2016  180  136  150  194
2017  171  132  141  188

$seasonal
          Qtr1      Qtr2      Qtr3      Qtr4
2010 1.0935856 0.8316684 0.9210332 1.1537128
2011 1.0935856 0.8316684 0.9210332 1.1537128
2012 1.0935856 0.8316684 0.9210332 1.1537128
2013 1.0935856 0.8316684 0.9210332 1.1537128
2014 1.0935856 0.8316684 0.9210332 1.1537128
2015 1.0935856 0.8316684 0.9210332 1.1537128
2016 1.0935856 0.8316684 0.9210332 1.1537128
2017 1.0935856 0.8316684 0.9210332 1.1537128

$trend
        Qtr1    Qtr2    Qtr3    Qtr4
2010      NA      NA 115.625 118.625
2011 122.500 127.250 131.625 135.750
2012 138.875 142.000 144.125 144.625
2013 145.125 145.250 145.000 144.875
2014 144.375 143.375 143.500 143.750
2015 145.500 149.000 153.250 157.875
2016 160.375 163.000 163.875 162.250
2017 160.625 158.750      NA      NA

$random
          Qtr1      Qtr2      Qtr3      Qtr4
2010        NA        NA 0.9765766 0.9864154
2011 1.0301256 0.9732608 1.0228407 0.9769085
2012 1.0205983 1.0076470 1.0019292 1.0128512
2013 0.9829458 1.0099352 1.0033709 1.0111034
2014 0.9753847 1.0315291 0.9760286 1.0009273
2015 0.9929818 0.9764475 1.0272880 0.9772573
2016 1.0263206 1.0032314 0.9938098 1.0363807
2017 0.9734870 0.9997928        NA        NA

$figure
[1] 1.0935856 0.8316684 0.9210332 1.1537128
```

图 7－16　时间序列数据直接分解结果

利用 plot(x. fit)绘制的因素分解四种拟合图如图 7－17 所示。

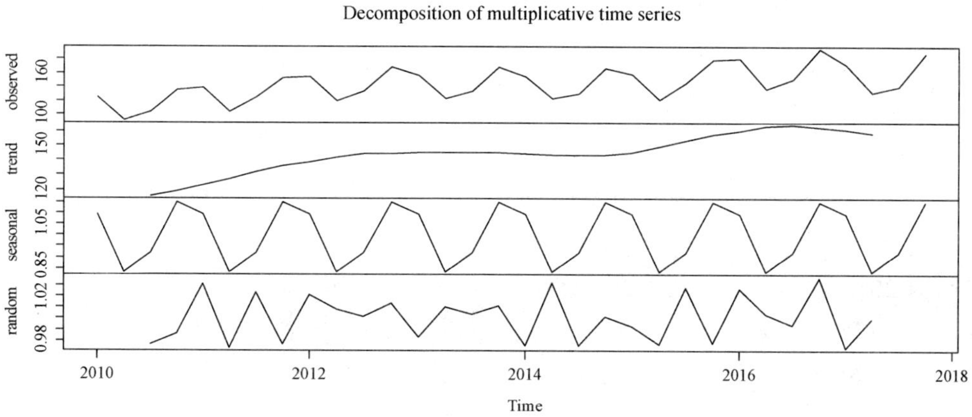

图 7－17　因素分解综合输出图

思

①在时间序列的预测中，乘积模型和加法模型有哪些区别？

②请举出一个时间序列的案例，根据本节介绍的知识进行预测。

通过本章学习，你对时间序列原理、方法与应用有了进一步的了解，希望你能够领悟到如下的思维方式以及所蕴含的哲理：

悟

时间序列预测法是通过对时间序列数据的分析，掌握经济现象随时间的变化规律，从而预测其未来。其基本原理是根据预测对象的时间序列数据，依据事物发展的连续性规律，通过统计分析或建立数学模型，并进行趋势延伸，对预测对象的未来可能值做出定量预测的方法。在进行预测时，我们需要对时间序列所包含的因素进行系统分析，根据掌握的方法进行合理预测。

习题

1. 时间序列的因素分类有哪些？各个因素的含义是什么？
2. 时间序列的加法模型和乘法模型有哪些区别？分别用在哪些情况？
3. 绝对数时间序列、相对数时间序列和平均数时间序列的含义是什么？它们有哪些区别？
4. 测定长期趋势的方法有哪些？
5. 移动平均法、指数平滑法和回归模型法各有哪些优势与不足？
6. 哪些数据适合用时间序列进行预测，哪些数据不适合？
7. 在 R 软件中，对长期趋势进行拟合分析的指令有哪些？
8. 在 R 软件中，对时间序列 ts 函数进行赋值时，frequency 的取值意义是什么？
9. 试找出生活中时间序列的例子，用 R 软件对时间序列包含的因素进行分解分析绘图。
10. 某工厂各季节产品的销售情况如表 7－24 所示。

表 7－24　　销售时间序列　　单位：万元

年度	一季度	二季度	三季度	四季度
2014	130	280	240	100
2015	150	310	290	110
2016	160	360	330	130
2017	180	370	360	130
2018	190	400	360	150

（1）试使用趋势剔除法分别求各季的季节指数。

（2）对 2019 年该厂产品销售情况进行预测。

11. 表 7－25 是中国国际收支平衡表时间序列，请选择适当模型拟合该序列的发展，并预测 2018 年、2019 年表中各项数据。

表 7－25　　中国国际收支平衡表时间序列　　单位：亿美元

年份	国际收支总额	国际收支总差额	经常项目差额	资本和金融项目差额	年份	国际收支总额	国际收支总差额	经常项目差额	资本和金融项目差额
1982	469	40	57	－17	2000	6388	223	204	19
1983	478	28	42	－14	2001	6121	522	174	348
1984	614	－18	20	－38	2002	7426	677	354	323
1985	760	－29	－114	85	2003	10070	980	431	549
1986	697	－5	－70	65	2004	13470	1771	689	1082
1987	816	30	3	27	2005	18129	2277	1324	953
1988	1110	15	－38	53	2006	23077	2811	2318	493
1989	965	21	－43	64	2007	28561	4474	3532	942
1990	1057	92	120	－28	2008	32028	4607	4206	401
1991	1213	179	133	46	2009	28389	4418	2433	1985
1992	1566	61	64	－3	2010	41002	5247	2378	2869
1993	2135	116	－119	235	2011	49987	4016	1361	2655
1994	2616	403	77	326	2012	51461	1836	2154	－318
1995	3193	403	16	387	2013	58178	4943	1482	3461
1996	3698	472	72	400	2014	61290	1846	2360	－514
1997	4675	581	370	211	2015	51676	－1299	3042	－4341
1998	4433	252	315	－63	2016	56427	－2142	2022	－4164
1999	4823	263	211	52	2017	59755	3134	1649	1485

探究

如何分析身边的时间序列数据

通过对一系列时间点上的观测获取数据是常见的人类活动。时间序列分析在早期的自然科学中发挥着重要作用。其最早可以追溯到 7000 年前古埃及人对尼罗河涨落情况的长期观察和记录，他们发现，在天狼星第一次和太阳同时升起后的 200 天左右尼罗河开始泛滥，洪水大约持续七八十天，此后土地肥沃、适于农业种植。在我国古代《越绝书·计倪内经》曾记载：“太阴三岁处金则穰，三岁处水则毁，三岁处木则康，三岁处火则旱……天下六岁一穰，六岁一康，凡十二岁一饥。”意思是：“木星绕天空运行，运行 3 年，如果处于金位，则该年为大丰收年；如果处于水位，则该年为大灾年；再运行 3 年，如果处于木位，则该年为小丰收年；如果处于火位，则该年为小灾年，所以平均 6 年一大丰收，6 年一小丰收，12 年一大饥荒。”

在近代，巴比伦天文学家根据星星和卫星相对位置的数据序列预测天文学事件，对卫星运动的观察是开普勒（Johannes Kepler，1571—1630）三大定律的基础；德国业余天文学家、药剂师施瓦贝（Samuel Heinrich Schwabe，1789—1875）经过几十年的观察和记录，最终发现了太阳黑子活动有11年左右的周期性规律，并得出当太阳黑子变少时，地球上的降雨量也会减少，这对农业灌溉领域有着重要的指导意义。

在现代，利用时间序列的例子更是不胜枚举。在经济上，我们会计算产品年销售量、月利润、周黄金价格、日股票成交量等；在政府层面，我们会记录国家年人口生育率、地区季度房价涨跌、月消费价格指数变化、周安全生产情况、日交通事故数量等；在气象上，我们会观测地区的年降水量、季度台风数量、月平均气温、日最高最低气温、小时风速等；在生物农业领域，我们研究年牲畜繁殖量、季度作物产量、月昆虫种群数量、甚至每毫秒心电活动情况。

可以说时间序列已经应用到我们身边的每一个领域，而对时间序列的研究一般有两个目的：一是认识产生观测序列的随机机制，建立数据生成模型；二是基于时间序列的历史数据，对时间序列未来的可能取值进行预测。

请你在查阅资料的基础上，找出发生在身边的时间序列，并建立模型对该时间序列进行预测。

第8章　数据分析报告

数据分析报告是用适当的统计分析方法对收集到的数据进行分析，提取有用信息并形成结论，从而对数据加以详细研究和概括总结的过程，可以帮助人们做出科学的判断，提供正确的决策依据，采取适当有效的行动。

数据分析报告有哪些类型？针对经济，工业和医疗等不同领域的实际需求，如何撰写合适的数据分析报告？具体步骤是什么？

第1节　数据分析报告及其类型

一、数据分析报告的作用

数据分析报告是对数据分析过程和分析结果的概括性表述与总结。从数据分析的过程看，完成分析报告就意味着一次数据研究活动的结束。因此，撰写高质量的数据分析报告对于研究是非常重要的。数据分析报告的作用主要体现在以下三个方面：

其一，数据分析报告是数据研究活动的综合体现。优质的数据分析报告为使用者提供方便，使其能轻松地阅读、查找相关信息。

其二，数据分析报告所作的理论分析有一定的深度，为使用者开拓思路，洞悉相关领域变化，了解领域趋势。某些分析报告是由专业机构或专业人员提供撰写的，能为相关决策提供咨询。

其三，公开发表的数据分析报告能为社会各行业所用。为各企业、各级决策机构、各类研究人员进行相关问题的分析研究提供数据支持和关键论据，能够丰富相关学术研究。

二、数据分析报告的类型

数据分析报告的类型多种多样，根据不同标准可划分为不同的类型。

（一）描述性数据分析报告与分析性数据分析报告

描述性数据分析报告也称纯资料性数据报告，它是以问题的客观描述为基础，旨在对各项数据进行描述性统计分析，对数据的取得过程及数据范围仅作一些必要说明。例如，一些宏观数据、市场行情快报等多是采取此种方式撰写。

分析性数据分析报告是以数据分析及研究为主要目的，综合运用文字、图表等形式展示数据分析过程与结果，最后得出详尽的分析结论。大多数数据分析报告均采取这种方式撰写。

（二）普通数据分析报告与学术研究报告

普通数据分析报告是对相关应用领域内某些状况所作的针对性分析。它更注重数据的时效性，其结论一般用于指导生产经营与决策。例如，各基层企业及咨询公司一般提交的就是普通数据报告。

学术研究报告是对相关领域内的运行规律所作的探索性分析，主要为政策制定及宏观调控提供决策支持。

（三）书面数据分析报告与口头数据分析报告

书面数据分析报告是一种最常用的分析报告，它综合运用文字、图表、书面陈述来表达数据分析的结果。这种报告具有内容丰富、信息量大、说明较充分等特点。

口头数据分析报告是数据分析人员将数据分析报告的结果向管理层或委托者只作口头陈述的一种报告形式。这种报告方式能帮助相关人员迅速了解报告的内容，并当场就一些问题及时做出解答。这种报告具有内容简短、表达生动、富有感染力等特点。

三、数据分析报告的特点

（一）时效性

由于数据分析报告是在数据分析的基础上为决策者提供信息的重要依据，因此，它必须及时地反映某一领域的发展变化情况，在第一时间做出判断，并随环境的变化而不断地进行深入分析与研究。基于此，快速准确地在规定时间内完成报告是撰写数据分析报告的基本要求，如果不能及时提交，就失去了其应有的价值。

（二）针对性

数据分析报告是对某个行业、某个企业、某个区域、某个产品或某种市场现象进行深入分析与研究，具有特定的选题与阅读对象。因此，报告必须要有明确的目的，并围绕主题来展开论述，表明作者的观点。同时，还要根据阅读对象的特点选取题材与表达方式，了解阅读对象的习惯，做到有的放矢。

（三）准确性

数据分析报告是撰写者在实地考察论证并掌握了大量的第一手资料后，经过系统、科学地分析后得出的结论，撰写时要确保真实可靠。在研究过程中，应采用科学的方法与手段，选取有代表性的样本，探寻其发展变化规律，得出科学的结论，提出解决问题的思路、方法及建议。

（四）原创性

数据分析报告是撰写者的研究成果，通常会提出新问题和新观点，具有一定的创新性。

四、撰写数据分析报告应注意的问题

（一）分析简明通俗

通常，数据分析报告的阅读对象具有多样性，因此报告应简单明了、通俗易懂。对专业术语的运用应得当，必要时可请一些读者进行预评，然后再进一步修改。

（二）合理运用数据

首先，不要滥用数据。要关注样本容量是否科学，数据采集是否准确以及样本是否具有代表性，等等。不需要使用数据分析的地方不要生硬地用，需要用的地方要加以说明。

其次，要避免数据分析单一化、简单化。针对某一研究目标，应尽可能收集具有代表性的数据，采取切实可行的分析方法，这样得出的结论才具有说服力。

（三）结论客观明确

形成的结论不能过多，否则就不能称其为结论。结论是经过验证并根据数据分析而得出的客观论断，不能直接从其他地方引申过来。另外，结论还要与研究目的相一致，将无关的结果或人们熟知的常识作为结论是不合适的。

结论与建议在报告中的篇幅虽然不大，但却占据重要的地位，是作者观察力与判断力的真实体现。提出的建议不仅要具有可操作性，而且还应该考虑实施成本。

（四）注重行文表达

数据分析报告应该文笔流畅、层次分明，段落结构安排得当，符合人们的思维习惯。相关材料的组织要条理清晰，富有逻辑性；各部分之间前后呼应，衔接紧密。

（五）合乎书写规范

除了要注重数据分析报告的内容与结构外，还应严格执行规范。排版、字体、纸张、打印、装订都要按要求进行，保证字迹清楚，重点部分突出，具有专业水准。一份外观不美甚至随意涂抹的报告会严重影响读者对其的信任程度。

第 2 节　普通数据分析报告的写作

一、数据分析报告的基本结构

要写好一篇数据分析报告，其关键是要将作者的发现、观点与结论结合数据分析过程充分地表达出来。数据分析报告的基本结构主要包括标题、目录、摘要、概况、结果、结论、附录等几部分。

（一）标题

标题是数据分析报告所要说明的主题，通常是某种现象或某个问题的主体，意在引起读者兴趣，激发其阅读情绪，具有简单确切、明白清晰、高度概括的特点，标题一般置于封面，主要包括数据报告的题目、进行数据研究的机构、项目负责人、项目委托人、完成报告的日期等内容。一个好的标题是撰写好数据分析报告的第一步，常见的有直叙式、观点式、问题式三种标题。

1. 直叙式标题

这种标题直接表明范围及事项，许多数据分析报告均采用此种形式。它包括时间、地点与事项三个要素。例如，“2019 年天津市房地产市场数据分析报告”就是典型的直叙式标题。

2. 观点式标题

这种标题直接亮明作者的观点或结论，表明作者的态度，容易引起共鸣，使人想一睹为快。例如，“智能经济正成为经济高质量发展‘源动力’”就是典型的观点式标题。

3. 问题式标题

这种标题是用提问的方式、引起读者好奇的标题。作者一般以第三者的身份提出“为什么”或“怎么办”的问题，引起读者注意，从而给人留下深刻的印象。例如，长沙朝阳电化教具厂 BD 系列的电源广告标题——“当您在电视机前学习时，忽然停电怎么办?”就是典型的问题式标题。

另外，有时候还需要在标题下再增加一个副标题，以补充说明相关内容。

（二）目录

为方便阅读与查找，当数据分析报告达到一定的篇幅时就需要设定目录，标明报告各个部分的要点以及所在页码，是关于各部分内容完整的一览表，有时还包含一些图例、表格的索引。

（三）摘要

摘要是对数据分析报告内容的摘录，是用简短的语言对数据分析的主要结果作概括性说明，是全文的浓缩，通常在报告完成后撰写。读者通过摘要可以了解整个数据分析报告的全貌。

摘要不应太长，通常不超过 2 页，只列出最为重要的内容，扼要地说明数据分析的主要结果，而无需列出详细的论证资料。在每个段落中应有小标题或关键词，每段内容要精炼。摘要类似于一部长篇小说前面的故事梗概，能够激起人们对报告的阅读热情。

（四）正文

正文是数据分析报告的核心内容，通常要用较大的篇幅进行详细而充分的论证，主要包括数据的收集过程与数据的分析过程。

1. 数据收集

数据收集过程是围绕所研究的实际问题进行收集数据过程的基本描述，包括数据收集目的、数据收集范围、数据收集的具体方法。

数据收集部分通常包括背景、目标与方法三个方面。背景要说明在什么状况下，数据收集由谁发起，受谁之托，因何而起。根据研究目标设定数据收集的对象、确定数据单位、简要叙述收集数据的组织者及参与者、数据收集的起止时间、收集到数据的效度与精度，以便使人们能够确信数据分析得到的结论是可靠的。采用了哪些收集数据方法，例如，调查访问的总体中的个体数目有多少，方法是否得当，有无对被调查者进行诱导、激励等，让人们对调查数据的质量有一个基本的评判。

2. 分析过程

数据分析过程是正文中最核心的部分，研究者要根据所研究问题的具体情况，选择科学合理的数据分析方法，通过建立模型、设计算法进行数据分析，以寻找变量之间的相互联系。

3. 分析结果

数据分析结果是正文中最为重要的部分，是经过数据分析后对所研究问题做出的进一步描述，找到其发展变化的规律，了解其蕴含的因果关系，同时对其未来的发展态势做出基本的推断。人们通过阅读数据分析报告，应能对所研究的问题有一个全面系统的了解。

（五）结论与建议

在进行了深入的数据分析之后，需要根据委托方的要求归纳、总结，并提出合理化的建议。通常结论只有几句话，有时甚至是一句话。例如，在朝鲜战争爆发时，美国著名的兰德公司提供了一份长达 380 页的分析报告，其结论是“中国将出兵朝鲜”。

对于数据分析报告的使用者，或许更关心的是结论与建议，知道该如何行动比了解为什么更重要。因此，结论的形成不应草率，要再三斟酌，并通常采取定性与定量分析相结合的方法，来展示报告撰写人员独具慧眼的判断，提出切实可行的意见或建议。

（六）附录

附录是正文未能包括而又需要额外补充说明的部分。如技术分析细节、原始资料、相关背景数据、图表等。附录能帮助读者更好地了解数据来源，为更好地理解各种结论提供事实根据。

二、数据分析报告的审定与评价

数据分析报告完稿以后，需要进行审定，并做出评判，通过不断改进，修正错误，补充完善，以进一步提高数据分析报告的质量。参与审定的专家既可以是数据分析机构的内部人员，也可以是一些行业专家学者，或者采用学术交流研讨会等方式。审定的内容主要包括三个方面。

（一）对结构进行审定

报告包含的各要素是否完整，观察报告各部分的内容能否满足需要，符合基本要求，观点结论是否存在明显错误。

首先，审定标题。看其是否具体而醒目，准确反映其研究的内容。

其次，审定摘要。看其是否精炼，表达完整，能够揭示数据分析报告的主题，且不宜使用公式、图表，不标注引用文献编号，避免写成目录式的介绍。

再次，审定正文。看其是否对数据收集过程加以说明，如何选取样本，采用哪些数据分析方法，论述论证是否严密，反驳反证是否充分有力，所采用的统计图表是否规范合乎要求。

最后，审定附录。看其相关资料是否有解释收录的必要，需要保密的数据如何进行控制，防止其外泄。

（二）篇幅是否适中

高质量的数据分析报告绝不是长篇大论，高谈阔论很难得到大家的认可，撰写时一定要控制篇幅。因此，数据分析报告要语言精练、表达准确，论据证明材料适可而止，形成结论要经得起时间与实践的检验。

（三）与事实的相符度

报告中论据的使用要符合研究需要，事例、数据应真实可信，其适用范围与研究领域也应一致。同时，要检查结论的合理性，重点关注是否存在任意扩大外延或夸大、曲解等错误。

第3节　学术研究报告的写作

前面我们讨论了普通数据分析报告的撰写方法，下面将进一步探讨撰写学术研究报告的具体方法。相对于普通数据分析报告，撰写学术研究报告时要了解它们之间的不同之处，在此基础上才能更好地掌握学术研究报告的撰写方法。

一、学术研究报告与普通数据分析报告的区别

（一）撰写的目的不同

撰写学术研究报告的目的在于展示作者的研究成果，所有论述都是为了说明结论的正确性。尽管对数据的分析过程也要有所交代，但是主要关注分析结果的运用，而非数据本身。学术研究报告的作者大多来自于专门机构的研究人员或高校教师，取得的研究成果一般会公开发表，而普通数据分析报告多数属于商业机密，只在一定时限内的某个限定范围内进行传阅。

（二）对结论的重视程度不同

在学术研究报告中，结论总是摆在首要位置，数据资料是作为论据来使用的，因而其结构除了包括标题、摘要、正文外，还增加了参考文献。正文部分又包括绪论、本论与结论。绪论部分主要介绍研究的背景、意义以及存在的问题，并提出自己的新发现、新思路、新观点，或对已有的结论提出质疑；并说明论证的方法，着重指出研究的创新改进之处以及对实际的指导作用。本论是报告的重点，主要表达作者的研究成果，用详实的数据、确凿的事

实、严密的推断论证，阐述观点及论据。在结论部分要总结出要点，首尾呼应，并对研究的课题做出展望，提出需要进一步探讨的问题或解决问题的基本途径与措施。在报告的最后要附加参考文献，选择主要的文献资料，列出其作者、论文著作的名称、出版机构、日期等。

（三）对数据的关注度不同

学术研究报告所引用的资料不局限于特定的数据，可以是多方面的，甚至是其他领域的，但要注意其来源、适用范围和时效。同时，还要加以注释，以示对他人劳动成果的尊重。

（四）对规范性的要求不同

学术研究是一项严谨而又富于挑战性的创新活动，对学术研究报告的要求也比较高，每个细节均要按规范来进行。除了结构、论点、论据、数据要符合规范、表达准确外，对字体、段落、排版、名词术语也要有统一要求，而且多数情况下还要附有英文摘要，选取 3～5 个词作为关键词，并按词条的外延层次由大至小排列，以方便文献检索。

另外，学术研究报告的篇幅伸缩性比较大，少则两三千字，多则几百万字，有的甚至形成一个系列报告，写作周期较长。

二、学术研究报告的写作步骤

撰写学术研究报告的过程就是一个创作的过程，从构思到完稿，需要不断地进行修改、补充与完善，主要包括选题工作、搜集资料、编写提纲、撰写初稿、校对定稿等步骤。

（一）选题工作

选题是学术研究的第一步，一个好的选题能获取多方肯定，有助于进一步深入研究。确定选题时，要从是否为自己熟悉的领域、是否具有科学研究的价值加以考虑，力图解决具体的实际问题。想要找到好的选题就要平时多积累、勤思考，从他人未涉足的空白处入手独辟蹊径，或对某些热点、焦点、冰点问题提出自己的看法。

（二）搜集资料

选题确定后，就要围绕主题通过统计公报、统计年鉴、文摘、图书期刊以及互联网等途径广泛搜索文献资料，认真研读资料并做好纪录，根据需要论述的要点对资料进行分类。同时，进行相关数据的收集，获取第一手数据。

（三）编写提纲

在整理资料的基础上，进一步制定写作计划，拟定学术研究报告的提纲。同时，在撰写初稿前，还会不时有一些好的想法，需要及时记录下来，对提纲不断进行补充完善。

（四）撰写初稿

在撰写初稿时，要按照写作提纲将各主要论点、相关论据以及数据串联起来，确定如何来表达论证、求证结论，并运用系统分析、比较研究、建立模型、方案设计等方法，阐述所得结论的客观依据，考虑如何由次要论点过渡到主要论点，突出主要论点。

（五）校对定稿

初稿完成后，还要仔细推敲，舍弃关联度低、次要的或重复的内容，及时补充新的结论或论据资料。在段落安排与表达方式上，常用第三人称或非人称代词，行文应客观公正。不要力图说服别人接纳某种观点与看法，而是要让人们相信这就是事实，是数据推断的结果，让读者自己做出判断。经再三修改后，确认可以定稿，再经过提炼摘要、整理参考文献后就基本完稿。

三、学术研究报告的写作技巧

要想撰写出高水平的学术研究报告，就需要掌握其写作的基本方法与技巧。为此，我们从四个方面加以介绍。

（一）要突出报告的重点

在一份学术研究报告中，列出的论点不宜过多，各论点也应区分主次，脉络分明。只有突出重点，集中火力，才能做出有深度的分析。如果贪大求全，面面俱到，则会导致杂乱不清，不得要领。因此，在布局上要始终围绕中心论点展开讨论，重墨书写。次要论点可作为补充与佐证。

（二）要具有鲜明的观点

作者所提出的观点与结论，必须清楚明了，不能含糊。尽管不够成熟，也必须有冲击力，高声呐喊，在于引起社会关注，让人们去思考讨论，活跃学术氛围。学术只有争鸣，才能繁荣；有辩论，才会达成共识。思想有碰撞才会产生火花，但这并不意味着可随意妄加评说。只要抱着严谨科学的态度，求实创新，踏踏实实做研究，总会有自己的新发现，在学术研究上有所成就。

（三）要善于学习虚心请教

学术研究报告的撰写者，除了深入实际，开展数据研究，掌握大量的第一手资料外，还要不断修炼内功，阅读大量的参考文献，检索相关资料，不断提高理论水平，丰富知识结构，虚心向专家学者、市场资深人士请教，了解学术动态，交换交流研究成果，在有关专业人员的参与并指导下完成研究报告。

（四）要注重报告的结构安排

有了丰富的素材，还需要用好的方法进行论证。论证的结构有并列式、串式、伞式以及复式结构。在并列式结构下，论证材料并列排列，彼此间无顺序逻辑关系，因此调换其顺序不会影响其结论；在串式结构下，各论证材料串式排列，彼此间有着严格的逻辑顺序关系，循序渐进，逐步深入，其次序不能随意改变；在伞式结构下，同一层次的论点由两个及以上的论据支撑，形成有力的多方面论证；在复式结构式下，则是多种结构混合运用。当然，在实际应用中，还要根据需要选用合适的论证结构。通常，采用较多的是复式论证结构。

第 4 节　数据分析应用案例

一、关于我国 GDP 的统计分析

GDP 也称国内生产总值，是指按市场价格计算的一个国家（或地区）所有常住单位在一定时期内生产活动的最终成果，也是我国新国民经济核算体系中的核心指标，它反映了一国（或地区）的经济实力和市场规模。M2 又称广义货币，是指流通于银行体系之外的现金加上企业存款、居民储蓄存款以及其他存款，它包括了一切可能成为现实购买力的货币形式，通常反映的是社会总需求变化和未来通胀的压力状态。研究二者之间的内在联系具有重要的应用价值。表 8 - 1 给出了我国 1990 ~ 2014 年的 GDP 和 M2 的相关数据，下面通过数据分析方法并建立合适的统计模型，以此来分析我国 GDP 和 M2 总量之间的相互关系。

表 8 - 1　　1990 ~ 2014 年我国 GDP 和 M2 总量一栏表　　（单位：亿元）

Time	GDP	M2	Time	GDP	M2
1990	18892.9	15293.4	2003	137422	221222.8
1991	22005.6	19349.9	2004	161840.2	254107
1992	27195	25402.2	2005	187318.9	298755.7
1993	35673.2	34879.8	2006	219438.5	312603.6
1994	48637.5	46923.5	2007	270232.3	403442.2
1995	61339.9	60750.5	2008	319515.5	475166.6
1996	71813.6	76094.9	2009	349081.4	606225
1997	79715	90995.3	2010	413030.3	725851.8
1998	85195	104498.5	2011	489300.6	851600
1999	90564.4	119897.9	2012	540367.4	974148.8
2000	100280.1	134610.3	2013	595244.4	1106500
2001	110863.1	158301.9	2014	643974	1228400
2002	110863.1	185007			

针对表 8 - 1 中数据，下面从可视化分析、回归分析以及时间序列分析三个方面进行分析，以此研究我国 GDP 和 M2 总量之间的具体关系。

（一）可视化分析

画出我国 GDP 和 M2 总量之间的折线图，其 R 程序代码如图 8 - 1 所示。

```
> w=read.csv("d:/M2&GDP.csv",header=T)  #数据M2&GDP.csv放在D盘根目录下
> w=w[,1:3] #消掉无关的列，只研究前三列
> str(w)    #str()返回数据框w的相关信息
'data.frame':   25 obs. of  3 variables:
 $ time: int  1990 1991 1992 1993 1994 1995 1996 1997 1998 1999 ...
 $ gdp : num  18893 22006 27195 35673 48638 ...
 $ m2  : num  15293 19350 25402 34880 46924 ...
> options(scipen=200)#取消科学计数法
> plot(w$m2,w$gdp,type="l",xlab="M2",ylab="GDP")
> title("1990年以来，国内的M2和GDP")
```

图 8－1 可视化分析的 R 程序代码

由图 8－1 可知，str（w）返回数据表明：数据表中共有 25 个样本、3 个自变量，同时也显示了每个自变量的类型与取值，利用 R 软件绘制的折线图如图 8－2 所示（其中，横轴为 M2，纵轴为 GDP）。

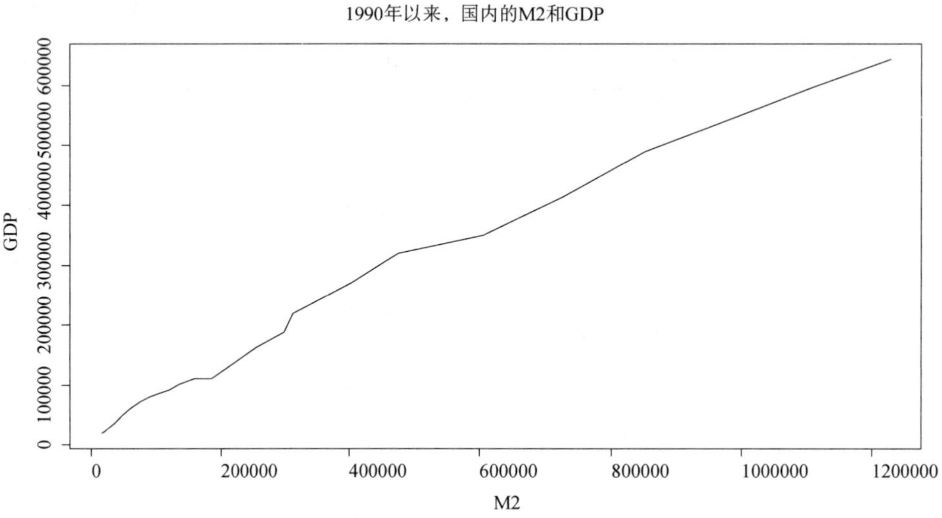

图 8－2 1990～2014 年我国 GDP 和 M2 总量的折线图

由图 8－2 中的曲线可知，M2 和 GDP 呈现正相关，即 M2 越大，则 GDP 也越大。由图 8－3 可知，M2 和 GDP 的相关系数为 0.9966978，表明二者具有很强的线性关系。

```
> cor(w$gdp,w$m2)
[1] 0.9966978
```

图 8－3 相关系数

（二）回归分析

将数据存储在数据框变量 w 中，利用 R 软件编写绘图程序如下：

```
w = read.csv("d:/M2&GDP.csv",header = T)
plot(w $ time,w $ gdp,type = "l",xlab = "TIME",ylab = "GDP")
title("1990 年以来国内的 TIME 和 GDP")
```

运行程序后，即可绘制如图 8 -4 所示 GDP 与时间 TIME 之间的折线图。

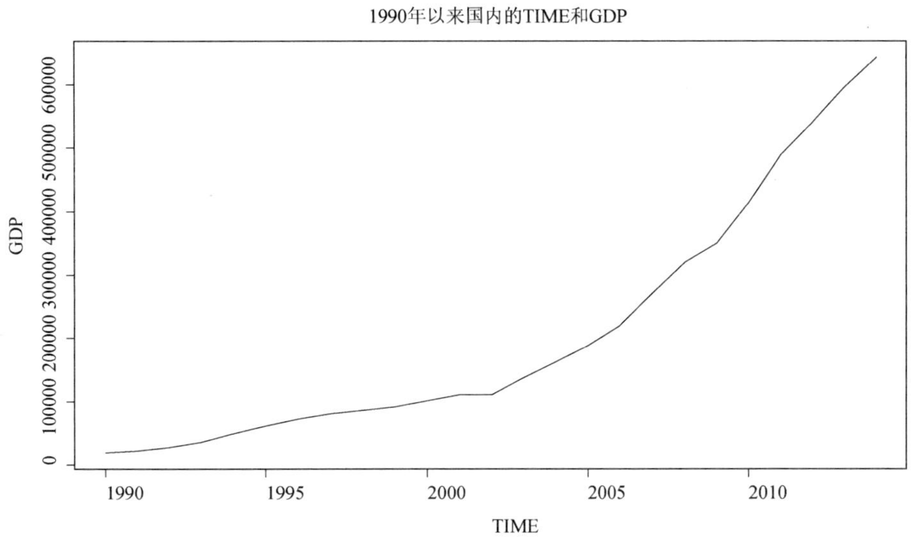

图 8 -4　1990 ~ 2014 年我国 GDP 和时间 TIME 的折线图

由图 8 -4 可知，两个变量之间比较适合用非线性回归进行研究。为此，以 GDP 为因变量，年份 TIME 为自变量进行非线性回归，其回归分析的 R 程序（需要注意的是，数据框变量 w 的第三列不参与回归分析，应当在进行回归分析之前将其删除，否则在预测时会出错）与回归分析的结果如图 8 -5 所示。

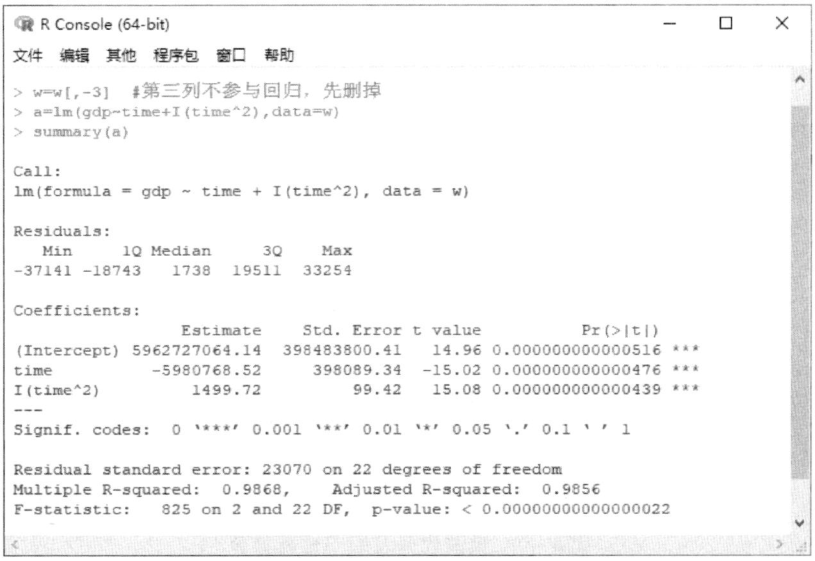

```
R Console (64-bit)
文件 编辑 其他 程序包 窗口 帮助
> w=w[,-3]  #第三列不参与回归，先删掉
> a=lm(gdp~time+I(time^2),data=w)
> summary(a)

Call:
lm(formula = gdp ~ time + I(time^2), data = w)

Residuals:
   Min     1Q Median     3Q    Max
-37141 -18743   1738  19511  33254

Coefficients:
                 Estimate   Std. Error t value          Pr(>|t|)
(Intercept) 5962727064.14 398483800.41   14.96 0.000000000000516 ***
time          -5980768.52    398089.34  -15.02 0.000000000000476 ***
I(time^2)         1499.72        99.42   15.08 0.000000000000439 ***
---
Signif. codes:  0 '***' 0.001 '**' 0.01 '*' 0.05 '.' 0.1 ' ' 1

Residual standard error: 23070 on 22 degrees of freedom
Multiple R-squared:  0.9868,    Adjusted R-squared:  0.9856
F-statistic:   825 on 2 and 22 DF,  p-value: < 0.0000000000000022
```

图 8 -5　利用 summary(a) 返回回归分析结果

由图 8－5 所示的回归分析结果可知，回归系数的 p 值都远小于 0.05，说明回归系数显著；回归方程的可决系数 R^2 统计量为 0.9868，说明回归效果良好；回归方程整体对应的 p 值也非常小，回归方程的整体效果显著。同时，回归方程为：

$$GDP = 1499.72 \times TIME^2 - 5980768.52 \times TIME + 5962727064.14$$

回归分析的目的是为了对因变量进行预测，因此，我们可以利用上述回归方程进行预测。例如，预测 2018 年我国的 GDP 为 899579.5 万亿元，其程序与分析结果如图 8－6 所示。

```
R Console (64-bit)
文件 编辑 其他 程序包 窗口 帮助
> w[26,1]=2018  #给数据框w加一行值
> predict(a,w[26,]) #predict函数执行预测
      26
899579.2
```

图 8－6 预测结果

在经济领域，通常可以将 M2 看做经济体内的“血液”，其稳定增长是国家创造 GDP 的基础，也就是说 M2 是“因”，而 GDP 是“果”；另外，由图 8－2 可知，GDP 与 M2 之间存在明显的线性关系。因此，可以利用 R 软件对其进行分析，得到如图 8－7 所示的回归分析结果。

```
R Console (64-bit)
文件 编辑 其他 程序包 窗口 帮助
> w=read.csv("d:/M2&GDP.csv",header=T)  #重新读入数据
> a=lm(gdp~m2,data=w[,-1])      #第一列不参与回归，先删掉
> summary(a)

Call:
lm(formula = gdp ~ m2, data = w[, -1])

Residuals:
   Min     1Q Median     3Q    Max 
-29435 -11087    451   3413  41586 

Coefficients:
                Estimate  Std. Error t value             Pr(>|t|)    
(Intercept) 28447.270711 4411.555515   6.448            0.0000014 ***
m2              0.525042    0.008919  58.866 < 0.0000000000000002 ***
---
Signif. codes:  0 '***' 0.001 '**' 0.01 '*' 0.05 '.' 0.1 ' ' 1

Residual standard error: 15970 on 23 degrees of freedom
Multiple R-squared:  0.9934,    Adjusted R-squared:  0.9931 
F-statistic:  3465 on 1 and 23 DF,  p-value: < 0.00000000000000022
```

图 8－7 相关代码及回归分析结果

由图 8－7 可知，无论是回归系数的检验 p 值，还是整体回归效果的检验 p 值，均远远小于 0.05，且可决系数为 0.9934，这充分说明 GDP 与 M2 之间的回归效果显著，所得回归方程如下：

$$GDP = 0.525 \times M2 + 28447.274$$

运用此回归方程可以根据我国当年 M2 的值来预测 GDP 的总量。另外，也可以利用如下程序，将上述回归模型产生的回归直线叠加到 GDP 和 M2 的散点图上，得到图 8－8 所示的回归直线图：

```
w = read.csv("d:/M2&GDP.csv",header = T)
plot(w $ m2,w $ gdp,xlab = "M2",ylab = "GDP")
abline(lm(w $ gdp ~ w $ m2),col = "red")
```

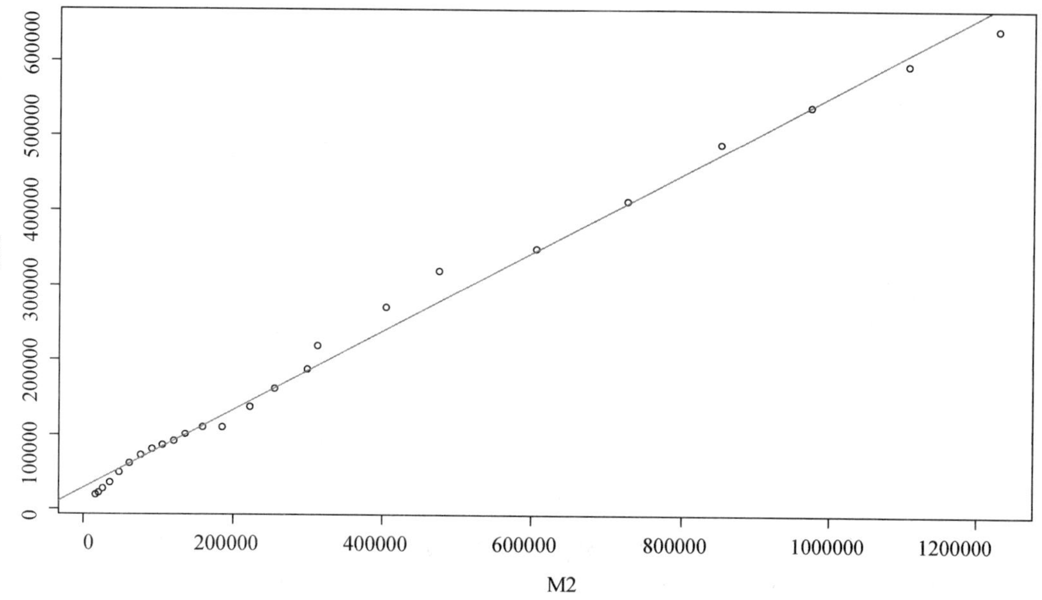

图 8－8 叠加了回归直线的散点图，横轴为 M2，纵轴为 GDP

由图 8－8 可知，回归直线拟合效果良好，回归系数为 0.525，即近 20 年来，国内 GDP/M2 的核心比率为 0.525。

（三）时间序列分析

由时间序列的相关理论可知，M2 与 GDP 的比值是一个非常重要的经济度量指标，为此，我们利用 R 程序先绘制该比值关于年份的图像，其程序如下：

```
w = read.csv("d:/M2&GDP.csv",header = T)
bilv1 = ts(w $ m2/w $ gdp, frequency  = 1, start = c(1990))
plot(bilv1,xlab = "年份",ylab = "M2/GDP")
title("1990 年以来,国内的 M2/GDP")
```

其中，ts（ ）函数能够将输入的第一个参数定义为时间序列，参数 frequency = 1 说明该时间序列的值是按年统计的（frequency = 12 表示每个值是月度统计值，frequency = 365 表示每个值是按天统计的值），参数 start 表示时间序列开始的年份。运行程序可得如图 8 – 9 所示的折线图。

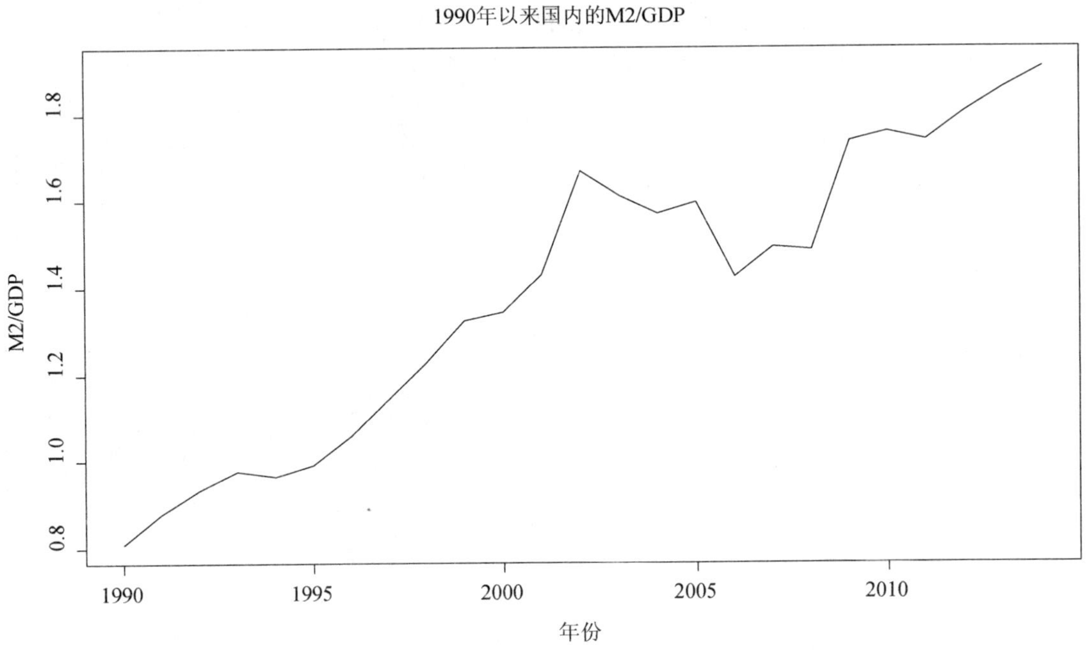

图 8 – 9　1990 ~ 2014 年国内 M2/GDP

由图 8 – 9 可知，自 1990 年起，我国 M2/GDP 的比值逐年增长。事实上，M2 代表市场内的钱，GDP 代表市场内所有的货物价值，如果 M2/GDP 为一定值，说明随着 GDP 的增长，M2 也等规模的增长，即钱没有超出货物的价值，钱没有贬值；如果比率 M2/GDP 连年增长，说明 M2 实际上超发了，即钱贬值了。

我国货币贬值现象的根本原因是货币超发（即 M2 增长快过 GDP），因此我国于 2015 年提出了供给侧结构性改革，在金融领域坚决执行“金融去杠杆”（以多种手段降低居民部门和政府部门的融资额度，即降低市场内的 M2），并在随后几年取得显著效果。

根据时间序列相关理论，我们可以进一步计算关于 M2/GDP 的“前十年移动均值”（即列均值），“前十年移动标准差”（即列标准差），注意这里的移动均值和标准差都是用前面十年的值计算得到的。其相关的 R 程序代码与运行结果如图 8 – 10 所示。

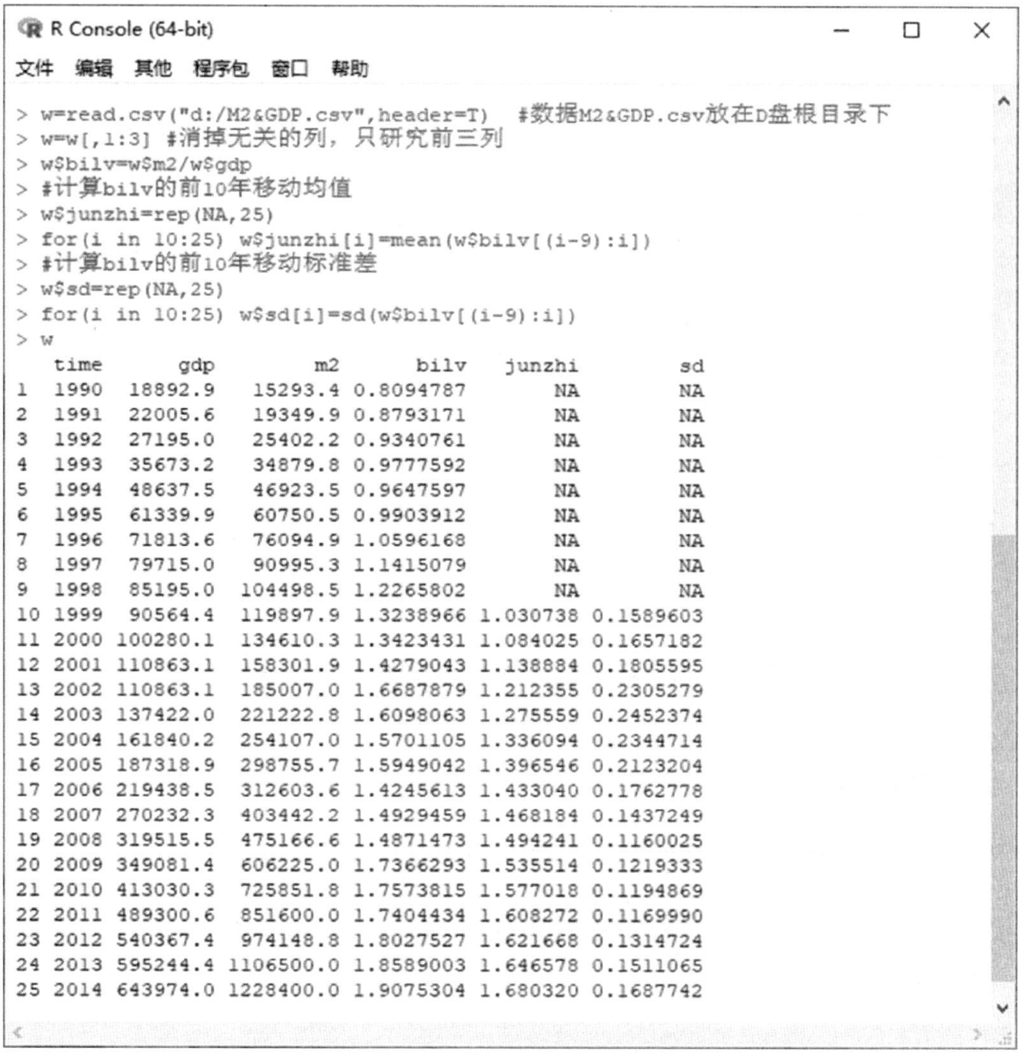

```
R Console (64-bit)
文件 编辑 其他 程序包 窗口 帮助
> w=read.csv("d:/M2&GDP.csv",header=T)  #数据M2&GDP.csv放在D盘根目录下
> w=w[,1:3] #消掉无关的列，只研究前三列
> w$bilv=w$m2/w$gdp
> #计算bilv的前10年移动均值
> w$junzhi=rep(NA,25)
> for(i in 10:25) w$junzhi[i]=mean(w$bilv[(i-9):i])
> #计算bilv的前10年移动标准差
> w$sd=rep(NA,25)
> for(i in 10:25) w$sd[i]=sd(w$bilv[(i-9):i])
> w
   time      gdp        m2      bilv   junzhi        sd
1  1990  18892.9   15293.4 0.8094787       NA        NA
2  1991  22005.6   19349.9 0.8793171       NA        NA
3  1992  27195.0   25402.2 0.9340761       NA        NA
4  1993  35673.2   34879.8 0.9777592       NA        NA
5  1994  48637.5   46923.5 0.9647597       NA        NA
6  1995  61339.9   60750.5 0.9903912       NA        NA
7  1996  71813.6   76094.9 1.0596168       NA        NA
8  1997  79715.0   90995.3 1.1415079       NA        NA
9  1998  85195.0  104498.5 1.2265802       NA        NA
10 1999  90564.4  119897.9 1.3238966 1.030738 0.1589603
11 2000 100280.1  134610.3 1.3423431 1.084025 0.1657182
12 2001 110863.1  158301.9 1.4279043 1.138884 0.1805595
13 2002 110863.1  185007.0 1.6687879 1.212355 0.2305279
14 2003 137422.0  221222.8 1.6098063 1.275559 0.2452374
15 2004 161840.2  254107.0 1.5701105 1.336094 0.2344714
16 2005 187318.9  298755.7 1.5949042 1.396546 0.2123204
17 2006 219438.5  312603.6 1.4245613 1.433040 0.1762778
18 2007 270232.3  403442.2 1.4929459 1.468184 0.1437249
19 2008 319515.5  475166.6 1.4871473 1.494241 0.1160025
20 2009 349081.4  606225.0 1.7366293 1.535514 0.1219333
21 2010 413030.3  725851.8 1.7573815 1.577018 0.1194869
22 2011 489300.6  851600.0 1.7404434 1.608272 0.1169990
23 2012 540367.4  974148.8 1.8027527 1.621668 0.1314724
24 2013 595244.4 1106500.0 1.8589003 1.646578 0.1511065
25 2014 643974.0 1228400.0 1.9075304 1.680320 0.1687742
```

图 8-10　相关代码及运行结果

另外，利用如下程序，可画出比率 M2/GDP 的移动均值以及相应的置信区间（如图 8-11）所示：

```
plot(w $ time,w $ bilv,ylim = c(0,2.4),xlab = "TIME",ylab = "M2/GDP")
lines(w[ ,1],w $ junzhi,lwd = 2) #添加均值折线
lines(w[ ,1],w $ junzhi + 2 * w $ sd,lty = 2) #置信区间的上轨
lines(w[ ,1],w $ junzhi - 2 * w $ sd,lty = 2) #置信区间的下轨
title("1990 年以来国内的 M2/GDP,及移动置信区间")
```

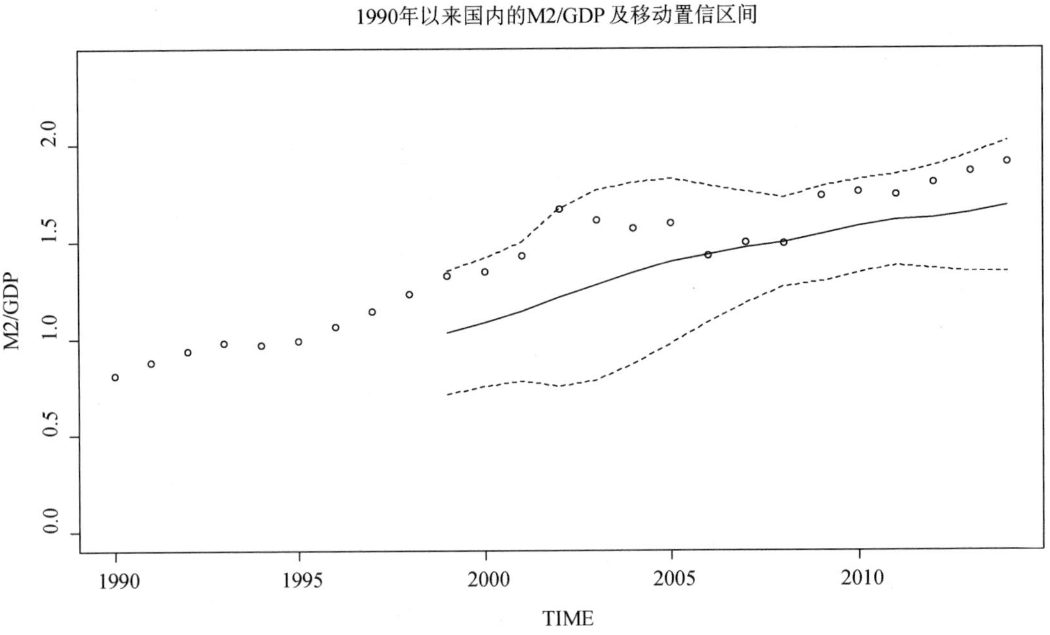

图 8－11　叠加了两倍移动标准差，同时叠加了移动均线的图像

由图 8－11 可知，2000 年以后，比率 M2/GDP 一直超过均值线并接近于上轨线（移动均线加上两倍移动标准差，即是“上轨”），货币超发比较严重，这种现象亟待扭转。

想

①为什么要在移动均值的基础上加减“两倍的”移动标准差？

②如果随机变量服从标准正态分布 $X \sim N$ $(\mu=0, \sigma=1)$，则区间 $[\mu-2\sigma, \mu+2\sigma]$ 包含了该随机变量 95% 的取值，即该随机变量属于上述区间的概率为 95%。

二、关于制冷机耗电量的统计分析

制冷机是制冷设备的重要组成部分，其耗电量的高低是衡量设备性能好坏的最主要指标，因此，研究制冷机耗电量的影响因素对于提升制冷设备性能具有重要的现实意义。基于此，我们收集了来自工业领域反映制冷机耗电量以及影响该耗电量的相关样本 66167 个，下面将利用这些数据来研究影响制冷机耗电量到底有哪些变量？并解释这些变量是如何影响耗电量的。

（一）描述性分析

第一步，利用 R 软件读入数据，并保存在数据框 w 中（所有变量都为数量型），其中，w 的最后一列是因变量 y，表示制冷机单位时间耗电量（单位：度）；前四个变量为自变量，表示影响制冷机耗电的自变量，相应的 R 程序与运行结果如图 8－12 所示。

```
R Console (64-bit)
文件 编辑 其他 程序包 窗口 帮助

> w=read.table("d:/222.txt",header=T)  #本节数据名称为222.txt，存在c盘
> str(w)
'data.frame':   66167 obs. of  5 variables:
 $ 系统吸气压力      : num  3.36 3.23 3.12 2.97 2.92 ...
 $ 环境温度          : num  27.4 27.4 27.4 27.4 27.3 ...
 $ 系统高低压压缩比: num  2.73 2.88 3.09 3.29 3.31 ...
 $ 冷库平均温度      : num  4.38 4.32 4.1 3.85 3.72 ...
 $ y                 : num  1.16 1.02 1.48 1.52 1.36 ...
```

图 8－12　相关代码及运行结果

第二步，利用函数 head（w）返回数据框 w 的前六行数据，其结果如图 8－13 所示。

```
R Console (64-bit)
文件 编辑 其他 程序包 窗口 帮助

> head(w)
  系统吸气压力 环境温度 系统高低压压缩比 冷库平均温度        y
2         3.36     27.4         2.729358        4.375 1.160156
3         3.23     27.4         2.884161        4.325 1.022461
4         3.12     27.4         3.087379        4.100 1.483398
5         2.97     27.4         3.289673        3.850 1.522461
6         2.92     27.3         3.306122        3.725 1.361328
7         2.81     27.3         3.370079        3.650 1.750000
```

图 8－13　相关代码及运行结果

第三步，利用函数 summary（w）给出数据 w 各个变量的五分位点，其结果如图 8－14 所示。

```
R Console (64-bit)
文件 编辑 其他 程序包 窗口 帮助

> summary(w) #描述性统计
  系统吸气压力       环境温度        系统高低压压缩比    冷库平均温度          y
 Min.   :-0.020   Min.   : 9.70   Min.   : 0.9826   Min.   :1.700   Min.   : 0.0000
 1st Qu.: 0.820   1st Qu.:20.30   1st Qu.: 3.1728   1st Qu.:2.450   1st Qu.: 0.1934
 Median : 2.480   Median :24.20   Median : 3.4702   Median :3.075   Median : 0.7354
 Mean   : 2.031   Mean   :24.46   Mean   : 4.1675   Mean   :3.125   Mean   : 0.8040
 3rd Qu.: 2.730   3rd Qu.:28.10   3rd Qu.: 5.5402   3rd Qu.:3.700   3rd Qu.: 1.4199
 Max.   : 5.890   Max.   :42.20   Max.   :11.3429   Max.   :9.325   Max.   :12.1465
```

图 8－14　相关代码及运行结果

第四步，利用函数 pairs（w）画出如图 8－15 所示的两两变量的散点图。

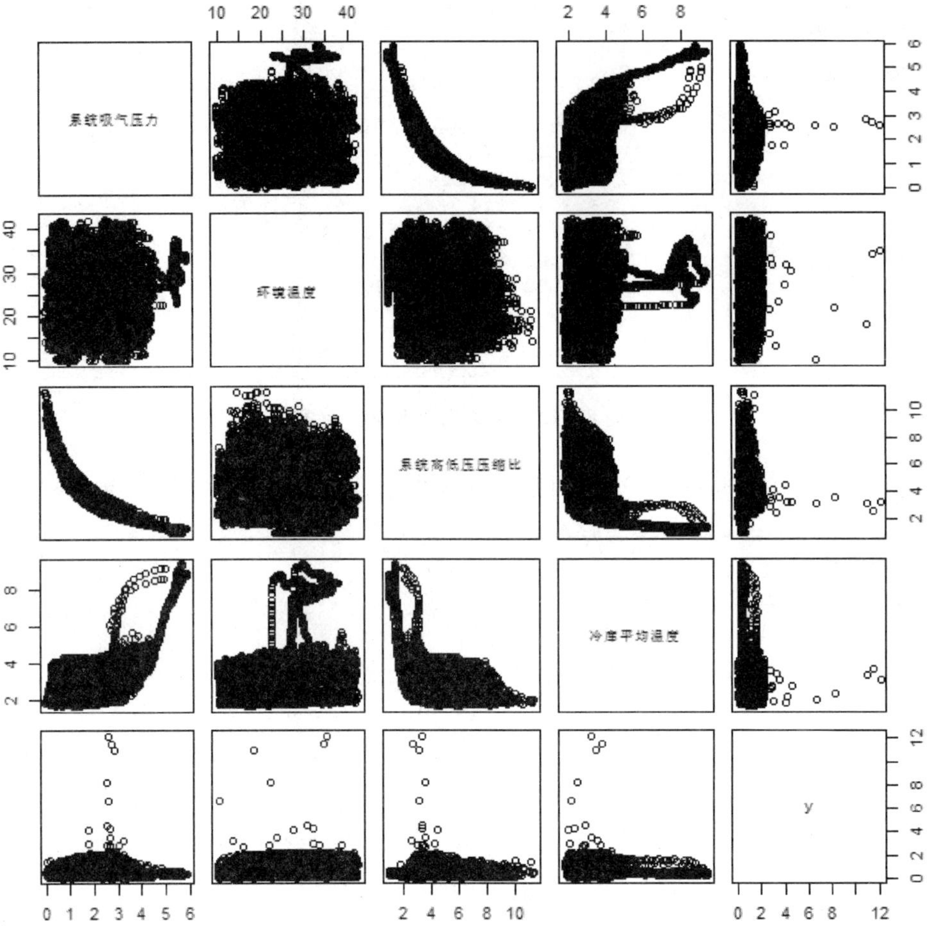

图 8-15 数据框 w 中的变量之间的两两散点图

图 8-15 中最后一行图像分别表示纵轴是 y，横轴是其他相应变量的散点图，从中可以发现除了个别异常点之外，大部分点都聚在一起。图 8-15 中第一行第三列的散点图显示，变量“系统吸气压力”和“系统高低压压缩比”呈现显著的非线性关系，这会影响后面的多元回归效果。在进行多元回归时，可只保留二者中的一个变量，观察回归效果是否提升。

第五步，利用函数 cor（w）返回数据框 w 中每列之间的相关系数，如图 8-16 所示。变量“系统吸气压力”和“系统高低压压缩比”之间的线性相关系数为 -0.93997。

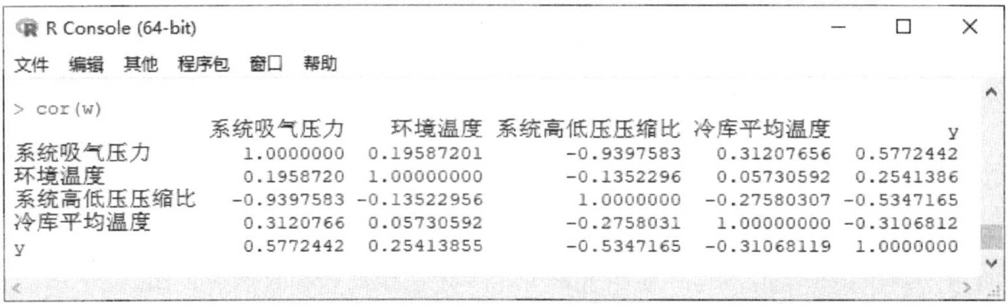
R Console (64-bit)

文件 编辑 其他 程序包 窗口 帮助

> cor(w)

	系统吸气压力	环境温度	系统高低压压缩比	冷库平均温度	y
系统吸气压力	1.0000000	0.19587201	-0.9397583	0.31207656	0.5772442
环境温度	0.1958720	1.00000000	-0.1352296	0.05730592	0.2541386
系统高低压压缩比	-0.9397583	-0.13522956	1.0000000	-0.27580307	-0.5347165
冷库平均温度	0.3120766	0.05730592	-0.2758031	1.00000000	-0.3106812
y	0.5772442	0.25413855	-0.5347165	-0.31068119	1.0000000

图 8-16 相关代码及运行结果

（二）回归分析

首先，我们考虑所有自变量都参与回归分析。为此，利用如下的 R 程序代码，其运行结果如图 8－17 所示。

```
R Console (64-bit)
文件 编辑 其他 程序包 窗口 帮助
> w=read.table("d:/222.txt",header=T)
> b=lm(y~.,data=w)
> summary(b)

Call:
lm(formula = y ~ ., data = w)

Residuals:
    Min      1Q  Median      3Q     Max
-1.5326 -0.2315  0.0203  0.2508 10.9831

Coefficients:
                  Estimate Std. Error t value Pr(>|t|)
(Intercept)      0.5658251  0.0193107   29.30   <2e-16 ***
系统吸气压力       0.4377713  0.0039446  110.98   <2e-16 ***
环境温度           0.0144525  0.0002547   56.75   <2e-16 ***
系统高低压压缩比    0.0344146  0.0027305   12.60   <2e-16 ***
冷库平均温度       -0.3672992  0.0017004 -216.01   <2e-16 ***
---
Signif. codes:  0 '***' 0.001 '**' 0.01 '*' 0.05 '.' 0.1 ' ' 1

Residual standard error: 0.3716 on 66162 degrees of freedom
Multiple R-squared:  0.6211,	Adjusted R-squared:  0.6211
F-statistic: 2.712e+04 on 4 and 66162 DF,  p-value: < 2.2e-16
```

图 8－17　相关代码及运行结果

由 summary（）函数返回的结果可知，系数和方程都是显著的，但是可决系数 $R^2=0.6211$，说明整体的回归效果不太好。

其次，为了提高 R^2，下面我们试着删除自变量中的某个相关变量（前面的分析发现，第一个和第三个自变量存在显著的相关性），建立回归模型，并检验回归效果。

为此，先删除第一个自变量"系统吸气压力"，由 summary（）函数得到的返回结果如图 8－18 所示。

```
R Console (64-bit)
文件  编辑  其他  程序包  窗口  帮助
> w=read.table("d:/222.txt",header=T)
> w=w[,-1]  #读入数据后删掉第一列
> b=lm(y~.,data=w)
> summary(b)

Call:
lm(formula = y ~ ., data = w)

Residuals:
    Min      1Q  Median      3Q     Max
-1.5249 -0.2372  0.0014  0.2710 10.9134

Coefficients:
                 Estimate Std. Error t value Pr(>|t|)
(Intercept)      2.4016749  0.0108509  221.34   <2e-16 ***
环境温度          0.0201726  0.0002716   74.27   <2e-16 ***
系统高低压压缩比 -0.2489935  0.0010529 -236.48   <2e-16 ***
冷库平均温度     -0.3370938  0.0018280 -184.41   <2e-16 ***
---
Signif. codes:  0 '***' 0.001 '**' 0.01 '*' 0.05 '.' 0.1 ' ' 1

Residual standard error: 0.4047 on 66163 degrees of freedom
Multiple R-squared:  0.5506,    Adjusted R-squared:  0.5506
F-statistic: 2.702e+04 on 3 and 66163 DF,  p-value: < 2.2e-16
```

图 8－18　相关程序及运行结果

由图 8－18 可知，系数和方程虽然都是显著的，但可决系数 $R^2=0.5506$，因此，此回归分析的改进效果不明显。

再删除第三个自变量“系统高低压压缩比”，建立回归方程，得到图 8－19 所示的回归分析结果。

```
R Console
> w=read.table("d:/222.txt",header=T)
> w=w[,-3]  #读入数据后删掉第三列
> c=lm(y~.,data=w)
> summary(c)

Call:
lm(formula = y ~ ., data = w)

Residuals:
    Min      1Q  Median      3Q     Max
-1.5252 -0.2263  0.0198  0.2485 10.9733

Coefficients:
              Estimate Std. Error t value Pr(>|t|)
(Intercept)   0.7885180  0.0078009  101.08   <2e-16 ***
系统吸气压力   0.3912761  0.0013983  279.83   <2e-16 ***
环境温度       0.0149215  0.0002522   59.16   <2e-16 ***
冷库平均温度  -0.3661208  0.0016998 -215.39   <2e-16 ***
---
Signif. codes:  0 '***' 0.001 '**' 0.01 '*' 0.05 '.' 0.1 ' ' 1

Residual standard error: 0.372 on 66163 degrees of freedom
Multiple R-squared:  0.6202,    Adjusted R-squared:  0.6202
F-statistic: 3.601e+04 on 3 and 66163 DF,  p-value: < 2.2e-16

> |
```

图 8－19　程序及运行结果

由图 8－19 可知，系数和方程虽然都是显著的，但可决系数 $R^2=0.6202$，还是小于原回归方程的可决系数 0.6211。

综上所述，我们最终选取第一个模型作为预测“单位时间耗电量 y”的方程：

$y=0.4377713\times x_1+0.0144525\times x_2+0.0344146\times x_3-0.3672992\times x_4+0.5658251$

所以，我们将所有自变量作为回归方程的自变量，以此对新数据（x_1，x_2，x_3，x_4）进行回归分析预测，相应的 R 命令为：predict（a，data. frame（x_1，x_2，x_3，x_4））。

三、关于波士顿房价数据的回归分析

房价的波动情况一直是大家关注的热点问题，而能够较为准确地预测房价的变化也一直是广大学者研究的焦点问题。为此，我们收集了波士顿房价变化的相关数据（其变量的基本信息如表 8－2 所示，数据文件名称为 housing. csv），并利用回归分析方法建立相应预测模型，对房价进行较为准确的预测。

表 8－2　　数据 housing 中的变量说明

变量名称	变量说明
CRIM	每个城镇人均犯罪率
ZN	超过 25000 平方尺用地划为居住用地的百分比
INDUS	非零售商用地百分比
CHAS	是否被河道包围
NOX	氮氧化物浓度
RM	住宅平均房间数目
AGE	1940 年前建成自用单位比例
DIS	5 个波士顿就业服务中心的加权距离
RAD	无障碍径向高速公路指数
TAX	每万元物业税率
PTRATIO	小学师生比例
B	黑人比例指数
LSTAT	低层人口比例
MEDV	业主自住房屋中值，单位是千美元（因变量）

首先，利用 R 软件读入相应的数据文件 housing. csv，并了解数据的基本结构，其输出结果如图 8－20 所示。

```
R Console (64-bit)
文件 编辑 其他 程序包 窗口 帮助
> w=read.csv("d:/housing.csv",header=T)
> str(w)
'data.frame':   506 obs. of  14 variables:
 $ CRIM   : num  0.00632 0.02731 0.02729 0.03237 0.06905 ...
 $ ZN     : num  18 0 0 0 0 0 12.5 12.5 12.5 12.5 ...
 $ INDUS  : num  2.31 7.07 7.07 2.18 2.18 2.18 7.87 7.87 7.87 7.87 ...
 $ CHAS   : int  0 0 0 0 0 0 0 0 0 0 ...
 $ NOX    : num  0.538 0.469 0.469 0.458 0.458 0.458 0.524 0.524 0.524 0.524$
 $ RM     : num  6.58 6.42 7.18 7 7.15 ...
 $ AGE    : num  65.2 78.9 61.1 45.8 54.2 58.7 66.6 96.1 100 85.9 ...
 $ DIS    : num  4.09 4.97 4.97 6.06 6.06 ...
 $ RAD    : int  1 2 2 3 3 3 5 5 5 5 ...
 $ TAX    : num  296 242 242 222 222 222 311 311 311 311 ...
 $ PTRATIO: num  15.3 17.8 17.8 18.7 18.7 18.7 15.2 15.2 15.2 15.2 ...
 $ B      : num  397 397 393 395 397 ...
 $ LSTAT  : num  4.98 9.14 4.03 2.94 5.33 ...
 $ MEDV   : num  24 21.6 34.7 33.4 36.2 28.7 22.9 27.1 16.5 18.9 ...
```

图 8-20 读入数据文件 housing. csv 的相关代码及运行结果

由图 8-20 可知，该数据表共 506 个样本，数据没有缺失值（若存在缺失值，可以编写 w = na. omit（w），即删除 w 中所有存在缺失值的行，并存为数据框 w）；数据框 w 包含 14 个变量，都是数量型变量，其中 MEDV（房价中位数）是因变量，其他为自变量。

其次，在这个房价数据中，影响因变量 MEDV 的自变量很多，我们可以采用全部自变量进行回归分析，也可以从中挑选部分变量建立回归方程，这个过程称作变量选择。那么，到底应该选择哪些变量参与回归呢？

思 用一个自变量构建的回归模型完全不同于用两个自变量构建的回归模型，对于同一数据集，如何评价不同模型的优劣？

事实上，我们可以引入如表 8-3 所示的“指标”来进行评价。

表 8-3 各种评价回归模型的指标

评价指标	指标的公式
RSS（残差平方和）	$RSS = \sum_{i=1}^{n}(y_i - \hat{y}_i)$，该指标越小说明拟合效果越好
R^2（可决系数）	$R^2 = 1 - \frac{RSS}{总和平方和}$，总和平方和是常数，当 *RSS* 越小，则$R^2$越大越好（靠近 1）
AIC（赤池信息准则）	$AIC = 2*p + 2*ln(SSR/n)$，p 为自变量个数，n 为样本个数，*AIC* 越小越好
BIC（贝叶斯信息准则）	$BIC = \frac{1}{n}(RSS + \log(n) * p * \hat{\sigma}^2)$，$\hat{\sigma}^2$为白噪声的估计方差，*BIC* 越小越好
C_p	$C_p = \frac{1}{n}(RSS + 2p * \hat{\sigma}^2)$，$C_p$越小越好

下面以 AIC 指标为例，说明变量选择的过程。

整体而言，回归模型的根本目的是追求 RSS 越小越好，但在实际问题中，回归模型不能太复杂（自变量个数不能过多），当模型越复杂，可能会出现过拟合情况，即，模型对已知数据拟合效果好，但代入新数据时，模拟拟合效果很差。为了同时追求两个目标：RSS 越小越好，模型越简单越好，因此，引入赤池信息准则：

$$AIC = 2 \times d + 2 \times \ln\ (SSR/n)$$

其中，等式右边第一项中的 d 表示自变量个数，其值越小说明模型越简单（不容易出现过拟合情况）；第二项为 $2 \times \ln\ (SSR/n)$，且 RSS 越小第二项的值就越小。因此，AIC 准则越小，说明模型拟合效果越好。

在 R 中，利用 step（）函数进行逐步回归分析，即，通过 AIC 指标来找到最优的自变量来参与回归。逐步回归的基本步骤如下：

（1）记包含全部 p 个自变量的全模型为 M_p。

（2）对于 $k = p,\ p-1,\ \cdots,\ 1$：

①在模型 M_k 的基础上减少一个变量（从 k 个自变量中选择一个自变量然后删除它，例如，第一次只删除第一个自变量，形成一个模型；第二次只删除第二个自变量，形成另一个模型，以此类推，这样共产生 k 个不同的模型），每个模型只含 $k-1$ 个变量，这样的模型共有 k 个。

②在 k 个模型中选择 AIC 最小的模型作为最优模型，记为 M_{k-1}。

③如果模型不删除变量的时候 AIC 最小，则跳出循环，此时的模型即为最优模型。

应用逐步回归之前，如图 8－21 所示，需要先进行一般回归分析，即全部自变量都参与回归分析，并将回归分析结果存储在变量 a 中。

```
R Console (64-bit)
文件  编辑  其他  程序包  窗口  帮助

> w=read.csv("d:/housing.csv",header=T)
> a=lm(w$MEDV~.,data=w)
> summary(a)

Call:
lm(formula = w$MEDV ~ ., data = w)

Residuals:
    Min      1Q  Median      3Q     Max
-15.595  -2.730  -0.518   1.777  26.199

Coefficients:
              Estimate Std. Error t value Pr(>|t|)
(Intercept)  3.646e+01  5.103e+00   7.144 3.28e-12 ***
CRIM        -1.080e-01  3.286e-02  -3.287 0.001087 **
ZN           4.642e-02  1.373e-02   3.382 0.000778 ***
INDUS        2.056e-02  6.150e-02   0.334 0.738288
CHAS         2.687e+00  8.616e-01   3.118 0.001925 **
NOX         -1.777e+01  3.820e+00  -4.651 4.25e-06 ***
RM           3.810e+00  4.179e-01   9.116  < 2e-16 ***
AGE          6.922e-04  1.321e-02   0.052 0.958229
DIS         -1.476e+00  1.995e-01  -7.398 6.01e-13 ***
RAD          3.060e-01  6.635e-02   4.613 5.07e-06 ***
TAX         -1.233e-02  3.760e-03  -3.280 0.001112 **
PTRATIO     -9.527e-01  1.308e-01  -7.283 1.31e-12 ***
B            9.312e-03  2.686e-03   3.467 0.000573 ***
LSTAT       -5.248e-01  5.072e-02 -10.347  < 2e-16 ***
---
Signif. codes:  0 '***' 0.001 '**' 0.01 '*' 0.05 '.' 0.1 ' ' 1

Residual standard error: 4.745 on 492 degrees of freedom
Multiple R-squared:  0.7406,    Adjusted R-squared:  0.7338
F-statistic: 108.1 on 13 and 492 DF,  p-value: < 2.2e-16
```

图 8－21　相关程序及运行结果

由图 8－21 中的检验 p 值可知，有部分自变量的回归系数不显著，因此，可以删掉这些不显著的自变量。

代码 b＝step（a）实现了逐步回归——进行变量选择（删除变量），能够自动生成三张图示输出（如图 8－22、图 8－23、图 8－24 所示），包含如下三步：

第一步，根据 AIC 指标最小原则，逐步回归 step（a）删掉了自变量 AGE。

第二步，删掉了 INDUS。

第三步，不删除任何变量，对应的 AIC 指标最小。（图 8－24 显示：< none >），此时算法到此结束。

综上可知，最后得到的回归模型中共删掉了 AGE 与 INDUS 两个自变量。

```
R Console (64-bit)
文件 编辑 其他 程序包 窗口 帮助
> b=step(a)
Start:  AIC=1589.64
w$MEDV ~ CRIM + ZN + INDUS + CHAS + NOX + RM + AGE + DIS + RAD +
    TAX + PTRATIO + B + LSTAT

          Df Sum of Sq   RSS    AIC
- AGE      1      0.06 11079 1587.7
- INDUS    1      2.52 11081 1587.8
<none>                 11079 1589.6
- CHAS     1    218.97 11298 1597.5
- TAX      1    242.26 11321 1598.6
- CRIM     1    243.22 11322 1598.6
- ZN       1    257.49 11336 1599.3
- B        1    270.63 11349 1599.8
- RAD      1    479.15 11558 1609.1
- NOX      1    487.16 11566 1609.4
- PTRATIO  1   1194.23 12273 1639.4
- DIS      1   1232.41 12311 1641.0
- RM       1   1871.32 12950 1666.6
- LSTAT    1   2410.84 13490 1687.3
```

图 8－22　逐步回归第一步输出

```
R Console (64-bit)
文件 编辑 其他 程序包 窗口 帮助
Step:  AIC=1587.65
w$MEDV ~ CRIM + ZN + INDUS + CHAS + NOX + RM + DIS + RAD + TAX +
    PTRATIO + B + LSTAT

          Df Sum of Sq   RSS    AIC
- INDUS    1      2.52 11081 1585.8
<none>                 11079 1587.7
- CHAS     1    219.91 11299 1595.6
- TAX      1    242.24 11321 1596.6
- CRIM     1    243.20 11322 1596.6
- ZN       1    260.32 11339 1597.4
- B        1    272.26 11351 1597.9
- RAD      1    481.09 11560 1607.2
- NOX      1    520.87 11600 1608.9
- PTRATIO  1   1200.23 12279 1637.7
- DIS      1   1352.26 12431 1643.9
- RM       1   1959.55 13038 1668.0
- LSTAT    1   2718.88 13798 1696.7
```

图 8－23　逐步回归第二步输出

```
R Console (64-bit)
文件 编辑 其他 程序包 窗口 帮助

Step:  AIC=1585.76
w$MEDV ~ CRIM + ZN + CHAS + NOX + RM + DIS + RAD + TAX + PTRATIO +
    B + LSTAT

          Df Sum of Sq   RSS    AIC
<none>                 11081 1585.8
- CHAS     1    227.21 11309 1594.0
- CRIM     1    245.37 11327 1594.8
- ZN       1    257.82 11339 1595.4
- B        1    270.82 11352 1596.0
- TAX      1    273.62 11355 1596.1
- RAD      1    500.92 11582 1606.1
- NOX      1    541.91 11623 1607.9
- PTRATIO  1   1206.45 12288 1636.0
- DIS      1   1448.94 12530 1645.9
- RM       1   1963.66 13045 1666.3
- LSTAT    1   2723.48 13805 1695.0
```

图 8 – 24　逐步回归第三步输出

逐步回归结果记为 b，函数 summary(b)返回回归分析模型 b 的相关信息(如图 8 –25 所示)。

```
R Console (64-bit)
文件 编辑 其他 程序包 窗口 帮助

> summary(b)

Call:
lm(formula = w$MEDV ~ CRIM + ZN + CHAS + NOX + RM + DIS + RAD +
    TAX + PTRATIO + B + LSTAT, data = w)

Residuals:
     Min       1Q   Median       3Q      Max
-15.5984  -2.7386  -0.5046   1.7273  26.2373

Coefficients:
              Estimate Std. Error t value Pr(>|t|)
(Intercept)  36.341145   5.067492   7.171 2.73e-12 ***
CRIM         -0.108413   0.032779  -3.307 0.001010 **
ZN            0.045845   0.013523   3.390 0.000754 ***
CHAS          2.718716   0.854240   3.183 0.001551 **
NOX         -17.376023   3.535243  -4.915 1.21e-06 ***
RM            3.801579   0.406316   9.356  < 2e-16 ***
DIS          -1.492711   0.185731  -8.037 6.84e-15 ***
RAD           0.299608   0.063402   4.726 3.00e-06 ***
TAX          -0.011778   0.003372  -3.493 0.000521 ***
PTRATIO      -0.946525   0.129066  -7.334 9.24e-13 ***
B             0.009291   0.002674   3.475 0.000557 ***
LSTAT        -0.522553   0.047424 -11.019  < 2e-16 ***
---
Signif. codes:  0 '***' 0.001 '**' 0.01 '*' 0.05 '.' 0.1 ' ' 1

Residual standard error: 4.736 on 494 degrees of freedom
Multiple R-squared:  0.7406,    Adjusted R-squared:  0.7348
F-statistic: 128.2 on 11 and 494 DF,  p-value: < 2.2e-16
```

图 8 – 25　相关代码及运行结果

从图 8-25 中可以发现，此时所有参与回归的自变量都是显著的。

逐步回归的缺点：上述逐步回归算法每次删掉一个自变量，但并不能遍历所有的自变量组合，因此可能找不到回归模型的最优自变量集合（最优子集）。在 R 软件中，安装 leaps 包后，可以利用其中的 regsubsets（ ）函数采用穷举法遍历所有的子集，根据评价指标来选择所有子集中的最优子集，其程序如下：

```
install.packages("leaps")
library(leaps)
regfit.full = regsubsets(w $ MEDV ~ . ,data = w,nvmax = 13)
```

在 regsubsets（ ）函数中，nvmax 参数 =13，说明函数拟合的最优子集可以包含 1 个自变量，也可以包含 2 个自变量，一直到包含全部 13 个自变量。

上述程序的运行后，再利用函数 summary（a）返回如图 8-26 所示分析结果，其中第一行只有 LSTAT 下面带“ * ”号，说明当前自变量 LSTAT 是最优子集成员，即，如果只有一个自变量参与回归，则最优子集包含 LSTAT，依此类推。

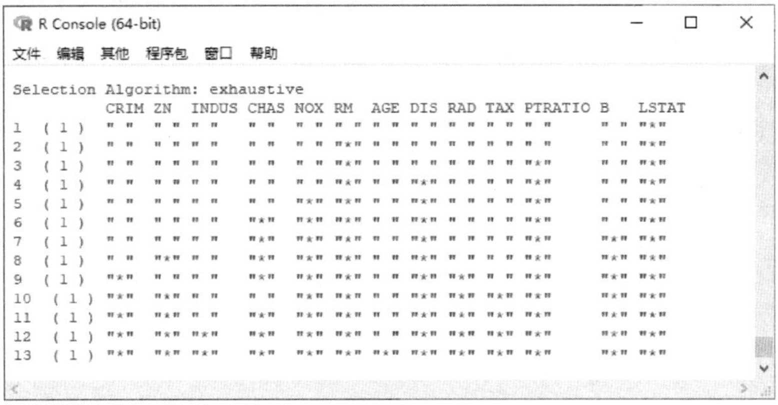

图 8-26 相关代码的运行结果

当然，具体需要选择几个自变量进行回归分析与预测，要根据实际情况来确定。

通过本章学习，你对撰写数据分析报告的重要性有了更深的认识，对如何写好数据分析报告有了更好的理解，希望你能领悟到如下的思维方式以及所蕴含的哲理：

> **悟** 数据分析报告是数据分析的重要环节，是数据分析结果的概括呈现。在撰写报告时，要重点突出、观点鲜明、符合逻辑、论证详实、结论深刻。虽然好的统计模型固然重要，但是最终的数据分析报告是将“好模型”展示出来的关键所在。

习题

1. 为估计山上积雪融化后对下游灌溉的影响，在山上建立一个观测站，测量最大积雪深度 X 与当年灌溉面积 Y，表 8-4 列出了连续 10 年的测量数据。

表 8－4　　连续 10 年最大积雪深度 X 与当年灌溉面积 Y 的测量数据

样本序号	X（米）	Y（平方米）
1	5.1	1907
2	3.5	1287
3	7.1	2700
4	6.2	2373
5	8.8	3260
6	7.8	3000
7	4.5	1947
8	5.6	2273
9	8.0	3113
10	6.4	2493

要求：

（1）画出相应的散点图，判断 X 与 Y 是否存在线性关系。

（2）建立以 Y 作为因变量的回归模型，并解释该模型。

（3）现测得 2020 年的数据 X＝7 米，给出 2020 年灌溉面积的预测值和相应的 95% 的置信区间。

2. R 软件自带数据 cars。在 R 中，输入 cars，即返回该数据，共包含 50 个样本，其中，speed 是车辆行驶速度，dist 是对应的刹车距离。请分析二者的因果关系，画出相应的散点图，建立回归模型并作回归分析。

3. 数据文件 mg 共包含 1385 个样本，6 个自变量 X_i 和 1 个因变量 Y，全部都是数量型变量。由于隐私问题，所有的变量都没有指明现实意义。使用 R 软件读入数据 mg（文件可下载）。求各个变量之间的相关系数，运用逐步回归选择合理自变量建立回归模型，并做出相应的回归分析（表 8－5 显示了数据 mg 的前 10 个样本数据）。

表 8－5　　数据文件 mg 的前 10 个样本数据

序号	Y	X_1	X_2	X_3	X_4	X_5	X_6
1	1.13	1.07	0.84	0.71	1.02	1.25	0.90
2	1.16	1.14	0.56	0.79	1.03	1.01	0.90
3	1.03	1.15	0.43	1.06	1.16	0.71	0.90
4	0.79	1.07	0.75	1.20	1.07	0.50	0.94
5	0.64	0.81	0.97	1.30	1.00	0.58	1.12
6	0.64	0.66	0.94	1.19	0.77	0.94	1.22
7	0.97	0.62	1.07	0.84	0.71	1.02	1.25
8	1.13	0.94	1.14	0.56	0.79	1.03	1.01
9	1.17	1.13	1.15	0.43	1.06	1.16	0.71
10	1.22	1.17	1.07	0.75	1.20	1.07	0.50

探究

怎样才能撰写一份好的数据分析报告

完成一份数据分析报告的过程包括：发现与界定问题、基于数据分析问题、基于数据分析给出解决问题方案。当然，最为核心的是基于正确的数据给出解决问题方案。

对于实务工作者或者即将走向工作岗位的学生来说，请记住：当别人看你撰写的数据分析报告时，漂亮的图表、有趣的故事和完美的文章结构固然很重要，但你的数据分析报告受众更关注的是如下几个方面：

其一，报告是否有价值？

其二，价值体现是什么？

其三，价值到底有多大？

其四，值得花多少时间看这个报告？

其五，报告的结论是否有正确的数据支持？

其六，基于结论形成的方案是否符合逻辑？

……

请你在某行业领域找一个自己感兴趣的问题，在查阅相关资料的基础上，围绕研究目标，通过收集、预处理、建模与分析数据，撰写一份数据分析报告，并进一步探究怎样才能撰写一份好的数据分析报告。

附录 1

Q/BDA

中经数（北京）数据应用技术研究院企业标准

Q/BDA001—2019

BDA 数据分析职业技能等级规范

2019－09－10 发布　　2019－12－31 实施

中经数（北京）数据应用技术研究院　发布

目　　次

前　　言

本标准按照 GB/T 1. 1 –2009 给出的规则起草。

本标准由中经数（北京）数据应用技术研究院提出并归口。

本标准起草单位：中国信息协会市场研究业分会、台湾人工智慧发展学会、山东省大数据研究会、中经数（北京）数据应用技术研究院、中国联通智慧足迹数据科技有限公司、河北经贸大学、天津商业大学、天津财经大学、陕西乐观数据科技有限责任公司。

本标准主要起草人：王磊、李春林、翁瑞光、张良、安建业、扈琼玲、姜澍、张岩、石玉峰、王键、杨春河、云霞。

本标准为首次发布。

BDA 数据分析职业技能等级规范

1 范围

本标准规定了 BDA 数据分析职业技能的术语和定义、职业技能等级划分与要求、职业能力要求、培训要求和鉴定要求。

本标准适用于 BDA 数据分析职业技能等级认证的考核与评估，数据分析从业人员的聘用和培训等。

2 术语和定义

2.1 数据分析 Data Analysis

数据分析是指用适当的统计分析方法对收集来的大量数据进行分析研究和概括总结，提取有用信息和形成结论的过程。在实用中，数据分析可帮助人们做出判断，其研究结论可以用于决策支持。因此数据分析也是决策支持中的重要环节。常用的分析方法有假设检验、多元分析、时序分析、调查分析等。

2.2 数据挖掘 Data Mining

数据挖掘是一个利用各种分析方法，从大量数据中提取隐含和潜在的、对决策有用的信息和知识的过程。数据挖掘的主要流程包括：问题与数据理解、数据准备、模型建立、模型评估、结论发布与应用。

2.3 数据洞察 Data Insight

数据洞察是利用数据分析或数据挖掘得到的知识，结合问题背景领域的知识理解，告诉人们如何选择，或者怎样的选择会导致怎样的结果，包括决策运营、预测机会等。数据洞察是对分析结论的升华，具有很强的指向性。

3 职业技能等级划分与要求

3.1 等级划分

BDA 数据分析职业技能划分为五个等级：

——员级；

——初级；

——中级；
——准高级；
——高级。

3.2 主要职责

3.2.1 数据管理员

主要职责是办公自动化、数据收集基本技能。

3.2.2 初级数据分析师

主要职责是办公自动化、数据收集基本技能；具备基本的数据处理、分析和展示能力。

3.2.3 中级数据分析师

主要职责是具备数据处理、分析和展示能力；具备基本的网络数据收集、数据挖掘能力，具备和大型数据库管理人员、大数据框架工程师团队协同工作的能力。

3.2.4 准高级数据分析师

主要职责是具备网络数据收集、数据挖掘能力；具备大规模数据处理、分析和展示能力；具备协助高级数据分析师工作的能力。

3.2.5 高级数据分析师

主要职责是具备网络数据收集技能、数据挖掘能力；具备大规模数据处理、分析和展示能力；具备承担大数据项目设计和实施能力。

3.3 职业等级类别

3.3.1 员级

中职毕业（含在校生），经培训考核成绩合格。

3.3.2 初级

专科以上学历（含在校生），或从事相关工作，经考核成绩合格。

3.3.3 中级

本科以上学历（含在校生），或取得初级证书且从事相关工作 1 年以上，经考核成绩合格。

3.3.4 准高级

硕士以上学历（含在校生），或取得中级证书且连续从事相关工作 2 年以上（含 2 年），经考核成绩合格。

3.3.5 高级

博士学历，或硕士学历且取得准高级证书后连续从事相关工作 3 年以上（含 3 年），或连续从事相关工作 5 年以上且具有项目管理经验，经答辩成绩合格。

4 职业能力要求

4.1 数据管理员职业能力

数据管理员职业能力要求，见表 1。

表 1 数据管理员职业能力要求

职业功能	工作内容	技能要求	相关知识
基本素养	职业道德与安全意识	1. 能遵守职业道德 2. 能遵守涉及的数据安全和保密要求及规定	1. 了解职业道德的知识和应用 2. 了解数据安全和保密要求的知识及规定
办公自动化	数据与结论的可视化展示	1. 能运用 Excel 软件管理数据 2. 能运用 PPT 美化和展示分析结论 3. 能熟练运用办公软件进行文档编辑排版等工作	1. 掌握办公软件（Word、Excel、PPT 等）的相关知识及应用
数据管理	数据收集	1. 能收集互联网上的数据 2. 能通过调查活动收集数据	1. 掌握互联网上公开数据的来源和采集方法 2. 了解调查数据采集的基本要求和流程
	数据处理	1. 能预处理结构化数据 2. 能完成数据抽取、清理转换、格式化数据	1. 了解数据的基本结构 2. 了解数据预处理的相关方法及应用 3. 理解数据集成、数据审核、数据清理和数据转换方法

4.2 初级职业能力

初级职业能力要求，见表 2。

表 2 初级职业能力要求

职业功能	工作内容	技能要求	相关知识
基本素养	职业道德与安全意识	1. 能遵守职业道德 2. 能遵守涉及的数据安全和保密要求及规定	1. 了解职业道德的知识和应用 2. 了解数据安全和保密要求的知识及规定
数据管理	数据收集	1. 能收集互联网上的数据 2. 能收集外部的公开或非公开数据 3. 能收集内部的数据 4. 能通过调查活动收集数据	1. 掌握互联网上公开数据的来源和采集方式 2. 理解抽样调查及社会调查方法的基本知识及应用 3. 掌握非公开数据和内部数据的采集方法
	数据处理	1. 能处理结构化与非结构化数据 2. 能完成数据抽取、清理转换、格式化数据 3. 能运用常用的数据库存取数据	1. 理解数据集成、数据审核、数据清理和数据转换的基本方法 2. 理解均值插补、回归插补、相似值插补等常用缺失值插补方法 3. 了解数据结构及数据库的基本原理 4. 了解分布式文件系统数据存取机理

续表

职业功能	工作内容	技能要求	相关知识
数据分析	数据分析	1. 能根据业务问题选择数据分析方法 2. 能运用各类数据分析方法进行数据分析	1. 掌握统计学基础、数据分析方法基础 2. 运用描述性分析、推断性分析、方差分析、线性回归分析等方法分析数据
	数据分析工具的应用	1. 能运用 R、Excel、SPSS、SAS 等某一数据分析工具	1. 掌握基于 R、Excel、SPSS、SAS 等某一数据分析软件掌握数据分析的相关方法及应用
可视化设计与报告写作	数据可视化展示	1. 能通过程序语言或工具展示数据情况 2. 能选择合适图型展示复杂数据 3. 能运用 Excel 软件展示数据结论 4. 能运用 PPT 美化和展示分析结论	1. 掌握数据分析软件的可视化功能及应用 2. 掌握办公软件（Word、Excel、PPT 等）的相关知识及应用
	撰写报告	1. 能根据分析结论提出合理建议和撰写报告 2. 能熟练运用办公自动化软件编辑报告文档	1. 掌握数据分析报告的撰写要求 2. 掌握调查分析报告的撰写要求

4.3 中级职业能力

中级职业能力要求，见表 3。

表 3 中级职业能力要求

职业功能	工作内容	技能要求	相关知识
基本素养	职业道德与安全意识	1. 能遵守职业道德 2. 能遵守涉及的数据安全和保密要求及规定	1. 了解职业道德的知识和应用 2. 了解数据安全和保密要求的知识及规定
业务分析	定义业务问题	1. 能将业务目标转化为数据分析目标 2. 能分析业务对应产品的分类和服务模式 3. 能分析业务运营模式及系列结构 4. 能分析相当业务计算机管理系统	1. 了解项目分析的知识和方法 2. 了解相关业务领域基本知识
数据管理	数据库管理	1. 能分析和评估不同场景的数据库应用 2. 能搭建企业常用数据库 3. 能对多数据库操作管理 4. 能优化数据库	1. 了解多款数据库的特性及优缺点 2. 了解 Hadoop 生态圈上的 Hbase、Hive、Impala 的基本功能 3. 了解数据库的索引机制、查询优化机制、存储机制，表分区应用等 4. 掌握数据库的创建与管理、视图、索引以及备份与恢复等方法
	数据预处理	1. 能制定不同来源数据收集方案 2. 能拼接不同来源不同类型的数据 3. 能处理丢失或损坏的数据 4. 能从海量数据中搜集并提取信息 5. 能完成数据抽取、清理转换、重构整合和格式化数据	1. 了解大数据的基本理论与应用 2. 掌握数据集成、数据审核、数据清理和数据转换的基本方法 3. 掌握均值插补法、回归插补法、相似值插补方法等常用缺失值插补方法 4. 了解 EM 插补法、多重插补法和基于模型的插补方法

续表

职业功能	工作内容	技能要求	相关知识
数据挖掘与统计机器学习	数据挖掘分析	1. 能分析数据特征 2. 能运用数据挖掘分析方法 3. 能分析和处理海量数据 4. 能熟练的进行多维度分析 5. 能实现特定数据挖掘功能	1. 掌握数据挖掘相关知识 2. 理解统计建模相关知识 3. 运用分布分析、对比分析、统计量分析、周期性分析、贡献度分析、相关性分析等方法 4. 运用因子分析、聚类分析、判别分析、对应分析、多元回归分析、Logistic 回归分析、时间序列分析、结构方程模型等分析方法 5. 掌握决策树、关联分析、神经网络等分析方法 6. 理解开源的算法代码
	模型训练与应用	1. 能创建训练集、验证集和测试集 2. 能评估模型性能 3. 能运用建立好的模型预测业务问题 4. 能实现特定模型功能	
可视化分析	撰写报告与可视化数据	1. 能使用可视化分析的相关工具及相关软件 2. 能理解和掌握可视化分析的算法模型 3. 能应用开源软件进行可视化分析项目 4. 能按要求撰写数据分析报告	1. 掌握数据分析报告的撰写要求 2. 掌握调查分析报告的撰写要求 3. 掌握 python 等数据分析工具可视化功能及应用

4.4 准高级职业能力

准高级职业能力要求，见表 4。

表 4 准高级职业能力要求

职业功能	工作内容	技能要求	相关知识
基本素养	职业道德与安全意识	1. 能遵守职业道德 2. 能遵守涉及的数据安全和保密要求及规定	1. 了解职业道德的知识和应用 2. 了解数据安全和保密要求的知识及规定
业务分析	定义业务问题	1. 能将业务目标转化为数据分析目标 2. 能分析业务对应产品的分类和服务模式 3. 能分析业务运营模式及系列结构 4. 能分析相当业务计算机管理系统	1. 了解项目分析的知识和方法 2. 了解相关业务领域基本知识
数据库管理	数据库架构设计与特性评估	1. 能分析评估不同数据库的特性和优缺点 2. 能协助工程师完成数据库架构设计 3. 能协助 ETL 工程师工作	1. 理解在不同场景下数据库的构建、运维和评估技术 2. 了解大规模并行处理、分布式文件系统、分布式数据库、分布式计算等大数据平台的构建和运维技术 3. 理解流计算等分析技术 4. 理解数据库运作原理和工具实现方式
	大数据管理与设计	1. 能进行数据分析和建模 2. 能协助实践 BI 全过程 3. 能协助开发大数据分析处理系统	

续表

职业功能	工作内容	技能要求	相关知识
统计机器学习与深度学习	模型与算法的计设、测试和验证	1. 模型选择与评估 2. 运用建立好的模型预测业务问题 3. 能灵活对特定的业务场景进行统计学方法和机器学习方法 4. 能理解图像或语音或文本分析和挖掘方法	1. 掌握特征提取、异常诊断、模型评估技术和决策树、关联分析、支持向量机、神经网络、贝叶斯网络等分析方法 2. 理解图像分析，或语音分析，或文本分析方法 3. 理解无监督学习、有监督学习、模式识别、卷积神经网络等分析方法 4. 理解图像或语音或文本分析的内部机理
可视化分析	通过源代码或工具软件实现可视化分析	1. 能使用可视化分析相关开源软件栈和工具 2. 能协助开发分布式可视化分析系统	1. 掌握 python 等数据分析工具可视化功能及应用 2. 了解开源的算法代码编

4.5 高级职业能力

高级职业能力要求，见表 5。

表 5 高级职业能力要求

职业功能	工作内容	技能要求	相关知识
基本素养	职业道德与安全意识	1. 能遵守职业道德 2. 能遵守涉及的数据安全和保密要求及规定	1. 了解职业道德的知识和应用 2. 了解数据安全和保密要求的知识及规定
业务分析	规划业务问题	1. 能深入了解业务问题 2. 能拆解问题进行结构化 3. 能把问题模块进行细分 4. 能够找出可行的数据分析和建模方式 5. 能够带领团队整合管理企业的数据资产	1. 了解项目分析的知识和方法 2. 了解相关行业领域知识 3. 了解业务规划相关知识 4. 熟悉国家有关大数据产业发展方针、政策和法规
大数据管理	数据库架构设计与特性评估	1. 能分析评估不同数据库的特性和优缺点 2. 能指导对数据库架构设计 3. 能指导 ETL 工程师业务工作	1. 掌握在不同场景下数据库的构建、运维和评估技术 2. 掌握大规模并行处理、空间数据库、分布式文件系统、分布式数据库、分布式计算等大数据平台的构建和运维技术 3. 基本掌握流计算等分析技术 4. 理解数据库运作原理和工具实现方式
	大数据管理与设计	1. 能进行数据分析和建模 2. 能实践 BI 全过程 3. 能指导开发大数据分析处理系统	

续表

职业功能	工作内容	技能要求	相关知识
统计机器学习与深度学习	模型与算法的计设、测试和验证	1. 能承接算法项目 2. 能完成算法设计 3. 能选择与评估模型 4. 运用建立好的模型预测业务问题 5. 能灵活对特定的业务场景进行统计学方法和机器学习方法及算法设计 6. 实现图像或语音或文本分析设计 7. 能指导团队成员深度学习相关技术以及系统的研发	1. 运用特征提取、异常诊断、模型评估技术和决策树、关联分析、支持向量机、神经网络、贝叶斯网络等分析方法 2. 掌握图像分析，或语音分析，或文本分析方法 3. 掌握无监督学习、有监督学习、模式识别等分析方法 4. 理解图像或语音或文本分析的内部机理
可视化分析	通过源代码或工具软件实现可视化分析	1. 能精通可视化分析相关开源软件栈和工具 2. 能指导开发分布式可视化分析系统	1. 掌握 python 等数据分析工具可视化功能及应用 2. 掌握开源的算法代码编写经验
团队沟通协同与汇报	团队技术沟通与用户需求沟通	1. 能够与大型数据库管理人员协同工作 2. 能够与大数据框架工程师协同工作 3. 根据用户数据创造不同特性的产品和系统 4. 推动业务落地实现数据分析建议 5. 计划、领导、组织、实施大数据项目工作	具备项目管理经验

5 培训要求

5.1 培训期限

5.1.1 全日制学校教育，根据其培养目标和教学计划确定期限。
5.1.2 晋级培训的培训期限要求如下：

a）员级 24 标准学时；
b）初级 48 标准学时；
c）中级 60 标准学时；
d）准高级 80 标准学时。

5.2 培训教师

5.2.1 培训初、中级数据分析师的教师应具有 BDA 数据分析师中级以上职业证书或中级以上专业技术职务任职资格。
5.2.2 培训准高级数据分析师的教师应具有 BDA 数据分析师高级职业证书或相应专业高级专业技术职务任职资格。

5.3 培训场地设备

理论培训应具有可容纳 30 名以上学员的教室，实际操作培训应有相应的设备、工具、安全设施等较为完善的场地。

6 鉴定要求

6.1 面向人员

从事或准备从事数据分析相关工作的人员。

6.2 鉴定机构

BDA 数据分析师由中经数（北京）数据应用技术研究院统一鉴定。鉴定合格者按照等级规范统一核发相应等级的《BDA 数据分析师证书》，此证书全国通用。

6.3 鉴定方式

6.3.1 初级和中级分析师考核采用理论知识考试和技能操作方式，并递交实践报告。

6.3.2 理论知识考试采取闭卷笔试方式，技能操作考核采用实际操作方式。

6.3.3 理论知识考试和技能操作考核均实行百分制，成绩均达到 60 分（含 60 分）以上者为合格。

6.3.4 高级数据分析师采用报告综合评审和答辩方式。

6.4 考评员与考生配比

6.4.1 理论知识考试考评人员与考生配比为 1:30，每标准教室不少于 2 名考评员。

6.4.2 技能操作考核考评人员与考生配比为 1:30，且不少于 2 名考评员。

6.4.3 高级数据分析师综合评审和答辩考评人员不少于 3 人。

6.5 鉴定时间

6.5.1 理论知识考试 150 分钟，技能操作考核 150 分钟，答辩 20 分钟。

6.5.2 高级数据分析师的答辩时间为 45 分钟，其中包含自我陈述 15 分钟、答辩 30 分钟。

6.6 鉴定场所设备

论知识考试在标准教室进行，技能操作考核在具有相关的设备、工具和安全设备等较为完善的场地进行。

7 证书管理

7.1 证书分类

《BDA 数据分析师证书》分为以下类型：

a）《数据管理员证书》；

b）《初级数据分析师证书》；

c）《中级数据分析师证书》；

d)《准高级数据分析师证书》;

e)《高级数据分析师证书》。

7.2 发证管理

《BDA 数据分析师证书》由中经数（北京）数据应用技术研究院统一颁发，实行统一编号登记管理，考生在相应考试机构领取。

7.3 作废管理

7.3.1 若证书有手写或拼印，则作废。

7.3.2 若持证人利用证书发生触犯国家法律法规等违法乱纪行为，一经查实，发证机构有权声明作废该证书。

7.4 证书查真

持证人和用人单位可在 BDA 数据分析师官网（www.n-bda.org）和微信公众号随时公开查真。

附录 2

BDA 数据分析师《数据分析》考试大纲

I　考核能力要求

《数据分析》是初级数据分析师证书考试必考的课程之一。通过本课程的学习，要求考生掌握数据分析的基本概念、原理、思想与方法，并能够熟练地运用这些方法分析解决社会经济、管理服务、金融风险、科学技术等不同行业领域相关的实际问题。

按照《BDA 数据分析职业技能等级标准》初级数据分析师对知识与能力的规格要求，结合本课程不同知识点的难易程度，将其划分为识记、领会、简单应用与综合应用四个递进的层次来加以考核。

识记：对于本课程中的基本概念、专业名词与一些基本的统计计算公式，要求考生必须熟记，并能与其他概念、名词与公式加以区分，主要考查考生对基本知识的掌握程度。

领会：在识记的基础上，要求考生对本课程中的各种数据分析方法的基本思想、原理与分析步骤有深刻的理解，不仅知道应该做什么、怎样做，而且还要知道为什么要这样做，主要考查考生对专业知识与技能的领悟程度。

简单应用：在领会的基础上，要求考生根据本课程中的基本概念、基本原理与基本方法，并能够将相应的数据分析方法运用于对比较简单的实际问题的分析与判断，主要考查考生在数据分析方面是否具有初步的专业应用能力。

综合应用：在简单应用的基础上，要求考生能用学过的多个知识点，综合分析和解释比较复杂的实际问题，主要考查考生在数据分析方面是否具有初步的综合创新能力。

II　考试形式和试卷结构

1. 本课程采取闭卷笔试的考试方式，考试时间为 150 分钟，试卷总分为 100 分，60 分为及格线。考试过程中，考生可携带计算器（不带存储功能）应考。

2. 本课程的考核范围包括本大纲考试内容所规定的知识点及知识点下的知识细目。

3. 本课程在试卷中对不同能力层次要求的分数比例为：识记题占 15%，领会题占 60%，分析与计算题占 18%，综合应用题占 7%。

4. 试卷中试题的难易程度分为：易、较易、较难、难四个等级。每份试卷中不同难度试题的分数比例为 2:4:3:1。

5. 本课程考试试卷中题型一般包括单项选择题、多项选择题、简答题、分析与计算题、综合应用题共5种。

Ⅲ 考试内容与考核要求

第1章 数据分析导论

一、考试内容

1. 数据及其分类
(1) 数据的基本概念;
(2) 数据的分类。
2. 数据的价值与获取
(1) 样本数据的价值与获取;
(2) 大数据的价值与获取。
3. 数据分析的基本问题
(1) 数据分析的特点;
(2) 数据分析的基本原则;
(3) 数据分析的一般步骤;
(4) 数据分析的常用方法;
(5) 常用的数据分析软件。

二、考核要求

1. 数据及其分类
识记:数据的概念、数据分类的常用方法。
领会:在不同视角下,各种不同类型数据所具有的主要特性。
2. 数据的价值与获取
识记:样本数据的价值体现、大数据的价值体现。
领会:样本数据与大数据价值的获取方式。
3. 数据分析的基本问题
识记:数据分析的特点、数据分析的常用方法、常用的数据分析软件。
领会:数据分析的基本原则与一般步骤。

第2章 数据分析准备

一、考试内容

1. 数据收集
(1) 二手资料数据的收集;
(2) 样本数据的收集;
(3) 大数据的收集。

2. 数据存储
（1）数据量的度量；
（2）数据存储系统；
（3）数据存储与管理；
（4）大数据存储。
3. 数据预处理
（1）数据预处理的含义；
（2）数据预处理的基本原则；
（3）数据预处理的基本流程；
（4）数据预处理的方法。
4. 数据预处理的 R 软件实现
（1）数据读入与存储；
（2）随机抽样；
（3）缺失数据处理；
（4）数据集成；
（5）数据转换。

二、考核要求

1. 数据收集

识记：二手资料数据收集的途径、样本数据收集的途径、大数据收集的途径。

领会：二手资料数据收集的具体方法、样本数据收集的具体方法、大数据收集的方法。

2. 数据存储

识记：数据规模常用的度量单位、数据存储系统的种类、数据存储与管理的三个阶段、常见的大数据存储系统。

领会：数据存储系统的构成、大数据存储技术的发展与存储模式。

3. 数据预处理

识记：数据预处理的基本原则、基本流程。

领会：数据预处理的含义、数据预处理的常用方法。

4. 数据预处理的 R 软件实现

识记：利用 R 软件进行数据读入与存储、随机抽样、缺失数据处理、数据集成、数据转换的常用函数。

领会：利用 R 软件实现数据预处理的主要方法。

简单应用：利用 R 软件对具有实际应用背景单一变量的数据进行简单的预处理。

综合应用：利用 R 软件对行业领域中某些实际问题的多变量数据进行常规的数据预处理工作。

第 3 章 数据可视化

一、考试内容

1. 数据可视化简介
(1) 数据可视化的基本概念;
(2) 数据可视化的发展历史;
(3) 数据可视化的基本作用;
(4) 数据可视化的一般流程;
(5) 数据可视化的软件工具。
2. 单变量数据可视化
(1) 条状图;
(2) 饼图;
(3) 玫瑰图;
(4) 词云图。
3. 多变量数据可视化
(1) 散点图;
(2) 折线图;
(3) 平行坐标图;
(4) 桑基图。
4. 空间数据可视化
(1) 地图的基础数据;
(2) 空间数据可视化的呈现;
(3) 可互动式的空间数据可视化。
5. 数据可视化的 R 软件实现
(1) R 软件常用的数据可视化系统;
(2) 单变量数据可视化的 R 软件实现;
(3) 多变量数据可视化的 R 软件实现;
(4) 空间数据可视化的 R 软件实现。
6. 数据可视化的注意事项

二、考核要求

1. 数据可视化简介
识记:数据可视化的基本概念、发展历史、基本作用与软件工具。
领会:数据可视化的基本原理与一般流程。
2. 单变量数据可视化
识记:条状图、饼图、玫瑰图与词云图的应用背景。
领会:条状图、饼图、玫瑰图与词云图的绘制原理与方法。
3. 多变量数据可视化
识记:散点图、折线图、平行坐标图与桑基图的应用背景。

领会：散点图、折线图、平行坐标图与桑基图的绘制原理与方法。

4. 空间数据可视化

识记：空间数据可视化的类型。

领会：地图基础数据的获取、空间数据可视化的呈现原理与方法、可互动式空间数据可视化的具体方法。

5. 数据可视化的 R 软件实现

识记：R 软件中常用的数据可视化系统。

领会：利用 R 软件进行单变量、多变量以及空间数据可视化的方法。

6. 数据可视化的注意事项

识记：数据可视化的基本要求。

领会：在数据可视化过程中如何选择图形元素。

简单应用：利用 R 软件对具有实际应用背景单一变量的数据进行可视化分析。

综合应用：利用 R 软件对行业领域中某些实际问题的多变量数据进行数据可视化分析。

第 4 章 数据的描述性分析

一、考试内容

1. 描述性分析概述

（1）基本概念；

（2）离散型随机变量要点回顾；

（3）未分组数据的描述性分析概要；

（4）分组数据的描述性分析概要；

（5）描述性统计量概述。

2. 数据的集中趋势分析

（1）平均数；

（2）中位数；

（3）分位数；

（4）众数；

（5）算术平均数、中位数、众数的比较。

3. 数据的离散程度分析

（1）极差；

（2）四分位差；

（3）平均差；

（4）方差与标准差；

（5）变异系数。

4. 数据的偏度与峰度

（1）偏度；

（2）峰度；

（3）关于偏度、峰度的注意事项。

5. 数据分布的图形描述
(1) 箱线图;
(2) 直方图;
(3) 经验分布函数图;
(4) 正态 QQ 图。
6. 描述性分析的 R 软件实现
(1) 描述性统计量的计算;
(2) 常见统计图的绘制。

二、考核要求

1. 描述性分析概述
识记:离散型随机变量及其分布、未分组数据与分组数据的描述性分析、描述性统计量的概念。
领会:数据描述性分析的基本思想与方法。
2. 数据的集中趋势分析
识记:平均数、中位数、分位数以及众数表示的含义。
领会:平均数、中位数、分位数以及众数表示的计算方法及其区别。
3. 数据的离散程度分析
识记:极差、四分位差、平均差、方差与标准差以及变异系数的含义。
领会:极差、四分位差、平均差、方差与标准差以及变异系数的计算方法及其区别。
4. 数据的偏度与峰度
识记:偏度与峰度的含义。
领会:偏度与峰度的计算方法及其注意事项。
5. 数据分布的图形描述
识记:箱线图、直方图、经验分布函数图以及正态 QQ 图的含义。
领会:箱线图、直方图、经验分布函数图以及正态 QQ 图的绘制原理及其区别。
6. 描述性分析的 R 软件实现
识记:R 软件中描述性统计量计算以及常见统计图绘制的函数。
领会:如何利用 R 软件进行数据的描述性分析。
简单应用:利用 R 软件对具有实际应用背景单一变量的数据进行描述性分析。
综合应用:利用 R 软件对行业领域中某些实际问题的多变量数据进行数据描述性分析。

第 5 章 样本数据的推断性分析

一、考试内容

1. 统计量与抽样分布
(1) 总体和样本;
(2) 常用统计量;
(3) 四大分布;

（4）抽样分布。

2. 总体参数的估计

（1）点估计的基本方法；

（2）区间估计的基本思想；

（3）单个正态总体参数的区间估计；

（4）两个正态总体参数的区间估计。

3. 总体参数的假设检验

（1）假设检验的基本原理；

（2）单个正态总体参数的假设检验；

（3）两个正态总体参数的假设检验。

4. 方差分析

（1）基本概念；

（2）单因素方差分析；

（3）双因素方差分析。

5. 推断性分析的 R 软件实现

（1）常用统计量的相关函数；

（2）四大分布的相关函数；

（3）参数估计与假设检验；

（4）方差分析。

二、考核要求

1. 统计量与抽样分布

识记：总体和样本、常用统计量的含义、四大分布类型、图形与特点。

领会：常用统计量的计算方法及其抽样分布。

2. 总体参数的估计

识记：点估计的类型、区间估计的类型。

领会：矩估计与最大似然估计的基本思想与计算方法、区间估计的基本原理、常见的单个正态总体与两个正态总体参数的区间估计方法。

3. 总体参数的假设检验

识记：假设检验的基本概念、参数假设检验的类型。

领会：假设检验的基本原理、两类错误、常见的单个正态总体与两个正态总体参数的假设检验方法。

4. 方差分析

识记：方差分析的基本概念与类型。

领会：单因素与双因素方差分析的基本原理与分析步骤。

5. 推断性分析的 R 软件实现

识记：R 软件中进行常用统计量计算、四大分布图形绘制、参数估计与假设检验以及方差分析的函数。

领会：R 软件中进行常用统计量计算、四大分布图形绘制、参数估计与假设检验以及方差分析的具体方法。

简单应用：利用 R 软件进行常见统计量的计算、参数估计与假设检验以及方差分析。

综合应用：利用 R 软件对行业领域中某些实际问题同时进行参数估计、假设检验或方差分析等综合分析。

第 6 章 相关分析与回归分析

一、考试内容

1. 相关分析

（1）散点图；

（2）相关系数。

2. 一元线性回归分析

（1）一元线性回归模型；

（2）参数估计；

（3）离差的分解；

（4）回归方程（直线）的拟合优度；

（5）显著性检验；

（6）预测。

3. 多元线性回归分析

（1）多元线性回归模型；

（2）参数估计；

（3）回归方程的拟合优度；

（4）显著性检验；

（5）变量选择与逐步回归；

（6）预测；

（7）回归诊断。

4. 可化为线性回归的非线性回归分析方法

5. 相关分析与回归分析的 R 软件实现

（1）散点图的绘制；

（2）相关分析；

（3）一元线性回归分析；

（4）多元线性回归分析；

（5）可化为线性回归的非线性回归。

二、考核要求

1. 相关分析

识记：相关系数的概念。

领会：相关系数的计算方法。

2. 一元线性回归分析

识记：一元线性回归模型的应用背景、基本概念与分析步骤。

领会：建立一元线性回归模型的原理、参数估计方法、离差分解方法、回归方程（直线）的拟合优度描述方法、显著性检验与预测方法。

3. 多元线性回归分析

识记：多元线性回归模型的应用背景、基本概念与分析步骤。

领会：建立多元线性回归模型的原理、参数估计方法、回归方程的拟合优度描述方法、显著性检验与预测方法。

4. 可化为线性回归的非线性回归分析方法

识记：常见的可化为线性回归的非线性回归分析类型。

领会：将非线性回归分析问题化为线性回归分析的具体方法。

5. 相关分析与回归分析的 R 软件实现

识记：R 软件中计算相关系数、进行一元线性回归分析、多元线性回归分析的函数。

领会：利用 R 软件计算相关系数、进行一元线性回归分析、多元线性回归分析的具体方法。

综合应用：利用 R 软件对行业领域中某些实际问题进行一元、多元回归分析。

第 7 章 时间序列数据分析

一、考试内容

1. 时间序列数据概述

(1) 时间序列的含义；

(2) 时间序列的数据采集；

(3) 时间序列的因素分类；

(4) 时间序列的分解模型；

(5) 时间序列的模型分类；

(6) 时间序列的意义。

2. 时间序列数据的长期趋势分析

(1) 移动平均法；

(2) 指数平滑法；

(3) 回归模型法。

3. 时间序列数据的季节性分析

(1) 同期简单平均法；

(2) 趋势剔除法。

4. 时间序列数据的循环分析

(1) 直接测定法；

(2) 剩余测定法。

5. 时间序列的预测

(1) 时间序列预测方法的特点；

(2) 时间序列的预测误差；

(3) 时间序列的预测方法。

6. 时间序列分析的 R 软件实现

二、考核要求

1. 时间序列数据概述

识记：时间序列的含义、时间序列因素分类与时间序列模型分类。

领会：时间序列数据采集方法、时间序列的分解模型、时间序列的意义。

2. 时间序列数据的长期趋势分析

识记：时间序列数据长期趋势分析方法的常见种类。

领会：移动平均法、指数平滑法、回归模型法的原理与算法。

3. 时间序列数据的季节性分析

识记：时间序列数据季节性分析的常见方法。

领会：同期简单平均法、趋势剔除法的原理与算法。

4. 时间序列数据的循环分析

识记：时间序列数据循环分析的常见方法。

领会：直接测定法、剩余测定法的原理与算法。

5. 时间序列的预测

识记：时间序列预测方法的特点。

领会：时间序列的预测误差与预测方法。

6. 时间序列分析的 R 软件实现

识记：R 软件中进行时间序列分析的函数。

领会：利用 R 软件进行时间序列分析的基本方法。

综合应用：利用 R 软件对行业领域中具有实际应用背景的问题进行时间序列分析。

第 8 章 数据分析报告

一、考试内容

1. 数据分析报告及其类型

（1）数据分析报告的作用；

（2）数据分析报告的类型；

（3）数据分析报告的特点；

（4）撰写数据分析报告应注意的问题。

2. 普通数据分析报告的写作

（1）数据分析报告的基本结构；

（2）数据分析报告的审定与评价。

3. 学术研究报告的写作

（1）学术研究报告与普通数据分析报告的区别；

（2）学术研究报告的写作步骤；

（3）学术研究报告的基本写作技巧。

4. 数据分析应用案例

（1）关于我国 GDP 的统计分析；

(2) 关于制冷机耗电量的统计分析；
(3) 关于波士顿房价数据的回归分析。

二、考核要求

1. 数据分析报告及其类型

识记：数据分析报告的作用、类型、特点。

领会：撰写数据分析报告应注意的具体问题。

2. 普通数据分析报告的写作

识记：数据分析报告的基本结构、数据分析报告的审定与评价。

领会：撰写一份优秀的数据分析报告应注意的具体问题。

3. 学术研究报告的写作

识记：学术研究报告与普通数据分析报告的区别、学术研究报告的写作步骤。

领会：学术研究报告的基本写作技巧。

4. 数据分析应用案例

领会：以关于我国 GDP 的统计分析、关于制冷机耗电量的统计分析、关于波士顿房价数据的回归分析为例，总结数据分析应用案例的撰写方法。

综合应用：利用 R 软件对行业领域中某些实际问题进行综合数据分析。

附录3

BDA数据分析师《数据分析》考试题型示例

一、单项选择题（下列各题四个选项中，只有一个选项是正确的，请将正确选项的序号填入括号内；本题共30个小题，每小题1.5分，总计45分）

1. 某地有4000名农民工的名录（无其他信息），若按5%的比例抽样，调查他们的生活状况，最简便的方法是（　　）。

A. 纯随机抽样　　B. 重点抽样
C. 按有关标志排队对称等距抽样　　D. 整群抽样

2. 小刘收集了1981~2015年中国GDP的数据，如果要反映这35年我国生产发展的趋势，用（　　）图形最为合适。

A. 折线图　　B. 条形图
C. 直方图　　D. 平行坐标图

3. 若某产品产量年均增速可达8.0%，则产量翻一番需用（　　）时间。

A. 7年　　B. 8年
C. 9年　　D. 10年

4. 在总体按多种标志分类和各类样本单位数既定的条件下，宜采用（　　）。

A. 重点抽样　　B. 类型抽样
C. 配额抽样　　D. 任意抽样

5. 写作调查报告首先必须（　　）。

A. 制作文章的标题　　B. 确定文章的主题
C. 构思文章的结构　　D. 拟定写作提纲

6. 在连续变量的组距数列中，若末组下限为1000，无上限，邻组的组中值为950，则末组的组中值为（　　）。

A. 1050　　B. 1100
C. 1150　　D. 1200

7. 某研究部门准备在全市200万个家庭中抽取2000个家庭，推断该城市所有职工家庭的年人均收入，这项研究的统计量是（　　）。

A. 200个家庭　　B. 200万个家庭
C. 2000个家庭的人均收入　　D. 200万个家庭的人均收入

8. 要通过移动平均法消除季节变动，则移动平均的项数为（　　）。

A. 应当选择奇数　　B. 应当选择偶数
C. 应和季节周期一致　　D. 可任意取